Werner G. Haverbeck

Rudolf Steiner
Anwalt für Deutschland

Werner G. Haverbeck

Rudolf Steiner Anwalt für Deutschland

Ursachen und Hintergründe des Welt-Krieges unseres Jahrhunderts

Langen Müller

Umschlagentwurf: Wolfgang Heinzel, München
Umschlagfoto: Interfoto, München
Satz: Günter Berges, Vlotho/Weser
Druck und Bindearbeiten: Mohndruck
Graphische Betriebe GmbH, Gütersloh
Printed in Germany
ISBN 3-7844-2280-2

Meinem Jugendfreunde

Helfried Albrecht

gefallen als Kriegsfreiwilliger

am 26. Oktober 1944

und allen, die für Deutschland starben

»Aus des Volkes Opfertaten
wird erwachsen Geistesfrucht!«

Rudolf Steiner

INHALT

* Die Inhaltsangaben in Anführungszeichen sind Steinerzitate

VORWORT

Warum dieses Buch geschrieben wurde

Das Schicksal der in den Beginn dieses Jahrhunderts hineingeborenen Generation Europas ist geprägt worden durch das Miterleben und Miterleiden der beiden Weltkriege und ihrer Folgewirkungen. Schließen wir uns Churchills Äußerung »Mein Dreißigjähriger Krieg« an, dann ist festzustellen, daß es wie bei dem Dreißigjährigen Krieg des 17. Jahrhunderts auch bei diesem »Dreißigjährigen Krieg« um die europäische Mitte, um Deutschland, ging. Die älteren Zeitgenossen erlebten Deutschland in vierfacher Gestalt: Als Monarchie, als Weimarer Republik, als Drittes Reich und seit 1945 geviertteilt in drei Republiken und das von Polen »verwaltete« Ostdeutschland. Dieser dreifache Umbruch in Mitteleuropa ist nur e i n Symptom für die im 20. Jahrhundert begonnene Wendezeit. Sie äußert sich in den »radikalen«, nämlich die Wurzeln unseres Seins berührenden und gefährdenden Veränderungen, die durch die Industrielle Revolution und in ihrem Gefolge durch die ökologische Katastrophe die bisherige Lebensweise des Menschen und die Existenz der Erde in Frage stellen.

Es geht heute nicht um *ein* Volk, sondern um die ganze Menschheit. Ihre Weiterentwicklung ist Ergebnis unseres politischen Handelns. Soll sie in der rechten Weise, das heißt nach den in der Weltevolution vorgezeichneten Möglichkeiten verlaufen, müssen wir Zusammenhänge erkennen lernen und uns um Wahrhaftigkeit bemühen.

Nun ist aber unser Jahrhundert nicht nur durch diesen Weltkrieg, sondern auch durch die politische Lüge gekennzeichnet. Sie hat sich wie eine Seuche ausgebreitet in allen Bereichen des sozialen Organismus. Nicht umsonst sprechen wir heute von einer psychologischen Kriegführung, die bis hinein in die Sprachverdrehung geführt wird. »Das Karma der Unwahrhaftigkeit«, wie Rudolf Steiner es bezeichnet, hat verheerende Folgen für die Weiterentwicklung der Menschheit, deren Biographie in der Geschichte aufgezeichnet ist.

Im Unterschied zu manchen heute anthroposophisch strebenden Menschen nahm Rudolf Steiner mit seiner ganzen Seele Anteil am Zeitgeschehen und wies in seinem umfangreichen Vortragswerk immer wieder nachdrücklich auf Lüge und Wahrheit in den politischen Aussagen seiner Zeit hin. Insbesondere beschäftigte ihn die »Schuldfrage Deutschlands« am Kriege. Ihre einseitige Beantwortung ist inzwischen Grundlage der gesamten Nachkriegspolitik geworden.

Anliegen dieses Buches ist daher: 1. Rudolf Steiner als Zeitzeugen und Historiker über Ursache und Ausgang der ersten Epoche des Welt-Krieges zu Wort kommen zu lassen und 2. einen Beitrag zur Wahrheitsfindung und damit zu einer wahren Völkerverständigung zu leisten, die niemals auf Lügen aufgebaut und dauerhaft begründet werden kann.

Es geht um nichts weniger als um »Wahrheit für Deutschland« aus der Sicht Rudolf Steiners!

Im Jahre der Erinnerung 1989

Werner Georg Haverbeck

RUDOLF STEINER — SEIN LEBEN UND WIRKEN

Sein Wirken in den verschiedenen Lebensbereichen

Dr. Rudolf Steiner ist als Träger eines geistigen Impulses unseres Jahrhunderts zumindest dem Namen nach weithin bekannt geworden. Dies gilt nicht nur für seine Heimat Deutschland, sondern weit darüber hinaus. So hat insbesondere das von ihm begründete Schulsystem seinen Namen in mehr als 300 Schulen inzwischen auf allen Kontinenten bekannt gemacht. Als Begründer der »Waldorfschulpädagogik« kennen und schätzen ihn Menschen aller Altersstufen. Besondere Bedeutung kommt auch den zahlreichen heilpädagogischen Einrichtungen zu. Es lebt im Bewußtsein vieler, daß diese »Erziehungskunst« aus einer ganzheitlichen Menschen- und Lebenskunde erwachsen ist, die Steiner als Geisteswissenschaft kennzeichnet und der er einen bereits im vorigen Jahrhundert aufgekommenen Namen gegeben hat: »Anthroposophie«, zu deutsch »Weisheit vom Menschen«. Er sagte einmal, daß er die von ihm begründete Anthroposophische Gesellschaft am liebsten »Goethe-Gesellschaft« genannt hätte, um auch auf diese Weise sich an Johann Wolfgang Goethe anzuschließen, den Eröffner einer neuen Denkweise in unserem Zeitalter, die er als Herausgeber seiner »Naturwissenschaftlichen Schriften«, ebenso wie die gesamte Bewegung des »deutschen Idealismus«, entscheidend weiterentwickelt hat. So erhielt der von Rudolf Steiner als »Freie Hochschule für Geisteswissenschaften« in Dornach bei Basel errichtete große Bau von ihm den Namen »Goetheanum«.

Neben dem anthroposophischen Erkenntnis- und Übungsweg, der für viele »Anhänger« Steiners Inhalt ihres geistigen Strebens bedeutet, dürfen die zahlreichen pragmatischen Wirkungen Steinerscher Denkanstöße nicht übersehen werden.

So verdanken diejenigen, die sich als Ärzte einem »erweiterten Heilwesen« widmen, seinen Anregungen und Ratschlägen aus einer ganzheitlichen Betrachtung des Menschen heraus wesentliche Hilfe im therapeutischen Bemühen durch Erweiterung der herkömmlichen Homöopathie, auch in eigenen Kliniken. Die von Steiner angeregte Pharmazie ist unter den Namen »Weleda« und »Wala« bereits zu einem festen Begriff geworden. Hier sei insbesondere das gegen Krebs eingesetzte Iscador-Präparat genannt.

Besonders bekannt ist aber in unserer durch Umweltgifte gekennzeichneten Zeit die aus Anthroposophie erwachsene Landwirtschaft. Eine ökologische Landwirtschaft ist ohne die jahrzehntelange Pionierarbeit der von Rudolf Steiner begründeten »Biologisch-dynamischen Wirtschaftsweise« kaum vorstellbar. Die mit dem Gütezeichen »Demeter« gekennzeichneten Produkte sind garantiert ohne Pestizide und ohne anorganische Stickstoffdünger angebaut.

Zu erwähnen sind auch die für das künstlerische Leben gegebenen Anregungen, insbesondere für die von Marie Steiner entwickelte Eurythmie. Grundlegendes hat ihm für ihre Entwicklung als Bewegung für religiöse Erneuerung »die Christengemeinschaft« zu verdanken, die in ihren Kirchen weltweit wirkt.

So ist Rudolf Steiner auf vielen Feldern unseres Kultur- und Geisteslebens zu einem *Lehrer* geworden — ein Begriff, der wohl am besten die Bedeutung seines Lebens für ungezählte Menschen und seine eigene Absicht charakterisiert. Als Beispiel für wahre »Lehrertugend« betont er immer wieder, was er schon 1910 zu Beginn seines geisteswissenschaftlichen Wirkens ausgesprochen hatte: »Sie sollen *nichts* auf Autorität hin annehmen . . . Nehmen Sie alles, was die neueste Naturwissenschaft mit ihren neuesten Methoden Ihnen bieten kann; nehmen Sie alles, was die historischen oder religiösen Forschungen ergeben haben . . . Nehmen Sie alles zu Hilfe, und je mehr Sie zu Hilfe nehmen können, desto besser . . . Prüfen Sie so genau als möglich mit den Mitteln, die Ihnen für den äußerlich-physischen Plan zu Gebote stehen . . . immer gewissenhafter und gewissenhafter.« Und Rudolf Steiner fordert dazu auf, »das, was gesagt wird, zunächst als Anregung (zu) empfangen und es dann in den Dienst des Lebens (zu) stellen, um es am Leben zu prüfen . . . Keine Anforderung an den Autoritätsglauben wird gestellt.« GA 121 3. Aufl. S. 212 f.

All diese Tätigkeiten, verbunden mit einem umfassenden Vortragswerk, hinderten Rudolf Steiner nicht daran, regen Anteil am politischen Geschehen seiner Zeit zu nehmen. Dabei findet selbstverständlich der Erste Weltkrieg seine besondere Aufmerksamkeit, dessen Hintergründe zu durchleuchten ihm eine Notwendigkeit wird.

Zur Herkunft

Über seine Herkunft sagt Rudolf Steiner 1917 in »Mein Lebensgang«: »Ich stamme nicht aus Ungarn, sondern ich stamme wirklich aus Nieder-Österreich, und zwar in ältester Abstammung aus Nieder-Österreich, aus einer urdeutschen Familie.« [1]

Die Aussage eines sein ganzes Leben der Wahrheit weihenden Mannes macht die von gegnerischer Seite vertretenen andersartigen Behauptungen zu einer Lüge.

Vernehmen wir weiter: »Meine Eltern hatten in Niederösterreich ihre Heimat. Mein Vater ist in Geras, einem ganz kleinen Ort im niederösterreichischen Waldviertel, geboren, meine Mutter in Horn, einer Stadt in der gleichen Gegend . . . Er war zuerst an einer kleinen Bahnstelle in der südlichen Steiermark angestellt. Dann wurde er nach Kraljevec an der ungarisch-kroatischen Grenze versetzt. In dieser Zeit fand die Verheiratung mit meiner Mutter statt. Deren Mädchenname ist Blie. Sie stammt aus einer alten Horner Familie. In Kraljevec bin ich am 27. Februar 1861 geboren. — So ist es gekommen, daß mein Geburtsort weit abliegt von der Erdgegend, aus der ich stamme. Sowohl mein Vater wie meine Mutter waren echte Kinder des herrlichen niederösterreichischen Waldlandes nördlich der Donau . . . Als dann mein Vater nach einem arbeitsreichen Leben sich in den Ruhestand versetzen ließ, zogen sie sogleich wieder dahin — nach Horn.« (Der Vater war österreichischer Bahnbeamter.)[2]

Steiner meint von sich selber, als Verfasser einer zur Verteidigung Deutschlands im Ersten Weltkrieg erschienenen Schrift, »als Deutscher über das Fühlen Mitteleuropas sprechen zu dürfen, denn er habe« die ersten drei Jahrzehnte seines Lebens in Österreich verbracht, in dem er durch Abstammung, Volksangehörigkeit und Erziehung als österreichischer Deutscher lebte« und er habe »die andere — fast ebenso lange Zeit dieses Lebens in Deutschland tätig sein dürfen«. GA 24 S. 289

Daß nicht wenigen Österreich-Deutschen es zunächst nicht leicht fiel, zum von Preußen gelenkten Bismarck-Reich ein warmes Verhältnis zu finden, bezeugt Rudolf Steiner auch von sich selbst. Aus Anlaß der beispielhaften Sozialgesetzgebungen im Reich bekennt er jedoch bereits 1884 aus Brunn bei Wien in einer für die Deutschen in Siebenbürgen erscheinenden Zeitschrift: »Es ist wohl nicht zu gewagt, wenn man behauptet, die ersten wirklich lebensfähigen Keime, an die Stelle des Staates, in dem Zufall und subjektive Willkür herrschen, jenen Staat zu setzen, in dem die *Vernunft* die oberste Regentschaft führt, werden soeben in Deutschland gelegt. Der Staat hat dafür zu sorgen, daß das Glück des einzelnen nicht von Zufall und Willkür abhängt, sondern daß das nach den Grundsätzen der Vernunft aufgebaute Ganze die Wohlfahrt des Individuums soweit sichert, daß Letzteres in physischer und geistiger Richtung sich frei entwickeln kann. Nicht der Staat kann die Menschen frei machen, das kann nur die Erziehung, wohl aber hat der Staat dafür zu sorgen, daß jeder den Boden findet, auf dem seine Freiheit gedeihen kann. Daß zu einer Entwicklung in dieser Hinsicht von den Stufen des Thrones, den einst Friedrich der Große eingenommen, heute das Losungswort gegeben wird, daß in Deutschland die Führung des Staates einem Manne obliegt, der tief durchdrungen ist von jener Mission des Staates, wird die Geschichte einst als eines der größten ihrer politischen Fakten verzeichnen.«[3] Treffender konnte Bismarcks Tat kaum gewürdigt werden.

Über die Persönlichkeit Rudolf Steiner schrieb Dr. Roman Boos zusammenfassend in seinem Buch »Rudolf Steiner während des Weltkrieges«[4]:

»Das ganze Leben Rudolf Steiners ist von der großen Aufrichtegebärde durchstrahlt: den deutschen Geist aus den Schaffenskräften in seinen Wesenswurzeln durch Mut und Blut und Leid und Opfertaten zum Tragen seiner Geistesfrucht zu führen.

Alles, was im Lauf der Jahre von einer deutschfeindlichen Gesinnung Rudolf Steiners oder gar von deutschfeindlichen Handlungen geredet und geschrieben worden ist, ist Verleumdung. Es ist nicht nur unverantwortlich und gemein gegenüber Rudolf Steiner, sondern aufs Tiefste schädigend und kränkend für das deutsche Volk, den deutschen Geist, die deutsche Zukunft . . .

Deutsch im Sinne Fichtes, Schillers, Goethes, deutsch im Sinne aller großen und guten Geister der deutschen Geschichte ist das Lebenswerk Rudolf Steiners, wie es offen in seinem Buch ›Mein Lebensgang‹ und in der ganzen unabsehbaren Fülle seiner Schriften daliegt, und wie es in seinen Werken, zuvörderst dem Goetheanum in Dornach, und in Haltung und Wirken vieler Menschen, die an ihm zum Mut des Ich-Seins erwachten, in der Welt steht.

Und mit allem Licht seines Geistes und aller Wärme seiner Seele stand Rudolf Steiner auch während des Weltkriegs in der Gemeinschaft des deutschen Schicksals. Mit allen höchsten Kräften des Erkennens und tiefsten Kräften des Willens hat er um eine Wendung des furchtbaren Schicksals gerungen, das — nicht allein, aber bitterer als die meisten — das deutsche Volk Jahr um Jahr seither zu erfahren gehabt hat. In der Freiheit und der Sicherheit, wie nur das Bewußtsein der geistigen Herkunft und des geistigen Zieles sie geben können, hat Rudolf Steiner den Kampf gegen die Gewalten des Niedergangs, die sich im Weltkrieg austobten, geführt.«

Dieser posthumen Würdigung aus dazu berufenem Munde eines unmittelbaren Gefährten Steiners, des von ihm eingesetzten ersten Sachwalters der Sozialwissenschaftlichen Sektion am Goetheanum, sei ein Wort hinzugefügt, das Rudolf Steiner selbst am 21. März 1921 in einem Vortrag in Stuttgart aus gegebener Veranlassung sprach: »Wenn man in solcher Weise Zeugnis abgelegt hat für dasjenige, was das Deutschtum ist, so denke ich, hat man nicht nötig, viele Worte zu machen, um böswillige Anschuldigungen in irgendeiner Weise zu widerlegen.« GA 174b S. 355

Solche werden ohne Sachkenntnis oder entgegen längst geleisteter Aufklärung wiederholt, indem ohne Prüfung des Sachverhalts der eine vom anderen abschreibt. Dazu gehört auch der Vorwurf, Rudolf Steiner habe den damaligen Generalstabschef des Heeres Generaloberst Helmuth von Moltke während der Marneschlacht 1914 in böser Absicht »okkult« beeinflußt, um den damals möglichen Sieg der deutschen Armeen im Westen zu vereiteln. Auch wenn militärische Sachverständige dies nicht längst widerlegt hätten, so erübrigt es sich, angesichts der folgenden Darstellungen, darauf weiter einzugehen. Diese Verleumdung kann getrost der eigenen Urteilsbildung des Lesers überlassen bleiben. Auch sie ist allerdings symptomatisch für unser durch Unwahrhaftigkeit gezeichnetes Zeitalter.

Rudolf Steiner in seiner Zeit

Hat sich Rudolf Steiner auf den zuvor genannten Gebieten in umfassender Weise die Kenntnis der zeitgenössischen Wissenschaften angeeignet und sich in eigener Forschung betätigt, so ist daraus neben seinen literarischen Veröffentlichungen ein für den Außenstehenden nahezu unüberschaubares Vortragswerk entstanden. Weniger bekannt, auch in eigenen Zusammenhängen, dürfte die Tatsache sein, daß sich Steiner, ausgelöst vor allem durch den Beginn des Ersten Weltkrieges über seine vorangegangenen historischen und kulturgeschichtlichen Studien hinaus angelegentlich mit der *Zeitgeschichte* beschäftigt hat: »Ich darf sagen, daß ich wahrhaftig viel öfter als ein dutzendmal die sämtlichen Blau-, Rot- und Weißbücher eingehend studiert habe und jede (!) Richtung des Urteils bei mir zugelassen hätte.« GA 173 S. 109

Worin haben wir die Veranlassung dafür zu suchen? Die von Christoph Lindenberg sorgfältig erarbeitete Chronik des Lebens von Rudolf Steiner (1861–1925) vermerkt am 3. August 1914 aus einem Brief von Marie von Sivers, der späteren Frau Steiner: »Ich habe nie den Dr. so deprimiert gesehen wie anläßlich dieses Krieges.«[5] Wie wir noch erfahren werden, bangte Rudolf Steiner um das Schicksal Deutschlands und die Zukunft Europas. Diese tiefe Sorge prägte fortan sein weiteres Denken. Sie veranlaßte ihn zur gründlichen Beschäftigung mit zeitgeschichtlichen Problemen, insbesondere mit der Frage der »Kriegsschuld«. Diese erschien ihm von hervorragender Bedeutung. An seinem Bemühen um Aufklärung teilzunehmen, ist die Veranlassung zu dieser Studie über ein bisher wenig beachtetes Feld seines Wirkens.

Die Ergebnisse dieses zeitgeschichtlichen Studiums liegen mit Ausnahme einer, bezeichnend in Berlin, 1915 veröffentlichten Schrift »Gedanken während der Zeit des Krieges — für Deutsche und diejenigen, die nicht glauben, sie hassen zu müssen« und der sog. »Memoranden« aus Steiners eigener Feder nicht vor. Von der erstgenannten Veröffentlichung sagt der Verfasser selbst: »Alles einzelne ist darin überlegt. Ich bitte Sie, von diesen Gesichtspunkten aus zu bedenken, was ich dort schrieb, daß es sich nicht um dasjenige handelt, was man im gewöhnlichen Sinn moralische Schuld oder moralische Unschuld nennt, sondern daß die Dinge hinaufgehoben werden müssen auf die Höhe geschichtlichen Werdens, indem sich außerordentlich Tragisches vollzog, indem sich etwas vollzog, wo man anfangen kann zu sprechen von historischen Notwendigkeiten, in die man im Grunde genommen . . . nicht hineinschwätzen sollte . . .«

Und wie in unsere Gegenwart hineingesprochen: »Aber man findet ja wahrhaftig gegenwärtig keine Möglichkeit, daß dasjenige, was man nach dieser Richtung unternimmt, in irgendeiner Weise anders in die Welt hineingestellt wird als dadurch, daß es entstellt, verleumdet wird.« GA 174 b S. 374

Wie bei diesem wichtigen Hinweis sind wir auf das bisher veröffentlichte Vortragswerk Steiners als eine unerschöpflich scheinende Fundgrube angewiesen. Daß dieses zustande kam, verdanken wir einmal der im vorigen Jahrhundert entwickelten Kunst der Stenographie, zum anderen den durchweg »namenlosen« treuen Bewahrern dieses geistigen Vermächtnisses. Das hier behandelte zeitgeschichtliche Thema, die Aussage Rudolf Steiners zum deutschen Schicksal, ist durch viele hundert Vorträge verstreut und will aus der Vielzahl der inzwischen unter ganz anderen Themen veröffentlichten Bände erst aufgespürt werden. Eine solche Zusammenfassung ist nicht bekannt. Sie soll hier eingeleitet werden.

Sein Beitrag zur Zeitgeschichtswissenschaft

Allerdings enthalten vornehmlich drei Bände gewichtige Aussagen Steiners zu geschichtlichen und politischen Fragen: »Die geistigen Hintergründe des Ersten Weltkrieges« aus den Vorträgen von 1914–1921, die »Zeitgeschichtlichen Betrachtungen — Das Karma der Unwahrhaftigkeit« Vorträge von 1916 und der nachfolgende II. Band Vorträge im Jahre 1917. Der Verfasser der vorliegenden Studie unterzog sich der Aufgabe, aus den über diese Veröffentlichungen hinaus z. Zt. erschienenen Vorträgen weitere Äußerungen zum Jahrhundertkrieg und seinen Hintergründen zu ermitteln. Dabei tritt zutage, wie Rudolf Steiner immer wieder sich veranlaßt sieht, auf die Zeitereignisse einzugehen und dies nicht nur in gelegentlichen Bemerkungen, sondern auf der Grundlage erkennbarer gründlicher Studien mit längeren Ausführungen, die keineswegs unmittelbar zum Vortragsthema gehören. So beginnt er am zweiten Weihnachtsfeiertag 1916 mit einer äußerst kritischen Behandlung des Spiritismus und eines gewissen »Medienwesens«, spricht über religiöse Fragen, um dann gegen Ende mit der humorvollen Bemerkung gegenüber seinen Zuhörern auszuscheren: »Ich habe Ihnen ja so viel Okkultes erzählt, daß ich gewissermaßen meine Zeit abgesessen habe und Ihnen jetzt auch aus der neueren Geschichte noch einige Notizen geben kann. Das ist über die Zeit hinaus, es soll niemand sagen können, ich nähme etwas von der Zeit, die dem Okkultismus gewidmet sind; aber auch diese Dinge sind wichtig!« GA 173 S. 316

Oft entsteht der Eindruck, daß Steiner sich zu solchen Erörterungen aus innerster Anteilnahme am Zeitgeschehen veranlaßt sieht. Andererseits betont er noch 1917, daß er sich »auf mehrfachen Wunsch . . . entschlossen hatte, über einige Fragen aus der unmittelbaren Geschichte der Gegenwart zu sprechen . . .«, weil eine Anzahl von Freunden um Betrachtungen nach dieser Richtung ersucht hätten. Dabei wird von ihm »ausdrücklich darauf aufmerksam gemacht, daß es sich hier um *Erkenntnis von Tatsachen* handeln soll und nicht die Rede davon sein könne, daß hier Politik oder irgend etwas mit Politik Zusammenhängendes getrieben werde; ich habe sogar diese Bemerkung öfters wiederholt.« GA 174 S. 72

Angesichts der nicht an nationale Grenzen gebundenen Wirksamkeit und Absichten Rudolf Steiners erscheint es verständlich, wenn er nach mehr als zweijährigem Bemühen um die Wahrheit in der Zeitgeschichte wiederholt: »Ich wollte also nicht nach der einen oder nach der anderen Seite Partei ergreifen, sondern nur zeigen, was nötig ist, um ein Urteil zu bekommen über solche Dinge. Denn viel eher möchte ich, im Sinne des Nervs der Geisteswissenschaft, wo ja ein hoher Gesichtspunkt angestrebt wird, davon abhalten, leichten Herzens abfällige Urteile über das zu fällen, was in dem Aufeinanderprallen von Staaten in der Weltgeschichte geschieht, denn das ist es: nicht Völker führen Krieg, *Staaten führen Krieg!*« GA 173 S. 340

Aus unmittelbarer Kenntnis der für die Vorträge gegebenen Lage äußerte sich Marie Steiner in ihren Vorbemerkungen zur ersten veröffentlichten Ausgabe 1948 wie folgt:

»Als der Weltkrieg 1914 ausgebrochen war und eine große Anzahl am Goetheanum-Bau Arbeitender Dornach verlassen mußte, verblieb dort eine immer noch genügend große Anzahl Neutraler, um im Verein mit den zu doppelter Energie aufgerufenen Kräften der Künstlerinnen die Fertigstellung des Baues als festes Ziel ins Auge zu fassen. Sie hatten alle den redlichen Vorsatz, in ihrem persönlichen Verkehr sich nicht durch Sympathien und Antipathien zu nationaler Stellungnahme und Affekten hinreißen zu lassen; aber im äußeren Alltagsleben gab es genügend Anlaß zu Kontroversen und Emotionen, und immer wieder wurde Dr. Steiner in diesem oder jenem strittigen Falle gebeten, seine Meinung zu äußern. Die Fragesteller waren beim Zuhören nicht wunschfrei. Sie ersehnten eine ihnen angenehme Antwort, um sie ihren in Wünschen und Antipathien noch mehr befangenen Freunden weiter mitteilen zu können, und so wurde manches, was man so mitteilte, frisiert, gefärbt und umgebogen, und kam so recht unkenntlich nach Dornach zurück. Dr. Steiner schien es infolgedessen notwendig, . . . immer wieder zu Objektivität im Suchen nach Wahrheit zu ermahnen, und die Zuhörer darin zu schulen . . . Das sich ergebende Gesamtbild kann in seinem Duktus zur Begründung einer neuen Wissenschaft der Geschichte führen und zu einer in der heutigen Zeit besonders notwendigen Erziehung unserer Seelen: der Erziehung zur Wahrhaftigkeit.« GA 173 S. 11 f.

Bald schon setzte Rudolf Steiner diese zunächst für den Mitarbeiterkreis bestimmten Vorträge in der Öffentlichkeit fort und sprach in einer großen Kette von Veranstaltungen in verschiedenen Städten Deutschlands zum Kriegsgeschehen.

Der Bearbeiter der bis 1948 im Dornacher Archiv unzugänglichen und erst ab 1966 veröffentlichten Nachschriften der Vorträge, Robert Friedenthal, macht die äußerst wichtige Bemerkung: »Die Vorträge wurden von der von Rudolf Steiner und Marie Steiner nach Dornach gerufenen Berufsstenographin Helene Finckh aufgezeichnet, die seit Januar 1916 fast alle Vorträge Rudolf Steiners mitgeschrieben hat. Die wiederholten Mahnungen des Vortragenden, bei diesen Vorträgen nicht mitzuschreiben, bezogen sich auf die Zuhörer, aber selbstverständlich nicht auf die offizielle Stenographin.« GA 173 S. 14

Da die gleiche Sorgfalt auch bei den vorangegangenen Niederschriften vorausgesetzt werden darf, ist eine verläßliche Authentizität bei den in dieser Studie verwendeten Zitaten anzunehmen. Um die Gefahr zu vermeiden, daß die Auswahl wiedergegebener Texte willkürlich erscheint oder durch die erforderliche Verkürzung Mißverständnisse oder Zweifel aufkommen könnten, wurde lieber in Kauf genommen, überlängt oder als Wiederholung erscheinende Auszüge zu bringen, die dem Leser einen soweit wie möglich unmittelbaren Eindruck vermitteln sollen. Durch genaue Quellenangabe wird dem um tieferes Eindringen Bemühten die Möglichkeit geboten, den gesamten Zusammenhang aus dem Vortragswerk selbst kennen zu lernen. Die Behandlung spezifischer Themen wartet auf Historiker und Geschichtslehrer.

Selbstverständlich wird der persönliche Eindruck, den die Zuhörer gewinnen durften, nie durch Nachschriften noch so hoher Qualität und Zuverlässigkeit ersetzt werden können, doch wird gewiß aus manchen erfreulicherweise nicht geglätteten oder verkürzten Passagen die persönliche innere Beteiligung des Vortragenden ahnend nachempfunden werden. So etwa, wenn angesichts unwahrer propagandistischer Behauptungen der Gegenseite der sonst als äußerst beherrscht und freundlich bekannte Rudolf Steiner aus »prophetischem Zorn« fünfmal »in einem Atemzug« das Wort »Lüge« in den Zuhörerkreis hineinruft. GA 173 S. 205 f.

RUDOLF STEINER UND DIE KRIEGSSCHULDFRAGE

»Die Weisheit ist nur in der Wahrheit«

Drei Beweggründe mögen es gewesen sein, die Rudolf Steiner dazu veranlaßten, sich so angelegentlich mit der Zeitgeschichte zu befassen, wie es hier dargestellt werden soll und bei der Fülle des Stoffes doch nur begrenzt geschehen kann:

»Die Weisheit ist nur in der Wahrheit«, dieser Leitsatz Goethes steht über dem ganzen Streben und Wirken Rudolf Steiners. Er veranlaßte ihn, allen Erscheinungen des Lebens soweit wie möglich auf den Grund zu gehen. Das galt selbstverständlich auch gegenüber dem Zeitgeschehen und der dieses darstellenden Zeitgeschichte;

zum anderen war es die Liebe zum eigenen Volk, die sich nach seiner wiederholten Versicherung durchaus mit dem Streben nach persönlicher Entwicklung zu wahrhaftem Menschentum vereinen läßt;

zum letzten seine Überzeugung, daß die Zukunft der Menschheit nur durch ein achtungsvolles Zusammenleben ihrer Glieder, der Völker, gewonnen werden kann. Eine Rangordnung dieser Prinzipien erscheint nicht angemessen. In der Verwirklichung des Menschseins durchdringen sie einander.

Hören wir dazu Steiner selbst: »In ernsten Zeiten ist es schon notwendig, daß man sich dazu entschließt, auf die Wahrheit hinzuschauen, und sich gewissermaßen der Wahrheit zu verbinden. Denn wenn man die Wahrheit nicht erkennen will, so irrt man ab von demjenigen, was der Menschheit wirklich heilsam sein kann.«
GA 173 S. 325

»Da muß der einzelne zurückstellen, was bei ihm an Vorliebe nach der einen oder nach der anderen Richtung da ist, und muß versuchen, die Dinge vorurteilslos entgegenzunehmen. Er braucht nicht einverstanden zu sein, aber er muß versuchen, die Dinge vorurteilslos entgegenzunehmen. Manches läßt sich eben nicht sagen, ohne Dinge auszusprechen, die diesem oder jenem unangenehm sind. Es gibt genügend Leute in unserer Gegenwart, die es schon als eine Sünde ansehen, wenn man gewisse Tatsachen nur erwähnt, weil sie glauben, durch das Erwähnen der einen oder andern Tatsache werde in irgendeiner Weise Partei genommen, was durchaus nicht der Fall ist. Manchen Tatsachen muß man ruhig ins Auge sehen, weil man nur dann auch ein wirklich gültiges Urteil gewinnen kann.« GA 173 S. 177

Schon bald nach Beginn des großen Völkerringens stellt Steiner fest: »Was sich vollzieht, ist ja etwas, was nicht nur der Art, sondern auch dem Grad nach im Grunde beispiellos ist innerhalb der bewußten Geschichte der Menschheitsentwickelung, was tief eingreifend und tief einschneidend ist in alles Leben der Erdenentwickelung. Und man braucht sich nur einmal vor die Seele zu führen, was es heißt — und das ist ja heute bei jedem Menschen der europäischen und auch vieler Teile der andern Erdenbevölkerung der Fall —, mitten darinzustehen in dem Gang der so bedeutsamen Ereignisse, um zu fühlen, daß dies gerade eine Zeit ist, nicht nur im eminentesten Sinne geeignet, sondern auch im eminenten Sinne fordernd, daß die Seele sich frei macht und immer freier mache von dem bloßen Leben innerhalb des eigenen Selbstes, innerhalb des eigenen Ich und *mitzuleben* versuchen sollte, was als ein gemeinsames Geschick durch die Menschheit geht. Vieles wird die Seele in unserer Gegenwart lernen können, wenn sie sich in der rechten Weise zu verbinden weiß mit dem Strom der Ereignisse. Und von vielem Engherzigen und Egoistischen wird sie frei kommen können, wenn sie dies zu tun weiß. Gehen doch so große, so gewaltige Dinge vor, daß fast jedes Denken an sich selbst in dieser unserer Zeit als ein Raub erscheinen muß, den unsere Seele begeht an dem Leben mit den allgemeinen Geschicken.« GA 159/160 S. 60 f.

Zur Anteilnahme an diesen »allgemeinen Geschicken« gehört für Steiner die freie und gerechte Urteilsbildung über die Vorgänge in Gegenwart und Geschichte. Seit Beginn des von ihm miterlebten sog. »ersten« Weltkrieges wird er bewegt durch die »Kriegsschuldfrage«. Noch zweieinhalb Jahre nach Kriegsende bezeugt dies die Anwort, die er auf eine im Rahmen der in Stuttgart veranstalteten »Freien anthroposophischen Hochschulkurse« gestellte Frage am 21. März 1921 gab: »Daß ich heute spreche, das ist durch eine Fragestellung der vorangehenden historischen Seminarstunde gefordert. Diese Fragestellung geht nach der Schuldfrage an der letzten Kriegskatastrophe. Ich möchte nur einige Bemerkungen voranschicken, damit Sie über den Sinn, aus dem heraus ich über diese Frage sprechen will, unterrichtet sind. Ich habe mit den Anschauungen, die ich mir bilden mußte über das Thema dieser heutigen Auseinandersetzungen, niemals zurückgehalten in Vorträgen, die ich im Goetheanum in Dornach gehalten habe, und ich habe da niemals ein Hehl daraus gemacht, daß mir diese Anschauungen als diejenigen erscheinen, welche vor der ganzen Welt *vor allen Dingen* ausgesprochen werden müßten.« GA 174 b S. 354

Es liegt also Rudolf Steiner am Herzen, daß diese Frage offen und unbefangen behandelt wird. Die Begründung dafür wird noch durch andere Aussagen deutlich. Die Beantwortung dieser erkannten Aufgabe soll jedoch nicht kleinen Zirkeln oder gar nur den »Fachleuten«, also Historikern oder Politikern überlassen bleiben, sie geht vielmehr die »ganze Welt« an. Und keineswegs nur die ihr unmittelbar gegenübergestellten Deutschen. Diese Forderung, die Rudolf Steiner »vor allen Dingen« (!) stellt, möge nicht überhört werden. Sie gilt noch — oder erst recht — heute. Insbesondere geht sie jene an, die ernsthaft nach eigener Urteilsbildung gegenüber der Indoktrination durch Zeitmeinungen, durch tendenziöse Propaganda und Massenmedien streben, weil sie sich dem Geiste und der Wahrheit verpflichtet fühlen. Sie betrifft vor allem auch alle, denen die Bildung nachwachsender Generationen in Schule und Universität anvertraut ist.

Zur Zeit, als Rudolf Steiner diese Worte der Hochschuljugend zurief, wurde von der damaligen deutschen Reichsregierung, die politisch von der Mitte bis »links« orientiert war, ein Reichsinstitut zur Erforschung der Kriegsschuldfrage eingerichtet und subventioniert. Trotzdem richtete sich Steiner an die »ganze Welt«: »Ich bin *nicht* der Ansicht, daß in dieser wichtigen Frage die Sachen heute so liegen, daß man immer wieder und wiederum sagen soll, man müsse das objektive Urteil erst der Geschichte überlassen, man werde erst in einer zukünftigen Zeit ein objektives Urteil über diese Angelegenheit sich bilden können. Es wird im Laufe der Zeit, namentlich durch die fortwirkenden Vorurteile, ebenso viel verloren werden an Möglichkeiten, ein gesundes Urteil über diese Frage zu gewinnen, wie etwa vielleicht durch das eine oder andere gewonnen werden könnte. Ich sage ausdrücklich »vielleicht«; denn ich selbst glaube gar nicht, daß man in dieser Frage in der Zukunft wird ein besseres Urteil gewinnen können als schon in der Gegenwart . . .« GA 174 b S. 354

Dieses aber muß — auch gegen die Zeitmeinung — selbst erarbeitet werden. Darin erst beweist sich ein Mensch als wahrhaft frei. Für eine freie Wissenschaft ist dies eine selbstverständliche Voraussetzung. »Ich habe bei allem, was ich gesagt habe, im Auge gehabt, durch die Aufzählung dieser oder jener Tatsachen, dieser oder jener Momente, für jeden Grundlagen zu geben zur Bildung eines eigenen Urteils. Und so, wie ich es im ganzen Umfang der Geisteswissenschaft mache, daß ich niemals ein Urteil vorausnehme, sondern nur die Materialien zur Bildung eines Urteiles herbeizutragen versuche, so möchte ich es auch in diesen auf die historische Außenwelt bezüglichen Dingen tun.« GA 174 b S. 355

Wie hier vor Studenten 1921 so hatte sich Steiner fünf Jahre zuvor mit der Frage beschäftigt, woher die Vorurteile kommen, denen er selbst bei der Behandlung der »Schuldfrage« immer wieder begegnete. Er findet neben der Gedankenlosigkeit, mit der indoktrinierte Anschauungen weitergegeben werden, »einen glühenden Haß«, der sich einer gewissenhaften Prüfung der Sachverhalte entgegenstellt.

»Denn in vielen, vielen Urteilen steckt nichts anderes als eine gewisse Aversion — über deren Berechtigung oder Nichtberechtigung man gewiß diskutieren kann — gegen alles, was man in der Welt deutsch nennt. — Ich werde meine Worte ganz abgewogen gebrauchen. Diese Aversion hat sich in der letzten Zeit bis zu einem wirklich glühenden Haß gesteigert, der gar nicht geneigt ist, irgend etwas zu prüfen, irgend etwas Geprüftes auf sich wirken zu lassen, sondern sich einfach berechtigt glaubt, zu hassen.« GA 173 S. 178

»Und da man niemals eine objektive Begründung finden kann für so schwerwiegende Behauptungen, wie sie da gemacht werden, so können diese Dinge nur als etwas genommen werden, was im eminentesten Sinne eine Frage werden muß: Woher kommt es, daß ein so großer Teil der Menschen das Urteil hat, das, wenn auch nicht mit den Worten, so doch dem Sinne nach zusammengefaßt wird mit dem Ausspruch: Tut nichts, der Deutsche wird verbrannt? In dieses Urteil fließt eben vieles zusammen, namentlich deshalb, weil es nichts nützt, dies oder jenes vorzubringen, wo die Gründe sprechen, die zu diesem Urteil führen. Und dennoch ist die Frage, die ich hiermit aufwerfe, in der tiefsten Bedeutung des Wortes eine Herzens- und Seelenfrage.« GA 173 S. 109 f.

Die Schuldzuweisung — »ein Diktat der Sieger«

Das Studium der beiden »Memoranden« vom Jahre 1917 und die bereits 1915 erschienene Schrift Rudolf Steiners »Gedanken während der Zeit des Krieges. Für Deutsche und solche, die nicht glauben, sie hassen zu müssen« tragen sowohl zu einer Beurteilung des entschiedenen Eintretens Steiners für Deutschland bei, wie auch zur Entlastung der Mittelmächte von der ihnen bis heute zu Unrecht zugewiesenen Schuld am Weltkrieg.

Steiner beginnt das erste im Juli 1917 vorgelegte Memorandum: »Die Wortführer der Entente führen unter den Gründen, warum sie den Krieg fortsetzen müssen, den an, daß sie von Deutschland überfallen worden sind. Sie behaupten daher, sie müssen Deutschland in eine solche Lage der Machtlosigkeit bringen, daß fortan ihm jede Möglichkeit genommen sei, einen Überfall auszuführen. In diese Form einer Art moralischer Anklage gegen Deutschland werden nebulos untergetaucht alle anderen Ursachen dieses Krieges. Es ist zweifellos, daß gegenüber dieser Anklage Deutschland in die Notwendigkeit versetzt ist, in ganz ungeschminkter Weise darzustellen, wie es in den Krieg *hineingetrieben* worden ist.« GA 24 S. 339

Die nachfolgende Bemerkung Steiners behielt ihre Bedeutung bis heute, wenn es um die Ermittlung der Ursachen *beider* Weltkriege geht: »Statt dessen hat man von den Kriegsursachen bisher nur doktrinäre Auseinandersetzungen, die so anmuten wie die Schlußfolgerungen eines Professors, der nicht erzählt, was er *gesehen* hat, sondern der aus Dokumenten darlegt, was sich ihm über ferne Ereignisse ergeben hat.« GA 24 S. 339

Und ebenfalls beinhalten nachfolgende Ausführungen des Memorandums eine *bleibende* Mahnung: »Es kann praktisch aussehen, zu sagen, es habe heute keinen Wert, über die Ursachen des Krieges zu sprechen. Es ist aber gegenüber den tatsächlichen Verhältnissen das Unpraktischeste, was sich nur denken läßt. Denn tatsächlich führt die Entente mit ihrer Darstellung der Kriegsursachen seit langem den Krieg. Die Situation, die sie sich geschaffen hat, verdankt sie dem Umstande, daß ihr ihre Darstellung geglaubt wird aus dem Grunde, weil ihr von Deutschland etwas Wirksames noch nicht erwidert worden ist.« GA 24 S. 346

Steiner fordert die ungeschminkte Darstellung der Tatsachen von deutscher offizieller Seite, weil sie »in der Tat Deutschlands Unschuld ergeben müßte. Wer für solche Dinge Verständnis hat, der kann wissen, daß solche Reden, wie sie von verantwortlichen Männern Deutschlands geführt werden, von den Psychen der Menschen in den feindlichen Ländern und auch in den neutralen überhaupt nicht verstanden . . . werden.« GA 24 S. 346

In seinem eindringlichen Bemühen um Aufklärung der wahren Verhältnisse machte auch ein Rudolf Steiner seine bitteren Erfahrungen. Davon berichtete er am 11. Dezember 1916 in Dornach: »Ich habe mich gerade in der letzten Zeit oft fragen müssen, woher gewisse Beurteilungen immer wieder kommen. Als ich diese Betrachtungen begann, sagte ich, wie schmerzlich mir die Erfahrung war, daß man nach der einen Richtung hin eigentlich nur unfreundlichen, mindestens verständnislosen Urteilen begegnet, und daß gerade die Leute, die in solcher Weise nach einer gewissen Richtung hin unfreundlich urteilen, sich die Fähigkeit zuschreiben, die Dinge objektiv zu beurteilen. Man braucht ja nicht weit zu gehen, um zu sehen, was da an Unfreundlichkeiten in Betracht kommt. Ich möchte dabei immer wieder betonen, daß ich jeden Standpunkt verstehe; nicht aber kann ich verstehen, wenn behauptet wird, daß gewisse Urteile, die alles andere als objektiv sind, auf objektiver Grundlage gefällt werden.« GA 173 S. 309

Steiner führt dann aus, wie die vorliegenden diplomatischen Aktenstücke dazu benutzt werden, um die Schuld am Ausbruch des Krieges nachzuweisen, was an und für sich sicher richtig sei, und wogegen sich seine Kritik nicht wende, sondern gegen die aus den Dokumenten gezogenen Schlüsse: »Man muß eben diese Aktenstücke noch viel gründlicher studieren, als es gewöhnlich geschieht, will man zu einem gültigen Urteile kommen. Ich darf sagen, daß ich wahrhaftig viel öfter als ein dutzendmal die sämtlichen Blau-, Rot- und Weißbücher eingehend studiert habe und jede Richtung des Urteiles bei mir zugelassen hätte; man hätte dann eben die Möglichkeit finden müssen, mit den realen Tatsachen auszukommen! Aber wenn ich alles in Erwägung ziehe, so muß ich sagen: Die Urteile, die ich höre, erinnern mich an lange Diskussionen, die mit den Worten schließen: Tut nichts, der Jude wird verbrannt! — Ob es nun mehr oder weniger geistreiche Menschen sind, man hört doch immer wieder nur die Stimmung heraus: Tut nichts, der Deutsche wird verbrannt! GA 173 S. 109

(Steiner entnimmt dieses allen besseren Argumenten gegenüber böswillige Urteil bekanntlich aus »Nathan der Weise« von Lessing, der damit die »rechtgläubige« Intoleranz kennzeichnen wollte.)

Rudolf Steiners politischer Einsatz

Trotz der von Steiner immer wiederholten Klar- und Richtigstellungen bleibt es nicht nur bei den von ihm als falsch gekennzeichneten Urteilen, sondern die Gegner greifen darüber hinaus zu den Mitteln der Intrige. Es ist dies der immer wieder — bis heute — praktizierte Weg, um Träger einer unliebsamen Anschauung zu treffen. Im Sommer 1916 wird Marie Steiner aus dem Ausland verdächtigt, als »deutsche Agentin« tätig zu sein. Steiner erkennt sofort die Absicht und die drohende Gefahr. Seine Frau und er selbst sollen durch diesen Rufmord in der neutralen Schweiz unmöglich gemacht werden. Eine Ausweisung würde die Verbindung zu seinem Lebenswerk, dem Goetheanum in Dornach, auf nicht absehbare Zeit zerschneiden und damit praktisch vernichten.

Dennoch setzt Steiner seine Tätigkeit fort. Nachdem er in der ersten Hälfte des Jahres 1916 wieder in Deutschland in öffentlichen Vorträgen zur »Offenbarung des deutschen Geistes« gesprochen hatte, wie sie durch einzelne Dichter und Denker erfolgt ist, versucht er, auch in unmittelbar praktischer Weise sich einzusetzen.

Lindenberg verzeichnet in der ,,Rudolf-Steiner-Chronik« unter dem 20. Juni 1916: Kurz nach dem Tode des bereits im September 1914 verabschiedeten Generalstabschef des deutschen Heeres Generaloberst Helmuth von Moltke (18. Juni 1916) vermittelte dessen Witwe, Frau Eliza von Moltke für Rudolf Steiner eine Verbindung zu dem damaligen Oberstleutnant von Haeften. Dieser hatte den Auftrag, eine »Militärische Stelle« des deutschen Auswärtigen Amtes einzurichten. Rudolf Steiner befürwortete diesem gegenüber eine andere geistige Vertretung der deutschen Politik im Ausland. Aus den herkömmlichen Presseverhältnissen sei überhaupt nichts zu erreichen. Daraufhin wurde Dr. Steiner angeboten, im neutralen Ausland, in Zürich, einen Pressedienst aufzubauen. Doch »am nächsten Tag kam die Absage vom Großen Hauptquartier, . . . mit der Auskunft, auf einen solchen Posten warten ja soviele Menschen innerhalb Deutschlands, daß man einen Österreicher nicht dazu ausersehen kann«. GA 338, 2.1.1921 und GA 330, 3.5.1919

Eine solche arrogante Einstellung gegenüber dem österreichischen Deutschtum sollte sich nach dem Kriege auch in anderen Fällen wiederholen.

Rudolf Steiner widmete dem politischen und militärischen Geschehen bis in alle Einzelheiten ständig die größte Aufmerksamkeit. Dazu hatte er insbesondere vom 1. Februar bis Ende September 1917, wo er vornehmlich in Deutschland weilte, unmittelbare Möglichkeit. In dieser Zeit hielt er im Architektenhaus in Berlin grundlegende Vorträge zur Geisteswissenschaft, insbesondere menschenkundlicher Art. Nachdem am 6. Juli im zuständigen Hauptausschuß des Deutschen Reichstages die Verschlechterung der deutschen Lage behandelt und eine »Friedensresolution« diskutiert worden war, trat der zur Zeit des Kriegsausbruchs amtierende Reichskanzler Bethmann-Hollweg zurück. Am gleichen Tage versuchte Graf Lerchenfeld eine Besprechung maßgebender Politiker mit Steiner zustande zu bringen, um Ratschläge zu erörtern, »wie Mitteleuropa aus dem Kriege auf eine ehrenvolle Art herausfinden könne«. Da dieses Unternehmen scheitert, bespricht Steiner mit Ludwig Graf Polzer, dem Bruder des Kabinettchefs des österreichischen Kaisers Karl, der inzwischen an die Stelle des verstorbenen Franz Josef getreten war, vom 13. bis 17. Juli Grundzüge für eine mögliche Neuordnung der Donaumonarchie durch eine »Dreigliederung des sozialen Organismus«. Nachdem er diesem das »Erste Memorandum« zu lesen gegeben hat, verfaßt er ein »Zweites Memorandum«. Der österreichische Ministerpräsident Ernst von Seidler wird von Ludwig Graf Polzer aufgesucht und dessen Bruder Arthur übergibt beide Memoranden Steiners seinem Kaiser. Zuvor hatte dieser Rudolf Steiner das »Kriegskreuz für Zivilverdienste« verliehen (laut Brief Steiners an Mutter und Geschwister in Horn-Niederösterreich).

Ende Juli 1917 hat Rudolf Steiner ein Gespräch mit dem Staatssekretär des Äußeren, Richard von Kühlmann, dessen Stellung der eines Reichsaußenministers entsprach: »Ich habe Kühlmann dazumal gesagt: Sie haben die Wahl, entweder jetzt Vernunft anzunehmen und auf das hinzuhorchen, was in der Entwicklung der Menschheit sich ankündigt, was geschehen soll, oder Sie gehen Revolutionen und Kataklysmen entgegen.« GA 192 S. 17

Im August 1917 erhält Steiner im Goetheanum den Besuch des holländischen Prinzgemahls, Prinz Hendrik der Niederlande. Im Herbst stellt er in neun Vorträgen eine »Geschichtliche Symptomatologie« dar anhand der Geschichte der Neuzeit bis zu den damals jüngsten Zeitereignissen, den revolutionären Vorgängen in Rußland. GA 185

1918 setzt Steiner seine rege Vortragstätigkeit in gesteigerter Weise fort. Er besucht eine größere Anzahl von Städten und hält in München zwölf, in Stuttgart acht, in Wien sechs Vorträge, außerdem in Hamburg, Nürnberg, Leipzig, Prag, Heidenheim und Ulm. Während der »Siegfried-Offensive« des deutschen Heeres in Frankreich arbeitet Rudolf Steiner intensiv an einer Neuauflage alter Werke, die umgearbeitet oder wenigstens durchgesehen wurden: »Die Philosophie der Freiheit«, die er als grundlegend für seine gesamte Wirksamkeit erachtete (zuerst erschienen 1888), »Goethes Weltanschauung« mit wichtigen Veränderungen, die »Theosophie« mit Anleitung zur Meditation sowie »Die Rätsel der Philosophie«. Besonders bemerkenswert ist die Wiederauflage mit einer neuen Vorrede seines Vortragszyklus über »Die Mission einzelner Volksseelen im Zusammenhange mit der germanisch-nordischen Mythologie«, die er dem Prinzen Max von Baden, dem späteren Reichskanzler, zusendet, mit dem er im Januar 1918 ein Gespräch in Karlsruhe gehabt hatte. Als dessen Inhalt ist bekannt die Erörterung der »Dreigliederung« und der Notwendigkeit einer »Volksseelenkunde« sowie der geplanten Frühjahrsoffensive. Erst sehr viel später erfahren Freunde von dieser Tatsache, von der Steiner ebensowenig wie in anderen Fällen viel Aufhebens machte.

Da Rudolf Steiner die nachfolgende Entwicklung vorausgesehen hatte, konnten ihn die Ereignisse um den 9. November 1918: die Aufforderung Ludendorffs zur Einleitung von Waffenstillstandsverhandlungen, die zu späte Betrauung des Prinzen Max mit dem Amt des Reichskanzlers und die Revolten in Kiel und Berlin mit ihren Folgewirkungen nicht mehr überraschen. Das Ende war gekommen. Ein »Interregnum« begann.

Die Verpflichtung jedes einzelnen gegenüber der Wahrheit

Schon am 9. November 1918, als in Berlin und in allen deutschen Bundesstaaten die Republik ausgerufen wurde — sozusagen der Geburtstag einer deutschen Demokratie und damit der Beginn einer vollen Mitverantwortung der Bürger gegenüber dem

Volksstaat — spricht Rudolf Steiner im Goetheanum davon, daß keiner das Recht habe, »schläfrig hinwegzugehen über die Zeitgeschichte und geschehen zu lassen, was eben geschieht«. Und er meint, daß keiner wissen könne, ob er in kleinerem oder größerem Maße aufgerufen werden kann, mitzuberaten oder mitzuentscheiden. Dafür aber ist ein offenes, vorurteilsloses Wissen die Voraussetzung. Für ihn ist »eine der bedeutsamsten Tatsachen, die die Menschheit im Laufe dieser letzten Jahre sich vor Augen führen konnte, . . . diese, wie unendlich stark, wie unermeßlich stark es möglich war, das menschliche Urteil allseitig zu korrumpieren . . ., daß man stets von verschiedenen Seiten her bemüht war, die Beurteilungsmaximen, die Beurteilungsrichtungen aus falschen Ecken herauszuholen . . . Vor allen Dingen hat die sogenannte *Schuldfrage* in diesen Ereignissen eine große Rolle gespielt . . . Gerade diese Schuldfrage und die Art und Weise, wie diese Schuldfrage das öffentliche Urteil gelenkt hat, hat so ungeheuer korrumpierend auf das intellektuelle und moralische Beurteilungsvermögen der Menschen gewirkt. Und unendlich viel wird gutzumachen sein.« GA 185 a S. 10 f.

Es drängt sich der Eindruck auf, Rudolf Steiner spreche nicht für Zuhörer von 1918, sondern für Historiker und Zeitgenossen bzw. Politiker aller Ränge 70 Jahre danach, wenn er fortfährt: »Unter den mancherlei Urteilen, die gefällt worden sind, sind ja solche, die in dem sogenannten guten Glauben, mit einem wirklichen, der Verantwortung gegenüber dem Worte (sich) bewußten Gewissen, gefällt worden sind. Es sind solche, die in dem sogenannten guten Glauben gefällt worden sind auch auf der Grundlage desjenigen, was man gerade gewußt hat . . ., sodaß auch keine Anklage erhoben werden soll.« GA 185 S. 11

Dann aber weist eine geradezu verblüffende Feststellung Steiners auf ein Phänomen hin, das sich nach dem Zweiten Weltkrieg und in unserer Gegenwart, mehr als vier Jahrzehnte danach, zeigt, nämlich, daß »der Gang der Ereignisse« keineswegs »entkorrumpierend« wirkt, sondern daß merkwürdigerweise »durch den Gang der Ereignisse begünstigt, eine große Anzahl von Menschen denen recht geben wird, welche sagen können: Wir haben es ja immer gesagt, von seiten der europäischen Mittelmächte ist, ohne daß sie irgendwie provoziert waren, ein Krieg in Szene gesetzt worden. Den Mittelmächten muß man die Schuld beimessen. — Nun, das Urteil in diese Richtung lenken, hat gegenüber den *wirklichen* Tatsachen auch nicht den allergeringsten Sinn. Und wenn man von der unmittelbaren — ich rede jetzt von einer unmittelbaren — Schuldfrage ausgehen wollte, so würde man bei gerechter Beurteilung ganz gewiß nicht dazu kommen können . . .« GA 185 a S. 11 f.

Steiner wendete sich unmittelbar an seine Dornacher Zuhörer: ». . . gerade einer anthroposophisch orientierten Geistesbewegung würde es angemessen sein, da manches einfach dadurch bei sich selber und bei anderen (!) zu berichtigen, daß man das ganze Niveau des Urteiles, das ganze Niveau der Beurteilung wirklich herausrückt aus denjenigen Sphären, in denen die Urteile über die ganze Welt bisher gefällt worden sind und sie in ganz andere Beleuchtung rückt.« GA 185 a a.a.O.

Das kann heißen, daß auch in die gemeinsame geistige Arbeit verantwortungsbewußter Menschen heute vorrangig aufgenommen werden sollte diese Bemühung um eine gerechte Beurteilung des Jahrhundertgeschehens, für die Rudolf Steiner durch seine gründlichen Ermittlungen wahrhaftig ausreichende Angaben gemacht hat. Das Ergreifen einer solchen Aufgabe schon würde in unserer Zeit zu einer befreienden Tat. Steiner fordert allerdings auch wiederholt dazu auf, die Erkenntnisse nicht zu verschweigen, sondern »mitzuteilen«. Ein Wort aus den Gathas des Zarathustra der iranischen Urkultur sagt: »Wer die Wahrheit kennt, lasse die Welt nicht der Lüge!« Unerschrocken für das Wahre einzutreten, ist heute wie zu Lebzeiten Rudolf Steiners ein Gebot.

Steiner bemüht sich um Aufklärung der »Kriegsschuld«

Überaus harte Waffenstillstandsbedingungen wurden am 11. November 1918 im Wald von Compiègne vor Paris diktiert: Die Räumung der besetzten Gebiete einschließlich Elsaß-Lothringen war zu erwarten. Die Räumung des linken Rheinufers und die Besetzung dieses Gebietes zusätzlich von drei »Brückenköpfen« bei Mainz, Koblenz und Köln war ein neues Verfahren, um durch die langjährige Anwesenheit von gegnerischen Truppen auf deutschem Boden ein Faustpfand in der Hand zu haben für weitere Repressalien. Dazu gehörte die Bildung einer 50 km breiten sog. »neutralen Zone« rechts des Rheines. Die Forderung nach Auslieferung der deutschen U-Boot- und Hochseeflotte und die Rückbeförderung aller alliierten Kriegsgefangenen — letzteres allerdings ohne Gegenseitigkeit — kann als Kriegsbrauch verstanden werden, ebenso wie die Übergabe umfangreichen Kriegsmaterials (Geschütze, Flugzeuge usw.).

Die innere Lage Deutschlands war chaotisch: Die heimkehrenden Frontsoldaten waren zum großen Teil verbittert über den Ausgang des durch Jahre hindurch unter Einsatz aller Kräfte geführten Verteidigungskampfes. Kommunistisch-radikale Gruppen tauchten aus dem Untergrund auf und versuchten, die Macht an sich zu reißen wie in Bayern durch Gründung einer Räterepublik; im Baltikum wehrte die »Eiserne Armee« den Bolschewismus ab und ermöglichte die Konstituierung der freien Staaten Litauen, Lettland und Estland, während an den Grenzen Schlesiens Studenten-Freikorps gegen polnische Eindringlinge kämpften.

In dieser turbulenten Situation hätte Rudolf Steiner alle Veranlassung gehabt, sich nach seinen letzten erfolglos gebliebenen Bemühungen, das Schlimmste abzuwenden, nun enttäuscht nach Dornach zurückzuziehen und sich wieder seinem Lebenswerk zu widmen. Dort erwartete ihn der unvollendete Bau des Goetheanums. Fortwährende Einzelentscheidungen forderten den Gestalter dieses Vorhabens, der selbst in die Gerüste stieg, um bei der Ausarbeitung der von ihm entworfenen großen Holzplastik des »Menschheitsrepräsentanten« mit Schlegel und Meißel Hand anzulegen. Dies hinderte jedoch nicht seine ununterbrochene Teilnahme an dem, was mit Deutschland geschah. Bereits am 25. Januar bespricht sich Steiner mit engen Mitarbeitern über die Lage und weist angelegentlich auf die deutschen Aufgaben des Augenblicks hin. Er betont den Vorrang einer aktiven Außenpolitik des Reiches mit Hinblick auf die in Paris stattfindende »Friedenskonferenz«. Alles komme darauf an, die Vorgänge im Juli 1914 sachlich und klar darzustellen, um die Unwahrheit des Vorwurfs einer einseitigen deutschen Kriegsschuld entschieden abzuwehren. Dazu aufgefordert überreicht er eine Woche später den Freunden Molt, Boos und Kühn einen »Aufruf an das deutsche Volk und die Kulturwelt«. Sofort wird damit begonnen — und das ist bezeichnend für die einsatzfreudige Aktivität der Helfer jener Zeit —, Unterschriften zu sammeln. Zu den Unterzeichnern gehörte unter vielen anderen Hermann Hesse. Der Aufruf erschien sodann in vielen Tageszeitungen und auch als Flugblatt. Dr. Steiner selbst nimmt seine öffentliche Vortragstätigkeit wieder auf, zunächst in der Schweiz und auf soziale Fragen gerichtet. Noch im Züricher Hotel beginnt er damit, diese Vorträge zu einem Buch zusammenzufassen: »Die Kernpunkte der sozialen Frage«. Es erfährt bis 1920 bereits eine Auflage von 80000 Exemplaren.

Die zehn Seiten des letzten Teiles dieser Schrift haben den Titel »IV. Internationale Beziehungen der sozialen Organismen«. Aus diesem Kapitel meinen manche Anthroposophen eine alleinige Schuldzuweisung für den Weltkrieg an Österreich und Deutschland entnehmen zu können. Nimmt man die Fülle der hier zusammengetragenen, ganz anders lautenden Darstellungen Steiners hinzu, erscheint eine solche Interpretation unhaltbar. Der Widerspruch — falls überhaupt vorhanden — läßt sich am besten durch Rudolf Steiner selbst in seiner einfühlenden Kennzeichnung Treitschkes auflösen.

»Manches Urteil, das Treitschke über das gesprochen hat, was das deutsche Volk durch andere Völker erlebt hat, klingt wie eine herbe Verurteilung dieser anderen Völker. Wie in dieser Richtung liegende Äußerungen Treitschkes zu verstehen sind, erkennt nur derjenige, der auf die Herbheit auch der Urteile blickt, mit denen Treitschke oft richtet über das, was er innerhalb seines eigenen Volkes tadelnswert findet. Treitschke hat die tiefste Liebe zu seinem Volke, die edles Feuer in seiner Seele war; aber er glaubte, daß es nicht schade, wenn man am schroffsten richtet, wo man am meisten liebt. Es wäre denkbar, daß sich Feinde des deutschen Volkes fänden, die aus Treitschkes Werken eine Sammlung von

Aussprüchen sich anlegten, diesen Aussprüchen dann die Farbe der Liebe nähmen, die sie bei Treitschke haben, und sie mit ihrer Farbe des Hasses übertünchten: sie könnten sich dadurch Wortwaffen gegen das deutsche Volk anfertigen. Schlechter wären diese Wortwaffen auch nicht als diejenigen, mit denen sie auf ein Zerrbild Treitschkes schießen, um das deutsche Volk zu verwunden.« GA 24 S. 284 f.

Neue geistige und praktische Perspektiven werden nachfolgend noch zu behandeln sein. Hier beschäftigt uns zunächst noch Rudolf Steiners Stellungnahme zur »Schuldfrage«. Diese hat inzwischen nicht das Geringste an Aktualität eingebüßt und gibt uns entscheidende Anhaltspunkte für die eigene Urteilsfindung.

»Das Wichtigste ist die auswärtige Politik«

Roman Boos, der sozialwissenschaftliche Mitarbeiter Steiners, mit dem ich 1946 ein längeres persönliches Gespräch über diese Frage haben konnte, schildert in seinem leider zu wenig beachteten Buch »Rudolf Steiner während des Weltkrieges«, Verlag der Sozialwissenschaftlichen Vereinigung am Goetheanum 1933, wie Steiner am Vormittage des 25. Januar 1919 seine Helfer mit den Worten empfing: »Es ist ganz schrecklich, wie wenig in Deutschland Verständnis für Außenpolitik besteht . . .«, und auch am Nachmittag eröffnete Steiner die vereinbarte neue Besprechung mit dem Hinweis: »Das Wichtigste ist die auswärtige Politik. Vor allem wären solche Dinge zu verhindern, wie sie in Paris vor sich gehen. Die Rede, die Poincaré (der damalige französische Regierungschef) gehalten hat, ist zum Beispiel unwidersprochen geblieben. Es ist unbedingt nötig, von einem geeigneten Orte aus eine *Darstellung des Kriegsausbruches* zu geben . . . Die Notwendigkeit, über die eigentlichen Ursachen des Krieges zu sprechen, liegt im eminentesten Maße vor . . . Es müßte zunächst auf eine dem internationalen Publikum verständliche Art gerade von deutscher Seite über die Ursache der ganzen Katastrophe geredet werden. Ohne die auswärtige Politik, *speziell die Schuldfrage,* ins Auge zu fassen, kommt man nicht weiter.« S. XXXV

In seinem Buch kommentiert der Schweizer Roman Boos: »Schon in den Vorträgen, die Rudolf Steiner am 9. November 1918 und den folgenden Abenden am Goetheanum über ›Entwicklungsgeschichtliche Unterlagen zur Bildung eines sozialen Urteils‹ hielt (und dann sehr rasch im Druck erscheinen ließ), erfaßte er die dem guten Willen durch die neue Lage gestellte Aufgabe in ihrer ganzen Spannweite. Zur Schuldfrage, die nun als Ouvertüre zum kommenden ›Frieden‹, unter dem Taktstock der Waffenstillstands-Generalstäbe, als greuliche Kakophonie — Thema ›Hängt den Kaiser!‹ (Lloyd George) — heruntergerasselt wurde, entwickelten gerade diese Vorträge zwingend: daß eine ›Schuld‹ in dem Sinne der ententischen Anklage nicht existiert. Zur Klärung dieser Frage, so sagte Rudolf Steiner am 10. November in Dornach, ›ist allerdings notwendig, daß man einfach schlicht die Tatsachen von Stunde zu Stunde, namentlich an dem verhängnisvollen Sonnabend vor Kriegsausbruch in der Zeit zwischen 1/2 4 Uhr nachmittags und 1/2 11 Uhr nachts in Berlin schlicht und einfach erzählt. Da kann man jeden Schritt verfolgen, da kann man alle Einzelheiten verfolgen. Und die schlichte Erzählung, die ist dasjenige, was einzig und allein geeignet ist, der Welt ein *Urteil* möglich zu machen.‹« Und Boos fügt treffend hinzu: »Die Legitimation zum angemaßten Schuld-Richteramt wurde in diesen Vorträgen den verantwortlichen Politikern der Siegermächte abgesprochen.« Man überlese nicht: »der *Welt* ein Urteil möglich zu machen«! Dieses Welt-Tribunal wurde den Deutschen damals und auch 1945/46 durch einen »Alliierten Militär-Gerichtshof« vorenthalten. Sein Attribut »international« ist unzutreffend. Es war ein Gerichtshof der vier Sieger-Mächte, und angesichts der bereits vorgefaßten Parole von 1918/19: »Hängt den Kaiser« durfte auch diesmal trotz der Einsprüche vieler renommierter Freunde Deutschlands aus dem Ausland, u.a. Sven Hedin, kein anderes Ergebnis zu erwarten sein als das von Steiner bitter gekennzeichnete: »Tut nichts — der Deutsche wird verbrannt!« Unter dem heute möglichen Einfluß durch die Massenmedien ist dies in der »Welt« im Hinblick auf deutsche Vergangenheit zu einer Selbstverständlichkeit geworden — und in der manipulierten öffentlichen Meinung Mitteleuropas nicht anders.

Weil Steiner die weltgeschichtlichen Folgen sofort erkannte, kam ihm alles darauf an, »der Schuldlüge nicht nur in ihrer plumpen völkerpsychologischen, sondern in ihrer diplomatisch zugespitzten Fassung den Boden zu entziehen«.[6]

Sein Kampf galt nach dem »Waffenstillstand« in entschiedener Weise dieser Aufgabe. Ihm lag daran, wie Boos darstellte: »einem Volk, das sich in seinem tiefsten Inneren von der Schuld frei wußte, diesen Krieg beabsichtigt und herbeigeführt zu haben, in der Entwicklung seiner Bewußtseinskräfte zu helfen . . . Deshalb hat denn auch« — so fährt Roman Boos weiter fort — »Rudolf Steiner in diesem Büchlein die Schuldlüge — in ihrer völkerpsychologischen Fassung, die das deutsche Volk *damals schon* (von mir hervorgehoben, d. V.) vor der ganzen Welt zum Verbrecher stempeln sollte — für jeden Einsichtigen zunichte gemacht. Aus der Stickluft des politisierenden Moralismus, der mit seinen Peccavi-Formeln alle Vernunft vergaste, führte dies Büchlein in die Höhen und Tiefen der Geistwirklichkeit, wo jeder zum Richter über seine *eigene* Geschichte — nach dem Maß der selbsterrungenen Klarheit und Gerechtigkeit — und damit zum lebendigen Mit-Glied des Gesamtgeschehens werden kann. Diese ›Gedanken‹ (zum Kriege) sind ein wahres Buch zu dem Frieden, den man dann 1919 in aller Form verraten hat.«[7]

Eine vordergründige kausale Betrachtung hilft nicht weiter

Die Frage nach der »Kriegsschuld« ist oft an Rudolf Steiner gestellt worden. Es war seine Besonderheit, Fragen abzuwarten und sie dann erst aus einer erkennbaren Notwendigkeit aufzugreifen und zu beantworten. So auch in diesem Falle, wie er wiederholt in seinen Vorträgen versichert. Das bedeutet nicht, daß diese Fragen ihn selbst nicht schon vorher — unter Umständen geraume Zeit zuvor — bewegt und ihn zum Forschen veranlaßt hatten und daher aus einem tiefen Hintergrund den Fragenden eine gereifte Antwort entgegenkommen konnte.

Zu der hier angesprochenen historisch fundamentalen Frage bemerkte er in einem Vortrag ›Vom Wesen der europäischen Volksseelen‹, gehalten bald nach Kriegsbeginn am 28. November 1914 in Berlin; »Wir erleben es, wie im Widerspruche mit sich die heutige Welt sich zeigt. Die Menschen können noch nicht anders, als die Dinge so aufzufassen, daß sie durchaus dem anderen die Schuld geben. Wird einmal eine Zeit kommen, in welcher die tieferen Wahrheiten über das Karma (Schicksalsgesetz) in die Menschengemüter übergegangen sein werden, dann wird diese Art, dem anderen die Schuld zu geben in Bezug auf das, was zu durchleben ist, nicht mehr stattfinden. Denn dann wird man wissen, daß jedes Volk dasjenige in seinem Karma durchlebt, was es um seinetwillen zu durchleben hat. Das Volk erlebt die Notwendigkeit, die Kräfte im Kampfe zu stärken, nicht wegen des anderen, sondern um seinetwillen, um vorwärtszukommen.« GA 157 S. 62

Um einen trivalen Vergleich zu gebrauchen: Ich habe keine Veranlassung, einen Trainer zu schelten oder gar zu schmähen, wenn er mir die härtesten Übungen auferlegt, um meine Leistung und damit meinen »Wert« zu steigern. Jeder Gegner kann verstanden werden als Beauftragter des eigentlichen Trainers: des Karmas. Die Folgerung ist für Steiner: »Man wird an die Kräfte appellieren, die einen vorwärtsbringen können. Man wird lernen, sich mit seinem Schicksal zu identifizieren.« GA 157 S. 63

Steiner ist stets aufs neue berührt durch die zeitgenössische Erfahrung von der begrenzten Urteilsfähigkeit der Menschen. »Ist es denn nicht so, als wenn die Menschen, die urteilen über die heutigen Ereignisse, annehmen würden, daß im Juli 1914 eigentlich die Geschichte ihren Anfang genommen hat?« (Heute schreibt man dafür die Zahl 1933!) »Das war die traurigste Erfahrung, die wir neben allem anderen Schmerzlichen haben mitmachen müssen, daß sich gezeigt hat, wie gerade die tonangebenden oder vielmehr artikelangebenden Menschen, die die öffentliche Meinung machen, im Grunde nichts von dem *Werden* der Ereignisse wissen und nur auf das Allernächste hinschauen. Daher sind die unendlichen Diskussionen, diese ganz hinfälligen Diskussionen entstanden. Wo liegt die Ursache zu den gegenwärtigen kriegerischen Konflikten? Immer wieder und wiederum hat man gefragt: Hat der die Schuld? Hat jener die Schuld? und so weiter. Immer ist man kaum weiter zurückgegangen als bis zum Juli, höchstens Juni 1914.« GA 159/60 S. 179

Steiner geht selbstverständlich dem Ursprung dieser unser ganzes Jahrhundert kennzeichnenden Verhaltensweise nach. Es wird schwer zu widerlegen sein, daß diese der materialistischen Weltanschauung entspricht, die nur kausal zu denken versteht. Gewiß ist es möglich, aus Ursache und Wirkung einen Zusammenhang zu folgern. Die Pflanze ist eine Folge des Samens, der Knochenbruch möglicherweise eine solche des Sturzes. Doch welche Komponenten müssen mitwirken, um das eine und andere zu bewirken? Es gibt im natürlichen Geschehen bereits keine Monokausalität, wieviel weniger im menschlichen Bereich. Die ›Ganzheit‹ muß erfaßt werden. Das ist in der Natur eine große Aufgabe, in der menschlichen Biographie eine umfangreiche Ermittlung und in der Geschichtsbetrachtung eine ›höhere Kunst‹. Mit der Schlacht am Weißen Berge bei Prag (1620) gewann zwar die Gegenreformation Böhmen und Mähren wieder, doch bleibt dieser Sieg des Kaisers Ferdinand II. keine Erklärung für die endgültige religiöse Spaltung Deutschlands. Auch mit der berüchtigten Marneschlacht 1914 brauchte noch nicht der endgültige Untergang des Deutschen Reiches besiegelt zu sein, weil auf den Ersten Weltkrieg kausal ein zweiter folgte. Und Schlesien wurde auch nicht »schon 1933 verloren«. Hören wir Steiner: »Dasjenige, was materialistische Denkweise ist, führt dazu, daß man zum Schlusse alles beweisen und alles glauben kann.« GA 159/60 S. 180

Im Gegensatz zu dieser oberflächlichen Art des Anschauens verweist Steiner auf Grillparzers Interpretation des ›Tragischen‹: er meint, daß die Menschen es an Klugheit fehlen lassen, das Tragische zu durchschauen. »Das richtige Tragische zwischen Menschen entsteht erst dann, wenn die Beteiligten so klug, so umsichtig sein mögen, wie sie nur wollen, und ihnen alle Klugheit, alle Umsichtigkeit nicht helfen: es muß der Konflikt herauskommen.« GA 174 S. 61

Steiners Schrift »Gedanken während der Zeit des Krieges«, gerichtet an die Angehörigen seines Volkes, aber auch an diejenigen, »die nicht glauben, sie hassen zu müssen«, wurde, wie es als damaliger Zeitzeuge in der Schweiz Roman Boos erlebte, auch vielfach mißverstanden. »Zum Geist, der in der Begeisterung von Millionen Deutscher glühte, sprach dies Büchlein. In die Seelenstimmung der Begeisterung wurde es von vielen — als neuer Brennstoff — eingefeuert. Von anderen, jenseits der Kriegsfronten lebenden Lesern zog es Wutausbrüche auf sich, die immer dann zur Explosion kommen, wenn Menschen, die von Oberflächen-Suggestionen gebannt sind, die unbewußte Liebe zum Geist eines Feindes in sich selbst niederschlagen, weil sie glauben, dem eigenen Volk schuldig zu sein, ihn zu hassen.« (Boos a.a.O. S. XIX) Eine psychologisch bemerkenswerte Erklärung für sonst unverständliche Verhaltensweisen bei einer Vielzahl von Menschen in unserem Jahrhundert!

Doch fragen wir nun nach der für die heutige geschichtliche Erkenntnissuche gegebenen Bedeutung dieser Steiner-Schrift: Sie beginnt mit der Würdigung dessen, was nachgewachsene Generationen heute kaum mehr zu verstehen in der Lage sind.

»Unsägliches Leid, tiefe Trauer leben in den Seelen der gegenwärtigen Menschen neben dem Willen, dem weltgeschichtlich unvergleichlichen Augenblicke die Opfer des Mutes, der Tapferkeit, der Liebe zu bringen, die er fordert. Den Krieger stählt das Bewußtsein, daß er für ein Teuerstes einsteht, das die Erde der Menschheit zu geben hat. Er sieht dem Tod ins Antlitz mit dem Gefühl, daß sein Sterben von jenem Leben gefordert wird, das als Höheres gegenüber dem einzelnen Menschen auch seinen Tod beanspruchen darf.« GA 24 S. 279

Nachdem Rudolf Steiner in Berufung auf den von ihm sehr verehrten, heute nur wenig bekannten Kulturphilosophen Herman Grimm auf die Bedeutung Heinrich von Treitschkes eingegangen war, wendete er sich den eigenen Hörern und Lesern zu. Er nimmt eine mögliche Kritik vorweg, von solchen Persönlichkeiten, die erwarten könnten, etwas darüber zu erfahren: »wie sich die gegenwärtigen Kriegsereignisse ›auf Grundlage der ewigen, höchsten Wahrheiten alles Seins und Lebens‹ beurteilen lassen. Solchen ›Enttäuschten‹, die sich vielleicht gerade unter den Freunden des Verfassers finden werden, möchte dieser sagen, daß die ›höchsten ewigen Wahrheiten‹ selbstverständlich überall gelten, also auch für die gegenwärtigen Ereignisse« und er beschließt diesen Absatz mit dem Hinweis, er habe diese Schrift in der Absicht verfaßt: »von diesen Ereignissen selbst zu sprechen«. GA 24 S. 289 f.

Nach einer Darstellung der Bedeutung Johann Gottlieb Fichtes für die Krisen unseres Jahrhunderts, geht Steiner auf die Frage der Kriegsursachen ein, eine Frage nicht nur für die damalige Zeit von brennender Aktualität.

»›Wer hat diesen Krieg gewollt?‹ so lautete eine dem Deutschen von vielen Gegnern gestellte Frage, die wie als selbstverständliche Antwort voraussetzte, daß die Deutschen ihn gewollt haben. Doch auf solche Frage darf nicht Leidenschaft antworten. Auch nicht das Urteil, das nur aus den Tatsachen schließen will, die in allerletzter Zeit dem Kriege vorangegangen sind. Was in dieser allerletzter Zeit geschehen ist, wurzelt tief in den Strömungen europäischer Willensimpulse. Und Antwort der obigen Frage kann nur gesucht werden in den seit lange gegen das Deutschtum eingestellten Impulsen.« GA 24 S. 302 f.

Steiner gibt sodann noch zwei wichtige Gesichtspunkte an zur rechten Geschichtsbetrachtung: »Der eine ergibt sich, wenn man bedenkt, daß es sich bei Bildung eines Urteils über wichtige Tatsachen nicht allein darum handeln kann, *daß* man etwas weiß, sondern darum, *aus welchen Grundlagen heraus* man sich das Urteil bildet. Zum zweiten Gesichtspunkt wird man bei der Betrachtung von Völker-Impulsen geführt, wenn man erkennen will, *in welcher Art* sie in dem Leben der Völker wurzeln. Aus dem Einblick in diese Art ergibt sich eine Empfindung über die Stärke, mit der diese Impulse in der Zeit fortleben und im ihnen günstigen Augenblicke zur Wirksamkeit kommen. GA 24 S. 303

Fragen wir nun nach den aus dem Hintergrund in das politische Geschehen hineinwirkenden Kräften, die zu einem der tragischsten

Konflikte in der Weltgeschichte geführt haben und folgen dabei den historischen Ermittlungen und tieferen Einsichten Rudolf Steiners. Dabei wird es zugleich darauf ankommen, die geschichtliche Entwicklung aufzuzeigen und möglichst bis zu deren Wurzeln zurückzuverfolgen, um den Darstellungen Steiners aus eigener Einsicht folgen zu können. Gewiß wird dies zudem zu gründlicherer Unterrichtung über die historischen Tatsachen anregen, als solche in Rücksicht auf den Gesamtüberblick hier im einzelnen angeführt werden können.

DIE TRAGÖDIE DEUTSCH-ÖSTERREICHS

Die Geschichte der Ostmark

Die Geschichte »Österreichs«, des »Ostreiches«, ist mit der deutschen Volkwerdung eng verbunden. Sie stellt deren südöstlichen Zweig dar. Sie beginnt im eigentlichen Sinne mit der Lösung des Ostfrankenreiches aus dem Gesamtverband des von Karl dem Großen auch nach Osten erweiterten Frankenreiches. König Ludwig II. (843–876) erhielt im Vertrag von Verdun (Verden!) im Jahre 843 das ostfränkische Gebiet zugesprochen. 879 wurde die durch die Linie Schelde-Maas-Saône gekennzeichnete Sprachgrenze zwischen dem Französischen und Deutschen zu der durch das ganze Mittelalter bleibenden Grenze zwischen Deutschland und Frankreich. Im Osten wird die Grenze durch Elbe, Saale, Böhmerwald und Kärnten bezeichnet. In diesem offiziell noch als »Francia orientalis« benannten Großraum entwickelt sich bereits unter Ludwig das Gefühl einer Zusammengehörigkeit. Die althochdeutsche Sprache erfährt ihre Ausbildung in der zeitgenössischen Literatur. In ihr findet der deutsche Volksgeist seinen ersten Ausdruck. König Ludwig erhält den Beinamen: »der Deutsche«. Zeitlich schließt sich unabhängig in der deutschen Ostmark an Arnulf von Kärnten, ein Sohn König Karlmanns (876–880). Er regiert als König in Kärnten von 887 bis 899. Es gelingt ihm, das Ostfrankenreich endgültig vor den Normannen zu sichern, die zuvor Paris belagert hatten und nur durch ein Lösegeld zum Abzug veranlaßt werden konnten. Im Bund mit den Ungarn, der ihm damals zum ersten Mal möglich wurde, unternimmt er abwehrende Feldzüge gegen das Großmährische Reich. 896 wird Arnulf von Kärnten vom Papst zum Kaiser gekrönt. Es ist wenig bekannt, daß der erste im eigentlichen Sinne deutsche Kaiser nach Karl dem Großen der König aus der Ostmark war, dem nach 66 Jahren in dieser

Würde Otto der Große aus dem Sachsenstamm folgte. Arnulfs staatsbegründendes Wirken währt nur zwölf Jahre. Er war ein einzigartiger »Vorläufer«, denn mit seiner Erkrankung beginnt ein Machtverfall. Die Ostmark geht vorerst verloren.

Erst unter Otto III. wird der Südostraum neu gegliedert. Die Ostmark Bayerns, zum ersten Mal »Ostarrîchi« genannt, wird dem Stammvater der jüngeren Babenberger, Luitpold, übertragen und Kärnten zu einem eigenen Herzogtum erhoben. Der letzte der »Ottonen«, Otto III., setzt bei seinem ersten Italienzug seinen Vetter Brun von Kärnten als ersten Deutschen zum Papst ein und wird selbst von diesem zum Kaiser gekrönt. Friedrich Barbarossa macht nun auch Österreich zu einem Herzogtum mit besonderen Vorrechten. Noch unter Otto dem Großen wurde 950 Böhmen unter einer eigenen Dynastie dem Reich endgültig in lockerer Form eingegliedert. Beim Regierungsantritt seines Sohnes wird in Prag ein Bistum errichtet und in die Kirchenprovinz Mainz einbezogen. Nachdem die Expansionspolitik des Boleslaw I. von Polen sich Böhmens bemächtigt hatte, stellt Heinrich II. als letzter der Sachsenkaiser den eingeleiteten Zustand wieder her und gliedert zudem endgültig Mähren an. Heinrich IV. erhebt 1086 Böhmens Herrscher Vratislav I. zum König.

Die Habsburger werden das »Haus Österreich«

Seit Rudolf von Habsburg 1273 von den deutschen Kurfürsten nach dem Interregnum — hervorgerufen durch die Vernichtung des Staufergeschlechts in Italien — zum König gewählt wurde, haben die Habsburger mit Unterbrechungen bis 1918 diesen Titel getragen. 1437 machte Albrecht das Haus Habsburg zum Erben der ungarischen, böhmischen und deutschen Krone. Diese Verbindung kennzeichnet den Charakter eines Reiches, dessen Aufgabe es war, für viele und unterschiedliche europäische Völkerschaften ein bergendes Haus des Zusammenlebens zu sein. Das Kaisergeschlecht selbst ist in die Geschichte als das »Haus Österreich« eingegangen. Seine Regenten waren Deutsche wie die Hohenzollern, die von der ersten Stunde an — und bis zur letzten! — befreundete oder feindliche Brüder waren. Die Habsburger waren, solange sie die Kaiserkrone trugen, die eigentlichen Träger der europäischen Reichsidee. Es gelang ihnen, im Laufe der Jahrhunderte ein Weltreich aufzurichten, in dem »die Sonne nicht unterging«.

Durch den Dreißigjährigen Krieg, der zunächst den Charakter eines Bürgerkrieges hatte, wurde es von innen erschüttert, durch das Eingreifen der europäischen Mächte, insbesondere Frankreichs und Schwedens, im »Westfälischen Frieden« von Münster und Osnabrück 1648 zur Ohnmacht verurteilt; durch die Souveränitätsansprüche der deutschen Fürsten und die daraus folgernde Schwächung von innen verlor es eine auswärtige Position nach der anderen. Die Türken bedrohten es vor den Toren Wiens, und Frankreich konnte ihm das deutsche Elsaß rauben und ungehindert die Rheinpfalz verwüsten. Das Heidelberger Schloß ist seit jetzt dreihundert Jahren ein Zeugnis dafür geblieben. Schließlich zwang Napoleon 1806 durch ein Ultimatum Franz II., die deutsche Kaiserwürde niederzulegen.

Das war das formale Ende des »Heiligen Römischen Reiches Deutscher Nation«. Dessen Namen zeigte Anspruch und Verantwortung zugleich an. Seit Karl dem Großen betrachtete man »das Reich« als Erbträger und Fortsetzung des ältesten europäischen Reiches: des Imperium Romanum und damit als Ordnungsmacht unseres Erdteils. Das Attribut »heilig« meinte die christliche Verpflichtung gegenüber einer höchsten Instanz. Entsprechend verstand sich Karl als der erste Kaiser, der die Würde des Caesar Divus Augustus wieder übernahm, als »Stellvertreter Gottes auf Erden«. So lautete der Titel der bis zum Ende in Wien regierenden Kaiser »Apostolische Majestät«, und etwas bescheidener nannte sich noch der letzte König von Preußen »von Gottes Gnaden Deutscher Kaiser«. Es gab derer seit 1871 also zwei! Denn ein *deutscher* Kaiser war der Träger dieser Würde sowohl in Wien wie in Berlin. Die Habsburger waren ein deutsches Geschlecht wie die Hohenzollern. Noch heute befinden sich Kaiserkrone und Reichsinsignien in Wien.

Durch die Verselbständigung Ungarns 1867 verblieb zwar dessen »heilige Stephanskrone« in Personalunion beim Hause Habsburg; es wurde jedoch — vergleichbar dem Verhältnis Englands zu Schottland — eine Konföderation begründet, die auch in dem neuen Namen »Österreich-Ungarn« zum Ausdruck kam. Fortan war dieser Staatsverband geteilt in »die im Reichsrat vertretenen Königreiche und Länder« und in die »Länder der heiligen Stephanskrone« Ungarns. Den im Reichsrat vertretenen Ländern gehörten an Ober- und Niederösterreich, Salzburg, Steiermark, Kärnten und Schlesien, soweit es nicht Preußen eingegliedert worden war, also rein deutsch besiedelte Länder, außerdem Krain, Istrien, Böhmen und Mähren, letztere überwiegend tschechisch mit Ausnahme der 3,5 Millionen »Sudetendeutschen«.

Die Slawenfrage

Dazu kam eine große Anzahl von slawischen Volksstämmen: Zu den Deutschen, Magyaren, und Italienern die Tschechen, Slowaken, Slawonen, Serbier, Serbokroaten, Kroaten, Polen, Rumänen und Ruthenen. Galizien, Lodomerien und die Bukowina gehörten zum Reichsgebiet. Kroatien und Slawonien hatten eine begrenzte Selbstverwaltung innerhalb des ungarischen Staates. Es gab dreizehn anerkannte Sprachen. Wir haben mithin ein viele unterschiedliche Völkerschaften vereinendes *Reich* vor uns. Rudolf Steiner äußerte sich dazu am 10. Dezember 1916: »Das, was da lebt, kann nur derjenige erkennen, der einmal innerhalb dieser Völkerschaften längere Zeit wirklich mit den Ereignissen mitgelebt und die verschiedenen Strömungen verstanden hat, die innerhalb dessen, was Österreich-Ungarn genannt wird, wirksam waren. Insofern es sich um das Slawische handelt, so ist in den letzten Jahrzehnten des 19. Jahrhunderts eine durch alles hindurchgehende Bestrebung die gewesen, die Möglichkeit zu finden, wie die verschiedenen slawischen Völkerschaften in Frieden und in Freiheit miteinander leben können. Die ganze Geschichte Österreich-Ungarns in den letzten Jahrzehnten, mit all den scharfen Kämpfen, ist nur zu verstehen, wenn man sie faßt als Versuch, das Prinzip der Individualisierung der einzelnen Stämme zu verwirklichen. Diese ist natürlich schwierig, weil ja die Leute nicht so bequem nebeneinander leben, sondern vielfach ineinandergeschachtelt sind. Unter den Deutschen Österreichs gibt es sehr viele, welche auch das Heil der Deutschen gerade darin sehen, die einzelnen Slawenstämme in Österreich möglichst zu individualisieren, das heißt, eine Form zu suchen, wie sie selbständig und frei sich individuell entwickeln können. Daß solche Dinge nicht schnell gefunden werden können, ist selbstverständlich, es braucht Zeit; aber es ist immerhin eine solche Bewegung durchaus vorhanden.« GA 173 S. 90

Belastend mußte in dieser Lage wirken, daß auf dem »Berliner Kongreß« 1879, zu dem Bismarck von den europäischen Mächten veranlaßt worden war, um als »ehrlicher Makler« zu wirken, auf Veranlassung Englands und durch europäischen Beschluß die von den Türken bisher beherrschten Länder Bosnien und die Herzegowina Österreich zugesprochen wurden. Damit wurde der Bevölkerungsanteil der beiden das Reich tragenden Staatsvölker auf zwei Fünftel der Gesamtzahl von 51 Millionen Einwohnern zurückgedrängt. Die Volkszählungen der k. u. k. statistischen Zentralkommission stellen demgegenüber nur 9.950.000 Deutsche fest. Nicht »Österreicher«, sondern »Deutsche« war damals noch die offizielle Bezeichnung. Neben den nationalen Gegensätzlichkeiten existierten die konfessionellen: 28 Millionen römische Katholiken, viereinhalb Katholiken des griechischen und armenischen Ritus, 3 200 000 griechisch-orthodoxe Christen, eine halbe Million Protestanten und beinahe zwei Millionen »Mosaischer Konfession«.

Als Österreich-Deutscher charakterisiert Rudolf Steiner die Stimmung der Deutschen zu jener Zeit: »Als auf dem Berliner Kongreß durch den bedeutenden Einfluß *Lord Salisburys* Österreich den Auftrag erhalten hatte, Bosnien und die Herzegowina zu okkupieren, als England also Österreich das Mandat gegeben hatte, die Balkanaktion zum Heile Europas in den siebziger Jahren vorzunehmen, da war in Österreich die heftigste Opposition gegen die Angliederung von Bosnien und der Herzegowina, weil die Deutschen in Österreich sagten: Slawen haben wir ohnedies schon genug, wir können unmöglich so viele Slawen konsumieren. —

Wäre in Österreich die Idee aufgetaucht, irgendein Stück von Serbien durch einen Krieg zu erwerben, so hätte das im wohlverstandenen Interesse Österreichs dort allerschärfste Opposition hervorgerufen.« GA 173 S. 202 Das Übergewicht des slawischen Bevölkerungsanteils gegenüber der deutschen Volksgruppe wurde ohnehin als belastend empfunden. Seine erneute Vergrößerung hätte zu den bestehenden zwischenvölkischen Problemen nur noch neue hinzugefügt.

Neben diesen im Habsburger Reich vereinigten Slawenstämmen lebten die Balkanslawen, welche lange unter der Herrschaft des Osmanischen Reiches standen, die sie jedoch in den durch das 19. Jahrhundert währenden, zumeist kriegerischen Auseinandersetzungen abschütteln konnten. Aus dieser Befreiung entstanden einzelne Staaten wie Bulgarien, Serbien, Rumänien und Montenegro. Selbstverständlich übte deren scheinbare Selbständigkeit im Zeitalter des nationalen Erwachens eine Anziehungskraft für die im nachbarlichen Österreich-Ungarn lebenden slawischen Artverwandten aus. Eine Bewegung entstand, die unter dem Namen »Panslawismus« bekannt geworden ist. Geistesgeschichtlich ist sie bemerkenswerterweise eine Tochterbewegung der deutschen »Romantik«.

Johann Gottfried Herder, der Freund Goethes, lenkte mit seiner Sprachphilosophie und durch seine Sammlung der europäischen Volkslieder als »Stimmen der Völker« die Aufmerksamkeit insbesondere auf jene Volkstümer, die ihre kennzeichnenden Sitten, ihre Trachten und Bräuche und ihre alte Sprachkraft zu seiner Zeit noch und darüber hinaus lange bewahrten. Er bewunderte insbesondere die Lieder der Südslawen und machte deren in West-Europa kaum beachtetes Volkstum bekannt. Er eröffnete damit diesen Völkern selbst den Weg zu ihrem eigenen Kulturerbe, das sie zu vernachlässigen begannen, und weckte damit zugleich ihr nationales Eigenbewußtsein. Die genannten Volksstämme haben es Herder zu verdanken, daß sie dadurch auch in den gesamteuropäischen Kulturzusammenhang aufgenommen wurden. Er wurde der »Vater der europäischen Slawistik« als der Wissenschaft von den slawischen Sprachen. Dies war für die Entwicklung des

»Panslawismus« von großer Bedeutung. Auf dem ersten slawischen Kongreß, der in Prag 1848 gleichzeitig mit der Deutschen Nationalversammlung in Frankfurt zusammentrat, mußte in Ermangelung anderer Verständigungsmöglichkeiten die deutsche Sprache als Konferenzsprache dienen. Das ist ebenso bezeichnend wie die Tatsache, daß die zutreffender als »Deutsche Bewegung« bezeichnete »Romantik« zu diesen Bestrebungen im europäischen Osten ein lebhaftes Sympathieverhältnis aufnahm. Dies fand seinen Ausdruck u.a. darin, daß die deutschen Studenten der damaligen völkischen Bewegung das Lied sangen: »Noch ist Polen nicht verloren . . .!«[8]

Wesentlich komplizierter ist das Verhältnis zwischen Deutschen und Tschechen. Vielleicht durch das schon ein Jahrtausend währende Zusammenleben in einem charakteristischen Mittelraum Europas? Er ist bestimmt durch die seit alter Zeit eine natürliche Grenze bildenden Gebirge Bayrischer und Böhmischer Wald, Erzgebirge und Riesengebirge mit dem Altvater-Gebirge. In diesem Raum, den die Moldau durchströmt, im deutschen Sprachgebrauch »Böhmen und Mähren« genannt, haben Tschechen und Deutsche ihre gemeinsame Heimat. Sein Mittelpunkt, die »Goldene Stadt« Prag, ist die historische Hauptstadt des tschechischen Volkes. Durch die Gründung der ersten deutschen Universität, der »Karls-Universität«, ist sie zugleich in die deutsche Geistesgeschichte eingeschrieben. Viele Zeugen deutscher Kultur, der Dichtung und Kunst, entstammen diesen beiden Ländern. Adalbert Stifter hat das Zusammenleben von Tschechen und Deutschen in dem sein Lebenswerk krönenden historischen Roman »Witiko« beschrieben. Es zeugt von guter Nachbarschaft und gegenseitiger Hilfe und Hochachtung zu Beginn dieses Jahrtausends. Rudolf Steiner dazu: »In all diesen slawischen Völkern und Volksstämmen lebt dasjenige, was ich . . . als das einheitliche elementarische völkische Element bezeichnet habe, und was eben eine *Vorbereitung für die Zukunft* ist.« GA 173 S. 91

Umso verständlicher wird der unverkennbare Zorn Rudolf Steiners, als des Kenners der Landesgeschichte, über eine Verfälschung von Tatsachen, die danach sogar zum Namen des neugegründeten Staates führte. Die erst im Ersten Weltkrieg aus politischen Gründen eingeführte Bezeichnung der im böhmisch-mährischen Raum siedelnden Stämme als »Tschechoslowaken« ist unzutreffend und irreführend. In einem Dornacher Vortrag am 13. Januar 1917 beschäftigt sich Rudolf Steiner mit der kurz zuvor herausgebrachten Note der Entente zu deren Kriegszielen. Er empfindet sie als eine Herausforderung an die Wahrheit und Wirklichkeit. Dieses schwerwiegenden Vorwurfes wegen erscheint es angemessen, seine Klarstellung möglichst im vollen Wortlaut zu zitieren, zumal die »tschechische Frage« im Verhältnis zur deutschen Zeitgeschichte — zuletzt auch durch die fünfzigjährige Erinnerung an die Konferenz in München 1938 — in der Weltöffentlichkeit immer noch zu einer unabhängigen Urteilsbildung herausfordert:

»Betrachten wir ein Faktum dieser Tage, ich möchte sagen, ganz sine ira, wenn auch nicht sine studio; ohne Sympathie und Antipathie, jedoch unter Zugrundelegung der Tatsachen. Sie alle haben ja gewiß gelesen, was bekanntgeworden ist als Note der Entente an den Präsidenten *Wilson* . . .

Betrachten wir nun Tatsachen. Das wäre so ungefähr das heutige Österreich-Ungarn (es wird gezeichnet). Hier etwa die Donau, hier etwa würde Wien liegen. Nehmen wir nun an, es würde verwirklicht, was die Note der Entente fordert. Da wird gesagt, daß die Italiener — es sind die österreichischen Italiener gemeint — freigemacht werden wollen. Worunter diese Note der Entente am meisten leidet, das ist jene innere Unwahrhaftigkeit, die aus der vollständigen Unwissenheit kommt . . . Jetzt wird gesagt, komischerweise: Befreiung der Tschecho-Slowaken. Man kennt Tschechen, man kennt Slowaken — aber Tschecho-Slowaken kennt natürlich nur die Entente. Also es dürften vielleicht die Tschechen und die Slowaken gemeint sein.« GA 174 S. 120

Der hier herangezogene Vortrag Steiners erscheint für die Beurteilung der völkischen Verhältnisse in der Donaumonarchie aufschlußreich, weil er auf einen Tatbestand hinweist, der allgemein zu wenig, in keinem Fall jedoch in der hier behandelten Entente-Note berücksichtigt wird, wenn es um die Verselbständigung von Volksgruppen in eigenstaatlicher Weise geht. Die slawischen Ansiedlungen wie auch umgekehrt diejenigen der Deutschen sind keineswegs immer geschlossene Flächen gewesen, sondern waren in zusammenhängende andersvölkische Gebiete eingesprengt.

»Die ganze Note zeigt, daß da zum Beispiel gar kein Bewußtsein davon vorhanden ist, welche Schwierigkeiten es macht, die Majorität der slawischen Bevölkerung in diesen Gebieten gegenüber der verschwindenden Minorität in jenen Gebieten zurechtzukriegen. Aus dieser ganzen Note spricht die arroganteste, gewissenloseste Unkenntnis der Verhältnisse! Und damit macht man heute historische Noten. Und dann sagt man, daß man eigentlich, ja, auf nichts anderes ausgeht, als auf — ich weiß schon nicht was, denn es ist fast widerwärtig, die Phrasen, die da gesprochen werden, zu wiederholen. Aber was könnte denn besser beweisen, daß Österreich in die Notwendigkeit versetzt war, sich zu wehren, als diese Note der Entente? Was könnte einen besseren Beweis liefern? Kurz, diese Note ist nur pathologisch zu betrachten. *Sie ist eine Herausforderung an die Wahrheit und Wirklichkeit* selber. Das überspannt eben den Bogen.« GA 174 S. 120 f. Diejenigen, die sich 1945 abermals anmaßten, ›die Welt zu ordnen‹, vertrieben aus der gleichen Ignoranz 18 Millionen Deutscher aus ihrer Heimat.

»Es wäre schon an der Zeit, daß eine solche Illustration, wie ich sie hier annähernd gemacht habe, dieser absolutesten weltgeschichtlichen Unkenntnis und Unwissenheit über Mitteleuropa in der ganzen Welt verbreitet würde. Es ist ja selbstverständlich, daß da, wo Gewalt wirkt, Vernunftgründe nicht viel Wirkung haben können. Aber der Anfang muß damit gemacht werden, einzusehen, daß, wenn von Recht und Freiheit gesprochen wird, Gewalt gemeint ist, richtig Gewalt gemeint ist. Die Dinge müssen beim rechten Namen genannt werden. Und gerade darunter leidet unsere Zeit, daß sich die Menschen nicht entschließen wollen, die Dinge beim rechten Namen zu nennen. Viele Menschen kommen auf vieles nicht. Wenn einem so etwas entgegentritt wie diese absolut törichte Gliederung der österreichischen Völker, dann wird ganz klar, daß die Note von Leuten stammt, die von alledem nichts wissen, was in Mitteleuropa ist, die aber die Arroganz haben, über Dinge zu urteilen, die sie gar nicht kennen und nichts anderes wollen, als ihre Gewaltherrschaft über diese Gebiete ausdehnen; denen es ganz gleichgültig ist, wie die Wirklichkeiten liegen. Aber man frägt sich doch: Wie können denn diese Dinge überhaupt zustande kommen? Zum Beispiel gibt es einige Versionen, wo es heißt: Befreiung der Slawen und der Tschechen und der Slowaken; die hiesigen Zeitungen, die wahrscheinlich richtiger übersetzen als andere, bringen aber Tschecho-Slowaken. GA 174 S. 122

Die gleiche Ignoranz — Steiner nennt sie »knüppeldickes Blech« — lag vor, als 1919 die polnischen Ansprüche auf Teile Schlesiens mit falschen Angaben vertreten wurden. Auch die Zuweisungen an Polen 1945 beruhen auf einer Verwechslung der Schwarzen und Weißen Neiße. »Von dieser grandiosen Ungewißheit muß man schon sprechen; denn es ist bedeutsam und gehört unter die Charakteristiken unserer Zeit, daß von jener Seite, die den halben bewohnbaren Erdteil beherrscht, ein Urteil abgegeben wird, das auf solcher Wirklichkeitsgrundlage ruht. Das ist eine Herausforderung des Geistes der Wahrheit selber.« GA 174 S. 123

Diese Stellungnahme Rudolf Steiners zur Antwortnote der Entente an Wilson läßt an Deutlichkeit gewiß nichts zu wünschen übrig. Die Begründung für Steiners Empörung erfahren wir durch sein Erstes Memorandum vom Juli 1917. Sie ist ebenso eindeutig und durch die inzwischen eingetretene historische Entwicklung bestätigt: Der »Untergang der mitteleuropäischen Freiheit« ist durch Versailles und 1945 Wirklichkeit geworden.

»Erkennt man dieses, dann wird vor allem klar, warum wir diesen Krieg haben und warum er unter der falschen Flagge der Völkerbefreiung *ein Krieg ist zur Unterdrückung des deutschen Volkes,* im weiteren Sinne zur Unterdrückung alles selbständigen Volkslebens in Mitteleuropa. Entkleidet man das Wilsonsche Programm, das als die neueste Umschreibung aus den Deckprogrammen der Entente hervorgegangen ist, so kommt man darauf, daß seine Ausführung nichts anderes bedeuten würde als den Untergang dieser mitteleuropäischen Freiheit. Daran hindert nicht, daß Wilson von der Freiheit der Völker redet; denn die Welt richtet sich nicht nach Worten, sondern nach Tatsachen, die aus der Verwirklichung dieser Worte folgen. Mitteleuropa braucht wirkliche Freiheit, Wilson aber redet gar nicht von einer wirklichen Freiheit.« GA 24 S. 354 f.

Was ebenso vom fernen Westen her übersehen wurde, war die bereits erwähnte Tatsache, daß sich die slawischen Stämme untereinander zunächst nur in der deutschen Sprache verständigen konnten, dieses Element für sie also verbindend wirkte und daher auch gerechtfertigt war. Selbstverständlich konnten auf Zeit die Aufgaben der Verwaltung und Rechtssprechung nicht Deutschen und Ungarn überlassen bleiben, was in Böhmen und Mähren ohnehin nicht der Fall war. Doch dazu bedurfte es einer längeren behutsamen Entwicklung, zu der die Deutschen in der »Donaumonarchie«, wie wir durch Steiner erfahren haben, bereit waren, an der Spitze der Thronerbe Kronprinz Rudolf. Nach dessen tragischem, immer noch in seinen Ursachen ungeklärten Tod trat der Erzherzog Franz Ferdinand an seine Stelle, auch er ein als solcher bekannter Slawenfreund. Werfen wir, bevor dessen Schicksal zu erörtern sein wird, einen Blick auf den südlichen Nachbarn Serbien.

Serbien und das Reich der Habsburger

Das Land Serbien wird zum ersten Mal als Teil des Byzantinischen Reiches erwähnt. Im 6. Jahrhundert erfolgten Einfälle in diesen Raum von Völkerschaften, die in der Geschichtsschreibung als »slawisch« bezeichnet werden. Eine sog. »Christianisierung« scheint vorübergehende Bildung von Gemeinden und eine gewisse staatliche Selbständigkeit zum Gefolge gehabt zu haben. Ein Königtum ist wohl erst 1077 durch Michael Vogslav begründet worden. Erst in der zweiten Hälfte des 12. Jahrhunderts tritt eine dauerhafte Konsolidierung der politischen Verhältnisse ein, seit Stephan Nemanja als Großfürst (Großzupan) eine serbische Einheit zustande gebracht hatte. Sein Sohn Stephan II. erhält 1217 vom Papst die Königskrone. Zwei Jahre später gesteht Byzanz entsprechend dem orthodoxen Prinzip Serbien die Anerkennung einer Nationalkirche zu. Für Serbien bleibt seit dieser Zeit die Orthodoxie die herrschende Glaubensform.

Im 13. Jahrhundert dehnt sich das Königreich beständig aus und erlangt im 14. Jahrhundert die Vormacht auf dem Balkan. 1346 wird Stephan Dusan zum Imperator Rasciae et Romaniae in Skopje gekrönt. Seinem Ziel, die Kaiserkrone in Byzanz zu erlangen, stellt sich sein Tod entgegen. Nach elfjährigem Erfolg zerfällt sein Reich. Als die Woge der Türken heranbrandet, wird der serbische Adel 1389 auf dem Amselfeld vernichtet. 1444 ist sodann ganz Serbien von den Heeren des Osmanischen Reiches überrannt. Auch die Herzegowina und Bosnien werden kurze Zeit darauf vom »Halbmond« erobert. Ein erster Aufstand gegen die Türken erfolgt aus dörflichen Autonomien und städtischen Zünften erst 1804, geführt von Kara Georg Petrovic, der 1817 als 49-jähriger ermordet wird. Immerhin ist das Zugeständnis einer türkisch-serbischen Doppelverwaltung errungen. Schließlich wird 1830 eine Autonomie anerkannt. Nach rapidem Anstieg der Bevölkerung tritt eine Verarmung vornehmlich des Landvolkes ein.

1860 beginnt Michael III. Obrenovic eine Außenpolitik mit dem Ziel, alle Serben und Kroaten in einem Staat zusammenzuführen. Sieben Jahre später räumen die Türken die letzten Festungen und geben damit das Land frei. Der Berliner Kongreß unter Bismarcks Leitung erklärt Serbien für unabhängig. Es bleibt jedoch eine wirtschaftliche Abhängigkeit von Österreich-Ungarn bestehen. Mit Peter I. beginnt eine südslawische Bewegung, der sog. Jugoslawismus. Die Jahre 1912 und 1913 sind gekennzeichnet durch die Balkankriege, die zu einem Zurückweichen der Türken aus noch beherrschten Restgebieten (Nordgriechenland) führen.

1914 fallen in Sarajewo die tödlichen Schüsse auf den österreichischen Erzherzog Franz Ferdinand und seine Frau durch Gavriel Prinzip (Gabriel Fürst).

Über die Hintergründe äußerte sich Rudolf Steiner wie folgt: »Warum war, zunächst äußerlich angesehen, jener Franz Ferdinand von einer gewissen Bedeutung? Darum, weil er mit seinem Wesen, durch seine ganzen Neigungen — das Äußere müssen Sie aber symbolisch auffassen für etwas, was innerlich lebte — der äußere Ausdruck für gewisse Strömungen war. In seinem Wesen lebte etwas, was sobald es sich nur hätte ganz befreien können, der individuellen Entwickelung des Slawentums außerordentlich verständnisvoll entgegenkam. Man kann ihn geradezu einen intensiven Freund des Slawentums nennen, und er hatte Verständnis — vielleicht müßte ich sagen: dasjenige, was in ihm lebte, was ihm selber nicht voll bewußt war, hatte Verständnis dafür, was für Formen das Zusammenleben der Slawen annehmen muß, wenn sie sich individuell entwickeln sollen.

Man muß nun ins Auge fassen, daß das Karma es so gefügt hat, daß der Gang dieses Karmas ein höchst eigentümlicher ist. Man darf nicht vergessen: es war einmal ein Thronfolger da, Erzherzog Rudolf, auf den große Hoffnungen gesetzt waren, insbesondere nach jener Richtung, in welcher viele liberale und freigeistige Menschen der Gegenwart denken.« GA 173 S. 91 f. Steiner weist mit diesen Worten auf den tragischen Tod des Kronprinzen Rudolf, den einzigen Sohn des Kaisers, hin, der nach offizieller Erklärung des Kaiserhauses seinem Leben selbst ein Ende gesetzt haben soll. Von diesem Thronfolger wurde erhofft, daß er fortschrittliches Denken in die österreichischen Verhältnisse gebracht hätte. Steiner sagt hierzu: »Aber Sie wissen, wie das Karma gewirkt hat, und wie das, was da hätte geschehen sollen, verunmöglicht worden ist. Nun war das andere möglich, daß ein sich in ganz anderer Richtung bewegender Mann bedeutsam werden konnte . . . Das, was hätte eingerichtet werden sollen und können — jetzt nicht nach dem Willen dieser oder jener Menschen, sondern nach den Intentionen der Weltenevolution —, was hätte eingeleitet werden können durch diese, das Slawentum mit Verständnis beobachtende Seele — ich will jetzt vorläufig nur abstrakt charakterisieren —

das wäre wirklich gerade für das Slawentum von befreiender Wirkung gewesen. Aber es wäre zu gleicher Zeit vernichtend gewesen für dasjenige, was der Russizismus mit dem Slawentum will. Denn der Russizismus will das Slawentum in seinen Rahmen fassen und es als sein Werkzeug benützen. Er will es fassen in das Testament Peters des Großen. Wie schnell solche Dinge sich verwirklichen, das hängt natürlich von mancherlei Nebenströmungen und Nebenumständen ab. Aber wichtig ist, einen richtigen Blick zu haben für das, was sich nach einer bestimmten Richtung hin anbahnt. Es ist daher selbstverständlich, daß ein Verständnis für dasjenige, was sich da eigentlich wob, nur diejenigen haben konnten, welche das Slawentum etwas tiefer betrachteten, und daß den gesunden Bestrebungen entgegengearbeitet werden mußte von jenen, die eigentlich den Slawismus durch den Russizismus vernichten wollen.« GA 173 S. 91 f.

Der Erzherzog mußte fallen, *weil* er ein Slawenfreund war, *weil* er im Rahmen Österreichs eine weltgeschichtliche Mission hätte erfüllen können, *weil* der Friede und die bisher bestehenden Zustände erhalten geblieben wären. Weil diese fallen sollten, mußte der Erzherzog fallen. Wiederum zeichnet Steiner deutlich diesen Vorgang:

»Besonders heikel, besonders penibel werden die Dinge, wenn sie in Strömungen hineingreifen und mit Mitteln rechnen, die eben mit denen der okkulten Strömungen zusammenhängen, und solche Gesellschaften gibt es weit über die Erde hin. Und die Gesellschaft, deren Auflösung nach dem Tode des Erzherzogs Franz Ferdinand verlangt wurde, die serbische ›Narodna Odbrana‹, war die genaue Fortsetzung einer früheren ganz okkultistischen Gesellschaft, die nur ein wenig ihre Methode geändert hatte.« GA 173 S. 92

»Aber ich erinnere daran, daß das Attentat auf den Erzherzog Franz Ferdinand nur eine letzte große Unternehmung war und sich angeschlossen hat an eine ganze Reihe von Attentaten, welche innerhalb weniger Monate auf verschiedene österreichische Regierungsbeamte stattgefunden haben. Es handelte sich da um eine ganz bestimmte Kampagne, die einmal da war und die bei gewissen Leuten auch durchaus begreiflich ist. Erinnern Sie sich an das, was ich Ihnen sagte über die okkulten Untergründe dieser Individualität des Erzherzogs Franz Ferdinand, erinnern Sie sich daran, daß es eine zwar paradoxe, aber eben doch eine Tatsache ist, daß dieses Paar, das im eminentesten Sinne slawenfreundlich war, scheinbar von slawischer Seite aus der Welt geschafft wurde — scheinbar. Ich möchte wissen, ob es nicht doch sogar von einem gewissen Herzensverständnis aus zeigen kann, wie recht man hat, wenn man da auf tiefere Zusammenhänge hinweist. Von einem gewissen Herzensverständnisse aus kann man der Sache selbst nahekommen. Wir sehen einen Menschen, der im eminentesten Sinne slawenfreundlich ist, durch slawische Kugeln mit seiner Frau getötet. Die Herzogin sieht im letzten Augenblick aus dem Wagen heraus auf eine in der Nähe stehende junge weibliche Person, lächelt, noch wenige Augenblicke, bevor die Kugeln treffen, weil sie einer jungen Slawin ansichtig wird, und ruft: Da ist ja eine Slawka! — Dann treffen die Kugeln. Es deutet doch auf ein sonderbares Karma, daß, bevor die slawischen Kugeln die Herzogin treffen, sie noch entzückt ist, weil ihr Auge auf ihr geliebtes Slawenvolk fällt.« GA 173 S. 201

»Jenes Attentat vom Juni 1914 hat ja nicht mißglücken können! Denn hätten diese Kugeln versagt, so hätten andere getroffen! Es war dazumal wirklich dafür gesorgt worden, daß, wenn das eine mißlingt, das andere nicht mißlingt. Es war ein so wohldurchdachtes, man möchte sagen großangelegtes Attentat, wie noch nie eines in der Weltgeschichte dagewesen ist.« GA 173 S. 146

Die Nachricht des am 28. Juni 1914 vollzogenen Doppelmordes am Erzherzogpaar gelangte, den damaligen Nachrichtenverhältnissen entsprechend, erst am 29. Juni nach Dornach. Christoph Lindenberg notiert in der Rudolf-Steiner-Chronik: Der am Vortag geschehene Mord in Sarajewo wird bekannt. Der Maler Hermann Linde bringt die Nachricht nach Dornach und zeigt Rudolf Steiner die Zeitungsmeldung. »Nie vergesse ich den Ausdruck Rudolf Steiners in diesem Moment. Ungeheurer Schrecken und Trauer lagen in den weit geöffneten Augen, als er die Worte aussprach: ›Nun ist die Katastrophe hereingebrochen!‹«[9]

DIE SLAWISCHE FRAGE UND RUSSLAND ALS KRIEGSANLASS

Das Erwachen des Panslawismus

Das Reich der Habsburger wurde in des Wortes sinnfälliger Bedeutung zum deutschen »*Haus* Österreich« für mehr als ein Dutzend slawischer Stämme. Es ist hier nicht der Ort, die Bedeutung ihrer geistigen und kulturellen Impulsierung durch das deutsche Element darzustellen. Die in ihrer Entwicklung jüngeren Völkerstämme verdankten dem nachbarlichen Zusammenleben mit der staatstragenden »älteren« und reiferen Schicht gewiß eine wesentliche Förderung. Dies als moralische Bewertung mißzuverstehen, wäre genau so unsinnig wie eine Herabwürdigung von Kindern in einer Familie, nur aus dem Grunde, weil sie noch kleiner und der Welt gegenüber unerfahrener sind als die Eltern. Solange die Kinder diesen Vorsprung als selbstverständlich gegeben anerkennen, kann noch herkömmlich Friede zwischen den Generationen herrschen.

Anders, wenn die Heranreifenden zum Eigenbewußtsein erwachen. Dieser historische Augenblick im Leben der Völker wurde zur Geburtsstunde der »panslawistischen Bewegung«, wie dies Erwachen später genannt wurde. Zur Zeit, als in Deutschland Luthers Durchbruch zur Mündigkeit der Gewissen erfolgte, veröffentlichte Wenzeslaus Hajek seine berühmte böhmische Chronik. Sie wurde das volkstümlichste Buch in Böhmen. Für ihn stand fest, daß die Tschechen ihren Ursprung von der größeren Familie der Slawen ableiten und aus dieser auch ihre Sprache mitgebracht hätten. Auch bei kroatischen Geschichtsschreibern in den nachfolgenden Jahrhunderten wird auf den Gesamtzusammenhang des Slawentums hingewiesen. Der kroatische Priester Jurij Krischanitsch versuchte 1659 in Moskau den Zaren Alexej nicht nur für eine Union mit der Papstkirche zu gewinnen, sondern auch für eine Einigung aller Slawen, von denen er Russen, Polen, Tschechen, Bulgaren, Serben und Kroaten aufführt und nur die ersteren als frei bezeichnet, während die anderen fremden Völkern untertan seien. »Zu dir allein, glorreicher Kaiser, schaut die ganze slawische Nation empor; sorge wie ein Vater um ihre zerstreuten Kinder und *sammle* sie!« Der religiöse Unterschied zwischen den orthodoxen Russen und den katholischen Polen sei der einzige Trennungsgrund zwischen »Völkern einer Zunge, Kindern eines Vaters« und der Anlaß dafür, daß die russischen Herrscher noch nicht in Polen regierten. Es heißt, daß Peter der Große dieses Buch, schlicht »Politik« genannt, kennengelernt und Grundsätze daraus für sich entnommen habe. Es könnte sozusagen die »Urschrift« des »Testamentes Peter des Großen« gewesen sein, von dem wir wissen, daß es zwar nicht »echt« ist, d. h. nicht aus der Hand Peters stammt, dessen Richtlinien in späterer Niederschrift allerdings dem Wesen der russischen Politik von damals bis in unsere Zeit hinein entsprechen. Jedenfalls beschäftigten Peter den Großen wiederholt Pläne zum Knüpfen von Fäden zwischen Rußland und den slawischen Stämmen im Ausland. Solche Überlegungen entsprangen allerdings keinem völkischen Bewußtsein der Zusammengehörigkeit, sondern den Tendenzen eines russisch-nationalen Imperialismus. Dieser konnte sich selbstverständlich der Idee des Panslawismus hervorragend bedienen.

Wie entwickelte sich nun diese Bewegung weiter? Wir richten hier unseren Blick nicht auf die Anziehungskraft, die zwischen Völkern gleicher Herkunft und verwandter Geistigkeit aufkommt und sich in Sprache und Volkstum ihren Ausdruck verschafft, sondern auf das politische Streben. »Dieser Wandel des vormaligen dumpfen Volksbewußtseins in das deutlich ausgeprägte Gefühl der *Nationalität* vollzieht sich in ähnlicher Weise wie bei anderen Völkern Europas, ist aber im wesentlichen der Widerschein einer von Deutschland ausstrahlenden Strömung«, bekundet als Kenner dieser Vorgänge Alfred Fischel 1919 ›Der Panslawismus bis zum Weltkrieg‹. Und er stellt fest: »Die Geschichts- und Sprachforschung, wie nicht minder die schöne Literatur, Philosophie und Rechtswissenschaft der Deutschen haben hieran einen Anteil, der nicht hoch genug bewertet werden kann.« [10] Wir werden hier auf eine Tragik aufmerksam, die so manches Eltern- und Lehrerschicksal erfährt. Zunächst wächst junges Leben unter dem Schutze einer ordnenden Kraft heran und empfängt geistige Impulse und Güter, um schließlich nach errungener Selbständigkeit sich mit feindseliger Haltung gegen die einstigen Helfer zu wenden. Dabei war das Ansehen der deutschen Wissenschaft bei den slawischen Völkern so groß, daß ihre Anschauungen und Folgerungen »als unumstößliche Wahrheit hingenommen« wurden (Fischel). So wurde der s. Zt. berühmte Göttinger Professor August Ludwig Schlözer zum Vater der slawischen Geschichts- und Sprachwissenschaft. Er lebte einige Jahre in Rußland und wurde stark beeindruckt durch die Zarin Katharina die Große, die bekanntlich deutscher Abkunft war. Er verfaßte eine vergleichende russische Grammatik und wies in seinem 1768 veröffentlichten Buch »Probe russischer Annalen« auf die Bedeutung der einheimischen Geschichtsquellen hin. In seinem Werk »Allgemeine nordische Geschichte« begründete er, der Methode Linnés folgend, eine Systematik der Völkerkunde und beschreibt die Slawen: »Das ist der große, berühmte, alte, mächtige und weitausgebreitete Völkerstamm im Norden, den wir zurzeit so wenig kennen.« Schlözer unternahm es, in diesem später als »epochemachend« bezeichneten Werk ein »Slawisches Völkersystem« darzustellen und die Individualitäten der einzelnen Stämme herauszuarbeiten. Fischel hebt hervor: »Was Schlözer aber besonders auszeichnete, war die Wärme, ja die Begeisterung, mit der ihn die slawischen Forschungen erfüllten, die Zuneigung, die er offensichtlich dem Völkerstamm entgegenbrachte. Er befeuerte damit zugleich die Begeisterung der zeitgenössischen slawischen Schriftsteller, die ihr eigenes Volkstum zu entdecken begannen. Schlözer selbst wird von seiner eigenen Forschung so mitgerissen, daß er in der Widmung des zweiten Bandes seines großen Werkes den griechisch-orthodoxen Erzbischhof von Karlowitz Stratimirowitsch geradezu bittet, das Buch mit dem gleichen slawonischen Patriotismus aufzunehmen, mit dem er selbst es geschrieben habe. Schlözer wird so zum Vorbild nicht weniger Deutscher, die in der liebevollen Hingabe an fremdes Volkstum das eigene, wenn auch nicht verleugnen, so doch vergessen und sich — wie es Schlözer tat — sogar gegen das eigene Volkstum wenden können. So bedauert er die ›historisch versäumte‹ Begründung eines Slawenreiches in Germanien ›anstelle des deutschen‹. Ein Gedanke, der heute noch lebendig ist in Polen.

Nachdem ein Schüler Schlözers, Karl Gottlob Anton — ebenfalls ein Deutscher — die slawische Volkskunde begründet hatte (›Erste Linien eines Versuchs über der alten Slawen Ursprung, Sitten, Gebräuche, Meinungen und Kenntnisse‹), ist es Johann Gottfried Herder, der Freund Goethes und Generalsuperintendent in Weimar, der zu Recht ›der eigentliche Vater der Wiedergeburt der slawischen Völker‹ genannt wird. Er sah während seines Aufenthaltes in Riga das Russentum erfüllt von Jugendfrische und die Aufgabe, dieses für die Zukunft zu einem ›Originalvolk‹ heranzubilden. Er fordert die slawischen Völker auf, ihre Lieder als ›die lebendigste Grammatik, das beste Wörterbuch und Naturgeschichte ihres Volkes‹ zu sammeln und erreichte damit, daß es bald zu einer heiligen Verpflichtung wurde, die Schätze der Vergangenheit an kommende Geschlechter weiterzugeben. Seine ›Ideen zur Philosophie der Geschichte der Menschheit‹ (1784) erhalten einen außerordentlichen Widerhall für die geistige Entwicklung der Slawen. »Er deutete ihnen darin den Sinn ihrer Geschichte in einer solchen Weise, daß sie den Glauben an sich wiedergewannen und sich mit der freudigen Gewißheit künftiger Größe erfüllten.« (Fischel) Solche Worte wirkten als »Heilsbotschaft, welche mit inbrünstigem Danke aufgenommen und mit gleicher Inbrunst geglaubt wurden«.[11]

Der Deutsche als »Praeceptor Slaviae«, als Lehrer der slawischen Völkergruppe, das ist ein denkwürdiges, nämlich wahrhaft bedenkenswertes geschichtliches Phänomen. Greifen wir hier voraus, dann hat sich die europäische Mitte — ebenso wie im altgriechischen Mythos der Vater des Ödipus seinen Totschläger — ihren Zerstörer selbst erzeugt. Tragik der Völkergeschichte oder welthistorisches Wirken — des Karma? Diese Frage nach einem wesenhaften Hintergrund der Geschichte »oberhalb« aller materialistisch-kausalen Betrachtungsweise der Historie drängt sich hier auf.

Schlözer und Herder schmiedeten so ungewollt die Schwerter, die später gegen ihr eigenes Volk geführt wurden. »Ihre grell aufgetragenen und verallgemeinernden Urteile über das Wesen der doch nur aus dem Geiste des Mittelalters zu begreifenden Grenzkämpfe zwischen den Deutschen und einem Teil der Wenden . . . verfehlten nicht, dem schlummernden Deutschenhaß unter den Slawen neuen Zündstoff zuzuführen.« [12]

Die slawische Frage wird politisiert

Auch Savigny, der hervorragende Rechtsgelehrte, der zu Sprache und Sitte das Recht als Offenbarung des Volksgeistes kennzeichnete, förderte das Streben von Slawen, aus den geschichtlichen Quellen ein ihnen allen gemeinsames Recht herauszuholen. Deutsche, deren Namen hier im einzelnen nicht aufzuführen sind, gaben das Beispiel für eine wissenschaftliche Slawenkunde, bevor sie mit der Erforschung ihrer eigenen Vergangenheit im Germanentum begannen und übertrugen den »vaterländischen Geist«, den Herder in ihnen entfacht hatte, auf diese noch träumenden Völker. So ruft Kopitar, der Verfasser der »Grammatik der slawischen Sprache in Krain, Kärnten und Steiermark« (1808!), begeistert aus: »Wie muß es die Slawen freuen, ihre Sprache von den größten Männern Deutschlands studiert und gelobt zu wissen.« [13]

Herder lieferte das Rüstzeug auch für den politischen Kampf der sich nun als unterdrückt fühlenden Volksgruppen. Er wandte sich gegen einen als Folge von Resignation aufkommenden Kosmopolitismus, der angesichts der politischen Zerrissenheit Deutschlands und seiner daraus folgernden Ohnmacht gegenüber militärisch und geistig überwältigenden Fremdeinflüssen aufkam. Er sieht den Vollzug der Geschichte nicht in den Staaten, sondern in den Völkern. Wie jedoch ein Volk als Ausdruck seines Geistes seine eigene Sprache hat, so bedarf es auch eines tragenden Körpers. Es ist für ihn der Staat der natürliche Ausdruck des Volkswesens. Goethe sagt hierzu: »Der Staat ist die Form, in der sich der Organismus eines Volkes darlebt.« So wendet sich Herder gegen jede Unterdrückung der Volkssprache: »In ihr wohnet sein ganzer Gedankenreichtum an Tradition, Geschichte, Religion und Grundsätzen des Lebens, all sein Herz und Seele. Einem solchen Volk seine Sprache nehmen oder herabwürdigen, heißt ihm sein einziges unsterbliches Eigentum nehmen. Wie Gott alle Sprachen der Welt duldet, so sollte auch ein Regent die verschiedenen Sprachen seiner Völker nicht nur dulden, sondern auch ehren.«[14]

Schlegel sagt in seinen Wiener Vorlesungen — und er bezieht dabei die polnische und tschechische Nationalität ausdrücklich ein: »Eine jede bedeutende und selbständige Nation hat . . . ein Recht darauf, eine eigene und eigentümliche Literatur zu besitzen, und die ärgste Barbarei ist diejenige, welche die Sprache eines Volkes und Landes unterdrückt.« (ebd.)

Daß heute in einem werdenden Europa der Völker sowohl in Polen wie im Elsaß andere als die offiziellen Staatssprachen bis in das persönliche Leben hinein immer noch rücksichtslos unterdrückt werden, zeugt in der Tat von einem Rückfall in »die ärgste Barbarei«. Die wissenschaftlichen Begründungen des Panslawismus sowohl auf sprachlichem wie geschichtlichem Gebiet werden seit verhältnismäßig kurzer Zeit von deutscher Seite in Frage gestellt. Franz Wolff berichtigt in vielen Einzelheiten nicht nur die Vorstellung einer einheitlichen slawischen Ur-Nation, sondern auch einer angeblichen mittelalterlichen Kolonisierung alten slawischen Siedlungsgebietes in Mitteleuropa, von dem Schlözer sprechen zu können meinte. An seiner Arbeit »Ostgermanien — Waren die Ostvölker Slawen?« wird nicht vorübergegangen werden dürfen. Die Berechtigung vieler politischer Vorstellungen und Forderungen von slawischer Seite wird durch sie in Frage gestellt.

Die Bestrebungen zur Pflege der eigenen slawischen Sprachen stießen im Habsburger-Reich keineswegs auf Widerspruch. In Böhmen förderte die Regierung die slawischen Studien. Der im Volk so beliebte und besungene Erzherzog Johann nahm an den Bemühungen der Slowenen und Kroaten um ihre Volkssprache lebhaft Anteil und regte eine Liedersammlung an; der österreichische Kaiser Franz ließ 1820 dem hervorragenden Slawisten Abbé Dobrowsky, der »Das Lehrgebäude der böhmischen Sprache« und die »Geschichte der böhmischen Sprache und Literatur« herausgebracht hatte, »das allerhöchste Wohlgefallen über seine gelehrten, sowohl dem Staatsinteresse wesentlich entsprechenden, als die Nationallehre befördernden Arbeiten bezeigen«.[15]

Es war in sich folgerichtig, daß gemäß den von Herder aufgezeigten Anschauungen über die Verwirklichung eines Volkswesens und den Tendenzen des 19. Jahrhunderts die slawische Bewegung nach einer politischen Verwirklichung suchte. Die Vorstellungen reichten von hybriden Phantasievorstellungen (»von der Ostsee bis Griechenland«) bis zu realen, d.h. der damaligen Wirklichkeit und ihren Möglichkeiten entsprechenden Konzeptionen. Keineswegs zielten die im »Hause« Österreich lebenden Slawen von vornherein auf einen Auszug aus dieser Gemeinsamkeit. Es gab auch Stimmen wie diese: »Die österreichische Monarchie ist die beste Bürgschaft für die Erhaltung der tschechischen und illyrischen (südslawischen) Nationalität.«[16]

Doch gab es natürlich in den Auseinandersetzungen des 19. Jahrhunderts auch entgegengesetzte Stimmen. Eine Neigung, sich der größten slawischen Nation, den Russen, anzuschließen, bestand kaum, weil das autoritäre Herrschaftssystem des Zarentums dem Freiheitsbedürfnis der Vorkämpfer ihres slawischen Volkstums widersprach; diese waren stark von einer liberalistischen Denkweise bestimmt. Umgekehrt jedoch wollte St. Petersburg aus seiner von Steiner als »Russismus« gekennzeichneten Haltung heraus, die slawische Bewegung in seine Dienste spannen. Der kam der panslawistische Gärstoff in Mittel- und Südosten-Europa sehr gelegen. Die in dieser Richtung von der Zarenpolitik entwickelten Vorstellungen richteten sich dabei keineswegs nur auf die Donaumonarchie, sondern auch auf Nord- und Süddeutschland. Angesichts des in der Deutschen Nationalversammlung 1848 in Frankfurt bekundeten Einheitswillens beauftragte Zar Nikolaus I. seinen Kanzler Nesselrode (dem Namen nach zweifellos deutscher Abkunft!), mit der französischen Republik ein Bündnis gegen das seiner Einigung zustrebende Deutschland abzuschließen. Am 30. August 1848 richtete Nesselrode an den russischen Geschäftsträger in Paris, den Grafen Kiselew, ein Memorandum, daß gegenüber einer solchen Macht von (damals) 45 Millionen Menschen, wie sie in Frankfurt im Entstehen sei, eine »vollständige Interessensolidarität zwischen Rußland und Frankreich« gegeben sei. Auch die Slawenfreunde begehrten ein Eingreifen Rußlands, um die in Österreich lebenden Slawen gegen die Madjaren zu schützen. Am 2. Mai 1848 schrieb Kirejewski: »Bis es morgen Tag wird, wird Österreich zerfallen sein. Slawische Staaten beginnen sich aus ihm zu kristallisieren.« Dennoch hatten sich bei den Wahlen zur deutschen Nationalversammlung auch die slawisch durchdrungenen Länder der Donaumonarchie gegen tschechischen und polnischen Widerspruch beteiligt. Dennoch, es muß festgestellt werden, daß »gegen den künftigen deutschen Staat . . . in Wirklichkeit die ganze Slawenwelt in Waffen« stand.[17]

Die *Einkreisung Deutschlands* begann praktisch bereits, bevor das Reich erneuert war, vor nunmehr 140 Jahren. Auf dieses Phänomen hat Rudolf Steiner zu wiederholten Malen in großem Ernst hingewiesen.

Der bedeutende Franzose Renan schrieb 1871: »Was mich betrifft, so bin ich keinen Augenblick im Zweifel, daß ein Konflikt zwischen der germanischen und slawischen Welt bevorsteht . . ., und daß Rußland in demselben die Führerschaft auf der einen Seite übernehmen wird. Diese Macht bereitet sich schon jetzt (1871!) auf die Eventualität vor; die national-russische Presse speit Feuer und Flammen gegen Deutschland . . .« GA 24 S. 304 ff.

Rußland als Schutzherr der Slawen?

Man muß diese Vorgeschichte kennen, um zu ermessen, daß es 1914 um mehr ging als diplomatische Entscheidungen, vor welche die Hofburg in Wien gestellt war. Nach der geschilderten politischen Entwicklung und der geographischen Lage mußte es zu einem »Zusammenprall zwischen Rußland und Österreich« (Steiner) kommen. »Denn der Russizismus will das Slawentum in seinen Rahmen fassen und es als sein Werkzeug benützen. Er will es fassen in das Testament Peter des Großen.« Es wurde bereits angeführt, wie dieses Testament gewertet werden muß nach Steiners eigener Ansicht. »Aber wichtig ist, einen richtigen Blick zu haben für das, was sich nach einer bestimmten Richtung hin anbahnt. Es ist daher selbstverständlich, daß ein Verständnis für dasjenige, was sich da *eigentlich* wob, nur diejenigen haben konnten, welche das Slawentum etwas tiefer betrachteten.« Vgl. dazu GA 173 S. 89

Diese erkannten, daß der Russizismus eigentlich das Slawentum durch seine imperialistischen Tendenzen vernichtete. Die Ergebnisse des Welt-Krieges bestätigten inzwischen Rudolf Steiners Analyse auch in dieser Hinsicht. Stalin wurde zum Testamentsvollstrecker Peters des Großen.

Steiner beschreibt anhand des ihm vorliegenden Briefes einer bedeutenden russischen Persönlichkeit die Zuspitzung des damaligen Gegensatzes zwischen Rußland und Österreich. Im Jahre 1908 wurden die Herzegowina und Bosnien, die ein Jahrhundertviertel zuvor auf dem Berliner Kongreß von England (!) Österreich-Ungarn zugewiesen worden waren, auch formal der Doppelmonarchie eingegliedert, für Rußland ein Kriegsgrund, weil es seine Interessen an diesem Raum gefährdet sah. Das Reich konnte diese Absicht durch sein Eingreifen zur Erhaltung des Friedens verhindern. Nun zitiert Steiner aus dem erwähnten Brief vom April 1914: »Es ist den Russen jetzt klar geworden:« — geschrieben im April 1914! — »wenn alles so verbleibt, wie es jetzt ist, geht der Weg nach Konstantinopel durch Berlin. Wien ist eigentlich eine sekundäre Frage.« Und Steiner macht seine Zuhörer zum dritten Mal auf das Datum aufmerksam: geschrieben im April 1914! GA 173 S. 67

Österreich sucht nach einer konstruktiven Lösung

Bekanntlich reagierte Österreich-Ungarn auf den Doppelmord in Serajewo mit einem Ultimatum an die serbische Regierung in Belgrad. Darüber hat sich Rudolf Steiner in einem Schlüsselvortrag zur Österreichfrage am 8. 1. 1917 in Dornach sehr ausführlich geäußert: »Ich möchte ausdrücklich bemerken, daß ich gerade heute versuchen werde, in der Darstellung jedes Wort sorgfältig abzuwägen, damit gewissermaßen jedes Wort die Begrenzung gibt, innerhalb welcher die Anschauung, die vertreten wird, zutage treten soll. Zunächst will ich also, wie gesagt, ganz kurz historische Ereignisse, Gesichtspunkte und Impulse in ganz äußerlicher Weise zusammenstellen.

Aufgetreten sind die gegenwärtigen schmerzlichen Ereignisse, wie Sie ja alle wissen, im Zusammenhange mit der Ermordung des österreichischen Thronfolgers Franz Ferdinand im Juni 1914. Es schloß sich an dieses Attentat in ganz Europa eine Zeitungskampagne, die in verschiedenen, ich möchte sagen, aufspritzenden Wogen zeigte, bis zu welchem Grade gewisse Leidenschaften überall entfesselt waren. Das Ganze führte dann zu dem bekannten Ultimatum der österreichisch-ungarischen Monarchie an Serbien, welches im wesentlichen von Serbien abgelehnt wurde; darauf zu dem österreichisch-serbischen Konflikt, der nach den Intentionen der leitenden österreichischen Staatsmänner in einem militärischen Einmarsch in Serbien bestehen sollte, ohne Annexion serbischen Gebietes, mit der einzigen Absicht, durch die militärische Pression die Annahme des Ultimatums zu erzwingen.« GA 174 S. 74

Rudolf Steiner stellte dar, wie durch das Ultimatum verhindert werden sollte, daß die Agitation gegen den Fortbestand der Habsburger Monarchie von Serbien aus über die in Österreich-Ungarn lebenden Südslawen weitergeführt werden konnte. Welches Land könnte sich solche Einmischung bieten lassen, ohne sich damit selbst aufzugeben? Es wären nicht nur die an Serbien angrenzenden Gebiete mit slawischer Bevölkerung dadurch beunruhigt worden, sondern selbstverständlich auch die anderen slawischen Gruppen — und es gab derer immerhin dreizehn verschiedene Volksgruppen — in Bewegung geraten. Die Absicht war, ein südslawisches Reich unter serbischer Oberhoheit zu errichten. Die Voraussetzung dafür war, daß die an Serbien angrenzenden slawisch besiedelten Gebiete aus der Donaumonarchie herausgelöst würden.

Franz Ferdinand als Thronfolger zielte darauf ab, den Südslawen dadurch entgegenzukommen, daß die entsprechenden Gebiete innerhalb des Staatsverbandes verselbständigt werden sollten, wie dies 1867 mit Ungarn geschehen war. Der seit dieser Zeit bis in die Namengebung Österreich-Ungarn geübte Dualismus sollte zu einem »Trialismus« erweitert werden. Dadurch wäre möglich geworden die bereits erwähnte »Individualisierung« der einzelnen südslawischen Stämme nicht innerhalb einer südslawischen Konförderation, sondern im bestehenden Reich. Folgen wir nun wieder der Argumentation Steiners. Wir lassen sie möglichst ungekürzt und im Zusammenhang zu Wort kommen, weil dadurch aus unmittelbarer Kenntnis der Sachlage und langjähriger Beobachtung eines Zeitzeugen deutlich werden kann, daß die Ausweitung des zunächst lokalen Konfliktes keineswegs zu einem europäischen bzw. sogar Welt-Krieg führen mußte, wenn guter Wille zur Eingrenzung vorgelegen hätte:

»Nun ging der Thronfolger Franz Ferdinand, wie man wissen konnte, darauf aus, die Mängel des Dualismus in Österreich-Ungarn zu überwinden und an die Stelle des Dualismus einen Trialismus zu setzen. Der Trialismus sollte dadurch herauskommen, daß die zu Österreich gehörenden südslawischen Gebiete in einer ähnlichen Weise selbständig gemacht werden sollten, wie die im Reichsrate vertretenen Königreiche und Länder und die Länder der heiligen Stephanskrone selbständig waren. Es wäre damit anstatt des Dualismus ein Trialismus entstanden. Wenn man bedenkt, was der Thronfolger Franz Ferdinand wollte, so kann man sich vorstellen, daß dies im Falle der Verwirklichung zu einer Individualisierung der einzelnen südslawischen Stämme geführt hätte in einer Art südslawischen Gemeinschaft innerhalb der österreichisch-slawischen Gebiete. Damit wäre man dem Ziele einen Schritt nähergekommen, die westlichen Slawen gewissermaßen mit der westlichen Kultur zu amalgamieren, und dem, was ich in diesen Betrachtungen Russizismus genannt habe, entgegenzuarbeiten. Es wäre dies durchaus möglich gewesen, denn Österreich ist eine durchaus föderalistische Staatsgestaltung, nicht eine zentralistische, und hatte vor dem Kriege die Tendenz, den einzelnen

Völkerschaften mehr und mehr den Föderalismus zu bringen. Von 1867 bis 1879 hatte man den Zentralismus angestrebt, von 1879 an konnte man die zentralistischen Bestrebungen als gescheitert ansehen, und der Staat steuerte von da an dem Föderalismus zu.«

Anschließend stellt Steiner die serbischen Bestrebungen dar, die in der Begründung einer südslawischen Konföderation bestanden unter der Vorherrschaft Serbiens. Hierbei betont Steiner ausdrücklich, daß solche Bestrebungen eben nicht von den Völkern ausgehen, sondern von einzelnen Persönlichkeiten, die die Völker in ihrem Sinne »suggestiv« führen. Es wird in einem späteren Kapitel noch zu untersuchen sein, in welcher Weise aus dem Hintergrund in das Leben der Völker hineingewirkt wird.

Es geht also zunächst um einen österreichisch-serbischen Konflikt, wobei gerade Franz Ferdinand eine für die slawischen Belange aufgeschlossene Persönlichkeit war. »Es wäre denkbar gewesen, daß dieser Konflikt — ich habe den Ausdruck schon einmal gebraucht — ›lokalisiert‹ worden wäre. Dann wäre — es sei dies hypothetisch gesagt — der europäische Weltkrieg vermieden worden. Was wäre geschehen, wenn die streng umgrenzten Intentionen der österreichischen Staatsmänner sich verwirklicht hätten? Es wäre ein Teil der österreichisch-ungarischen Armee in Serbien einmarschiert und so lange dort geblieben, bis Serbien sich bereit erklärt hätte, jenes Ultimatum anzunehmen, durch welches die Möglichkeit, daß sich unter serbischer Hegemonie, und selbstverständlich unter russischer Oberherrschaft, eine südslawische Konföderation bildet, beseitigt worden wäre. Hätte sich keine der europäischen Mächte in diese Angelegenheit hineingemischt, hätten alle gewissermaßen Gewehr bei Fuß gestanden, so wäre nichts anderes erfolgt als die Annahme jenes Ultimatums. Denn das war garantiert, daß eine irgendwie geartete Annektierung von serbischem Gebiete unter keinen Umständen stattfinden sollte. Die Folge wäre dann gewesen, daß solche Attentate, wie sie mehrfach vorgekommen sind — denn das auf Franz Ferdinand war ja nur der Abschluß einer ganzen Reihe von Attentaten, die von serbischen Agitatoren angestiftet worden waren —, nicht mehr hätten vorkommen können, und ohne solche Agitation geht oder ging ja selbstverständlich die Errichtung der südslawischen Konföderation unter Rußlands Oberaufsicht nicht. Wären die Dinge so verlaufen — noch einmal sei es hypothetisch hingestellt —, so hätte es niemals zu diesem Kriege kommen können.« GA 174 S. 75 ff.

Offenbar wurden jedoch bei diesem Anlaß aus dem Hintergrund ganz andere Interessen ins Spiel gebracht, und der Verdacht erhärtet sich mehr und mehr, daß hier die eigentlichen Ursachen für das Attentat zu suchen sind.

»Die österreichisch-serbische Frage an die Frage der großen Weltherrschaftsgestaltung angeknüpft«

»Wie hängt nun dieser österreichisch-serbische Konflikt mit dem Weltkriege zusammen? Will man diesen Zusammenhang erkennen, so muß man schon durch die Erkenntnis der äußeren Verhältnisse hindurch, ich möchte sagen, in die tieferen Geheimnisse der europäischen Politik hineingehen. Nicht Politik wollen wir treiben, sondern uns die Erkenntnis dessen vor die Seele führen, was in dieser Politik gelebt hat. Ich möchte Ihnen die Frage beantworten: Wie wurde aus dem österreichisch-serbischen Konflikt ein europäischer Konflikt? Wie hängt die österreichisch-serbische Frage an der europäischen Frage?« GA 174 S. 77

Steiner lenkt nun die Aufmerksamkeit auf die südslawische Konföderation, die, unabhängig von Österreich, im Interesse des britischen Imperiums lag, obwohl sie gleichsam unter russischer Oberaufsicht sich entwickelte. Dies erscheint zunächst widersprüchlich, nachdem wir bereits von dem Gegensatz zwischen dem Empire und dem Zarenreich erfahren haben. Doch Steiner betont: »Gerade die Aufrichtung — wie man es da nannte — der Donau-Konföderation, womit man diese südslawische Konföderation meinte, welche die südslawischen Völker mit Rumänien zusammen umfassen und die österreichischen Südslawen einschließen sollte, führte man ausdrücklich an in jenen Gemeinschaften, von denen ich gesprochen habe. So daß wir in den neunziger Jahren des 19. Jahrhunderts überall in den okkulten Schulen des Westens, aber unter dem unmittelbaren Einfluß der britischen Okkultisten, den Hinweis darauf finden, daß eine solche Donau-Konföderation entstehen müsse. Man suchte auch mit allen Mitteln die ganze europäische Politik so zu lenken, um eine solche Donau-Konföderation mit Abtretung der österreichisch-slawischen Gebiete zur Entstehung zu bringen.

Warum lag diese, Österreich feindliche, Rußland freundliche Donau-Konföderation im Interesse des britischen Imperiums?« GA 174 S. 77

Steiner zeigt nun auf, welche Interessengegensätze zwischen dem Britischen und Russischen Imperium bestanden. England baute wirtschaftlich und im Hinblick auf seine Weltmachtstellung auf Indien, das es sich erobert und zu einem Kaiserreich erhoben hatte. (Es gab also zu jener Zeit vier Kaiserreiche!) Die große Sorge Englands war, mit diesem Glacis — Fundament seines Reichtums — in ungestörter Verbindung bleiben zu können. Da der Seeweg über Südafrika sehr weit war, mußte es sich Ägypten sichern, um durch den Suezkanal eine kürzere Route zu haben. Seine große Sorge aber blieb, daß Rußland von Norden her die britische Position in Indien gefährden könne. Darum mußte ein Ausgleich mit dem russischen Imperium und dessen Expansionsdrang nach Süden gefunden werden. Was lag näher, als aus einer ohnehin durch die panslawistische Bewegung gewiesenen Richtung die Folgerung zu ziehen und Rußland das Zugeständnis zur Beherrschung des Balkans und Donauraumes zu machen. »Insofern lag die unter russischer Oberherrschaft zu gründende südslawische Konföderation im *britischen* Interesse. Das war eine lange Geschichte, die von langer Hand vorbereitet worden ist.« GA 174 S. 79

Diesem wohlberechneten Ablenkungsmanöver stand nur eines im Wege: die Habsburger Doppelmonarchie. Sie mußte also verschwinden, und es war gut, mit dieser Aufgabe Rußland weit entfernt von Indien zu beschäftigen.

»So sehen wir einen der Fäden, durch welche die österreichisch-serbische Frage an die Frage der großen Weltherrschaftsgestaltung angeknüpft wird, denn dadurch wurde das ganze Verhältnis zwischen dem britischen und dem russischen Imperium in die Sache hineingezogen. Es handelte sich da nicht um Österreich und Serbien, sondern die österreichisch-serbische Frage wurde ganz selbstverständlich zu der Frage: Soll von Österreich ein Schritt gemacht werden zum Trialismus hin, wodurch die südslawische Konföderation von ihrem Wege abgebracht worden wäre, oder soll ein Schritt gemacht werden in Richtung der russifizierten südslawischen Konföderation? — Damit wurde gewissermaßen die österreichisch-serbische Frage an die europäische Frage angekoppelt.

Wenn so etwas vorhanden ist — und das, was ich jetzt auseinandersetzte, sind durchaus reale, in den Menschen lebende Impulse gewesen —, dann ist es wie eine elektrische Ladung, die sich einmal entladen wird.« GA 174 S. 79. Soweit Steiner.

Nun gab es das russisch-französische Bündnis »Militärkonvention«, das 1848 bereits vor der »Reichsgründung« vorbereitet und 1892 geschlossen worden war. Da beide Mächte so wenige Berührungspunkte hatten — am allerwenigsten geographische —, kann dieser Pakt nur als ein Offensivbündnis und damit eine Einkreisung des Landes verstanden werden, das zwischen ihnen lag: gegen das Deutsche Reich, das unmittelbar an beide Länder angrenzte. Die Beweggründe bei Frankreich liegen nahe, da es den Verlust des Elsaß im Frankfurter Frieden 1871 nie verschmerzt hatte und auf »Revanche« sann. So sieht es Steiner: »Alle andern Gründe würden nur gegen eine solche Allianz gesprochen haben. Aber schließlich kommt es auf solche Gründe bei den treibenden Impulsen auch nicht so sehr an, sondern es kommt darauf an, daß eine solche Allianz vorhanden ist; denn durch ihre Existenz als solche ist sie eine reale Macht: Sie ist da. Und viel wichtiger, als was schließlich das Ziel dieser Allianz war, ist die Tatsache, daß man es mit einem westlichen und mit einem östlichen Staate zu tun hat, die in ihrer militärischen Macht zusammen etwas Ungeheures darstellen, und die Deutschland zwischen sich hatten, das selbstverständlich in bezug auf seine militärische Macht gegenüber der vereinigten überwältigenden militärischen Macht von Frankreich und Rußland sich fortwährend als gefährdet fühlen mußte. Dieses

Eingeschlossensein von Deutschland zwischen Westen und Osten ist durch die französisch-russische Allianz zu einer treibenden europäischen Kraft geworden.« GA 174 S. 79 f.

Und noch ein weiterer Faktor kommt hinzu: Der Imperialismus der damaligen Zeit hatte zu einer »allgemeinen Expansionslust« geführt. Das britische Weltreich war in ungeheuerem Maße gewachsen. Ein Viertel der Erdoberfläche hatte es sich angeeignet. Frankreich zog mit seinem Kolonialreich nach. Es wuchs in wenigen Jahrzehnten mehr als in irgendeiner vorangegangenen Zeit. Bismarck sah dies gern, weil er hoffte, daß Frankreich damit von seinen Revanchegelüsten abgelenkt werde. Wie England im obigen Falle gegenüber Rußland, so meinte er von deutscher Seite aus dem westlichen Nachbarn dieses Zugeständnis machen zu sollen. Dies fiel ihm um so leichter, als ihm eine deutsche Kolonialpolitik im imperialistischen Sinne fernlag.

»Daß das Britische Reich seine Macht über Ägypten ausdehnte, das war gewissermaßen schon eine Art Wall gegen eine unangenehme Ausdehnung des russischen Imperialismus nach Westen; denn eine solche Ausdehnung nach Westen konnte dem britischen Imperium nicht allzuviel anhaben, wenn gerade diese Verbindung durch Ägypten und über Ägypten nach Indien vorhanden war.

Nun erzeugt bei sich ausbreitenden Imperien, weil die Erde eben eine Kugel ist und man nicht endlos Land finden kann, weil man zusammenstößt, die Ausdehnung des einen Imperiums mit einer gewissen Notwendigkeit die Lust des andern, sich gleichfalls auszudehnen. Und nur die Folge der Ausdehnung der britischen Herrschaft über Ägypten war die Ausdehnung der französischen Herrschaft über Marokko in zwei Etappen, 1905 und 1911. Dadurch, daß man sich gegenseitig diese Herrschaft anerkannte — Frankreich anerkannte die britische Herrschaft in Ägypten, das Britische Reich anerkannte die französische Herrschaft über Marokko —, waren bereits die Fäden gezogen zu einer politischen Allianz zwischen dem Französischen und dem Britischen Reich. Aber weil das Deutsche Reich eingeschlossen war in der Mitte, suchte man, wie Ihnen ja auch bekannt ist, den Dreibund aufzurichten: Deutschland-Österreich-Italien. Bei dieser Verteilung von

Marokko und Ägypten und bei dem, was daraus folgte, gelang es, namentlich mit Hilfe eines alten italienischen Politikers, der in diese Dinge gut eingeweiht war, auf der sogenannten Konferenz von Algeciras Italien schon dazumal in den Bereich der Herrschaftsverhältnisse des Westbundes Frankreich-England zu ziehen. Nach der Algeciras-Konferenz haben vernünftige Leute in Mitteleuropa nicht mehr geglaubt, daß Italien zum Dreibund halten könnte. Für Italien mußten sich nach der ganzen Art, wie es sich verhalten hat, Konsequenzen ergeben aus der französischen Besitzergreifung von Marokko.« GA 174 S. 81

Indem England und Deutschland gegenüber Frankreich am Mittelmeer weitgehende Zugeständnisse gemacht hatten, wurde ein Mittelmeer-Staat berührt: Italien. Auch ihm mußte nun wieder ein Ausgleich geleistet werden, Italien wurde zugestanden, sich in Tripolis gegenüber seiner Küste auf afrikanischem Boden festzusetzen. Doch Tripolis befand sich damals noch in der Hand der Türken. Also mußte diese Position den Türken durch einen Krieg entrissen werden. Dies gelang zwar, jedoch war die Folge eine wesentliche Schwächung der Türkei. Dies erkannten die südslawischen Völker und die Griechen als eine Gelegenheit, das jahrhundertelange verhaßte türkische Joch abzuschütteln. So befreit, ergriffen sie den Gedanken an eine übergreifende südslawische Konföderation unter der Oberherrschaft Rußlands erneut, zumal Serbien durch diesen siegreichen Krieg viel gewonnen hatte. Und wieder stand der Verwirklichung eines im Wege: Österreich-Ungarn. So war die österreichisch-serbische Frage an die europäischen Interessengegensätze und daraus folgernden Probleme unmittelbar angeschlossen. — Nach den Bedürfnissen und Schicksalen der betroffenen Menschen wurde damals wie heute bei diesem Intrigenspiel um ehrgeiziger Machtpläne einiger weniger willen nicht gefragt. Und wieder folgen wir Steiners Lagebeschreibung:

»Menschen nun, welche die Dinge verfolgt haben, sahen schon viele Jahre vorher unter solchen Verhältnissen den kommenden Krieg wie ein Damoklesschwert über der europäischen Kultur hängen. Überall, wo die Dinge besprochen wurden, konnte man unzählige Male hören: Man ist sich klar darüber, daß aus den Prätentionen Rußlands ein Konflikt zwischen Mittel- und Osteuropa hervorgehen müsse. — Dieser Konflikt, der war eine Notwendigkeit. Niemand, der in Wirklichkeit Geschichte studiert, wird sagen, daß diesem Konflikt zwischen Mittel- und Osteuropa nicht eine, man könnte sagen, geistige Notwendigkeit zugrunde lag. Gerade wie sich in alten Zeiten der Konflikt ergab zwischen den römischen und germanischen Völkern, so mußte sich in der neueren Zeit der Konflikt zwischen Mittel- und Osteuropa ergeben. In welcher Form er zutage treten würde, das konnte in der mannigfaltigsten Weise variieren, aber dieser Konflikt mußte sich ergeben. Die andern Dinge waren, soweit sie den Osten betrafen, in diesen Konflikt eingeschlossen.

Man hatte es also mit den Prätentionen des Russizismus zu tun, und nun sagte man sich: Irgendwo wird sich etwas ergeben, das dazu führen wird, daß Rußland seine Prätentionen, die Oberherrschaft über den Balkanbund auszudehnen, geltend macht. — Das konnte man erwarten. Nach den geographischen Verhältnissen mußte das einen Zusammenprall zwischen Rußland und Österreich geben. In dem Augenblick des Zusammenpralls zwischen Rußland und Österreich mußte sich alles andere — so sagte seit langen Jahren jeder, der über diese Dinge nachdachte — automatisch ergeben.« GA 174 S. 82 f.

»Man ruft dem zu, dem die Hand abgehauen werden soll: Sei tolerant!«

Rudolf Steiner setzte sich selbstverständlich auch mit der Reaktion Österreichs auf das Attentat, die bis heute sehr gegensätzlich beurteilt wird, auseinander. Er sagt zu dem umstrittenen Ultimatum, das die österreichisch-ungarische Regierung an Serbien stellte: »Es zeugt von wenig Denken, wenn man nicht einsieht, daß es eine Absurdität ist, zu verlangen, daß der andere sich die Hand abhauen lassen solle, ohne sich zu wehren. Ich habe es die letzten Wochen oft hören müssen, daß gesagt wurde: Wenn Österreich den Krieg mit Serbien nicht begonnen hätte, so wäre das ›tolerant‹ gewesen . . . Man ruft dem zu, dem die Hand abgehauen werden soll: Sei tolerant!« GA 174 b S. 18

Man frage sich selbst heute noch: Welche Staatsmacht würde es hinnehmen, daß ihr Staatschef im eigenen Land ermordet wird von einem Staatsangehörigen des Nachbarlandes und dabei der begründete Verdacht besteht, daß eine solche »Terroraktion« in dem betreffenden Nachbarlande vorbereitet worden ist. Man ziehe zur Beurteilung das Verhalten der USA zu Lybien im Falle eines solchen Verdachtes zu Rate und erinnere sich des Bomberüberfalls 1986 auf dieses Land ohne Ultimatum und vorangegangene Warnung. Bei dem Attentat auf den Thronfolger Österreich-Ungarns handelte es sich um den zukünftigen Repräsentanten der Monarchie, der angesichts des hohen Alters seines Vorgängers, des Kaisers Franz Josef, gleichsam in jedem Augenblick an die Spitze der Regierungsverantwortung berufen werden konnte.

Unter allen anderen als diesen dramatisch sich entwickelnden Ereignissen wäre eine Verständigung über eine Lösung der Slawenfrage diesseits und jenseits der Grenzen möglich gewesen, zumal in der Donaumonarchie die Bereitschaft zu einem Trialismus bereits signalisiert worden war und dann Österreich eine andere Form erhalten hätte. »Kann man aber« — fragt Rudolf Steiner — »einem leitenden österreichischen Staatsmanne zumuten, resigniert auf einen solchen Ausgang zu warten? Man könnte es offenbar nur, wenn man der Ansicht wäre, es gehöre zu den unbedingten Anforderungen eines österreichischen Staatsmannes, absoluter Pazifist zu sein und das Schicksal des Reiches fatalistisch abzuwarten. Unter jeder anderen Bedingung muß man den Schritt Österreichs bezüglich des Ultimatums verstehen.

Hatte nun einmal Österreich das Ultimatum gestellt, dann war die weitere Folge der Ereignisse nur aufzuhalten, wenn Rußland sich passiv verhielt. Sobald Rußland einen aggressiven Schritt tat, war durch nichts das Weitere aufzuhalten.« GA 24 S. 342

»Dies alles gilt auch bezüglich der serbischen Frage und Österreichs. Mit Serbien konnte Österreich im Jahre 1914 nicht mehr ohne Krieg fertig werden, wenigstens mußte das die Überzeugung seiner Staatsmänner sein. Hätte aber die Entente befunden, daß man Österreich-Ungarn allein mit Serbien fertig werden lassen könnte, dann hätte es zu dem allgemeinen Kriege nicht kommen müssen. Der wahre Kriegsgrund darf also nicht bei den Mittelmächten gesucht werden, sondern darin, daß die Entente diese Mittelmächte nicht so lassen wollte, wie sie nach dem Bestande von 1914 in ihren Machtverhältnissen waren.« GA 24 S. 339–343

Die konventionelle Geschichtsschreibung hat dies längst erkannt und anerkannt. So heißt es im bekannten historischen Nachschlagwerk, dem »Großen Ploetz« (S. 833 Ausgabe 1980): »Zündstoff enthalten besonders die nationalen Bewegungen der kleinen Völker in Ostmitteleuropa. Die Verbindung dieser meist *slawischen Nationalismen* mit dem russisch geführten *Panslawismus* und (seit 1905) *Neoslawismus* wirkt sprengend gegenüber den bestehenden monarchischen, übernationalen Reichen. Sie werden gesteigert durch das *nur durch einen* Krieg zu erreichende Ziel der Zertrümmerung Österreich-Ungarns.«

»Und so eigentlich ging es, bis das unselige Jahr 1914 herankam. Man kann nicht einmal sagen, daß diese Ermordung des Erzherzogs Franz Ferdinand viel mehr war als ein äußerer Anlaß zu dem, was dann als sogenanntes Ultimatum von Österreich-Ungarn an Serbien gestellt worden ist. Denn man war schon längst nicht mehr in dem Stadium, in dem sich solche Ereignisse wie diejenigen, die nun hereingebrochen sind, direkt etwa dadurch entschieden, daß diese oder jene Gegensätze da waren. Diese oder jene Gegensätze wurden nur benützt, um weitaus andere Dinge zu erreichen.« GA 185a S. 20 f.

Das umstrittene Ultimatum an Serbien

Rudolf Steiner geht wiederholt auf die Frage nach dem auf das Attentat folgende Ultimatum der österreichisch-ungarischen Regierung ein. Es ist bekannt, daß die Verweigerung einer befriedigenden Beantwortung Wien veranlaßte, in Serbien einzumarschieren, es sei denn, man sei bereit gewesen, sich selbst aufzugeben. Dazu nimmt Steiner in folgender Weise Stellung:

»Von den leitenden Staatsmännern Österreichs verlangen, daß sie deshalb das Ultimatum an Serbien hätten unterlassen sollen, hieße von ihnen verlangen, daß sie gegen das Interesse des von ihnen geleiteten Landes hätten handeln sollen. Ein solches Verlangen können Theoretiker irgendeiner Färbung stellen. Ein Mensch, der mit den vorhandenen Tatsachen rechnet, sollte im Ernste von dergleichen gar nicht sprechen. Denn hätten die Südslawen erreicht, was die führenden Großserben wollten, so wäre unter den Aktionen der übrigen österreichischen Slawen Österreich in der Form, in der es bestand, nicht zu erhalten gewesen.« GA 24 S. 341

»Nun, will man die Frage beantworten: Wollte innerhalb Österreichs irgend jemand den Krieg, der dann gekommen ist? — so würde man die Frage in ganz falsche Richtung lenken, wenn man das eine oder das andere Volk Österreichs anklagen wollte, oder auch, wenn man gar die österreichische Regierung anklagen wollte. Denn die österreichische Regierung 1914: ein weit über achtzig Jahre alter, nicht mehr denkfähiger Kaiser, dem es wirklich nicht darauf ankam, einen Krieg zu führen; ein bis zum Pathologischen unfähiger Außenminister, der Graf Berchtold, der wohl geeignet war, da oder dort hingeschoben zu werden, aber dem man ja nicht zumuten darf, daß er irgendwie den initiativen Gedanken hätte fassen können, irgendeinen Krieg zu entfesseln. Und diejenigen, die ihn als Kreaturen umgaben, gerade im engeren Amte, die waren schon sicher auch wenig dazu geeignet, den Krieg zu entfachen. Also wer innerhalb der österreichischen Regierung oder innerhalb der Hofburg von Wien die Schuld zu diesem Kriege sucht, der lenkt eigentlich die Frage in eine ganz falsche Richtung, denn solche Unfähigkeit beschließt keine Kriege. Ich sage das nicht aus einer Emotion heraus, ich sage es auch nicht, um etwas zu beurteilen, sondern als eine Zusammenfassung von Tatsachen.« GA 185a S. 21

Steiner hat den Zuhörern seiner Vorträge zur Kriegsschuldfrage den Inhalt des Ultimatums nicht im einzelnen dargestellt, da er ihn bei den Zeitgenossen als bekannt voraussetzen konnte. Da dies für den heutigen Leser nicht mehr gilt, hier eine kurze Kennzeichnung: Den Hintergrund für das Ultimatum bildeten die Ergebnisse einer von der Wiener Regierung veranlaßten geheimen Untersuchung der serbischen Verantwortung für die Ermordung des Erzherzogs. Harry Elmer Barnes, Professor für historische Soziologie in den USA, berichtet in seiner umfangreichen Untersuchung über »Die Entstehung des Weltkrieges« 1928 (S. 140), daß der mit der Untersuchung beauftragte Dr. Friedrich von Wiesner dabei zu der allgemeinen Schlußfolgerung gelangte, »es könne zwar nicht bewiesen werden, daß die serbische Regierung das Komplott angestiftet habe, nichtsdestoweniger sei es in Serbien zustande gekommen und von geheimen Gesellschaften durchgeführt worden, deren Tätigkeit von seiten der serbischen Regierung geduldet worden sei«. Wenn auch die Regierung einer *unmittelbaren* Teilnahme nicht bezichtigt werden könne, so sei doch »durch Aussagen Beschuldigter kaum anfechtbar festgestellt, daß Attentat in Belgrad beschlossen und unter Mitwirkung serbischer Staatsbeamten, Tsiganowitsch und Major Tankositsch, vorbereitet, von welchen Bomben, Brownings, Munition und Zyankali beigestellt. Ursprung Bomben aus serbischem Armeemagazin Kragujevac einwandfrei erwiesen . . . Auf Grund Aussagen Beschuldigter kaum zweifelhaft, daß Prinzip (der Attentäter), Tschabrinowitsch, Grabetz mit Bomben und Waffen . . . von serbischen Organen geheimnisvoll über Grenze nach Bosnien geschmuggelt . . . und von Finanzwachorganen durchgeführt.«[18]

Rußland und Frankreich als Kriegstreiber

Die k.u.k. Regierung in Wien ließ sich bis zum 23. Juli mit der Absendung des Ultimatums Zeit. (Das Attentat war am 28. Juni gewesen.) Von einer überstürzten Reaktion kann also keine Rede sein. Bei der Feststellung des genauen Wortlauts ging Österreich völlig unabhängig von Deutschland vor. Der Reichskanzler erhielt erst später eine Abschrift, der Kaiser, der sich auf seiner Yacht auf Urlaubsfahrt in den norwegischen Fjorden befand, las den Text zuerst in einem Zeitungsbericht. Barnes kommentiert: »Die Österreicher taten ihr Bestes zur Abwendung der Möglichkeit, daß etwa aus ihrer serbischen Politik ein Weltkrieg entstehen könne . . . Sie glaubten mit Recht, daß Rußland, falls England seine Neutralität proklamierte, sehr wenig geneigt sein würde, einen europäischen Krieg auf Grund der serbischen Krise anzufangen.«[19]

Der Inhalt des Ultimatums erinnert an die fünf Jahre zuvor von der serbischen Regierung gemachten Zusicherungen im Hinblick auf die Pflege freundnachbarlicher Beziehungen und fährt fort: »Die Geschichte der letzten Jahre nun und insbesondere die schmerzlichen Ereignisse des 28. Juni haben das Vorhaben einer subversiven Bewegung in Serbien erwiesen, deren Ziel es ist, von der österreichisch-ungarischen Monarchie gewisse Teile ihrer Gebiete loszutrennen. Diese Bewegung, die unter den Augen der serbischen Regierung entstand, hat in der Folge jenseits des Gebietes des Königreiches durch Akte des Terrorismus, durch eine Reihe von Attentaten und durch Morde Ausdruck gefunden.« Die serbische Regierung solle nun solchen Umtrieben endgültig ein Ende bereiten und offiziell die gegen Österreich-Ungarn von ihrem Lande aus gerichtete Propaganda verurteilen und ihr Bedauern darüber aussprechen, daß serbische Offiziere und Beamte daran teilgenommen haben. Sie solle sich verpflichten, »jede Publikation zu unterdrücken, die zum Hasse und zur Verachtung der Monarchie aufreizt und deren Tendenz gegen die territoriale Integrität der letzteren gerichtet ist«. Es folgen heute als selbstverständlich erscheinende Erwartungen auf eine Verpflichtung der serbischen Regierung, in der Unterbindung feindseliger Propaganda in Unterricht, Heer und Verwaltung Maßnahmen zu ergreifen, einer Unterstützung durch Organe der k.u.k. Regierung »bei der Unterdrückung der gegen die territoriale Integrität der Monarchie gerichteten subversiven Bewegung mitzuwirken« und selbstverständlich eine gerichtliche Nachforschung nach den Urhebern einzuleiten und die durch die Ergebnisse der bisherigen Untersuchung Verdächtigten sofort verhaften zu lassen. Beinahe vier Wochen nach dem Doppelmord war dies noch nicht geschehen, hingegen hatten sich hohe serbische Funktionäre durch Interviews in Serbien wie auch im Ausland nach dem Attentat in weiterhin feindlicher Weise gegen die österreichisch-ungarische Monarchie geäußert. Barnes meint dazu: »Vom Standpunkt der österreichischen Staatsmänner aus, die . . . sich der schändlichen Ermordung ihres künftigen Herrschers gegenübergestellt sahen, konnte man (das Gegenteil wird kaum behauptet werden können) nicht wohl erwarten, daß diese einen gemäßigten oder versöhnlicheren Ton anschlagen würden.«[20]

Und er fügt hinzu: »Die serbische Antwort auf das österreichische Ultimatum kann nur verstanden werden, wenn man sie im Lichte von Frankreichs und Rußlands Plänen ins Auge faßt.« Die Bemühungen Frankreichs und Rußlands um eine Verlängerungsfrist für die Beantwortung des Ultimatums wie der nachfolgende Vorschlag einer internationalen Konferenz waren nach der Ansicht von Barnes zuvörderst darauf abgestellt, »um auf diese Weise Frankreich und insbesondere Rußland noch vor der österreichischen Kriegserklärung an Serbien längere Zeit für militärische Rüstungen zu lassen«. Es sollte der Eindruck vor der internationalen Öffentlichkeit erweckt werden, daß Serbien das harmlose Opfer eines schmählichen Überfalls geworden sei. Dieses Spiel wird sich 25 Jahre später bei der deutsch-polnischen Krise 1939 wiederholen. Der amerikanische Beobachter Barnes faßt zusammen: Die »Tatsachen über Serbiens Verantwortlichkeit für den Mord und über die von Serbien und der Entente mit der Antwort an Österreich verfolgten Absichten stellen mit unerbittlicher Gründlichkeit die Albernheit der Folgerungen auf Serbiens naive Unschuld und friedliche Erwartungen bloß«[21] und damit das Intrigenspiel des Westens.

Politische Konstellationen — Schuld — Notwendigkeit, unter diesen drei Aspekten untersucht Rudolf Steiner die Ereignisse, die zum Weltkrieg führten. Es ergeben sich dadurch für den nur oberflächlich Lesenden widersprüchliche Aussagen, die dennoch gleichermaßen zutreffend sind.

Es soll dies an einem alltäglichen Vorkommnis deutlich gemacht werden: Bei Glatteis stürzt ein Mensch auf einem ungestreuten Bürgersteig und bricht ein Bein. Für die Versicherung ist der Fall eindeutig, der Hauseigentümer trägt die Verantwortung, durch schuldhaftes Nichtstreuen. Der Gestürzte weiß, daß er selber eigentlich schuld hat, weil er sich gerade ablenken ließ und nicht aufpaßte. Ein erfahrener Arzt kommt jedoch zu dem Schluß, daß ein Schicksalseingriff vorliegt, weil der Betroffene endlich einmal zur Ruhe kommen mußte. — Steiner sieht, wie ein Konflikt zwischen Mittel- und Osteuropa notwendig, ja schicksalhaft sich vorbereitet. Er stellt fest, wie die politischen Konstellationen so sind, daß Österreich-Ungarn und mit ihm das Deutsche Reich in einen Krieg gezwungen werden. In diesem Sinne — und das ist die herkömmliche Beurteilungsgrundlage der Geschichtsschreibung — haben gerade diese beiden Staaten am allerwenigsten schuld. Aber Steiner erkennt auch, daß beide Länder von unfähigen Persönlichkeiten geführt werden, die den drohenden Ereignissen nicht angemessen zu begegnen wissen. In diesem — und wirklich nur in diesem Sinne — kann dann auch von der Unfähigkeit und dem Verschulden der österreichischen und deutschen Staatsführung gesprochen werden.

Die Deutschen sind ein friedliches Volk (Fullerton)

Immer wieder erstaunt Steiners umfassende Kenntnis der Presse. So zitiert er in einem Vortrag seitenlang Ausführungen über die Deutschen aus der Sicht eines US-Amerikaners. Georg Stuart Fullerton, Amerikaner (ohne jeden Tropfen deutschen Blutes!) ist Professor der Philosophie an der Universität New York, aber er kennt, wie er selbst sagt, Deutschland seit dreißig Jahren und befand sich bei Kriegsbeginn in München. Der Aufsatz, aus dem Steiner zitiert, wurde von Fullerton in tausend Exemplaren zur Aufklärung der amerikanischen Landsleute nach Amerika geschickt, vornehmlich an Redakteure und ausgewählte Persönlichkeiten.

»Ich behaupte rückhaltslos, daß niemand, weder in Deutschland noch in Österreich, die leiseste Neigung zeigte, diesen schrecklichen Krieg herbeizuführen. Man wünschte den Frieden, ernstlich und ehrlich, schon aus wirtschaftlichen Gründen. Aber der Krieg wurde beiden Nationen aufgezwungen. Daß er gerade jetzt gekommen ist, darf als Zufälligkeit bezeichnet werden. Denn kommen mußte der Krieg auf jeden Fall.«[22]

»Sollten wir mehr als von anderen Nationen gerade von Deutschland verlangen, daß es den status quo respektiere und zarte Rücksicht beobachte gegen das europäische ›Gleichgewicht‹? Jede intelligente, fleißige Nation, die in einem fast 50 Jahre lang gewahrten Frieden sich industriell entwickelt und dadurch reich und mächtig geworden ist, wird dies »Gleichgewicht« naturnotwendig stören. Weniger zivilisierte oder weniger fleißige oder streitsüchtige Nationen sind da im Nachteil. Und was den status quo betrifft, hat Serbien etwa, hat ihn Rußland, Frankreich, England oder Japan je akzeptiert? Und schließlich, wie hat der Amerikaner sich dazu verhalten? Haben wir den status quo akzeptiert, als wir die Indianer vertrieben? Oder bei der Veröffentlichung unserer Unabhängigkeitserklärung im Jahre 1776? Haben wir Achtung davor bewiesen, als wir uns gegen das Durchsuchen amerikanischer Schiffe und die gewaltsame Werbung amerikanischer Seeleute seitens Großbritanniens in den Jahren vor 1812 aufgelehnt haben? Haben wir 1861 an den status quo gedacht, als wir uns weigerten, die aufständischen Südstaaten anzuerkennen und auf der Integrität der Union bestanden?«[23]

Trotz dieser Argumente haben sich die USA, die mit diesem europäischen Problem nicht das Geringste zu tun hatten, 1917 eingemischt und durch die Proklamation ihres Präsidenten Woodrow Wilson politischen Sprengstoff nach Südosteuropa gebracht und auch durch Lieferung von Kriegsmaterial sowie Entsendung umfangreicher Truppenkontingente einen entscheidenden Anteil zur Zertrümmerung der Habsburger Doppelmonarchie beigetragen. Einen unmittelbaren Anlaß, dafür das Leben ihrer Söhne zu opfern, haben die Vereinigten Staaten gewiß nicht gehabt.

Am 18. September 1916 sieht sich Rudolf Steiner in einem in Dornach gehaltenen Vortrag veranlaßt, auf Mitteleuropa als allgemeinen Kriegsschauplatz einzugehen, auf dem die Völker ihre Interessengegensätze schon in vorangegangener Zeit, so im Dreißigjährigen Krieg, ohne Rücksicht auf das Land und seine Menschen ausgetragen haben. Wieder kommt er auf die Ursachen des nun schon im dritten Jahre erlittenen Kriegsgeschehens zu sprechen und auf die Zielsetzung der Gegner. Über Rußlands Solidarisierung mit Serbien im serbisch-österreichischen Konflikt sagt Steiner zurückblickend: »In Rußland konnte man sich einzig und allein bei denjenigen, die den Russizismus vertreten, ewas Großes von einem künftigen europäischen Krieg versprechen, nämlich wenigstens teilweise das Testament Peters des Großen zu verwirklichen.« GA 173 S. 199

Noch unter dem frischen Eindruck der Ereignisse im September 1914 erinnerte sich Steiner in einem Stuttgarter Vortrag eines »Alibi-Beweises« im Hinblick auf das absolute Desinteresse des Deutschen Reiches, mit Rußland in einen Gegensatz zu kommen oder gar in kriegerische Handlungen verwickelt zu werden.

»Merkwürdige Worte hat ein Staatsmann in Deutschland noch in diesem Frühjahr gesprochen. Er sagte über unser Verhältnis zu Rußland, daß Deutschland in freundschaftlichem Einvernehmen stehe mit Petersburg, welches entschlossen sei, auf Pressetreibereien nicht zu achten. Und über England wurde im Juli gesagt, daß die Entspannung Fortschritte mache, daß die Verhandlungen mit England noch nicht abgeschlossen seien, daß sie aber in diesem Sinne weitergeführt würden. So konnte ein namhafter Staatsmann im Juli noch sprechen. Man lese diese Worte jetzt wieder und versuche sich zu vergegenwärtigen, wie menschliche Urteilskraft vor den dahinflutenden Ereignissen steht. Eines aber kann erhellen aus diesen Worten: Wir haben den Krieg nicht gewollt! — Oh, man möchte — verstehen Sie mich recht! — um es grotesk auszudrücken, Nichtdeutscher sein, damit diese Worte die gebührende Beachtung fänden, um ihnen den Nachdruck geben zu können, der ihnen gebührt.« GA 174b S. 26

Und im Ersten Memorandum vom Juli 1917 versicherte Rudolf Steiner: »Ebenso wahr, wie dies alles ist, ebenso wahr ist, daß jeder, der mit den Tatsachen rechnete, in Deutschland ein unbestimmtes Gefühl hatte: Wenn einmal die angedeuteten Verwirklichungen in ein Stadium treten, dann werde es Krieg geben. Man werde diesem Kriege nicht entgehen können. Und verantwortliche Personen hatten die Meinung, man müsse, wenn er notwendig werde, diesen Krieg mit aller Kraft führen. Einen Krieg aus eigener Initiative heraus zu führen, hatte in Deutschland gewiß niemand die Absicht, der ernstlich in Betracht kommt. Man kann der Entente beweisen, daß sie nicht den geringsten Grund hatte, an einen Angriffskrieg von seiten Deutschlands zu glauben . . .« GA 24 S. 342, dazu auch GA 173 S. 115 f. u. 199

Selbstverständlich hat es auch in Deutschland Persönlichkeiten gegeben, die meinten, aus einem Krieg Nutzen schlagen zu können (vornehmlich Bankiers nach Steiner) und daher als Kriegshetzer bezeichnet werden können. »Das ist deshalb wichtig zu betonen, weil, wenn die Rede kommt auf Deutschlands Kriegshetzer, man dann folgendes sagen muß: Gewiß, solche Kriegshetzer hat es gegeben, und wenn man das spezielle Problem der Kriegshetzerei in Angriff nehmen würde, so würde es hapern bei solchen Persönlichkeiten, die ich vorhin auch angeführt habe, wenn man sie ganz weiß waschen wollte. Und schließlich das, was ich gesagt habe, daß man dem — ich weiß nicht, ob er weiß oder schwarz ist — Nikita von Montenegro auch eine harte Last der Kriegsschuld zuschreiben kann, das mag daraus hervorgehen, daß schon am 22. Juli 1914 die beiden Töchter, diese — verzeihen Sie den Ausdruck — dämonischen Frauen in Petersburg, in Anwesenheit von Poincaré, bei einer besonders prunkvollen Hoffestlichkeit dem französischen Botschafter, der das Merkwürdige sich geleistet hat, daß er in seinen Memoiren in Altersgeschwätzigkeit die Sache selbst erzählt hat, gesagt haben: Wir leben in einer historischen Zeit; eben kam ein Brief von unserem Vater an und der weist darauf hin, daß wir in den nächsten Tagen Krieg haben werden. Es wird großartig werden. Deutschland und Österreich werden verschwinden, wir werden uns in Berlin die Hände reichen. — Nun, das haben die Töchter des Königs Nikita, Anastasia und Militza, am 22. Juli — ich bitte das Datum zu beachten — dem französischen Botschafter in Petersburg gesagt. Das ist auch eine Tatsache, auf die hingewiesen werden kann.« GA 174 b S. 368 f.

Die bekannten Ereignisse traten ein. Der Krieg begann.

Die Tragödie Deutsch-Österreichs nimmt ihren Lauf

Am 20. November 1916 starb 86jährig Franz Josef I., Kaiser von Österreich und König von Ungarn. Anstelle des ermordeten Erzherzogs Franz Ferdinand wurde der 29 Jahre alte Karl I. Kaiser. Er hofft, die Monarchie vor dem Zerfall noch retten zu können. Die Pläne einer Föderation mit nationalen Autonomien werden erörtert. In seinen Memoranden versucht Rudolf Steiner über den Kabinettschef Arthur Graf Polzer dem jungen Kaiser die Möglichkeit einer Neuordnung auf der Grundlage einer »Dreigliederung des sozialen Organismus« vorzulegen. Es ist zu spät. Innerhalb eines Jahres lösen sich in Österreich und Ungarn insgesamt sieben Regierungschefs ab. Am 10. April 1918 findet, durch Wilsons Proklamation des »Selbstbestimmungsrechtes der Völker« ein Nationalitätenkongreß von Völkern der Donaumonarchie in Rom statt. Tschechen, Südslawen, Rumänen und Polen fordern das Selbstbestimmungsrecht. Am 30. Juni erkennen Italien und Frankreich die Selbständigkeit einer »Tschechoslowakei« an. Großbritannien folgt im August und im September die USA.

Am 30. Oktober erfolgt die zweite Sitzung der provisorischen deutsch-österreichischen Nationalversammlung. Sie richtet eine Note an den US-Präsidenten Wilson, in der sie die Gründung von »Deutsch-Österreich« mitteilt mit der gleichen Berufung auf das »Selbstbestimmungsrecht der Völker«.

Schon am 12. November 1918 verkündete der Vollzugsausschuß der »Deutsch-Österreichischen Nationalversammlung« als Gesetz: »Deutsch-Österreich ist ein Bestandteil der Deutschen Republik.« Zugleich bat er das Deutsche Reich angesichts der Bedrohung der jungen Staatsgründung durch die slawischen Nachbarn um Waffenschutz. Der kommissarische österreichische Staatskanzler Renner erklärte vor aller Welt: »Unser großes Volk ist in Not und Unglück. Das Volk, dessen Stolz es immer war, das Volk der Dichter und Denker zu heißen, unser deutsches Volk des Humanismus, unser deutsches Volk der Völkerliebe, unser deutsches Volk ist im Augenblick tief gebeugt. Aber gerade in dieser Stunde, wo es so leicht und bequem und vielleicht auch verführerisch wäre, seine

Rechnung abgesondert zu stellen und vielleicht auch von der List der Feinde Vorteil zu erhaschen, in dieser Stunde soll unser deutsches Volk in allen Gauen wissen: Wir sind *ein* Stamm und *eine* Schicksalsgemeinschaft.« [24]

Von der in allgemeinen, freien und geheimen Wahlen gewählten »Nationalversammlung Deutsch-Österreichs« wurde dieser Beschluß am 12. März durch ein Gesetz gleichen Wortlautes bestätigt. Es wurden zugleich Delegierte gewählt, die an der Ausarbeitung der Verfassung der deutschen Republik in Weimar teilnehmen sollten. In dieser Verfassung war die Eingliederung der deutschen Länder der zerschlagenen Donaumonarchie in das Deutsche Reich vorgesehen. Der französische Ministerpräsident Clemenceau, in Frankreich genannt »der Tiger«, setzte entgegen dem proklamierten »Selbstbestimmungsrecht der Völker« seine Forderung an die Alliierten durch, die auf demokratische Weise beschlossene Einheit des deutschen Volkes zu zertrümmern und »die unabänderliche und dauernde Unabhängigkeit« eines neuen österreichischen Donaustaates zu erzwingen. Wahrhaft singulär in der Geschichte ist das Verbot der Siegermächte an dieses Staatsvolk, sich nach eigener Wahl seinen Namen geben zu können. Die Bezeichnung »*Deutsch*-Österreich« ist ihm im Widerspruch zur geschichtlichen Wahrheit untersagt worden. Man bedenke diese Ungeheuerlichkeit: Im »Zeitalter der Mündigkeit« wird ein Volk von Fremdmächten gezwungen, seine über tausendjährige Geschichte zu verleugnen. Von einem sich mit den Unterdrückten solidarisierenden Widerspruch aus dem »Völkerbund« in Genf ist nie etwas bekanntgeworden. Das Vertrauen zu solchen neuen »demokratischen« Institutionen hätte dadurch geweckt werden können.

Es sollte unvergessen bleiben, was unter dem Druck der nackten Gewalt die österreich-deutsche Nationalversammlung erklärte: »Die Nationalversammlung erhebt vor aller Welt feierlich ihren Protest dagegen, daß der Friedensvertrag von Saint-Germain unter dem Vorwande, die Unabhängigkeit Deutsch-Österreichs zu schützen, dem deutsch-österreichischen Volke sein Selbstbestimmungsrecht nimmt, ihm die Erfüllung seines Herzenswunsches, seine wirtschaftliche, kulturelle und politische Lebensnotwendigkeit, die Vereinigung mit dem deutschen Mutterlande verweigert. Die Nationalversammlung spricht die Hoffnung aus, daß, sobald der Frieden den Geist nationaler Gehässigkeit und Feindseligkeit, den der Krieg, hervorgerufen hat, überwunden haben wird, der Völkerbund auch dem deutschen Volke das Recht auf Einheit und Freiheit der Nation, das er allen anderen Völkern gewährt (!), nicht dauernd vorenthalten werde.

In schmerzlicher Enttäuschung legt sie Verwahrung ein gegen den leider unwiderruflichen Beschluß der Alliierten und Assoziierten Mächte, dreieinhalb Millionen Sudetendeutsche von den Alpendeutschen, mit denen sie seit Jahrhunderten eine politische und wirtschaftliche Gemeinschaft bilden, gewaltsam loßzureißen, ihrer nationalen Freiheit zu berauben und unter die Fremdherrschaft eines Volkes zu stellen, das sich in demselben Friedensvertrag als ihr Feind bekennt.

Dennoch bleibt ihr keine Wahl: Land und Volk brauchen endlich Frieden, der ihnen die Welt moralisch und wirtschaftlich wieder öffnet, sie brauchen den Frieden, der die Kriegsgefangenen endlich den Ihrigen wiedergeben wird . . .

Es bleibt ihr auch deshalb keine Wahl, weil unser Land in der Versorgung mit Nahrungsmitteln, Kohlen und industriellen Rohstoffen wie in der Wiederherstellung seines Kredites und seiner Währung von den Großmächten abhängt.«[25]

Zu der undemokratischen Verweigerung der Erfüllung des freien Volkswillens gesellte sich die kapitalistische Erpressung seitens der Westmächte. Für die Deutschen war diese Unglaubwürdigkeit die erste und entscheidende moralische Niederlage der importierten Demokratie.

Ein kurzes Zwischenspiel: Der Anschluß 1938

Nach der 1938 erfolgten Wiedervereinigung äußerte sich der seinerzeitige Führer der österreichischen Sozialdemokratie, Karl Renner: »Ich habe als erster Kanzler Deutsch-Österreichs am 12. November 1918 in der Nationalversammlung den Antrag gestellt und zur nahezu einstimmigen Annahme gebracht: ›Deutsch-Österreich ist ein Bestandteil der Deutschen Republik.‹ Ich habe als Präsident der Friedensdelegation zu St. Germain durch viele Monate um den Anschluß gerungen — die Not im Lande, die feindliche Besetzung der Grenzen haben die Nationalversammlung und so auch mich genötigt . . . dem Anschlußverbot uns zu unterwerfen. Trotzdem habe ich seit 1919 in zahllosen Schriften und ungezählten Versammlungen im Lande und im Reiche den Kampf um den Anschluß weitergeführt . . . Ich müßte meine ganze Vergangenheit als theoretischer Vorkämpfer des Selbstbestimmungsrechtes der Nationen wie als deutsch-österreichischer Staatsmann verleugnen, wenn ich die große geschichtliche Tat des Wiederzusammenschlusses der Deutschen Nation nicht mit freudigem Herzen begrüßte!« So 1938. [26]

Nicht anders gaben die österreichischen Bischöfe eine »feierliche Erklärung« ab: »Aus innerster Überzeugung und mit freiem (!) Willen erklären wir unterzeichneten Bischöfe der österreichischen Kirchenprovinz anläßlich der großen geschichtlichen Geschehnisse in Deutsch-Österreich: ». . . Die Bischöfe begleiten dieses Wirken für die Zukunft mit ihren besten Segenswünschen und werden auch die Gläubigen in diesem Sinne ermahnen.« Kaum bekannt ist, wie sich Dr. Kurt Schuschnigg, der letzte Bundeskanzler Österreichs vor dessen Vereinigung mit dem Deutschen Reich im März 1938, rückblickend dazu geäußert hat. Die Stimme des damals politisch Unterlegenen sollte nicht überhört werden: Im Prager Staatsarchiv wurde ein Brief aufbewahrt, der aus NS-Akten stammt, die im Sommer 1964 (!) geborgen wurden. Das Original-Dokument trägt den Stempel »RFSS Geheim, SD-Hauptamt 6303, Eingang am 21. September 1938.« Dieser Vermerk zeigt, daß die Reichsführung SS s. Zt. es nicht für opportun hielt, den Brief zu veröffentlichen, — aus welchen Gründen auch immer. Dies widerlegt die Möglichkeit, daß der Brief »auf Bestellung« oder unter Druck verfaßt worden ist. Umso bemerkenswerter ist er für die Einstellung in jener Zeit. Der Brief wurde von Ex-Bundeskanzler Schuschnigg am 17. Juni 1938, also etwa ein Vierteljahr nach dem Anschluß Österreichs an das Deutsche Reich, verfaßt.

Am 6. Februar 1968 sandte der frühere österreichische UNO-Korrespondent Dr. Otto Leichter dem bis kurz zuvor an der Jesuitenuniversität in Saint Louis in den USA lehrenden Dr. Schuschnigg eine Abschrift dieses sensationellen Briefes und bat den ehemaligen österreichischen Bundeskanzler um eine Stellungnahme: »Das tut Schuschnigg sehr ausführlich, und er dementiert fast nichts.« [27] Der Brief ist und bleibt also ein historisches Dokument, das seinen Verfasser nicht belastet, sondern ihm vor der Geschichte bestätigen wird, daß er über alle persönlichen Gegensätze hinweg damals eine gesamtdeutsche Verantwortung gefühlt hat. Der wesentliche Teil des Dokumentes lautet:

»Die heutige Lösung ist ebenso zwangsläufig als endgültig, historisch bedingt und begründet. Der Führer, und *nur* er konnte sie bringen, hat damit das Problem gelöst, das seit 1866 offen stand. Er hat somit vollendet, was Bismarck begonnen hat. Ich halte es für sinnlos, dies nicht vorbehaltlos zu sehen und anzuerkennen, — die geschichtliche Zwangsläufigkeit nicht zur Kenntnis zu nehmen — die gegebene Tatsache, die Größe des Erfolges und des Mannes, der die Voraussetzungen hierfür schuf, nicht voll und ganz zu bejahen.

Ich bin überzeugt, daß die vom Führer entschiedene Lösung der *vollkommenen* Eingliederung Österreichs ins Reich der *halben* Lösung eines verschleierten Anschlusses oder einer loseren staatsrechtlichen Bindung, wie sie mir vorschwebte, vorzuziehen und auf die Dauer richtiger ist . . .

Persönlich erkläre ich meinen festen und freien Willen, in bedingungs- und vorbehaltloser Loyalität zu Führer, Reich und Volk zu stehen, und wäre froh, der deutschen Sache dienlich sein zu können. Wien, 11. Juni 1938, Kurt Schuschnigg«.

Es ist nicht bekanntgeworden, daß in den letzten 20 Jahren sich ein österreichischer oder bundesdeutscher Historiker bemüht hätte, den Text des Dokuments zu berücksichtigen, sei es, ihn zu widerlegen oder zu bestätigen.

Von einer gewaltsam erzwungenen Vereinigung Österreichs mit dem Reich im Jahre 1938 kann also nicht die Rede sein. Das wäre eine Geschichtslüge. Vielmehr fand das legitime Streben aller Nationen, in einem Staat vereint zu sein, nunmehr auch für Deutsche seine zeitweilige Erfüllung.

Der Widerhall, den die Wiedervereinigung der Deutschen im Jahre 1938 in Mitteleuropa auslöste und der für alle Zeitzeugen unüberhörbar war, war ein einmaliges Ereignis dieses Jahrhunderts, das »singuläre« Glückserlebnis eines Volkes, das trotz aller gegenteiligen Bemühungen aus der Geschichte nicht mehr ausgetilgt werden kann. Österreich ist auch die Heimat dessen, der in der hier vorliegenden Darstellung als Zeuge für das deutsche Volksschicksal spricht, Rudolf Steiners. Was er selbst als Deutscher mit vielen anderen aus dem Lande seiner Herkunft gegenüber dem 1871 vereinigten Teilreich Bismarcks erlebt hatte, bekundete er als schmerzlich erlebte Empfindung, mit vielen anderen Deutschen »an der großen Arbeit, die das deutsche Volk in sozialer Beziehung vollbringt«, teilzunehmen nicht berufen zu sein.

Jeder Angehörige eines *anderen* Volkes, der im Sinne Steiners seinem Volkstum voll seine »Liebe darbringt« sowie »alle Wärme für sein Volkstum zu empfinden« (GA 159/60 S. 163) vermag, wird das Glück und das Leid mitempfinden derer, die sich in einem Volke vereinigen dürfen oder aus ihrer Heimat vertrieben sind. Auch solches Miterleben mit anderen Volksschicksalen würde ein Beitrag zu Frieden und Gerechtigkeit innerhalb der Menschheit werden können. Das Glück und das Leid anderer Völker geht uns alle an.

Das Ergebnis der ersten Etappe der kriegerischen Auseinandersetzungen im sog. Weltkrieg sollte in seiner tieferen Bedeutung erkannt werden: Es wurde mit 1918/19 nicht nur die europäische Landkarte dramatisch verändert. Es war nicht nur das Kriegsziel der Entente erreicht, die vornehmlich von Deutschen und Ungarn gemeinsam getragene Doppelmonarchie des Hauses Habsburg zu zerstören und durch eine »kleine Entente« der neu gegründeten oder vergrößerten Staaten an der Donau unter der angestrebten Führung des europäischen Westens abzulösen, es war nicht nur dadurch der deutsche Einfluß aus dem europäischen Südosten verdrängt, sondern es fielen damit die letzten tragenden Säulen des »Römischen Reiches Deutscher Nation« als einstige europäische Ordnungsmacht. Und es ging in diesem welthistorischen Augenblick noch mehr unter, nämlich der »Reichsgedanke«, der es ermöglicht hatte, durch ein Jahrtausend hindurch Völker verschiedener Herkunft und unterschiedlicher Art in einem großen geistigen Consensus und in einer politischen Zusammengehörigkeit zu vereinen. Trotz aller oft langen und harten Auseinandersetzungen waren sie »Reichsgenossen«.

Dieser Verbund wurde gesprengt durch den Anspruch jeder Nationalität, für sich als eine Einheit anerkannt zu werden und ihr eigenständiges Staatsleben zu gestalten. Der »Nationalstaat« wurde zur Leitidee und suchte seine Verwirklichung. Das war die Sprengkraft, welche von innen her mit Hilfe der auswärtigen Fremdmächte das Reich der Habsburger als Erbe der abendländisch-deutschen Geschichte vernichtete. So war nichts legitimer als die Folgerung der Deutschen in der alten Ostmark, sich nun mit den anderen Deutschen in Europa verbinden zu wollen und durch den Zusammenschluß aller versprengten Volksgruppen den deutschen Nationalstaat wie die großen und kleinen anderen europäischen Völker anzustreben, der im »Bismarck-Reich«, in der sog. »kleindeutschen« Lösung nur fragmentarisch verwirklicht war, mit einer großen »Irredenta« — wie die Italiener ihre »unerlösten« Volksgebiete zu nennen pflegten. Indem die Neugründungen auf den Trümmern des alten Reiches jedoch nicht den nationalstaatlichen Gedanken folgerichtig verwirklichten, sondern das imperialistische Prinzip wie eine Infektion in sich aufnahmen, wurde der neue Waffengang bereits in dem Moment angelegt, als eine neue Ordnung Europa befrieden sollte. — Die »Tschechoslowakei« stellte einen Dreivölkerstaat dar, ohne das Reichsprinzip oder die Eidgenossenschaft der Schweiz zu bejahen. Sie kehrte lediglich das von den Tschechen als Bedrückung empfundene vorangegangene Verhältnis zwischen Deutschen und Tschechen um.

Das mußte zu neuen, schließlich unerträglich werdenden Spannungen führen, die nach dem Wiedererstarken einer deutschen Souveränität und der Wiedervereinigung mit Deutsch-Österreich zum Konflikt mit dem tschechischen Imperialismus und Zentralismus führen mußten.

Polen verhielt sich nicht anders, indem es nicht nur alte deutsche Siedlungsgebiete, sondern auch zwei Millionen Deutsche sich überschreiben ließ. Nachdem das Selbstbestimmungsrecht der Völker in beiden Fällen verraten worden und es aus diesem Anlaß zu der Wiederaufnahme kriegerischer Aktionen, also zum sog. Zweiten Weltkrieg gekommen war, wurde das nationalstaatliche Prinzip zwar mit brutaler Konsequenz einseitig durchgesetzt, indem die Nutznießer des Sieges der Alliierten die Deutschen aus ihren alten Siedlungsgebieten kurzerhand unter den Augen der Welt in einem geschichtlich einmaligen Vorgang vertrieben: 18 Millionen, von denen mehr als drei im furchtbarsten Sinne des Wortes »auf der Strecke blieben«, nämlich erschlagen wurden oder durch Entkräftung umkamen.

Die Paradoxie der Geschichte ist jedoch die, daß auch die Vertreter des nationalstaatlichen Prinzips diesem zuwider dachten und handeln, indem sie sich — und nicht erst seit 1945 — darauf ausrichten, eine europäische Föderation aufzubauen, wie es auf deutscher Seite bereits während des letzten Krieges als Konzeption und Vorhaben einer »Europäischen Eidgenossenschaft« entwickelt wurde. [28]

KAIN UND ABEL — EIN BRUDERKAMPF IM CHRISTLICHEN ABENDLAND

Zweierlei Volkwerdung

Frankreich — das Reich der Franken im keltisch-römischen Gallien, bis heute im Französischen einfach ›France‹ genannt — erinnert bereits im Namen an den gemeinsamen germanischen Ursprung der beiden Völker in West- und Mitteleuropa. Wir Deutschen sprechen von Deutsch*land* und Frank*reich*. Mit dem Begriff »Reich« verbinden wir seit altersher die Vorstellung einer übernationalen Ordnungsmacht, die seit Karl dem Großen, welcher der gemeinsame Ahnherr sowohl der Franzosen als auch der Deutschen ist, verstanden wurde als die Fortsetzung des Imperium Romanum, nun unter germanischer und christlicher Führung und später genannt: das Heilige Römische Reich Deutscher Nation. Der Kaiser galt dabei als Stellvertreter Gottes auf Erden und Schutzherr der christlichen Kirche.

Die Franken sind vermutlich kein besonderer Stamm wie z.B. Bayern oder Friesen. Diejenigen Stammesgruppen, die sehr früh ihre Unabhängigkeit, vielleicht auch eigenwillige Lebensart wollten, die mehr Freiheit für sich selbst beanspruchten, verbanden sich zu einem Stammesbund. Sie nannten sich die Franken, was nichts anderes heißt als ›die Freien‹. ›Frank und frei‹ ist bis heute als eine sprachliche Kennzeichnung solcher Haltung bewahrt.

Die Franken drängten im Laufe ihrer Geschichte immer weiter nach Osten und schoben von Frankfurt über Karlstadt den Main entlang bis in dessen Quellgebiet eine östliche »Kolonie« vor, das heutige bayerische Franken mit seinem Mittelpunkt Nürnberg. Es ist zu fragen, ob mit den Franken die »Reichsidee« bis zur alten »Reichsstadt«, in der im Mittelalter zeitweise die Reichskleinodien aufbewahrt wurden, gewandert ist? Die »Reichsparteitage« wollten jedenfalls daran anschließen, und aus diesem Grunde wurde auch 1946 in Nürnberg das Siegertribunal der Alliierten abgehalten.

Karl der Große — Charlemagne — ist, wie Conrad Ferdinand Meyer von Luther sagt: »ein Mensch mit seinem Widerspruch«. Noch bevor der große Eroberer (oder Einiger) seinen dreißigjährigen Krieg mit den Sachsen begann, unterwarf er sich durch abscheulichen Verrat die Alamannen. Der gemäß einer Vereinbarung in Cannstadt in Erwartung des fränkischen Unterhändlers waffenlos versammelte alamannische Adel wurde von den Franken umzingelt und niedergemacht. So wurde das führerlos gewordene Volk eine überrumpelte Beute Karls. — Noch schlimmer erging es den Sachsen. Hier wurde — wahrscheinlich in Europa zum ersten Mal — ein Volk systematisch zermürbt und ausgeblutet, Umsiedlungen (bezw. Vertreibungen) großen Ausmaßes vorgenommen, »verbrannte Erde« gemacht und die Führerschicht hingerichtet (fränkisches Strafgericht von Verden/Aller), um schließlich in grausamer »Umerziehung« die Abkehr von den heimischen Göttern und die Unterwerfung unter die christliche Kirche römischer Observanz durchzusetzen. Diese Unvereinbarkeit mit der »Gottessohnschaft« und dem Gebot der Nächstenliebe liegt neben vielen anderen Gewalttaten bis heute als unbewältigte Last auf der Christenheit.

Doch der Opfergang wurde zu einem Sieg.[29] Eine neue Kulturblüte wie z. B. in Hildesheim unter Bernward entstand. Der sächsische Geist richtete sich wieder auf. Durch Vereinigung der die »dietsche« Sprache sprechenden Stämme von der friesischen Nordseeküste bis zu den Karawanken Kärntens konnte das Werden des deutschen Volkes beginnen. Die Ur-Ur-Enkelin Wittekinds, Mathilde, wurde Königin dieses Volkes und die Mutter von Otto I., genannt der Große, welcher Arnulf von Kärnten in der zuerst von Karl dargestellten abendländischen Kaiserwürde folgte. Ohne es zu wollen, war Karl der Große zum Geburtshelfer des deutschen Volkes geworden. Der französische Historiker Joseph Calmette schreibt hierzu: »Er schuf mit einem Schlag das, was das Deutschland des Mittelalters werden sollte . . . Er hat sozusagen auf den alten germanischen Stamm das Christentum aufgepfropft, *das* Christentum, das im Jahrhundert Karls die einzig mögliche Form der Kultur war. Das von kundiger Hand ... aufgesetzte Reis ist dann der Heilbringer gewesen, dem edle und köstliche Früchte entsprossen, die im Laufe des Mittelalters auf dem Gebiete des Geisteslebens, der Literatur und Kunst für die deutschen Lande ein ehrenvolles Zeugnis ablegten.« [30] Das erneuerte Sachsen war zu einem wesentlichen Baustein des von Karl dem Großen errichteten europäischen Hauses geworden.

Die bald nach seinem Tode erfolgende Teilung des Reiches unter seinen Nachfahren nur in Erbstreitigkeiten begründen zu wollen, ist eine oberflächliche Geschichtsbetrachtung. Die Gründe dafür liegen in einer durch die Reichsgründung Karls nur vorübergehend eingebundenen Polarität zweier Volksentwicklungen. Bezeichnend dafür ist, daß bei der letzten entscheidenden Teilung im Vertrag von Verden (Verdun) 843 die Sprache — als Ausdruck des Volksgeistes! — die Grenze zwischen dem West- und Ostfränkischen Reich bestimmen sollte: Im Westen wird »Francia« selbständig. Das »Ostfränkische Reich«, zu dem ab 880 Lotharingien kommt, erhält Ludwig der Deutsche. Dieser, dem Karolinger gegebene Beiname, zeigt bereits die heraufkommende Volkwerdung an. Seinem Reich gehören außer den »Ostfranken« des Rheingebietes, Alamannen, Bayern, Schwaben, Hessen, Thüringer und Sachsen an, wobei zu berücksichtigen ist, daß letztgenannte Gebiete weit über ihre gegenwärtigen Grenzen hinausreichten. Im Osten bildeten Elbe, Saale, Böhmerwald und Kärnten die Grenzen.

Anfängliche Schwankungen sind im 10. Jahrhundert ausgeglichen. Als der letzte Karolinger verpflichtet der ostfränkische König Konrad angesichts seines bevorstehenden Todes seinen Bruder und die Franken, als Nachfolger den Sachsenherzog Heinrich zu wählen, der als erster deutscher König im eigentlichen Sinne gelten kann. Sein Sohn Otto I. wird bereits als Vierundzwanzigjähriger in Aachen noch in fränkischer Tracht gesalbt, gekrönt und auf den Thron Karls erhoben. Noch einmal hätte er die Möglichkeit gehabt, Karls Reich zu erneuern, als er den mit Aufrührern verbündeten Westfrankenkönig Ludwig IV. geschlagen hatte. Wohl in weiser Einsicht in die inzwischen eingetretene Entwicklung zweier Volkstümer begnügte er sich mit der Huldigung durch dessen Nachfolger Hugo von Franzien.

Es ist in diesem Zusammenhang nicht notwendig, die Geschichte Frankreichs im einzelnen nachzuzeichnen. Entscheidend wurde für das weitere Werden der französischen Nation der »Hundertjährige Krieg«, in dem Frankreich in wechselvollem Ringen gegen die Engländer um seine Existenz als Nation und Selbständigkeit kämpfen mußte (1339–1453). In diese leidvolle Zeit dramatischer Auseinandersetzungen mit wechselnden inneren Fronten fällt das Eingreifen der Jungfrau von Orleans, jenes Bauernmädchens, das entschlossen, in Berufung auf höhere Weisung, hilfreiche Entschlüsse zum Erfolg führt und vor allem eine psychologische Wende zur Hoffnung bei allen Bevölkerungsschichten herbeiführt. Sie gerät kämpfend in burgundische Gefangenschaft, wird schmählich an den englischen Feind ausgeliefert und nach einem Schauprozeß wegen Häresie am 30. Mai 1431 in Rouen öffentlich verbrannt. Rudolf Steiner sieht in ihrem Erscheinen und dessen Wirkung das Symptom für bisher zu wenig beachtete Hintergründe des geschichtlichen Werdens. Tatsache ist, daß ihr Auftreten letztlich den Sieg Frankreichs über den englischen Aggressor entschieden hat, und damit der Weg der französischen Nation in ihre Zukunft freigekämpft worden war. GA 161 S. 61 f., GA 174b S. 65 f. u.a.

Frankreichs Ausgriff nach Osten

Das zuvor als Polarität gekennzeichnete Spannungsverhältnis zwischen den heranwachsenden Nationen wurde zum Antagonismus, als nationales Machtstreben in der »Neuzeit« genannten Epoche aufkam. Noch in den Kreuzzügen hatten die abendländischen »nationes«, als was sich die Volksangehörigen jetzt bezeichneten, trotz mancher Rivalitäten Seite an Seite gekämpft. Die später folgenden geistigen Auseinandersetzungen der Reformationszeit wurden von ihnen unterschiedlich beantwortet. Der Dreißigjährige Krieg bot dem in Frankreich aufkommenden Imperialismus Gelegenheit, auf Europas Schlachtfeld, in Deutschland, seine Machtinteressen zu vertreten. Der Westfälische Friede in Münster brachte Frankreich 1648 die Bistümer Toul, Metz und Verdun, die schon seit 1552 unter französische Schutzherrschaft gestellt waren. Zu beträchtlichen Landgewinnen Frankreichs gehörten die zuvor österreichische Landgrafschaft Ober- und Niederelsaß, der Sundgau und die Oberhoheit über zehn elsässische Reichsstädte. Die nahezu achthundertjährige Grenze wurde damit von Westen her aufgebrochen und so der Konflikt begründet, der bis in unsere Gegenwart beide Völker in furchtbare Kriege verwickelte und vermeidbare, bisher unversöhnliche Gegensätze verursachte. Der Begriff »Erbfeinde«, so unsinnig er uns heute erscheint, mag damals aufgekommen sein. Historische Wahrhaftigkeit gebietet die Feststellung, daß die unbegründeten Eroberungen Frankreichs dazu den traurigen Anlaß gegeben haben.

Im »Frieden« von Münster wurde zugleich dem ausgebluteten, ohnmächtigen Deutschen Reich das Zugeständnis abgepreßt, im Widerspruch zu den Souveränitätsrechten eines selbständigen Staatswesens, das Durchmarschrecht für französische Truppen und ungehinderte Handelswege zuzugestehen. Indem Frankreich im Verbund mit Schweden zur »Garantiemacht« für den »Westfälischen Frieden« wurde, konnte sich der König von Frankreich als Bürge der Reichsverfassung fortan in die inneren Angelegenheiten des Reiches einmischen.

»Alle Bemühungen, das Reich nach den vergeblichen Ansätzen von 1547 und 1635 doch noch zu einem konkurrenzfähigen modernen Staat umzubilden, werden durch diese reichsrechtlichen Festschreibungen unterbunden.« [31] Während die anderen europäischen Völker ihre eigenen Staaten mit über ihr Territorium ausgreifenden imperialen Zielen ausgestalten, bleibt das deutsche Volk auf ein äußerst brüchig gewordenes Haus angewiesen, das durch die erheblichen Gebietsabtretungen — insbesondere an Schweden — in seinem Umfang auch noch wesentlich eingeschränkt wird. Dies sollte auch bei der Beurteilung zeitgeschichtlicher Entwicklungen aus Gründen historischer Gerechtigkeit berücksichtigt werden.

Das in Europa entstandene Schwergewicht Frankreichs wurde

verstärkt durch die Gründung eines Kolonialreiches, das nach dem spanischen an zweiter Stelle stand: Bereits unter Heinrich IV. (1589–1610) wurde Kanada systematisch kolonisiert, nachdem 1541 die erste Kolonie »Nouvelle France« in Neufundland, Labrador und an der St. Lorenzbucht angelegt worden war. An der nordafrikanischen Küste und in Indien wurden ebenfalls Kolonien für die französische Krone okkupiert. Seit 1679 eignete sich Ludwig XIV., genannt der »Sonnenkönig«, abermals »Städte und Dörfer im Elsaß und in Lothringen gewaltsam an, die von französischen (!) Sondergerichtshöfen (den sog. Réunionskammern) aufgrund zweifelhafter historischer Ansprüche der Krone zugesprochen wurden (insgesamt etwa 600). 1681 wird Straßburg annektiert, 1684 Luxemburg und Trier besetzt.« [32] Die Begleitumstände, unter denen das Reich 1684 gezwungen war, eine zunächst auf 20 Jahre befristete Anerkennung für diesen Raub zu leisten, sind besonders schmählich: Die Türken sind im Anmarsch auf Europa und standen bereits vor Wien. Die französische Expansionspolitik wird trotz der noch bestehenden Türkengefahr von Ludwig XIV. fortgesetzt. Dieser versucht, unberechtigte Erbansprüche seiner Schwägerin Liselotte von der Pfalz im eigenen Interesse durchzusetzen und marschiert in Süddeutschland ein. Darauf verbünden sich die Niederlande, England, Österreich, Spanien, Schweden und die deutschen Reichsfürsten zum Widerstand gegen diese provozierenden, offenkundig imperialistischen Expansionsabsichten. Die Franzosen werden zum Rückzug gezwungen, hinterlassen aber 1689 die Pfalz aus Rache als »verbrannte Erde«. Das Heidelberger Schloß wird zerstört — eine jetzt dreihundertjährige Erinnerung —, die Kaisergräber im Dom zu Speyer werden geschändet. Doch Richelieus politische Doktrin blieb, »den Koloß jenseits des Rheins« durch Spaltung auf diplomatischem Wege kampfunfähig zu halten. [33]

Vor dem Ausgang des 18. Jahrhunderts erschüttert die Französische Revolution Europa. Am 14. Juli 1789 erstürmen Pariser Volksmassen die Bastille, um die dort vermuteten Gefangenen zu befreien. Dieses Ereignis blieb das Symbol der »Großen Revolution«.

Obwohl Leopold II., Kaiser des Römischen Reiches Deutscher Nation, von den Vorgängen in Frankreich als Bruder der französischen Königin Marie Antoinette familiär unmittelbar betroffen ist, will er als aufgeklärter Absolutist im Einverständnis mit Preußens König Friedrich Wilhelm II. keine Intervention, sondern mögliche Maßnahmen des monarchistischen Auslands nur von einer gemeinsamen Entschließung der europäischen Herrscher abhängig machen. Der Versuch von Ludwig XVI., ins Ausland zu fliehen, führt zur Eskalation der revolutionären Ereignisse. Schließlich erfolgt — um von den inneren Problemen abzulenken und den revolutionären Gedanken nach ganz Europa zu tragen — eine französische Kriegserklärung an den deutschen Kaiser in Wien. Dadurch wird dieser zusammen mit seinem Verbündeten, Preußen, in den ersten sogenannten Koalitionskrieg gezwungen. Mit der berühmten Kanonade von Valmy, deren Zeuge bekanntlich Goethe war, beginnt nach anfänglichen Erfolgen der Rückzug der preußischen Truppen, und die Revolutionsheere besetzen wiederum die deutschen Städte Speyer, Worms und Mainz und schließlich das ganze linke Rheinufer und Belgien. Nach der Hinrichtung von Ludwig XVI. erklärt das republikanische Frankreich den Niederlanden und England den Krieg.

Aus den Wirren der Revolution geht 1799 Napoleon Bonaparte als Staatsführer hervor. Der von ihm fortgesetzte Krieg und die durch ihn errungenen Siege über die Habsburger Armee stabilisieren die französische Position im Rheinland. Frankreich scheint sein Ziel, den Rhein als Grenze, erreicht zu haben. Er bleibt es, bis in der Neujahrsnacht 1814 Blücher mit dem preußischen Heer den Rhein überschreitet, und durch den Wiener Friedenskongreß die Rheinlande Preußen überantwortet werden: »Der Rhein Deutschlands Strom, nicht Deutschlands Grenze« blieb seither die deutsche, von Ernst Moritz Arndt ausgesprochene Losung. Demgegenüber strebten auch in diesem Jahrhundert in und nach dem Ersten Weltkrieg französische Staatsmänner den Rhein als Grenze an. Noch de Gaulle hatte die Vorstellung, dies Ziel erreichen zu können.

Napoleon und das Reich

Napoleon griff weit über die Rheingrenze hinaus. Die französischen Armeen besetzten Deutschland bis zur Elbe, marschierten nach Pommern und blieben in Berlin, der Hauptstadt Preußens, und den eroberten Gebieten als »Schutzmacht«. Das »Königreich Westfalen« wurde auf dem Gebiet des alten Sachsen begründet und einem Bruder des Eroberers übergeben, die bisher Freien Hansestädte Bremen, Hamburg und Lübeck wurden französisch, mit ihnen der deutsche Küstenstreifen an Nord- und Ostsee sowie Teile der Grafschaft Berg und Westfalen. Das Reich wurde zerschlagen. Deutschland ist zum ersten Mal »gevierteilt«, so wie im Mittelalter ein Schwerverbrecher hingerichtet wurde. Von einer solchen »Vierteilung« spricht die herkömmliche Geschichtsschreibung, indem sie unterscheidet 1. die französische Annexion der bereits erwähnten Gebiete, 2. den Rheinbund, dem sich 36 süd- und westdeutsche Fürsten anschlossen, nachdem sie aus dem Reich »ausgetreten« waren, 3. Preußen, das Napoleon im Unterschied zu seinen Epigonen des Jahres 1945 noch bestehen ließ, aber halbierte und zu seinem Vasallenstaat machte, 4. Österreich, dessen älteste Kaisertochter Marie Louise gezwungen wurde, die Gemahlin Napoleons zu werden. Preußen und Österreich sind gleicherweise dem napoleonischen Machtbereich unterworfen.

Was wollte Napoleon? Ein »Besatzungsstatut«, um Mitteleuropa unter Kontrolle zu behalten? Er war konstruktiver: Er wollte nach der von ihm durchgeführten »Flurbereinigung« innerhalb der Unzahl deutscher Fürstentümer und Feudalherrschaften eine neue Ordnung aufbauen. Um diese zu legitimieren und zu stabilisieren, hatte er sich entsprechend dem Geschmack der restaurativen Mächte jener Zeit am 2. Dezember 1804 in der Pariser Kathedrale Notre Dame vom Papst salben lassen, sich anschließend selbst die Krone aufgesetzt und zum »Kaiser der Franzosen« proklamiert. 1806 zwang er durch ein Ultimatum den deutschen Kaiser in Wien, die tausendjährige Krone des Reiches niederzulegen. Napoleon bezweckte gewiß mit diesen Staatsaktionen nicht nur, seine Herrschaft und ihr Ansehen in Europa zu festigen, sondern die Sukzession anzutreten von Charlemagnes Reichsgründung. Ein Jahrtausend »danach« gab er Frankreich die Vorherrschaft über das Abendland zurück, die den Franken durch die Teilung von Verdun entglitten war, und die Franzosen folgten begeistert den Adlern, die seine Heere über Europa trugen. Denn sie erfüllte der andere neue Impuls: das erwachte Bewußtsein, eine *»grande nation«* zu sein. Nur durch die Gefolgschaft der in der Französischen Revolution geborenen Nation sind die Erfolge dessen erklärbar, der selbst nicht einmal ein Franzose in des Wortes genauer Bedeutung genannt werden kann.

Napoleon mußte scheitern, weil er die neu erwachte Macht des Volksbewußtseins unterschätzt hatte. Der sog. »Nationalgedanke« beherrschte — wie wir bei Darstellung der panslawistischen Bewegung wahrnahmen — das heraufgestiegene 19. Jahrhundert. Die nationale Individualität und mit ihr der Anspruch auf die persönliche Mündigkeit waren mit der Französischen Revolution in Europa erwacht. Diesen geschichtlichen Impuls verstand Napoleon nicht, sonst hätte er nicht statt einer Befreiung der Völker die überalterten Formen des Feudalismus zu restaurieren versucht. Seine neuen Monarchien waren eine Versündigung gegen den Zeitgeist. So eroberte er Länder, und aus diesen erpreßte er Soldaten, gewann aber nicht die Herzen der Jugend Europas. »Freiwillige« gingen daraus nicht hervor. So mußte er trotz seiner Genialität scheitern, nicht, ohne beachtenswerte Reformen in Verwaltung und Rechtsleben zu hinterlassen.

Die Kraft des »Nationalbewußtseins«, die er in Frankreich mobilisiert hatte, und die ihn durch ganz Europa trug, hatte er auf der Seite der Unterworfenen unterschätzt. Er machte sie selbst zu seinem Überwinder. Eine geistige Revolution vollzog sich in der europäischen Mitte. Fichte begründete unter den Augen des Feindes die Philosophie des deutschen »Idealismus« als einer das Jahrhundert einleitenden Geistesbewegung. Ihr folgte die nationale Erhebung. 500 000 junge Menschen aus ganz Deutschland meldeten sich 1813 zu den Fahnen, als »der König rief, und alle, alle kamen!«

Mag Napoleon sich in Maß und Mitteln verschätzt und dadurch

selbst zu seinem Mißerfolg beigetragen haben, seiner Größe kann das vor der Weltgeschichte keinen Abbruch tun. Der Glanz solcher Kometen verlöscht nicht. Christian Morgenstern würdigte ihn aus dem Abstand eines Jahrhunderts — wie so viele vor ihm aus dem deutschen Geistesleben — in folgender Weise: »Napoleon ist ein Naturereignis. Ihn einen großen Schlächter schmähen heißt nichts anderes, als ein Erdbeben groben Unfug schelten oder ein Gewitter öffentliche Ruhestörung. An Napoleon muß man im Gebirge denken, den Blick auf einen Teil der Erdkarte gerichtet, ein Panorama vor sich von Bergen, Tälern, Dörfern und Städten. Und dann sich vorstellen, wie dieser kleine Korporal in die Breite solchen Lebens mit seiner einen kleinen Faust gegriffen, wie er, gleich dem Monde das Meer, all dies schwerfällige, schwerflüssige Leben übermächtig zu sich emporzwang, sodaß es auf eine Weile in ihm seinen natürlichen Mittel- und übernatürlichen Höhepunkt fand.«[34] Goethe, der Napoleon in Erfurt aufsuchte, um ihn persönlich kennenzulernen, nannte ihn Eckermann gegenüber ein »Kompendium der Welt! Er war es, und man sah es ihm an, daß er es war.« Auch erbitterte Gegner versagten dem Genie nicht ihre Achtung. Es bleibt kleinen Geistern vorbehalten, die Größe einer solchen historischen Erscheinung nur zu schmähen. Sie enthüllen damit ihr eigenes Format. Die Franzosen holten später die sterbliche Hülle ihres »Empereur« in ihre Hauptstadt, um sie im Invalidendom beizusetzen. Darin spricht sich nicht allein ihr Sinn für die eigene Ehre und Würde aus, sondern zugleich die Fähigkeit, ihre wechsel- und oft auch leidvolle Geschichte zu »bewältigen«.

Das deutsche Ringen um eine eigene Volksgestalt beginnt

Die Deutschen verdanken Napoleon die Erweckung ihres Selbstbewußtseins. Es war ihnen trotz Luther in den vorangegangenen Jahrhunderten gebrochen worden. Nun gewannen sie unter dem Druck des »Empereur« aus dem Westen — dieses französische Wort beinhaltet zugleich Kaiser und Eroberer! — in der deutschen Bewegung der sog. »Romantik« einen Zugang zu ihrem

Kulturerbe und durch die Entfaltung des deutschen »Idealismus« ein Bewußtsein von ihrem Auftrag als Volk. Sie waren durch den großen Flurbereiniger, der wie ein Sturm über sie gekommen war, freier geworden von verstaubten Institutionen und überholten Vorstellungen. Perücke und Zopf wurden dem Feuer überantwortet. Nun glaubten sie den Weg offen, selber zur Nation werden zu können. 1817 sammelte sich deutsche Hochschuljugend auf der Wartburg, um diesen Marsch anzutreten. Er wurde ihnen durch die in Wien neu etablierte Reaktion verstellt. Sie erfuhren von den eigenen Landsleuten bittere Verfolgung. Sie mußten, wie Ernst Moritz Arndt, 30 Jahre lang schweigen.

Dessen ungeachtet entwickelte sich auch in Frankreich eine Zuneigung zu dem in der deutschen Wiedergeburt aufblühenden Geistesleben, eingeleitet durch Madame de Staël noch zur Zeit Napoleons in ihrem Buch »De l'Allemagne«, das dieser einstampfen ließ, und die Verfasserin außer Landes verwies. Gérard de Nerval feierte — wie später mit anderen Worten Renan — »das alte Deutschland, unsere Mutter, Mutter für uns alle«, und französische Philosophen sowie Dichter wandten sich dem deutschen Idealismus und der deutschen »Romantik« zu. Einsichtige Denker folgerten daraus mit dem Historiker Jules Michelet die »ungeheure Legitimität des großen Deutschlands, das eins sein will und eins sein wird« und seiner Ansicht nach auch sein sollte. Der große demokratische Staatsphilosoph Alexis de Tocqueville vertrat die Ansicht: »Was mich betrifft, so denke ich, daß unser Okzident früher oder später bedroht ist, unter das Joch oder doch wenigstens unter den direkten und unwiderstehlichen Einfluß des Zaren zu fallen. Mein Urteil geht dahin, daß unser erstes Interesse ist, die Einigung aller germanischen Stämme zu begünstigen, um sie diesem entgegenzustellen . . . Wir müssen unsere alten Maximen ändern und nicht fürchten, unsere Nachbarn zu stärken, damit sie imstande sind, eines Tages mit uns den gemeinsamen Feind zurückzuschlagen.«[35]

Rudolf Steiner hält mit Recht den anderen europäischen Völkern vor, daß sie nach dem Erreichen ihrer eigenen Gestalt das gleiche Verlangen dem deutschen Volke verwehren. So warnt er die Deutschen 1915: »Ihr müßt nur nicht glauben, daß ihr euer ›Recht als Volk‹ anders denken dürft als im Sinne dessen, wozu euch die Völker berechtigt halten, die euch umkreisen. Ihr müßt nur niemals etwas anderes eure ›Freiheit als Volk‹ nennen, wovon diese Völker durch ihr Verhalten euch zeigen werden, daß es euch ›als Volk freistehe‹.« GA 24 S. 287 f.

Bereits im 17. Jahrhundert wurde Deutschland als »Crux geographorum« bezeichnet, als ein wahres Kreuz für diejenigen, welche seinen Umfang in Karten einzutragen hatten. Da im Unterschied zu dem geradezu klassisch durch natürliche Grenzen abgerundeten Frankreich solche dem Land in der Mitte Europas schicksalhaft fehlen, ist es schwer, dafür einen Rahmen festzulegen, auch wenn durch Hoffmann von Fallersleben das Gebiet des deutschen Volkstums aufgrund seiner geschichtlichen Ausdehnung bezeichnet wird »von der Maas bis an die Memel, von der Etsch bis an den Belt«. Solange nicht ein »Nationalstaat« das geschlossene Haus einer Nation darstellt, lassen sich Grenzen im herkömmlichen Sinne nicht fixieren. Je mehr dies von den europäischen Mächten für Deutschland in Frage gestellt wurde, besonders eindeutig im Dreißigjährigen Krieg im Verbund mit Schweden von Frankreich und seinen großen Akteuren Richelieu, Mazarin und dann alle durch seinen umfassenden Anspruch überhöhend: Napoleon, um so mehr wurden die Deutschen auf sich selbst gestellt.

Der Maßstab: Paris, französische Kultur und Geistigkeit für die damalige »Moderne« — man denke nur an den preußischen König in »Sanssouci« — wurde durch eine Besinnung auf die eigene Volkskultur abgelöst. Der überzeugte Katholik Joseph Görres, der zunächst ein Befürworter der Französischen Revolution gewesen war, wurde durch den erlebten Gegensatz zwischen der Idee und der darauffolgenden Besatzungsmacht in seiner rheinischen Heimat zu einem Gegner Frankreichs und auch der liberalistischen Aufklärung und mahnte: »Es ist von allen Verblendungen die unseligste, wenn ein Volk seine Eigentümlichkeit verläßt, wenn es, mißkennend seine innerste Natur, in fremde Kreise hinübertaumelt.« Nach der, durch die restaurative Politik des Mitteleuropa praktisch beherrschenden Metternich eingeleiteten, Unterdrückung des Nationalgedankens und der polizeilichen Verfolgung seiner Bekenner konnte erst 1848 in der aus der nationalliberalen Bewegung hervorgegangenen Deutschen Nationalversammlung der neue Wille zur Einheit, zum eigenen Reich sich konstituieren. Doch auch diese aufbrandende Flut brach sich an den Dämmen der wiedererstarkten konservativen Reaktion. Und nicht nur im ehemaligen Reich. Es war der Augenblick, in dem sich Franzosen und Russen über Mitteleuropa hinweg die Hand reichten, um dem Werden eines deutschen Nationalstaates zu wehren. Es wurde bereits darauf hingewiesen, daß die französisch-russische Militärallianz ihren Ursprung 1848 hat.

Die Stunde schien jetzt zu nahen, vor der offen zu warnen der zu Friedensverhandlungen auf den Wiener Kongreß (1814–15) geladene Vertreter des gerade besiegten Frankreichs, Talleyrand, die Dreistigkeit hatte: »Die Germanomanen — deutsche Einheit, das ist ihr Schrei, ihre Doktrin, ihre Religion, die sie mit wahrem Fanatismus bekennen. Wer kann die Folgen berechnen (!), wenn eine Masse wie die deutsche, zu einem einzigen Ganzen gemischt, aggressiv würde? Wer kann sagen, daß eine solche Bewegung halt machen würde?« Und so meinte der Auftraggeber Talleyrands, der repatriierte Bourbone Ludwig XVIII., es dürfe wegen des équilibre réel — des realen Gleichgewichts wegen — »höchstens ein deutscher Staatenbund unter Wahrung der natürlichen Unabhängigkeit seiner Mitglieder« zustande kommen. So war es nur folgerichtig, daß 33 Jahre später, 1848, der Französische Gesandte beim Deutschen Bund in Frankfurt aus Paris die Weisung bekam: »Das Interesse Frankreichs gegenüber Deutschland ist, daß dieses als politischer Körper nicht durch *einen* Willen geeint sei und als Markt nicht durch *eine* Hand geöffnet oder geschlossen werden könne.« [36]

Wenig bekannt dürfte sein, daß Alexandre Dumas, Autor der »Drei Musketiere«, 1867 einen Schlüsselroman vorstellte: »Der preußische Schrecken« und darin den preußischen Bösewicht »Graf Bösewerck« schilderte: Bismarck. Die Stimmung in Frankreich wurde immer militanter. Es wurde offen von einem notwendigen Eingreifen in die deutsche Entwicklung gesprochen und geschrieben: »Man erzählt uns von einer Kompensation für die deutsche Einheit« (als ob die Verwirklichung eines sakrosankten Völkerrechtes das Objekt eines Handelsgeschäftes sein dürfte!). »Ich kenne nur eine, aber nur eine einzige, nämlich mit der Waffe in der Hand im Kampf unterzugehen (!), um sie zu verhindern.«[37] So der Schriftsteller Prévost-Paradol.

Angesichts solcher Verweigerung des gleichen Selbstbestimmungsrechtes der Völker für alle fragt Rudolf Steiner: »Studieren Sie einmal die Geschichte von 1866 bis 1870, was in Frankreich dazumal gesagt worden ist zu der erstrebten deutschen Einheit! Die konnte man nicht vertragen, die wollte man auf keinen Fall haben.« GA 185 a S. 102

Die deutsche Einheit soll durch Krieg verhindert werden

So kam es zur dramatischen Zuspitzung im Deutsch-Französischen Krieg. Die Kandidatur des Erbprinzen Leopold von Hohenzollern-Sigmaringen für den spanischen Thron gibt die äußere Veranlassung für Napoleon III., den Neffen von Napoleon Bonaparte, der inzwischen die Kaiserwürde seines Oheims übernommen hat, nach der preußischen Verweigerung einer als demütigend empfundenen Verpflichtung von seiten Frankreichs, Preußen den Krieg zu erklären. Das eindeutige Ziel Napoleons III. ist, durch eine militärische Niederlage Preußens die Erweiterung des inzwischen konstituierten Norddeutschen Bundes und des außerdem geschlossenen Schutz- und Trutzbündnisses mit den übrigen deutschen Ländern (mit Ausnahme Österreichs) zu einem Deutschen Reich mit Waffengewalt zu verhindern. Napoleon wird durch die Einkesselung Sedans am 2. September 1870 entscheidend geschlagen, er selbst gefangengenommen, doch Frankreich kämpft als Republik weiter. Eine bemerkenswerte Einstellung zu den damaligen Ereignissen ist von Karl Marx bekannt. Er verfaßte am 23. Juli 1870 für den Generalrat der Ersten Internationale eine Stellungnahme zum Deutsch-Französischen Krieg und erklärte, daß dieser von deutscher Seite aus ein nationaler Verteidigungskrieg sei. So bemerkenswert diese Äußerung von Marx ist, so geht die Grundhaltung seines Gegenspielers, Ferdinand Lassalle, noch darüber hinaus. Dieser forderte als Führer der deutschen Sozialdemokratie und Fürsprecher eines preußisch-deutschen Sozialismus, die nationale Brüderlichkeit über die internationale Solidarität der Proletarier zu stellen und bereits 1859 einen Einigungskrieg. [38]

Nach bald sechs Jahrzehnten der Entbehrung — und Verfolgung! — war erreicht, was die Studenten der ersten deutschen Jugendbewegung nach ihrer polizeilichen Unterdrückung verloren hatten: »Wir hatten gebauet ein stattliches Haus und drin auf Gott vertrauet . . . Das Haus ist zerfallen . . .« Nun war es wieder erstanden — durch Bismarck. Dieses Ereignis fand seinen Widerhall im deutschen Geistesleben über die weiter bestehenden Grenzen hinaus: bei dem Deutsch-Schweizer Conrad Ferdinand Meyer in seinem »Ulrich von Hutten«: »Geduld, ich kenne meines Volkes Mark, was langsam wächst, das wird gedoppelt stark, was langsam reift, das altert spat, wenn andre welken, werden wir ein Staat!« Rudolf Steiner spricht im September 1914 für die »außerhalb« gebliebenen Österreich-Deutschen:

»Es ist nun an der Zeit, einen Gedanken zu hegen, der naheliegen kann, der aber nicht immer erwogen wird. 1866: deutsche Brüder standen gegen deutsche Brüder, Deutsche gegen Deutsche. Noch nicht ein Jahrzehnt ist verflossen — 1870/71: ein Teil der Deutschen mußte einem großen Ereignisse folgen, an dem der andere Teil nicht mitwirken konnte. Einer meiner Lehrer an der Wiener Hochschule hat oft und oft das Wort, das mir damals tief ins Herz ging, gesprochen: Wir Deutsche in Österreich müssen uns bewußt sein, daß dasjenige was geschehen ist, unser Schicksal ist, nicht unsere Schuld, daß wir an einem hervorragenden Ereignis nicht teilnehmen durften. — Jetzt ist die Zeit, wo zusammengeschmiedet sind, wie durch eine eiserne Macht zusammengeschmiedet dastehen die beiden Teile, die erst gegnerisch, dann einer ohne den anderen dastanden.« GA 174a S. 18 f.

Und dieser von Steiner hochverehrte Lehrer, Karl Julius Schröer, wird von ihm 1915 wörtlich zitiert aus dessen 1875 geschriebenem Buch »Deutsche Dichtung«: »Wir in Österreich sehen uns gerade bei diesem bedeutenden Wendepunkte (1870/71) in einer eigentümlichen Lage. Hat die freie Bewegung unseres staatlichen Lebens die Scheidewand hinweggeräumt, die uns bis vor kurzem von Deutschland trennte, sind uns nun . . . die Mittel an die Hand gegeben, uns emporzuarbeiten zu einem gemeinsamen Kulturleben mit den übrigen Deutschen, so ist gerade jetzt der Fall eingetreten, daß wir an einer großen Handlung unseres Volkes uns nicht beteiligen sollten . . . Im deutschen Geistesleben konnte dadurch eine Scheidewand nicht entstehen. Die Wurzeln desselben sind nicht politischer, sondern kulturgeschichtlicher Natur. Diese unzerreißbare Einheit deutschen Geisteslebens . . . wollen wir im Auge behalten . . .« GA 24 S. 329

Vertilgungskampf gegen die germanische Rasse! (Renan)

Welche Anschauungsweise im Deutsch-Französischen Krieg hervorragende Vertreter Frankreichs erfüllte, hat Rudolf Steiner in seiner bereits erwähnten Schrift »Gedanken während der Zeit des Krieges« (1915) dargestellt:

»*Ernest Renan* ist einer der führenden Geister Frankreichs in der zweiten Hälfte des neunzehnten Jahrhunderts. Dieser Verfasser eines ›Leben Jesu‹ und der ›Apostel‹ schrieb in einem öffentlichen Briefe während des Krieges im Jahre 1870 an den deutschen Verfasser eines ›Leben Jesu‹, David Friedrich Strauß: ›Ich war im Seminar zu St. Sulpice, ums Jahr 1843, als ich anfing, Deutschland kennenzulernen durch die Schriften von Goethe und Herder. Ich glaubte in einen Tempel zu treten, und von dem Augenblick an machte mir alles, was ich bis dahin für eine der Gottheit würdige Pracht gehalten hatte, nur noch den Eindruck welker und vergilbter Papierblumen.‹ Weiter schreibt der Franzose in demselben Briefe: ›in Deutschland‹ habe sich ›seit einem Jahrhundert eine der schönsten geistigen Entwicklungen vollzogen, welche die Geschichte kennt, eine Entwicklung, die, wenn ich den Ausdruck wagen darf, dem menschlichen Geist an Tiefe und Ausdehnung eine Stufe zugesetzt hat, so daß, wer von dieser neuen Entwicklung unberührt geblieben, zu dem, der sie durchgemacht hat, sich verhält, wie einer, der nur die Elementarmathematik kennt, zu dem, der im Differentialcalcül bewandert ist‹. Und dieser führende Franzose bringt in demselben Briefe klar zum Ausdruck, was dieses Deutschland, dessen Geistesleben gegenüber ihm ›alles, was‹ er ›bis dahin für eine der Gottheit würdige Pracht gehalten hatte, nur noch den Eindruck welker und vergilbter Papierblumen‹ machte, von den Franzosen zu gewärtigen habe, wenn es nicht den damaligen Krieg mit einem Renans Landesgenossen genehmen Frieden abschließe.« GA 24 S. 303 f.

Renan schreibt wörtlich in dem zitierten Brief: »Die Stunde ist feierlich. Es gibt in Frankreich zwei Strömungen der Meinung. Die einen urteilen so: Machen wir diesem verhaßten Handel so rasch wie möglich ein Ende; treten wir alles ab, Elsaß, Lothringen; unterzeichnen wir den Frieden; dann aber Haß auf den Tod, Vorbereitungen ohne Rast, Allianz, mit wem es sich trifft, unbegrenzte Nachgiebigkeit gegen alle russischen Anmaßungen; ein einziges Ziel, eine einzige Triebfeder für das Leben: Vertilgungskampf gegen die germanische Rasse. Andere sagen: Retten wir Frankreichs Integrität, entwickeln wir die konstitutionellen Einrichtungen, machen wir unsere Fehler gut, nicht indem wir Rache träumen für einen Krieg, worin wir die ungerechten Angreifer waren, sondern indem wir mit Deutschland und England ein Bündnis schließen, dessen Wirkung sein wird, die Welt auf dem Wege der freien Gesittung weiterzuführen.«

Steiner betont im Folgenden: »Renan macht selbst aufmerksam darauf, daß Frankreich in dem damaligen Kriege der ungerechte Angreifer war. Und so ist es nicht notwendig, die leicht erweisliche geschichtliche Tatsache vorzubringen, daß Deutschland jenen Krieg führen mußte, um den ständigen Ruhestörer seiner Arbeit in seine Grenzen zu weisen. Man kann nun davon absehen, inwiefern Deutschland Elsaß-Lothringen als Gebiet verwandter Stämme anstrebte; man braucht nur die Notwendigkeit zu betonen, in die Deutschland dadurch versetzt war, daß es sich Ruhe vor den Franzosen nur verschaffen konnte, wenn es mit dem elsässisch-lothringischen Gebiet dem Nachbarn die Möglichkeit nahm, diese Ruhe künftig so leicht zu stören, als es vorher oft geschehen war. Damit aber war der zweiten Strömung in Frankreich, von der Renan spricht, ein Hemmschuh angelegt; nicht sie hatte Aussicht für ihr Ziel, ›die Welt auf dem Wege freier Gesittung weiterzuführen‹, sondern die andere, deren ›einziges Ziel, einzige Triebfeder‹ für das Leben war: ›Vertilgungskampf gegen die germanische Rasse‹. Es gab Menschen, welche in manchem, das seit dem Kriege von 1870 geschehen ist, Anzeichen zu erkennen glaubten davon, daß eine Überbrückung der Gegensätze auf friedlichem Wege möglich sei. Stimmen, die in diesem Ton erklangen, konnten im Laufe der letzten Jahre viele gehört werden.« GA 24 S. 303 f.

Solche Stimmen konnten leider nicht unter den für die damalige Zeit repräsentativen französischen Politikern gefunden werden. Sicher war es Volkes Stimme, da das französische Volk wohl genausowenig, wie jedes andere Volk, Krieg zur Eroberung von Provinzen wünschte. In dem »sogenannten Elsässischen Problem« erkannte Steiner eine Verkettung von Umständen, die ihn von einem »geschaffenen, unlösbaren historischen Problem« sprechen lassen, Probleme, wie sie uns bis heute in der Geschichte begegnen. In der Gegenwart gilt das insbesondere für Israel-Palästina und Nordirland. Vergleiche hierzu GA 185 S. 50 f.

»Der gegen das deutsche Volk gerichtete Impuls lebte fort«

Im gleichen Zusammenhang fährt Steiner dann, Renan interpretierend, fort: »Doch der gegen das deutsche Volk gerichtete Impuls lebte fort, und lebendig blieb die Triebfeder: ›Allianz mit wem es sich trifft, unbegrenzte Nachgiebigkeit gegen alle russischen Anmaßungen; . . . Vertilgungskampf gegen die germanische Rasse.‹

Aus demselben Geiste heraus ertönt es gegenwärtig wieder durch so manchen führenden Geist Frankreichs. Renan setzt seine Betrachtung über die geschilderten zwei Strömungen im französischen Volke fort mit den Worten: ›Deutschland wird entscheiden, ob Frankreich diese oder jene Politik wählen wird; es wird damit zugleich über die Zukunft der Gesittung entscheiden.‹ Man muß diesen Satz wirklich erst in den deutschen Sinn umsetzen, um ihn recht zu würdigen. Er besagt: Frankreich hat sich in dem Kriege als ungerechter Angreifer erwiesen; falls Deutschland nach einem Sieg über Frankreich nicht einen Frieden schließt, der Frankreich ungehindert in der Lage läßt, ein solcher ungerechter Angreifer wieder zu werden, sobald es ihm gefällt, dann entscheidet Deutschland sich gegen die Gesittung der Zukunft.« Steiner folgert, Renan wiederholend: »Was aus solcher Auffassung heraus sich für ›Haß auf den Tod, Vorbereitungen ohne Rast, Allianz mit wem es sich trifft, unbegrenzte Nachgiebigkeit gegen alle russischen Anmaßungen‹, was sich für die ›einzige Triebfeder für das Leben: Vertilgungskampf gegen die germanische Rasse‹ entscheidet, das und nichts anderes liefert die Grundlage zu einer Antwort auf die Frage: Wer hat diesen Krieg gewollt?« GA 24 S. 305 f.

Wie eine solche Allianz aussehen könnte, darüber bildeten sich selbstverständlich auch damals politisch denkende Menschen ihre Vorstellungen. Und wieder erstaunt die große Belesenheit Steiners, der nun aus den politischen Briefen von Carl Vogt zitiert. Dieser schrieb bereits 1870: »Es ist möglich, daß auch bei einer Schonung des Territoriums Frankreich die gebotene Gelegenheit ergreifen wird, um die Scharte wieder auszuwetzen; es ist wahrscheinlich, daß es bei Nicht-Annexion übergenug mit seinen inneren Angelegenheiten zu tun haben und an einen erneuten Krieg um so weniger denken wird, als eine gewaltige Friedensströmung in den Gemütern Platz greifen muß; es ist gewiß, daß es jede Rücksicht beiseite setzen wird, wenn eine Annexion stattfinden sollte. Welche Chance soll nun der Staatsmann wählen? — Es ist leicht ersichtlich, daß die Antwort auf diese Frage auch von der Ansicht abhängt, welche man über die bevorstehenden europäischen Konflikte hat. Für sich allein wird Frankreich auch in längerer Zeitfrist nicht wagen, den Kampf aufs neue gegen Deutschland zu bestehen, dafür sind die Schläge zu vollgewichtig und gründlich gewesen, — sobald aber ein anderer Feind ersteht, wird es die Frage sich vorlegen können, ob es imstande ist, einzutreten und auf wessen Seite. — Was mich nun betrifft, so bin ich keinen Augenblick im Zweifel, daß ein Konflikt zwischen der germanischen und slawischen Welt bevorsteht . . . und daß Rußland in demselben die Führerschaft auf der einen Seite übernehmen wird. Diese Macht bereitet sich schon jetzt auf die Eventualität vor; die national-russische Presse speit Feuer und Flammen gegen Deutschland . . .« [39]

Bismarck hatte in Übereinstimmung mit der Ansicht des preußischen Königs und Militärsachverständiger, die ein für allemal eine neue Angriffsmöglichkeit aus günstiger Position ausschließen wollten und daher auch die Annexion von Belfort forderten, die Rückgabe eines Teiles der früher dem Deutschen Reich zugehörenden Lande Elsaß und Lothringen von Frankreich erreicht.

Selbstverständlich war vom Standpunkt der Einigung einer Nation diese Entscheidung begründet, und Frankreich hätte sie nicht anders gefällt. Wie der Amerikaner Barnes dokumentiert, war 1870 »Elsaß-Lothringen in Sprache und Kultur noch mehr deutsch als französisch« und »die Deutschen konnten sich mit vollem Recht darauf berufen, daß diese Landschaften ursprünglich jahrhundertelang deutsch gewesen und durch Ludwig XIV. und andere französische Selbstherrscher unbarmherzig vom Deutschen Reiche losgerissen worden sind«. [40]

Dies wird von Barnes als nahezu wichtigster neuer Kriegsgrund für Frankreich angeführt. Volkspsychologisch ist diese Liebe zu einem fremdvölkischen Gebiet, dessen sprachliche Umerziehung noch heutzutage als eine Frage der Staatsraison von Frankreich behandelt wird, schwer zu verstehen. Spricht hier unterschwellig, und selbstverständlich entsprechend unbewußt, das Gefühl der einstigen Einheit mit »Ostfranzien« mit? Tritt hier die von nicht wenigen Franzosen im vergangenen Jahrhundert und auch heute sich äußernde Liebe zum geistigen Deutschland, zu seinem Volksgeiste, hinzu? Und wird diese heimliche Liebe nicht längst auch von der anderen Seite erwidert und nicht nur durch den großen Friedrich, der auch zur französischen Sprache mit vielen seiner deutschen Zeitgenossen ein besonderes Verhältnis pflegte, der den Repräsentanten französischer Geistesart Voltaire an seiner Tafel in »Sanssouci« (!) hatte?

»Die Deutschen konnten voraussehen, daß man diesen Krieg einmal gegen sie führen werde«

Einer der erfolgreichsten politischen Schriftsteller Frankreichs, Jacques Bainville, stellte in seiner »Geschichte zweier Völker«, »Frankreichs Kampf gegen die deutsche Einheit« — wie es im Untertitel heißt — bereits 1915 dar: »Es hat im 17. Jahrhundert dreißig Kriegsjahre gedauert, bis die kaiserliche Macht vernichtet war, das heißt, bis Deutschland geschlagen war. Es wurde tatsächlich so vollständig geschlagen, daß die Sieger nach ihrem Gutdünken darüber verfügen konnten.« [41] Wir können heute hinzufügen, daß es im 20. Jahrhundert erneut dreißig Jahre bedurfte, bis dies Ziel 1945 erreicht war, so wie bereits im Westfälischen Frieden 1648 vorgezeichnet, von dem Bainville sagt: »Der Westfälische Friede, das Vorbild jedes ernsthaften und dauernden Friedens mit den deutschen Ländern, enthielt vier wesentliche Bestandteile, die, harmonisch verbunden, Deutschland verhinderten, wieder ein großer für Frankreich gefährlicher Staat zu werden. Das waren: die territoriale Zerstückelung, die Wahl, das parlamentarische Regime und die Garantie der Sieger, das System in Kraft zu halten und durchzusetzen, daß es respektiert wurde.« [42] Das Buch erschien 1939 in deutscher Übersetzung.

Vor diesem historischen Hintergrund ist zu verstehen, wenn Steiner sagt: »Die Deutschen konnten voraussehen, daß man diesen Krieg einmal gegen sie führen werde. Es war ihre Pflicht, sich für ihn zu rüsten. Was sie zur Erfüllung dieser Pflicht getan haben, nennt man bei ihren Gegnern die Pflege ihres Militarismus.

Was die Deutschen um ihrer selbst willen und, um die ihnen durch weltgeschichtliche Notwendigkeiten auferlegten Aufgaben zu erfüllen, zu leisten haben, wäre ihnen ohne diesen Krieg zu leisten möglich gewesen, wenn diese Leistungen andern ebenso genehm wie ihnen notwendig wären. Es hing eben durchaus nicht von den Deutschen ab, wie die andern Völker die Erfüllung der weltgeschichtlichen Aufgaben aufnahmen, die den Deutschen auf materiellem Kulturgebiete in der neueren Zeit sich zu ihren früher vorhandenen hinzufügten. Die Deutschen konnten in die nur aus sich heraus wirksame Kraft, die ihren materiellen Kulturleistungen Geltung verschafft, das Vertrauen haben, das sie gewinnen mochten aus der Art, wie ihre Geistesarbeit von den Völkern aufgenommen worden ist. Wenn man nämlich auf deutsche Art blickt, so gewahrt man, daß in derselben nichts liegt, was dem Deutschen notwendig gemacht hätte, das von ihm an gegenwärtiger Arbeit zu leistende in anderer Weise zur Geltung in der Welt zu bringen, als es bei seinen rein geistigen Leistungen geschehen ist.

Es ist nicht notwendig, daß der Deutsche selber den Versuch mache, die Bedeutung der deutschen Geistesart und Geistesleistung für die Menschheit zu kennzeichnen. Er kann, wenn er Urteile verzeichnen will, welche Bedeutung diese Art und Leistung für die außerdeutsche Menschheit haben, die Antworten bei dieser außerdeutschen Menschheit suchen.« GA 24 S. 321

Wenige Seiten zuvor hatte Steiner in aller Deutlichkeit dargestellt, wer in den Krieg hineingedrängt wurde. »Aus keinem anderen Geiste heraus wirkend als aus dem, in dessen Namen Fichte sprach, kann dem Deutschen das Wollen erscheinen, welches das deutsche Volk entwickeln muß in dem Kampfe, den ihm die Feinde Deutschlands aufgezwungen haben. Wie in einer weit ausgedehnten Festung halten die Gegner den Körper umschlossen, welcher der Ausdruck dessen ist, was Fichte als den deutschen Geist kennzeichnete. Jenen Geist, für den der deutsche Krieger sich als Kämpfer empfindet, ob er es in bewußter Erkenntnis dieses Geistes tut, ob er aus den unterbewußten Kräften seiner Seele heraus sich in den Kampf stellt.« GA 24 S. 302

Auch die Vorstellung der Einkreisung ist für Steiner nicht ängstliche deutsche Einbildung oder Zweckpropaganda, sondern eine Gegebenheit, die über die Jahrhunderte als politisches Ziel vornehmlich Frankreichs, wie auch die »Rheingrenze« verfolgt wurde. Darauf weist Steiner nicht nur hin in der bereits mehrfach zitierten Schrift«: »Gedanken während der Zeit des Krieges«, sondern auch in einem 1915 in Bremen gehaltenen Vortrag mit dem Thema: »Tiefere Zusammenhänge der europäischen Geschichte«: »Auf dem Gebiet, wo wir in einer Festung zusammengedrängt und mit einem Ring umschlossen sind, muß es naheliegen, besonders die Frage aufzuwerfen, welches die inneren Gründe sind, oder welcher Art der einzelne Grund ist, wodurch diese Einkreisung hervorgerufen wurde. Man spricht von einer solchen Einkreisung für die letzten Jahre, für die letzten Jahrzehnte, aber wenn man die großen Zusammenhänge betrachtet, beginnt sie viel, viel früher. Es klingt sonderbar, aber man kann das Jahr 860 angeben — nicht 1860, sondern 860. So lange spielt der Prozeß, der jetzt in einer Weise zum Ausdruck kommt, die man als den furchtbarsten Krieg der Menschheit bezeichnen kann, seit sie die Erde bewohnt.« GA 159 S. 58

»Was das Volk Deutschlands gegenüber der europäischen Lage vor dem Kriege empfinden mußte, ergibt die Beobachtung der auf dieses Volk aus dem Umkreis gerichteten Kräfte. Von England her das ›für das Praktische zugespitzte‹ ›Ideal‹ dieses Landes. Von Rußland her Willensrichtungen, die den Aufgaben, welche sich Deutschland und Österreich-Ungarn für ›Europas Mitte‹ ergeben hatten, widerstrebten. Von Frankreich her Volkskräfte, deren Wesenheit für den Deutschen nicht anders zu empfinden war als in der Art, die Moltke einmal im Hinblick auf Frankreichs Verhältnis zu Deutschland in die Worte geprägt hat: ›Napoleon war eine vorübergehende Erscheinung. Frankreich blieb. Mit Frankreich hatten wir es schon vor Jahrhunderten zu tun, mit ihm werden wir es noch in Jahrhunderten zu tun haben . . . (es) wird die jüngere Generation in Frankreich in dem Glauben erzogen, sie habe ein heiliges Recht auf den Rhein und die Mission, ihn bei der ersten Gelegenheit zur Grenze Frankreichs zu machen. Die Rheingrenze muß eine Wahrheit werden, das ist das Thema für die Zukunft Frankreichs.‹« GA 24 S. 328

Die Lüge vom preußischen Militarismus

Um die Einkreisungspolitik und das Streben an den Rhein den eigenen Völkern verständlich zu machen, wurde immer wieder auf die von den deutschen Militärs ausgehende Gefahr hingewiesen, zu der Steiner folgende Erklärung abgibt: »Daß Frankreich mit einem absolut fast gleichen, im Verhältnis zu seiner Bevölkerungszahl aber sogar mehr als anderthalbmal so großem Heer wie Deutschland vor dem Kriege gerüstet dastand, ist ein Ergebnis dieser geheimnisvollen Macht, über das die Phrase von dem ›deutschen Militarismus‹ als verbergender Schleier gezogen werden soll.« GA 24 S. 324

»Das Allerunsinnigste ist, so ohne weiteres von mitteleuropäischem Militarismus zu sprechen; denn dieser Militarismus ist für ein zwischen zwei Militärstaaten eingeschlossenes Land die selbstverständliche historische Folge gewesen, um eben bestehen zu können zwischen den beiden Militärstaaten.« GA 173 S. 197

Steiner zitiert zu diesem Thema einen Aufsatz von Georg Brandes. Brandes (1842–1927) war ein genialer dänischer Jude, der sich als Philosoph, Kultur- und Zeitkritiker in Europa einen angesehenen Namen erworben hatte, mit Zeitgenossen wie Clemenceau Gespräche führte, und dessen unabhängiges Urteil auch von Rudolf Steiner geschätzt wurde; er schrieb als Neutraler über den »preußischen Militärismus«: »Er wird bedingt durch die zwei langen und gefährdeten Grenzlinien zwischen Deutschland und Rußland auf der einen und Deutschland und Frankreich auf der anderen Seite. Was ihn Frankreich gegenüber entschuldbar macht, ist die Tatsache, daß die Franzosen Berlin wohl an zwanzigmal besetzten, während die Deutschen nur zweimal in Paris waren.« [43]

Steiner enthielt die sodann folgende harte Kennzeichnung des französischen und russischen Militarismus seinen Zuhörern nicht vor. Für diesen Zusammenhang bleibt noch bemerkenswerter die Feststellung des bekannten Historikers Hans-Joachim Schoeps, des großen Preußen-Forschers, der in seinem 1966 erschienenen Standard-Werk »Preußen, die Geschichte eines Staates« einleitend vermerkt: »Über die Geschichte Preußens gehen immer noch Vorstellungen um, die oft geradezu abenteuerlich sind. Dieses Buch will dazu beitragen, sie zu zerstreuen.« Und er führt an: »Säbelrasselnde Militaristen sind gewiß auch in diesem Landes zeitweise vorgekommen, aber Preußen, das von allen modernen Staaten mit die wenigsten Kriege geführt hat, für die zentrale Brutstätte des

Militarismus zu halten, ist eine geschichtsferne Legende. An allen zwischen 1701 (dem Gründungsjahr des Königsreiches Preußen) und 1933 geführten Kriegen ist, wie man ausgerechnet hat, Frankreich mit 28 %, England mit 21 % und Preußen-Deutschland mit 8 % beteiligt gewesen.« [44]

Aus gewissenhafter Erforschung der geschichtlichen Wahrheit wehrt sich Rudolf Steiner gegen leichtfertig tradierte Vorstellungen der eben geschilderten Art und weist mit Entschiedenheit zurück die Verleugnung der wahren gegnerischen Kriegsziele: ». . . man verbräme es nicht mit etwas, was geradezu lächerlich ist; denn der deutsche Militarismus — der nicht geleugnet werden soll — ist seinem wahren Ursprung nach französischer und russischer Militarismus. Ohne französischen und russischen Militarismus gäbe es keinen deutschen. Dann sage man aber: Man will das, was man nennen kann die Helotisierung von Mitteleuropa!« Mit diesem Begriff erinnert Steiner an die in der Antike von den Spartanern zu Sklaven gemachten Bewohner des unterworfenen Helos. »Man sage, daß man zufrieden wäre, wenn man das erreicht hat. Dann gestehe man ruhig: Ich hasse es, daß da so ein Volk in der Mitte von Europa ist und es so machen will wie die andern Völker ringsherum. — Wenn das jemand gesteht: Ich hasse alles Deutsche, ich will nicht, daß die Deutschen auch so etwas haben wie die andern Völker — gut, es läßt sich mit ihm reden, oder auch nicht reden, wenn er nicht will; aber er sagt die Wahrheit. Wenn er aber wiederholt: Ich will den deutschen Militarismus vernichten, ich will nicht, daß die Deutschen andere Völker unterdrücken, ich will, daß die Deutschen das oder jenes tun — wie es heute und seit Jahren immerfort gesagt wird —, dann *lügt* er. Vielleicht weiß er nicht, daß er *lügt,* aber er *lügt,* er *lügt* tatsächlich; er *lügt* objektiv, wenn auch vielleicht nicht subjektiv.

Es kommt darauf an, sich auf den Boden der Wahrheit zu stellen, wenn auch diese Wahrheit vielleicht schädlich ist, wenn sie einem auch selber unangenehm ist. Aber man gestehe sich die Dinge und betäube sich nicht durch die Phrasen vom deutschen Militarismus, gegen den man einen Haß hat, den man sich aber nicht eingestehen will. Man gestehe sich, daß man den Willen hat, deutschen Helotismus zu erzeugen und es nur nicht zugeben zu wollen. Man braucht da vielleicht eine Betäubung; aber es ist nicht die Wahrheit! Es ist sehr wichtig, daß man auf dem Boden der Wahrheit steht. Wenn man den Mut hat zur Wahrheit, dann kommt man schon immer um ein Stückchen weiter. Man muß aber diesen Mut zur Wahrheit haben.« GA 173 S. 205–206

Nie davon sprechen, immer daran denken

Wer selbst zweimal in *einem* Leben die seelische Verfassung einer besiegten Nation erfahren hat, versteht die nach dem Friedensschluß in Frankfurt 1871 bei den französischen Patrioten herrschende Stimmung. Unterschwellig konnte bereits der Name dieser Stadt Erinnerung heraufholen: Frankfurt, zu Karls des Großen Zeit die »Furt der Franken«, war einst das fränkische Einfallstor in das Maintal gewesen und damit der Zugang zu der Provinz, die heute noch den Namen »Franken« trägt. Die »Reichsstadt« Frankfurt wurde in der Neuzeit der Krönungsort der Römischen Kaiser deutscher Abkunft und zuletzt der Ort der Nationalversammlung, in der das deutsche Volk durch seine frei gewählten Deputierten die Wiedergründung des Reiches beschlossen hatte, die nun von Bismarck in Versailles proklamiert worden war, im Schloß des »roi de soleil«, eines der glanzvollsten Könige Frankreichs, welcher als erster den imperialen Anspruch Frankreichs durch seine Kriegszüge gen Osten dokumentiert hatte. Und ausgerechnet in Frankfurt mußte Frankreich den Verlust von Elsaß und Lothringen anerkennen.

Hiermit soll nicht gesagt sein, daß die Handelnden sich solcher Beziehungen immer voll bewußt sind. Wir rühren jedoch im Aufspüren solcher Fäden an eine Schicksalsführung im Leben der Völker, die uns eine übergeordnete Dimension der Geschichte erahnen läßt.

Allerdings wäre die Rückgabe dieser geraubten Gebiete bereits auf dem Wiener Kongreß fällig gewesen, bei der beabsichtigten Neuordnung Europas, nachdem Frankreichs Armeen ganz Europa mit einem verheerenden Krieg überzogen hatten. Es bleibt eine Schande für die deutschen Partner in Wien, daß diese Wiedergutmachung nicht festgelegt wurde zu einer Zeit, als die »Réunions«-Kriege mit der Annexion dieser beiden Provinzen erst 130 Jahre zurücklagen. Es wurde aus Rivalität unterlassen, weil keiner der auf dem Kongreß miteinander wie über privaten Besitz feilschenden Fürsten dem anderen einen Land- und Machtzuwachs gönnte.

Nach zwei weiteren Generationen war es, aus der Sicht der Franzosen, zu spät geworden, denn nun fehlte ganz allgemein ein Bewußtsein von einer unterworfenen deutschen Bevölkerung. So formulierte nach Rückholung von Elsaß-Lothringen in das Reich Paul Déreulède — gewiß für nicht wenige Franzosen: »Die Revanche muß kommen, langsam vielleicht, aber auf jeden Fall unentrinnbar und schrecklich. Der Haß ist geboren, und die Kraft wird wachsen.« Der Dichter Arthur Rimbaud sagte voraus: »Es wird irgendeine Koalition zustande kommen, die sie zerschmettern wird«, und Jules Michelet berichtete: »Diese Nacht habe ich im Traum gesehen, von woher das Heil Frankreichs kommen kann. Es ist ganz das Gegenteil von dem, was ich bisher vorgesehen hatte. Das Heil wird aus einer Allianz mit Rußland kommen.«[45] Was Vertreter des französischen Geisteslebens empfanden und aussprachen, bereitete eine Generation von Politikern und Militärs vor, aus der der »Tiger« Clemenceau und der kaum hinter ihm zurückstehende Poincaré sowie Marschall Foch hervorgingen: »Nie davon sprechen, immer daran denken!« — eine dem deutschen Wesen so völlig abgehende konsequente Haltung gegenüber »nationalpolitischen« Fragen.

Nach der Neugründung des Reiches wandte sich Bismarck in seiner beispielhaften Sozialgesetzgebung den Anfängen einer innereren Gestaltung zu. In einem Aufsatz vermerkte Rudolf Steiner dazu 1884, dies werde »die Geschichte einst als eines der größten ihrer politischen Fakten verzeichnen«.[46] In der Tat beeindruckten diese sozialen Initiativen des jungen deutschen Staatswesens die Welt, mehr jedoch noch der wirtschaftliche Aufschwung, in den mehr als es der geistig-kulturellen Entwicklung gut tat, die nun ausgelösten Energien des deutschen Volkes hineinwirkten. So stieg zwischen 1870 bis 1913 der Anteil Deutschlands an der Welt-Industrieproduktion von 13 auf 16 v. H., während der von Frankreich in der gleichen Zeit von 10 auf 6 gesunken war, obwohl dieses seinen Kolonialbesitz wesentlich vergrößern konnte. Was Bismarck befürwortete, hoffte er doch, daß Frankreich auf diese Weise einen Ausgleich für seinen Gebietsverlust im Frankfurter Frieden erhalten könnte.

»In Bismarcks Absicht hat es nie gelegen, Kolonialpolitik zu betreiben«

Steiner führte in einem Vortrag am 10. Dezember 1916 dazu aus: »Nun muß man auch objektiv etwas anderes in Erwägung ziehen. In *Bismarcks* Absicht hat es nie gelegen, Kolonialpolitik zu treiben. Deutschland mußte zur Kolonialpolitik erst herangebändigt werden. Es trieb diese nicht einmal von sich aus, sondern wurde auf eine sehr merkwürdige Weise von ganz anderer Seite her dazu veranlaßt. Darauf kann später einmal eingegangen werden. Es lag jedenfalls nicht im Charakter des deutschen Volkes, eine Kollision nach dieser Richtung hervorzurufen, und in den berühmten Reden Fichtes an die Deutsche Nation können Sie ausdrücklich lesen: Die Deutschen werden niemals einem Volke hereinreden, das von der Freiheit der Meere spricht und eigentlich damit meint, gegen alle andern die Meere zu beherrschen«. GA 173 S. 113

Fichte hatte damit ausgesprochen, daß Deutschland andere Ziele hegte als politische oder wirtschaftliche Weltherrschaft. Auch in Frankreich wußte man, daß Bismarcks Absicht war, Frankreich einen Ausgleich zu seinem Gebietsverlust im Osten durch entsprechenden Kolonialerwerb zu ermöglichen. Das bestätigt als französischer Minister Gabriel Hanotaux. Steiner zitiert: ›Es wird Sache der Geschichte sein, festzustellen, welches der leitende Gedanke Deutschlands und seiner Regierung bei den verwickelten Streitigkeiten gewesen ist, unter denen sich die Teilung Afrikas und die letzte Phase der französischen Kolonialpolitik vollzogen hat. Man kann annehmen, daß zu Anfang die Bismarck'sche Politik mit Genugtuung zugesehen hat, wie Frankreich sich auf entfernte und schwierige Unternehmungen einließ, die für lange Jahre hinaus die Aufmerksamkeit des Landes und seiner Regierung voll in Anspruch nehmen mußten. Immerhin ist es nicht sicher, das diese Rechnung sich auf die Dauer als richtig erwiesen hat, da schließlich Deutschland seinerseits den gleichen Weg beschritt und — freilich etwas spät — die verlorene Zeit wiederzugewinnen suchte. Wenn dieser Staat aus freiem Ermessen‹ — bitte, er sagt ›aus freiem Ermessen‹— ›die koloniale Initiative anderen überlassen hat, darf er sich nicht wundern, wenn diese die besten Stücke erlangt haben.« Steiner vermerkt dazu: »Man kann natürlich auch diesen Standpunkt verstehen, aber er enthält doch ein Geständnis: daß Deutschland aus freiem Ermessen der Kolonialpolitik Frankreichs die besten Stücke überlassen hat.« GA 173 S. 113 f.

Auch nach Bismarck bemühte sich die deutsche Reichsregierung bis zum Jahre 1913 um eine Aussöhnung. Barnes stellt in seiner Eigenschaft als neutraler nordamerikanischer Staatsbürger und Historiker fest, daß nach Zurückweisung aller deutschen Versuche nur die Folgerung blieb, daß Frankreich auf den Krieg hinarbeite. Das führte zwangsläufig dazu, die eigenen Rüstungsanstrengungen zu verstärken, was sich in der Heeresvorlage vor dem Deutschen Reichstag 1913 niederschlägt. Von französischer Seite wurde dieser Vorgang als Vorbereitung eines Angriffskrieges interpretiert, obwohl er, wie man sehr wohl wissen konnte, eine Gegenmaßnahme zur Verteidigung war.

Haß auf den Tod — Vorbereitungen ohne Rast (Poincaré)

Zum Repräsentanten des Revanchegedankens und der diesem dienenden Politik der »Réunion« der verlorenen Provinzen wurde Raymond Poincaré. In einer Ansprache, die er 1920 — also nach dem Krieg — an Studenten richtete, bekannte er sich hierzu als Lebensziel und erklärte, daß er außerstande gewesen sei, eine andere Veranlassung zum Weiterleben in seiner Jugend zu erkennen, als die Hoffnung, Elsaß und Lothringen wieder für Frankreich zurückzuholen. Er war ein geborener Lothringer und er führte — wie Barnes und andere Zeitgenossen von ihm sagten — »eine engherzige Politik voll Wildheit und Haß«, um sein Heimatland für Frankreich wiederzugewinnen.

Poincaré sagte in dieser Ansprache wörtlich: »In meiner Schulzeit weilten meine Gedanken, umdüstert durch die Niederlage des Zusammenbruchs, unablässig an der Grenze, welche der Frankfurter Vertrag uns auferlegt hatte, und, wenn ich aus meinen metaphysischen Wolken herabstieg, konnte ich keinen anderen Grund dafür ausfindig machen, warum meine Generation weiter leben sollte, als die Hoffnung, unsere verlorenen Provinzen wiederzugewinnen. Konnte mir das Leben ein Schauspiel bieten, das mich mit tieferer Genugtuung erfüllte, als daß ich in Straßburg die Jugend des Elsaß mit der des übrigen Frankreich vereint sehen darf?« [47]

Es gibt viele Deutsche in der Gegenwart, welche diese Empfindungen — trotz erklärtem Gewaltverzicht — gut verstehen, und Poincaré hätte seinerseits den Jubel der Deutsch-Österreicher auf dem Heldenplatz in Wien und jenen der Sudetendeutschen anläßlich der »Heimkehr« *ihrer* Heimat gewiß ebenso verstehen und achten können. Wer groß denkt, teilt auch das Glück des Fremden und setzt es nicht schmähend herab.

Doch Poincaré begnügte sich nicht mit der Wiedereroberung der verlorenen Gebiete, sondern strebte darüber hinaus die Annexion des Saargebietes an und die Begründung eines unabhängigen Rheinstaates, der unter französischem Protektorat stehen sollte. Während des Krieges erklärte Bainville 1915 zudem, die Einheit Deutschlands müsse wieder zerstört werden. Was Napoleon bleibend nicht gelungen war, sollte nun wieder aufgenommen werden. Das konnte nur durch Krieg erreicht werden. Diese Bereitschaft schilderte der russische Botschafter in Paris, Graf Benckendorff, seinem Außenminister in St. Petersburg bereits am 25. Februar 1913: »Die Lage, wie ich sie ansehe, scheint die zu sein, daß alle Mächte ehrlich an der Erhaltung des Friedens arbeiten. Aber unter allen ist Frankreich diejenige, welche den Krieg mit der größten Gemütsruhe auf sich nehmen würde.« [48]

Es heißt im herkömmlichen Sprachgebrauch und so auch hier: Frankreich. Rudolf Steiner macht darauf aufmerksam: *»Nicht Völker führen miteinander Krieg, sondern Staaten.«* Was eine Minderheit beschließt, hat das Volk zu leisten. Erschreckend ist daher die Feststellung von Barnes, daß die Verantwortung für die Politik, welche die Franzosen in den Krieg hineintrieb, im Grunde nur einer trug: Raymond Poincaré, und dies in dem Land der Demokratischen Revolution. »Man kann ruhig sagen, daß bei der Entscheidung über den Eintritt in den Weltkrieg in Frankreich mehr autokratisches Handeln im Spiele war als in Rußland, Deutschland oder Österreich.« [49] Mit eiserner Hand lenkte Poincaré mit wenigen eingeweihten Mitarbeitern auf dieses Ereignis hin. Als die entfesselte Krise in Europa wuchs, wurden in Frankreich alle für den Frieden plädierenden Stimmen zum Schweigen gebracht. Pazifistische Demonstrationen wurden verhindert. Über den deutschen Botschafter in Paris wurden gezielte Falschmeldungen verbreitet, die diplomatischen Bemühungen des Reiches um Beilegung des Konfliktes wurden ins falsche Licht gerückt, handfeste Lügen über den Stand deutscher Kriegsrüstungen sollten die Stimmung anheizen, auf der anderen Seite wurde die formale Mobilmachungsverfügung hinausgeschoben, und ein Rückzug der französischen Truppen hinter die Grenzlinien vorgetäuscht, um auf diese Weise den französischen Friedenswillen zu bekunden. Eine strenge Pressezensur sorgte dafür, daß die Nachrichtenpolitik in gewünschter Weise manipuliert werden konnte. Ein durchgreifender Propagandafeldzug wurde eingeleitet, aber eine Aussprache in der Deputiertenkammer und die demokratisch gebotene Beschlußfassung des Parlamentes geschickt umgangen. Das Schlimmste für den Frieden war die Ermordung des großen Sozialistenführers Jean Jaurès, der wegen seiner erklärten Friedenspolitik als Gegenspieler von Poincaré angesehen werden muß. Genau wie beim Erzherzog Franz Ferdinand wurde seine Ermordung bereits eineinhalb Jahre zuvor angekündigt. So wurde Jaurès zum ersten Gefallenen Frankreichs.

Nur dadurch, daß Raymond Poincaré als Staatspräsident das französische Volk derart hinters Licht führte, zog es in den Krieg in dem Glauben, sich verteidigen zu müssen gegen einen angriffswütigen Feind. Bei Barnes heißt es hierzu: »Wir erkennen sehr wohl, daß das französische Volk, ohne sich dessen bewußt zu werden, jedoch in tragischer Weise, der Skrupellosigkeit seiner Herren und Meister zum Opfer gefallen ist.« Und der scharfsinnigste unter den französischen Kriegsschuldforschern, Georges Demartial, hat die Sache mit folgenden Worten zum Ausdruck gebracht: ›Frankreich wurde in den Krieg ebenso hilflos hineingeworfen, wie ein gefesseltes Hühnchen, das für den Bratspieß bestimmt ist‹«. [50]

Das feingesponnene Netz der Diplomatie

Unmittelbar vor Kriegsausbruch telegraphierte der französische Außenminister Viviani an die französischen Botschafter in London und St. Petersburg, daß Frankreich entschlossen sei, alle aus seinem Bündnis mit Rußland hervorgehenden Verpflichtungen zu erfüllen, und daß es Rußland geraten habe, seine militärischen Vorbereitungen in der Weise zu treffen, daß Deutschland, so weit als möglich, im unklaren bliebe, und daß es dem letzteren keinen Vorwand zu einer Gegenmobilisierung böte. Dem deutschen Botschafter versicherte er in Paris das Gegenteil. [51] Zuvor war das Gerücht ausgestreut worden, der deutsche Kaiser habe nach der Ermordung des Erzherzogpaares in Potsdam einen Kronrat einberufen, um sich von einer Vielzahl einberufener maßgeblicher Offiziere und Wirtschaftsmänner die Bereitschaft zum Kriege versichern zu lassen. Diese Propagandalüge wurde längst von Historikern entlarvt und Poincaré selbst mußte später eingestehen: »Ich behaupte nicht, daß Österreich oder Deutschland während dieser ersten Phase die bewußte, wohlüberlegte Absicht hatten, einen allgemeinen Krieg zu provozieren. Es gibt kein Dokument, das uns das Recht zu der Vermutung gäbe, daß sie damals so systematisch durchdachte Pläne gehegt hätten.« [52] Den Höhepunkt solcher

Falschspielerei stellt allerdings die Begründung dar, die Poincaré ebenfalls im »Nachherein« für die inzwischen 1918 erfolgte Wiedereingliederung der beiden Provinzen gab. In ›Foreign Affairs‹ (Oktober 1925) stellt er »die verwunderliche Behauptung auf, daß die Kulturzugehörigkeit des elsaß-lothringischen Gebiets das sittliche Recht auf politische Herrschaft und Inbesitznahme nicht berühre. Er ist der Meinung, daß es auch dann ein moralischer Fehlgriff von Frankreich gewesen wäre, es unter deutscher Herrschaft zu belassen, wenn die Deutschen es zuwege gebracht haben würden, daß jene Landschaft in kultureller Beziehung völlig deutsch geworden wäre und sich innerhalb des Deutschen Reiches politisch wohl gefühlt hätte. Es liegt auf der Hand, daß dieses Argument in Wirklichkeit die deutsche Inbesitznahme der Provinzen im Jahre 1870 vollauf zu rechtfertigen vermöchte.« Und man darf hinzufügen: Dieses Eingeständnis Poincarés gleicht für die deutsche Seite viele Selbstvorwürfe aus, die zu Recht im Hinblick auf die Behandlung der Elsässer nach 1871 und 1940 erhoben werden mußten.

Poincaré legte viel Gewicht auf die Feststellung, daß der rein formale Schritt der Kriegserklärung zuerst von Deutschland getan wurde, und dies, obwohl er selbst sagt, es habe gar keine Bedeutung, daß Frankreich im Jahre 1870 an erster Stelle Krieg erklärt habe. »Der Angreifer ist derjenige, welcher den ersten Schuß unvermeidlich macht«. [53] Poincarés Gehilfe, der französische Außenminister Viviani, setzte selbstverständlich von Anfang an voraus, daß Deutschlands Schuld für alle Zeiten festgelegt und besiegelt sei, weil Deutschland die Beschuldigung im Versailler Friedensvertrage hingenommen und der Reichstag für die Annahme des Vertrages gestimmt habe. Steiners entschiedener Kampf gegen die erpreßte deutsche Unterschrift des Versailler »Friedens«-Diktates erfährt durch diese Interpretation eine volle Bestätigung. Rudolf Steiner schilderte am 30. September 1914 in einem Stuttgarter Vortrag seine ersten Eindrücke vom Verhalten der französischen Intelligenz. Er hatte einen zweiten Band für seine Darstellung »Die Rätsel der Philosophie« begonnen. Dieser war in der zweiten Hälfte des denkwürdigen Juli 1914 bereits bis Seite 204 gedruckt. Mitten in den Zeilen schloß er ab. »Die Stelle war gerade für mich das Merkwürdige, Symptomatische.« Steiner schildert, wie er sich bemühte, die beiden französischen Philosophen Boutroux und Bergson zu charakterisieren. Und danach brach das Manuskript ab, »denn dahinein brach der Krieg aus . . . Und damals kamen verschiedene Stimmen von jenseits des Rheins . . . Da sprach man von deutscher Barbarei und dergleichen und warf die gehässigsten Beschuldigungen und Verleumdungen gegen uns auf . . . Es war betrübend, was man da zu erleben bekam. Gerade geachtete Vertreter des französischen Geisteslebens wühlten Haß und Leidenschaft im Volke auf. Und in diesem Falle darf wohl das Persönliche als symptomatisch angesehen werden: Wenn man in einem Buche über die Entwicklungsgeschichte der Philosophie die französische Philosophie zu behandeln hatte, wenn die Seele sich bemühte, ihr voll gerecht zu werden, da könnte es wahrlich die Seele mit Erbitterung erfüllen, wenn sie erleben muß, während sie mit aller Kraft versucht, mit der größtmöglichen Objektivität sich hineinzuleben in die Philosophie des Westens, daß diese dann ungeachtet aller Tatsachen über die ›barbarische Art jenseits des Rheins‹ schreit. Es war umso bitterer, als einer der schlimmsten Angreifer und Hasser des deutschen Wesens Maurice Maeterlinck war.« GA 174 b S. 14 f.

Gründete diese schmerzliche Erfahrung Steiners in einer Spaltung des französischen Wesens, die er ebenfalls bei Ernest Renan wahrgenommen hatte? Schwankten die Seelen gegenüber dem Deutschtum zwischen Liebe und Haß, wie dieser es so drastisch geschildert hatte? Oder war das Volk als solches in seiner Einstellung geteilt, wie dies später nach 1940 festgestellt werden konnte? Merkwürdig ist jedenfalls, daß nach 1918 mehr Veröffentlichungen gegen Poincaré und seine Politik in Frankreich herauskamen als in Deutschland. 1914 allerdings schienen sich Poincarés und seiner Helfer »Vorbereitungen ohne Rast« (Renan) in jeder Hinsicht verwirklicht zu haben. Steiner vermerkt das Ergebnis: »Daß Frankreich mit einem absolut fast gleichen, im Verhältnis zu seiner Bevölkerungszahl aber sogar mehr als anderthalb so großen Heer wie Deutschland vor dem Kriege gerüstet dastand, ist ein Ergebnis dieser geheimnisvollen Macht, über das die Phrase von dem ›deutschen Militarismus‹ als verbergender Schleier gezogen werden soll«. GA 24 S. 324

Und so kann der amerikanische Historiker Barnes, dem wir in seinen gründlichen Recherchen gefolgt sind, zusammenfassend feststellen: »So können wir denn sagen, daß die direkte und unmittelbare Verantwortung am Weltkriege der Hauptsache nach, im Grunde ganz allein, auf Rußlands und Frankreichs Schultern fällt. Es ist schwer zu sagen, welchem von beiden der Vorrang zukommt.« [54] Poincarés Landsmann Mathias Morhardt behauptet, Poincaré habe in höherem Grade dazu beigetragen, das Angesicht der Welt und den Lauf der Geschichte zu ändern, als irgendein anderes Individuum im Bereich der Menschheitsgeschichte, nicht einmal den ersten Napoleon ausgenommen: »Nach fünfzehn Jahren unumschränktester Herrschaft erreichte der große korsische Abenteurer durchaus nicht die Resultate, die sich auch nur von ferne mit denen vergleichen lassen, welche erreicht zu haben Mr. Raymond Poincaré sich rühmen kann. Keiner vor ihm hat die Welt mit einem höheren Maß von kaltblütigem Enthusiasmus durcheinander geworfen.« [55] Wird endlich verstanden, daß der Zweite Weltkrieg seinen unmittelbaren Anlaß in der Hinterlassenschaft des Ersten hatte, so erscheint in der Tat die Wirkung Poincarés nicht übertrieben dargestellt. Doch welcher Preis mußte dafür gezahlt werden?

Der Preis war zu hoch!

Das Ergebnis eines furchtbaren Stellungskrieges, durch den die Erde Frankreichs zu einer von Gräben durchzogenen Todeslandschaft umgepflügt wurde, der unverhältnismäßige Blutzoll auf beiden Seiten im erbitterten Ringen um Verdun, dem alten Verden, wo vor mehr als einem Jahrtausend feierliche Eide zur Befriedung Mittel- und Westeuropas ausgetauscht worden waren, der Verlust von zwei Millionen junger Franzosen und das Leid der ihnen zugehörigen Mütter, Frauen und Bräute, das war der Preis, der vom französischen Volke für Elsaß-Lothringen bezahlt werden mußte.

In einer umfassenden Monographie »1870/71 Elsaß-Lothringen« (Frankfurt/Main 1970) hat Fritz Bronner »zeitgenössische Stimmen für und wider die Eingliederung in das Deutsche Reich« vorgelegt. Darin wird ausführlich berichtet über den bemerkenswerten Versuch von Ernest Renan, mit der preußischen, nun auch kaiserlichen Kronprinzessin Viktoria zu einem Austausch in der Elsaß-Frage zu kommen. Der Traum seines Lebens war, für eine geistige, sittliche und politische Allianz zwischen Deutschland, England und Frankreich zu arbeiten, »welche hätte die Welt regieren und auf den Weg liberaler Kultur leiten können«. Der Traum zerbrach, wie so manche Vorstellungen auf deutscher und französischer Seite an Englands Anspruch auf Vormachtstellung und Weltherrschaft scheiterten.

Der erste offizielle Versuch einer Aussöhnung zwischen den durch das geschichtliche Schicksal aneinandergeketteten Völkern verwandten Ursprungs begann im Jahre 1933: Diejenigen, die im Kriege das härteste Los getroffen hatte, die Frontsoldaten auf beiden Seiten, trafen sich auf deutsche Einladung, um sich die Hände zu reichen. Und die Jugend des Reiches fuhr auf die alten, nun bewachsenen Schlachtfelder, nicht nur, um ihre Väter zu ehren, sondern um mit den jungen französischen Kameraden sich zu treffen, zu sprechen und zu singen. Nie mehr sollten die Waffen zwischen beiden Brudervölkern geführt werden. Um dies zu besiegeln, verzichtete 1935 feierlich der letzte deutsche Reichskanzler auf einen Anspruch zur Rückgabe der Länder, für welche Franzosen so sehr geblutet hatten. So hätte das von Steiner noch als unlösbar gekennzeichnete elsässische Problem vielleicht bereinigt werden können, allerdings wieder ohne die Elsässer selber zu fragen. Eine wirkliche Lösung ließe sich für solche und ähnliche Probleme für die Zukunft nur unter beidseitiger Berücksichtigung des dreigegliederten sozialen Organismus und seiner Ordnung vorstellen.

Der Weg in eine gemeinsame europäische Zukunft schien offen. Dies erst recht, nachdem Frankreichs Ministerpräsident Daladier in München 1938 seine Zustimmung zur Anerkennung der tausendjährigen Heimat der Sudetendeutschen als deutsches Land gegeben hatte. Als mit Danzig der letzte Stein ins Gewölbe des gemeinsamen Hauses aller Deutschen gefügt werden sollte, und abermals drohende Kriegswolken den Himmel Europas verdüsterten, fragten die französischen Männer: »Mourir pour Danzig?« Diese Frage zu stellen, hieß sie verneinen. Dennoch wurde wie 1914 gegen eigenes Denken und Wollen eine neue Generation Frankreichs aufgerufen gegen das Reich. Nach schnell beendigtem Duell begann die zumindest teilweise Zusammenarbeit. Es sei aber auch nicht vergessen, daß junge Franzosen in nicht geringer Zahl freiwillig den feldgrauen Rock trugen, um im Osten für Europa zu kämpfen. Die französische Division »Charlemagne« verteidigte 1945 zuletzt die Reichshauptstadt mit ihren deutschen Kameraden bis zum bitteren Ende. Inzwischen blühte eine neue Hoffnung für ein europäisches Miteinander auf.

ENGLANDS WELTGESCHICHTLICHE VERANTWORTUNG FÜR DIE KATASTROPHE DIESES JAHRHUNDERTS

»Was heute geglaubt werden kann, erweist sich morgen schon nicht mehr wahr«

Über den großen Linien der Politik, über dem Studium der verschiedenen Zeitungen, Monatsschriften und Bulletins und der eigenen regen Vortragstätigkeit vergißt Steiner nicht das schwere Schicksal der unmittelbar Betroffenen, der auf Geheiß ihrer Führer im Felde Kämpfenden. Er hatte es sich zur Übung gemacht, vor Beginn eines Vortrages und bei dessen Ende jeweils einen gebetsartigen Spruch zu sagen, der sich mit den im Kampfe Stehenden und den Gefallenen verband.

Bemerkenswert für Rudolf Steiner und sein Miterleben mit den Zeitereignissen ist die Einleitung seiner Schrift »Gedanken während der Zeit des Krieges«: »Unsägliches Leiden, tiefe Trauer leben in den Seelen der gegenwärtigen Menschen neben dem Willen, dem weltgeschichtlich unvergleichlichen Augenblicke die Opfer des Mutes, der Tapferkeit, der Liebe zu bringen, die er fordert. Den Krieger stählt das Bewußsein, daß er für ein Teuerstes einsteht, das die Erde der Menschheit zu geben hat. Er sieht dem Tod ins Antlitz mit dem Gefühl, daß sein Sterben von jenem Leben gefordert wird, das als Höheres gegenüber dem einzelnen Menschen auch seinen Tod beanspruchen darf. Väter, Mütter und Söhne, Frauen, und Schwestern und Töchter müssen aus dem persönlichen Leide heraus sich finden in der Idee, daß aus Blut und Tod die Entwicklung der Menschheit sich erheben werde zu Zielen, denen die Opfer notwendig waren und die sie rechtfertigen werden . . . Verwirrend können die Empfindungen sein, die aus den Erlebnissen entstehen. Man möchte aus dem Vorhandensein dieser Verwirrung heraus verstehen, warum viele Menschen nicht begreifen können, daß der Krieg selber des Krieges Schrecken und Leiden bringt, und warum sie den Gegner als ›Barbaren‹ verschreien, wenn ihm eine herbe Notwendigkeit den Gebrauch der Kampfmittel aufzwingt, welche die neuere Zeit geschaffen hat.« GA 24 S. 279 u. 281

»Der Krieg muß in Mitteleuropa dazu führen, in bezug auf das im Völker-, Staats- und Wirtschaftsleben Vorhandene sehend zu werden.« GA 24 S. 349

Rudolf Steiner kommt in seinen während des Krieges gehaltenen Vorträgen wiederholt auf den Charakter der englischen Politik und auf deren Auswirkung im Konfliktjahr 1914 zurück. Wie im folgenden darzustellen, kam England die Schlüsselstellung und damit auch die nahezu ausschließliche Verantwortung innerhalb der sich bis zum Kriegsausbruch zuspitzenden diplomatischen Entwicklung zu. Ordnet man die verschiedenen Darstellungen zu einem Ganzen, so ergab sich für Steiner nachstehendes Bild.

Und nahezu beschwörend forderte Steiner immer wieder gerade die Deutschen auf, das Eingesponnensein in geliebte Vorstellungen aufzugeben und die Wirklichkeit wahrzunehmen: »Der Kriegsgegensatz zwischen Briten und Deutschen ist dagegen ein solcher, daß die Deutschen sich nur ›für das Praktische zugespitzten‹ Triebfedern gegenübergestellt sehen. Das Ideal der englischen Politik ist, dem Wesen des Landes entsprechend, ganz auf praktische Ziele hingeordnet. Betont sei: dem Wesen des Landes entsprechend . . . Die Betätigung im Sinne dieses Ideals hat in dem Briten die Gewohnheit erzeugt, als Richtschnur dieser Betätigung das gelten zu lassen, was ihm den persönlichen Lebensinteressen entsprechend dünkt. Dem Vorhandensein einer solchen Richtschnur widerspricht nicht, daß sie sich im gesellschaftlichen Zusammenleben als bestimmte Regel geltend macht, der man streng gehorcht, wenn man Lebensart haben will. Es widerspricht ihm auch nicht, daß man die Richtschnur für etwas ganz anderes hält, als sie ist. Alles dies gilt von dem Briten, insofern er eingegliedert ist der Welt seines politischen Ideals. Und durch dieses ist ein Kriegsgegensatz zwischen England und Deutschland geschaffen . . .

Die gekennzeichnete Richtschnur für das politische Ideal Englands hatte Goethe im Sinne, als er, der Shakespeare zu den

Geistern zählte, die auf ihn den größten Einfluß ausgeübt haben, die Worte sprach: »Während aber die Deutschen sich mit Auflösung philosophischer Probleme quälen, lachen uns die Engländer mit ihrem großen praktischen Verstande aus und gewinnen die Welt. Jedermann kennt ihre Deklamation gegen den Sklavenhandel, und, während sie uns weiß machen wollen, was für humane Maximen solchem Verfahren zugrunde liegen, entdeckt sich jetzt, daß das wahre Motiv ein reales Objekt sei, ohne welches es die Engländer bekanntlich nie tun, und welches man hätte wissen sollen.‹ Und über Byron äußert sich Goethe: ›Byron ist zu betrachten als Mensch, als Engländer und als großes Talent. Seine guten Eigenschaften sind vorzüglich vom Menschen herzuleiten; seine schlimmen, daß er ein Engländer... war... Alle Engländer sind als solche ohne eigentliche Reflexion; die Zerstreuung und der Parteigeist lassen sie zu keiner ruhigen Ausbildung kommen. Aber sie sind groß als praktische Menschen.« [56].« Steiner fügte hinzu: »Auch diese Goetheschen Urteile treffen nicht den Engländer als solchen, sondern nur das, was als ›Gesamtwesen England‹ sich offenbart, wenn dieses Gesamtwesen als Träger seines politischen Ideals sich offenbart. Das erwähnte politische Ideal hat die Gewohnheit entwickelt, einen möglichst großen Raum der Erde zum Gebrauche für England nach der gekennzeichneten Richtschnur einzurichten.« GA 24 S. 325 f.

Diesen Raum behandelt England wie eine Individualität, die nach ihrer Bequemlichkeit und persönlichem Bedürfnis nicht nur ein Haus einrichtet, sondern sich auch noch dagegen wehrt, wenn ein Nachbar den eigenen Vorstellungen weniger entspricht, als man sich wünscht. Und so glaubte England, daß die Gewohnheit, in der herkömmlichen Art weiterzuleben, durch die Entwicklung Deutschlands in der neuesten Zeit gestört würde. Daraus wird verständlich, so meint Steiner, daß bei einem kriegerischen Konflikt zwischen Deutschland-Österreich auf der einen Seite und Frankreich-Rußland auf der anderen, England sich veranlaßt sehen könnte, sich des Druckes »der Bedrohung, die ihm Deutschlands Kulturarbeit verursachte«, zu entledigen. Der rein praktische politische Verstand konnte sich errechnen, daß ein gegen Rußland und

Frankreich siegendes Deutschland durch seine gewachsene Macht als noch störender empfunden werden müßte. Das war ein nüchternes Kalkül, das mit einer moralischen Bewertung oder gar Entrüstung über einen »Völkerrechtsbruch« durch einen deutschen Einmarsch in Belgien gar nichts zu tun hatte, sondern in solchem Falle nur mit der Verletzung eines eigenen Interessengebietes.

Britischer »Navalismus«

Rudolf Steiner führt in einem zwei Jahre später herausgegebenen Memorandum (1917) diese Argumentation weiter aus und betont, daß »Deutschland zeigen könnte, daß es zum Kriegsausbruche nichts beigetragen hat, daß es in den Neutralitätsbruch gegenüber Belgien nur durch das Verhalten Englands getrieben worden ist . . . Der Krieg wird aus den hinlänglich bekannten Ursachen von seiten Frankreichs und Rußlands geführt. Und er wird von der Seite Englands lediglich als Wirtschaftskrieg geführt; aber als Wirtschaftskrieg, der ein Ergebnis ist von alledem, was in England sich *seit langem vorbereitet* hat . . . Nirgends außer in England trug die Politik einen ganz sachgemäßen, in sich zusammenhängenden Charakter.« GA 24 S. 346 f.

Und Rudolf Steiner empfiehlt den Deutschen, *ihre* Lehre daraus zu ziehen.

Dabei verweist er auf die englische Geschichte, die davon bestimmt wurde, daß England, jede Landmacht, die versuchen wollte, sich über die ihr zugänglichen Meere auszudehnen, niederkämpfte. So mußte Spanien weichen, dessen Armada in der Seeschlacht im Ärmelkanal 1588 schwer geschlagen wurde, so Portugal, so wurde Hollands Seemacht gebrochen und schließlich durch Nelson bei Trafalgar dem französischen Herrschafts-Anspruch entscheidend begegnet. Entsprechend wurde mit Eifersucht das mögliche Aufkommen einer neuen »Konkurrenz« beargwöhnt, obwohl die Kaiserliche Marine Wilhelms des Zweiten hinter dem großen britischen Vorsprung zurückblieb. Auch in diesem Zusammenhang zitiert Steiner den Amerikaner Fullerton. Dieser schreibt: »Es gibt in Europa keine Nation, die ohne Englands Genehmigung den Atlantischen Ozean befahren, die Straße von Gibraltar kreuzen, Schiffe ins Mittelländische Meer schicken oder durch den Suezkanal nach Asien fahren kann. Schade, daß ›Navalismus‹ kein gutes englisches Wort ist, denn es drückt genau eine Eigentümlichkeit aus, die England seit einem Jahrhundert kennzeichnet. Der Navalismus kann zu einer viel ernsteren Gefahr werden, als der Militarismus, der im Wesentlichen nur die nächsten Nachbarn bedroht, während der Navalismus einen Druck ausübt auf jede einzelne Nation des ganzen Erdballs.« [57] Dieser »Navalismus« findet bereits sehr früh seinen Ausdruck in englischen Siegeln aus dem 17. Jahrhundert. Das große Siegel von 1651 zeigt die Meere als Teile Englands, und das Siegel Karls II. von 1662 zeigt den König auf seinem Thron, der von zwei Pferden über die Wogen gezogen wird, wobei der rosselenkende König Neptuns Dreizack in der Rechten hält. Beide Siegel sind unter dem Motto zu verstehen: »Rule Britannia, Britannia, Rule the waves« (»Herrsche Britannia, Britannia, beherrsche die Meere«) [58]

Rudolf Steiner kritisiert, daß man die Tatsache kaum in Betracht gezogen hat, daß man es im eigentlichen Sinne nicht mit dem englischen Volk als solchem zu tun habe, sondern vom britischen Reich sprechen müsse, das ein Viertel (!) der ganzen trockenen Erde beherrsche durch seinen ausgedehnten Kolonialbesitz. Ältere Menschen erinnern sich des Staunens, das sie in der Schule bei der ersten Begegnung mit diesem Phänomen angesichts der Erdkarte hatten, auf der sich die rosa gefärbten Flächen des »British Empire« eindrucksvoll von allen anderen Territorien abhoben. So zeigte das große Rußland einschließlich Sibirien nur ein Siebentel, und Frankreich lediglich einen dreizehntel Teil der Erdoberfläche als seinen Besitzstand an. Das ergibt zusammen die Hälfte der Erde und macht die Abhängigkeit der anderen Länder von der Tripel-Allianz Englands, Rußlands und Frankreichs im Weltkrieg unseres Jahrhunderts deutlich, zumal in dessen letzter Phase von 1917–1918 noch die USA hinzu kamen. Dem stand vor der ersten Epoche des Jahrhundertkrieges (1914–18) Deutschland mit allen Kolonien, die es bei Kriegsausbruch 1914 besaß, von denen es aber sofort abgeschnitten wurde, mit nur einem Dreiunddreißigstel der Erdoberfläche gegenüber. Und Steiner meint, daß solche Gegebenheiten selbstverständlich in die Urteilsbildung einbezogen werden müssen, gerade wenn von einem »Imperalismus« des deutschen Kaiserreiches gesprochen wird: »Der größte Imperialismus ist selbstverständlich der britische. Ich meine, darüber kann es keinen Streit geben.« GA 173 S. 28

Die Folgerungen liegen für Steiner klar auf der Hand. Sie sind ihm so wichtig, daß er sie seinen Zuhörern an der Tafel demonstriert. Der britische Export war dem deutschen zunächst außerordentlich überlegen, für Januar bis Juni 1914 zeigt sich jedoch ein beachtliches Ansteigen des deutschen: dem britischen Export in Höhe von 1 075 000 000 (in Worten: 1 Milliarde und 75 Millionen) zieht der deutsche Export aus dem begrenzten mitteleuropäischen Raum mit 1 045 000 000 (also 1 Milliarde und 45 Millionen) um die kleine Differenz von 30 Millionen nahezu bei. [59]

Für den vorausschauenden Engländer folgerte bei Betrachtung einer solchen Wachstumskurve: Binnen kurzem hätte der deutsche Export den britischen überflügelt. Da leuchteten die Alarmlichter und signalisierten den englischen Wirtschaftsimperialisten: »Das darf nicht sein — jetzt Krieg!« Wer zuvor schon die Losung ausgegeben hatte: »Germany must perish!« sah sich veranlaßt, jetzt zu handeln. Rudolf Steiner stellt in diesem Zusammenhang fest: »Ohne daß man sich mit seinem Gefühl da oder dorthin engagiert, kann man die Dinge sehen. Viel wichtiger als die subjektiven Sympathien und Antipathien, viel wichtiger vor allen Dingen als dasjenige, was in so verheerender Weise durch die Tagespresse pulsiert, ist das, was einzelne sich um Objektivität bemühende Menschen über die Ereignisse der Gegenwart denken.« GA 173 S. 29

Gilt dies nicht auch heute wie eh und je?

Trotzdem blieb Steiner in erstaunlichem Maße ein genauer Beobachter der Publizistik. So berichtete er in einem Vortrag in Dornach am 6. Januar 1917 aus einem kurz zuvor im »London Magazine« erschienenen Aufsatz eines »vielbeliebten britischen Schriftstellers, (der) nach alledem, was er schreibt, zeigt, wie er zusammenhängt mit den Fäden, die gesponnen werden«. [60] Und Rudolf

Steiner legt augenscheinlich großen Wert darauf, aus diesem Aufsatz als einer symptomatischen Äußerung das Folgende zu zitieren: »Das englische Volk hat immer den Willen zum Erobern gehabt (the will to conquer) und hat ihn auch jetzt noch. In dieser hohen Auffassung wird der Krieg von uns zu Ende gekämpft. Der Gedanke an unsere unerschütterliche Entschlossenheit, zu siegen, ist das Edelste, was wir unseren Nachkommen, den Söhnen und Töchtern Englands, und seinen ruhmreichen überseeischen Gebieten hinterlassen können . . .

Wir werden bei Friedensschluß eine Million Quadratmeilen deutsches Kolonialgebiet in Händen haben. Wir werden dann über Millionen im Kriege geübte Männer verfügen. Unsere Übermacht zur See wird größer sein denn je. Wir liefern der Welt unwiderlegliche Beweise, daß unser Weltreich einig und unteilbar, unser Geist unbezähmbar ist, und daß die kriegerischen Eigenschaften unseres Landes denjenigen unserer ruhmreichen Vergangenheit würdig sind. Auf England ist gegenwärtig in einem bis jetzt niemals geträumten Maße der moralische und materielle Stempel der Macht gedrückt. Wie werden wir beim Friedensschlusse dastehen? Nimmt man Armee, Flotte und Hilfsquellen zusammen, so werden wir die erste militärische Macht der Welt sein.«

Steiner bemerkt hierzu weiter: »Es wirkt etwas eigentümlich, wenn man den ›Militarismus‹ so dringend bekämpfen zu müssen glaubt, und nun als hohes Ideal aufstellt, die erste militärische Macht der Welt zu sein! Er zitiert weiter: »Man wird uns als das Rückgrat der Alliierten anerkennen.« Steiner dazu: »Das ist etwas, was in Frankreich wohl gelesen werden sollte«, und fährt fort zu zitieren: »Uns ist die führende Rolle bei den Alliierten zugeteilt, und die Führung von Europa kommt uns von Rechts wegen zu . . . Das Parlament müßte jetzt den Bedarf der militärischen Maschine für eine Anzahl von Jahren im Vorhinein bewilligen und dann für unbestimmte Zeit vertagt werden.« Steiner kommentiert: »In solchen Dingen sprechen sich allerdings die Impulse, die Instinkte aus, die zusammenhängen mit den Drähten, die gezogen werden... Das... sind eben objektive Tatsachen, welche die geschichtlichen Ereignisse hervorbringen . . . Ein Weltverständnis kann man ja nicht erwerben, wenn man nicht willig ist, auf die Tatsachen einzugehen.« GA 174 51 f.

Rudolf Steiner unterscheidet auch hier sorgfältig: »Niemand wird voraussetzen, daß das, was ich sage, gegen das britische Volk gerichtet ist, denn ich wollte unterscheiden zwischen diesem britischen Volke und denen, die ich mit einem trivialen Ausdrucke ›Drahtzieher‹ nenne, und die hinter dem, was geschieht, stehen.« Und noch einmal appelliert er an die Wahrhaftigkeit: Der Gegner soll »sagen, was wahr ist, und nicht sagen, daß er sich identifiziert mit dem Ideale vom Recht der kleinen Nationen und dergleichen; sondern er soll sich klar sein, daß sein Wille ist, die Welt zu beherrschen«. GA 174 S. 53

»Das Weltherrschaftsstreben der angelsächsischen Rasse«

Schon am 11. Dezember 1916 hatte Steiner in Dornach die Aufmerksamkeit seiner Zuhörer auf einen Ausspruch des Lord Rosebery aus dem Jahre 1893 gelenkt, der ihm für die oben erwähnte »Tatsache« symptomatisch erschien: »Man sagt, daß unser Reich groß genug ist und daß wir genug Territorien besitzen . . . Wir dürfen aber nicht nur das ins Auge fassen, was wir heute nötig haben, sondern auch das, was wir in der Zukunft nötig haben werden . . . Wir müssen uns bewußt bleiben, daß es ein Teil unserer Pflicht und unseres Erbteils ist, dafür zu sorgen, daß die Welt den Stempel unseres Volkes trage und nicht irgendeines anderen.« Steiner fügt hinzu: »Es ist wichtig zu wissen, daß auch solche Stimmen sich in das Weltorchester hineinmischen . . . Es ist wichtig, daß . . . von einem Mann, hinter dem Gruppen standen, der Anspruch herübertönte, daß die ganze Welt den Stempel des englischen Wesens aufgedrückt bekommt.« Es sei dies nichts anderes als die Resonanz dessen, was in manchen okkulten Brüderschaften immer gelehrt würde. GA 173 S. 111.

Am 21. März 1921 kommt Rudolf Steiner noch einmal auf die Hinweise zurück, die er bereits während des Krieges hinsichtlich der Hintergründe des politischen Geschehens und damit der europäischen Tragödie gemacht hatte. Er charakterisiert erneut das englische Herrschaftsstreben, das für Mitteleuropa zur Katastrophe geführt hat: Es »besteht die Ansicht — und es ist eine größere Anzahl von Persönlichkeiten, welche hinter den eigentlichen äußeren Politikern, die zuweilen Strohmänner sind, stehen, durchdrungen von dieser Ansicht, daß der angelsächsischen Rasse durch gewisse Weltentwicklungskräfte die Mission zufallen müsse, für die Gegenwart und die Zukunft vieler Jahrhunderte eine Weltherrschaft auszuüben . . . es ist aber so festgewurzelt in denjenigen, die die wahren Führer der angelsächsischen Rasse sind, daß man es vergleichen kann mit den inneren Impulsen, welche einstmals das altjüdische Volk von seiner Weltmission hatte . . . die Intensität des Vorstellens ist keine andere bei den eigentlich Führenden der angelsächsischen Rasse wie bei dem altjüdischen Volk . . . Es herrscht die Ansicht, daß . . . alles getan werden müsse, was im Sinne eines solchen Weltimpulses liege, daß man vor *nichts* zurückschrecken dürfe, was im Sinne eines solchen Weltimpulses liegt.« GA 174 b S. 358

Und Rudolf Steiner streitet demjenigen, der diese »Tatsache« nicht kennt, ab, den Gang der Weltgeschichte in der neueren Zeit zu verstehen. Trotzdem gibt es auch heute unter seinen Nachfolgern solche, die sogenannte »Weltverschwörungsvorstellungen« kategorisch verneinen, weil sie ihnen »revisionistisch« scheinen.

Wir werden im anschließenden Kapitel darauf noch zurückkommen müssen. Jedenfalls verfolgt Steiner diese Spur angelegentlich bis in das Jahr 1921 hinein und bekräftigt, daß diese dem altjüdischen Bewußtsein entsprechenden intensiven Vorstellungen von einer Berufung zur Weltherrschaft »in einer intellektualistisch außerordentlich großartigen Weise« in die Seelen der politisch Handelnden bis zur Stufe der Staatssekretäre (die damals in England Ministerrang einnahmen) eingeprägt sei. Im gleichen Vortrag kennzeichnet Steiner »diese ja für Mitteleuropa so traurige und verderbliche Weltpolitik« als großzügig, weil sie von der Überzeugung getragen ist, daß in der Geschichte eben Weltimpulse sich vollziehen und nicht kleine, auf vordergründige tagesbedingte

Tendenzen abgestellte Impulse, die den herkömmlichen Politiker leiten. GA 174 b S. 358 f.

Auch noch aus dem zeitlichen Abstand wiederholt Rudolf Steiner am 21. März 1921 eindringlich seine Erkenntnis dieser Linie, »um welche die angelsächsische Weltmission in Wahrheit kämpft und kämpfen wird bis aufs Messer . . . An dieser Linie ist ungeheuer viel zu lernen.« GA 174 b S. 360

Darum bedauert er in seinem 1919 »an das deutsche Volk und die Kulturwelt« gerichteten Aufruf, »daß man sich leider immer in Mitteleuropa verschlossen hat dagegen, daran zu glauben, daß man eine politische Einstellung gewinnen müsse unter dem Gesichtspunkt solcher großzügiger Impulse.« GA 174 b S. 361

Die 1918 von der Front heimkehrende junge Generation Deutschlands, die vier Jahre lang gelitten hatte ohne solche tragenden Ideale, wollte im Verbund mit der heranwachsenden Jugend dies als ihre Lebensaufgabe erfüllen. Nur wer den hingebungsvollen Einsatz für die hier von Rudolf Steiner gewiesene Aufgabe miterlebt hat, kann der sog. »Nachkriegsgeschichte« nach 1918 und der Reaktion auf das Diktat von Versailles gerecht werden.

Steiner kann aus den von ihm überschauten Ereignissen »vernünftigerweise nichts anderes folgern als, was sich nachher auch herausgestellt hat: nämlich daß hinter denjenigen, die gewissermaßen die Hampelmänner sind, in England eine mächtige, einflußreiche Gruppe von Menschen existiert, die absolut zum Kriege mit Deutschland trieb und durch die der Weltkrieg, den man immer vorausgesagt hatte, in gewisse Bahnen gelenkt wurde«. GA 173 S. 117

Steiner bringt in diesem Zusammenhang sein Verständnis dafür zum Ausdruck, daß in Deutschland aufgrund solcher Beobachtungen sich bei einer Reihe von Menschen die mit großer Furcht verbundene Überzeugung entwickelte, es werde eine solche Gruppe in England nur auf einen entsprechenden Zeitpunkt warten, um unbedingt einen Krieg zwischen England und Deutschland zu provozieren.

Steiner versichert: »Es hatte dies garnichts mit einer Sehnsucht zu tun, durchaus mit England einen Krieg zu beginnen; ein solcher wäre vom deutschen Standpunkt aus ganz sinnlos gewesen.« GA 173 S. 117

Doch auch oberflächliche Beobachter, so meint er, mußten sehen, daß die Entwicklung auf einen solchen Krieg zusteuerte. War es da nicht selbstverständlich, zumindest die notwendigsten Vorkehrungen zu einer Verteidigung zu treffen? Auch dies bejaht Rudolf Steiner ausdrücklich. Er zeigt sich als aufmerksamer Leser der Tagespresse, wenn er aus den »Basler Nachrichten« die Rede entnimmt, die ein Engländer am 28. Juli 1908 in der Queen's Hall gehalten hatte: »Könnt Ihr nicht verstehen, wie berechtigt die Befürchtungen Deutschlands sind? Wenn wir in derselben Lage wären wie Deutschland, mit Rußland auf der einen und Frankreich zur andern Seite, die im Falle eines europäischen Krieges unsere Feinde wären, würden wir uns nicht bewaffnen? Würden wir nicht rüsten? Natürlich würden wir das tun!« Diese Rede hielt *Lloyd George!* [61] Steiner kommentiert, »daß es unvernünftig von Deutschland gewesen wäre, diesen heute per Schlagwort so verleumdeten ›Militarismus‹ nicht anzunehmen«. GA 173 S. 376

Der Kaiser hofft auf Englands Neutralität

Für England war durch seine geographische Lage ein Festland-Krieg mit dem geringsten Risiko verbunden. Es hatte im »Ersten« Weltkrieg am wenigsten zu leiden, während die sog. »Mittelmächte«, Österreich-Ungarn und das Deutsche Reich, mit einem Krieg alles aufs Spiel setzten, was sie besaßen oder erarbeitet hatten. Von ihrer Seite aus mußte alles daran gelegen sein, den provozierten Konflikt zwischen Österreich und Serbien, dem angesichts der weittragenden Folgen nicht ausgewichen werden konnte, unter allen Umständen zu lokalisieren. Österreich konnte keine Absichten auf Vergrößerung seines Territoriums haben und hatte die Integrität Serbiens ausdrücklich in seinem Ultimatum garantiert. Die deutsche Reichsführung versuchte sich herauszuhalten. Der Kaiser trat seine Urlaubsreise nach Norwegen an. Das Reich gab somit in keiner Hinsicht Kriegsabsichten zu erkennen.

Daß der Kaiser, der sich oftmals in dramatisierender Weise zu äußern pflegte, in dieser Weltlage wie in jedem vorangegangenen

Jahr sich auf der Yacht »Hohenzollern« einschiffte, kann sowohl als Ignoranz gegenüber einer drohenden Gefahr wie als bewußte Geste, in jedem Falle als ein Abwiegeln der kritischen Situation, verstanden werden. Brandes wies darauf hin, daß C. H. Norman »schlagend nachgewiesen« [62] habe, wie Wilhelm II. Grund genug hatte, auf Englands Neutralität zu hoffen. So hatte er sich 1900–1901 gegen eine erörterte europäische Koalition eingesetzt, die England zwingen wollte, mit den südafrikanischen Buren-Republiken unter für diese günstigen Bedingungen Frieden zu schließen: Er hatte England gegenüber seine freundschaftliche Haltung unter Beweis gestellt, als er sich gegen die öffentliche Meinung im deutschen Volk zu der unpopulären Weigerung entschloß, die Deputation des Burenvolkes unter Anführung des in der Welt mit größter Sympathie gefeierten »Ohm Krüger« nicht zu empfangen. In einem im »Daily Telegraph« 1908 veröffentlichten Interview hatte der Kaiser sich — ebenfalls gegen die deutsche öffentliche Meinung — geweigert, einer Aufforderung Rußlands und Frankreichs nachzukommen, mit diesen Mächten gemeinsam bei Englands Regierung auf eine Beendigung des imperialistischen »Burenkrieges« mit seinen erstmaligen »concentration-camps« und anderen furchtbaren Drangsalen gegenüber der Zivilbevölkerung durch entsprechende öffentliche Schritte zu drängen.

Demgegenüber sprach ein englischer Staatsmann schon am 23. Juli von der Möglichkeit, daß ein militärisches Eingreifen Österreichs in Serbien zu einem europäischen Krieg führen könne.

Wäre England nicht an einem solchen interessiert gewesen, hätte es alles getan, um den Konflikt auf die betroffenen Länder zu begrenzen. Die Entscheidung darüber lag ausschließlich bei England, personell gesprochen bei seinem Außenminister Sir Edward Grey. Er wurde zwar nicht zur Schlüsselfigur, aber zum Repräsentanten der eigentlichen Mächte, die ihm ihre Direktiven gaben. Rudolf Steiner befaßt sich ausführlich und wiederholt mit dieser zwielichtigen Gestalt.

In einer Parlamentssitzung vom 27. November 1911 leugnete Grey aus Anlaß der Marokko-Krise und eines diesbezüglichen englisch-französischen Abkommens die Zusicherung aller militärischen Unterstützung Frankreichs durch England im Falle eines Konfliktes mit zweideutigen Worten ab. Dem widerspricht der Inhalt einer Erklärung vom 3. August 1914. Die verschiedenen diplomatisch verklausulierten Aussagen zu einem präzisen Vertrag zwischen England und Frankreich über militärischen Beistand im Falle eines Krieges beschäftigten Steiner in einem solchen Maße, daß er seinen gewiß nicht immer sachkundigen Zuhörern nicht ersparte, dazu die minutiösen Mitteilungen des neutralen Ausländers Georg Cohen Brandes aus Dänemark zur Kenntnis zu bringen, mit denen er sich selbst identifizierte. [63]

»Es hätte nur eines einzigen Satzes bedurft . . .«

Brandes, über den wir bereits berichteten (S. 122) wurde von Steiner angeführt, weil er jeden Verdachtes, deutschfreundlich zu sein, enthoben war. Damals bereits über Siebzig, kannte er sich durch viele persönliche Beziehungen von Rang innerhalb der europäischen Diplomatie bestens aus und konnte also glaubwürdig versichern, daß »die deutsche Diplomatie tat, was in ihrer Macht stand, um Englands Neutralität noch im letzten Augenblick zu erringen. Der deutsche Kanzler bot Sir Edward Goschen an, für die Unverletzlichkeit des französischen Landgebietes einzustehen für den Fall, es Deutschland beschieden sein sollte, Frankreich und Rußland zu überwinden. *Sir Edward Grey verhielt sich ablehnend,* da Deutschland die Zusicherung nicht auf die französischen Kolonien ausdehnen wollte. Nun fragte Fürst Lichnowsky, der deutsche Gesandte in London, ob England zusagen wolle, neutral zu bleiben, wenn die Deutschen die Neutralität Belgiens nicht verletzten. *Diese Zusage wollte Sir Edward Grey nicht geben,* er wollte freie Hand bewahren. (I did not think, we could give a promise of neutrality on that condition alone.) Ob er diese Zusage geben würde, falls Deutschland die Integrität sowohl Frankreichs als seiner Kolonien zusicherte? Nein, er wolle sich nicht binden. Ob er selbst die Bedingungen angeben wolle, unter denen er zum Versprechen der Neutralität geneigt wäre? *Auch das nicht.* (The ambassador pressed me as to whether I could formulate conditions on which we would remain neutral. He even suggeste that the integrity of France and her Colonies might be guaranteed, I said that I felt obliged to refuse definitely any promise to remain neutral on similar terms, and I could only say that we must keep our hands free.)«[64]

Rudolf Steiner, nachdem er den vorangehenden Text seinen Hörern zur Kenntnis gebracht hat, folgert: »Aus dem eben Gelesenen geht hervor, daß es nur eines einzigen Satzes von Grey bedurft hätte, um die Neutralitätsverletzung Belgiens zu verhindern. Ich gebe aber Grey keinerlei Schuld, denn er ist der Hampelmann von ganz anderen Mächten, von denen ich später einmal sprechen möchte . . . Es hätte also nur eines einzigen Satzes von ihm bedurft, um die Verletzung der belgischen Neutralität zu verhindern, und hinzugefügt könnte werden: Es hätte nur eines einzigen Satzes bedurft, so wäre der Krieg im Westen unterblieben. Das sind Dinge, die die Welt einmal erfahren wird.« Wir fügen hinzu: erfahren *muß.* GA 173 S. 37 f.

Und trotzdem konnte die Lüge von der deutschen Kriegsschuld erneuert werden.

Steiner zitiert weiter Brandes in erkennbarer Übereinstimmung: »Eine Politik, über deren Weisheit die Zukunft ihr Urteil fällen wird, die aber vorläufig dahin geführt hat, daß zehn Millionen Menschen die sieben Tage der Woche damit verbringen, einander kläglich hinzumorden. Das englische Ministerium des Äußeren hatte heimlich — ohne Wissen des Parlaments — Großbritannien verpflichtet, Frankreich im Falle eines europäischen Krieges zu Hilfe zu kommen.« Brandes fügt dieser Feststellung hinzu, daß der Ausgang dieses Streites, der von englischer Seite vorgeblich »für die Freiheit oder das Heil der Menschheit« geführt wurde, nichts Gutes verheißen könne: Siegten die Alliierten, so bahnte dies nur eine ungeheuere Steigerung der Macht Rußlands an, den Sieg eines Regierungssystems, das dem Großbritanniens entgegengesetzt ist.« [65]

Brandes beweist mit der letzten Bemerkung eine geradezu hellseherisch zu nennende Vorausschau auf den Ausgang des als ein

Ganzes zu sehenden Weltkrieges: Nach seinem »Ende« 1945 sprach Winston Churchill das in seinem Zynismus kaum zu überbietende Wort: »Wir haben das falsche Schwein geschlachtet!« Er meinte damit Deutschland. Er erhielt 1954 in der alten Kaiserstadt Aachen vom Bundeskanzler Konrad Adenauer den »Karlspreis für Verdienste für Europa«. Ein »Kriegsverbrecherprozeß« wurde gegen nichtdeutsche Politiker nicht angängig. Mit Churchill sich zu beschäftigen, hatte Rudolf Steiner zu seiner Zeit noch keine nähere Veranlassung. Nur einmal wird er am 2. 5. 1915 erwähnt als Verfasser einer Schrift, die Steiner als Beispiel einer Publikation anführt, »worin jemand über heutige Zeitereignisse Urteile fällt, die auf nichts anderem aufgebaut sind als auf frivolster Geschichtsfälschung . . . Derjenige, der nichts weiß von den Dingen, die vorangegangen sind, der Dinge behauptet, von denen man so leicht nachweisen kann geschichtlich, wie falsch sie sind, wie jener Mister C . . ., der sollte nicht zu Wort kommen dürfen da, wo ernste Dinge von ernsten Menschen gedacht werden.« GA 161 S. 278

Von Churchill (1874–1965) erschien 1915 eine Broschüre »Die Kriegführung zur See« auch in deutscher Sprache. Sie enthielt eine Parlamentsrede. Churchill war damals Lord der Admiralität im Kriegskabinett. 1939 trat er zunächst als Kriegsminister in das britische Kabinett, im Frühjahr 1940 löste er Neville Chamberlain ab, der sich in den Vorjahren und auch bei Kriegsausbruch immer um Ausgleich mit dem Reich bemüht hatte. Chamberlain sagt in seinen Memoiren, daß er »durch die USA und das Weltjudentum gestürzt« worden sei.

Grey und Churchill

Rudolf Steiners Urteil über Grey ist nicht weniger hart: »Mir drängte sich auf, daß der Welt Gefahr drohte aus der Ursache, daß in London ein so furchtbarer Dummkopf die auswärtigen Angelegenheiten lenkte. Die Welt hält Grey für einen gescheiten, vielleicht geriebenen Menschen. Ich konnte ihn nie für etwas anderes halten, aus den intuitiven Eindrücken, als für einen Dummkopf.« GA 174a. S. 75

Steiner freut sich sichtlich, in seinem Vortrag in München am 23. März 1915 aus einem tags zuvor erhaltenen Buch den Brief eines Kabinettskollegen des Grey zitieren zu können. In diesem von Hans Helmholt herausgegebenen Brief heißt es: »Es ist für uns, die wir Grey seit Anbeginn seiner Laufbahn kennen, sehr unterhaltsam, zu beobachten, wie er seinen kontinentalen Kollegen imponiert. Sie scheinen irgend etwas in ihm zu vermuten, was durchaus nicht in ihm steckt. Er ist einer der hervorragendsten Sportangler des Königreiches und ein recht guter Tennisspieler. Politische oder diplomatische Fähigkeiten besitzt er wirklich nicht . . .

Earl Rosebery sagte einmal von ihm, er mache einen so konzentrierten Eindruck, weil er nie einen eigenen Gedanken habe, der ihn von einer Arbeit ablenken könne, die man ihm mit genauen Direktiven in die Hand gegeben. Als neulich ein etwas temperamentvoller fremder Diplomat sich bewundernd über Greys leise Art äußerte, die nie erkennen lasse, was in ihm vorgehe, meinte ein vorwitziger Sekretär: ›Ist eine tönerne Sparbüchse bis oben mit Gold gefüllt, so klappert sie allerdings nicht, wenn man sie schüttelt. Ist aber kein einziger Penny drin, so klappert sie auch nicht. Bei Winston Churchill klappern ein paar Nickel so laut, daß es einem auf die Nerven geht, bei Grey nicht das geringste Klappern. Nur wer die Büchse in der Hand hält, kann wissen, ob sie ganz voll oder ganz leer ist!‹ Das war frech, aber gut gesagt. Ich glaube, daß Grey einen sehr anständigen Charakter hat, wenn ihn auch eine gewisse stupide Eitelkeit gelegentlich einmal verführen mag, sich auf Angelegenheiten einzulassen, von denen Hände, die auf unbedingte Sauberkeit halten, besser wegblieben. Seine Entschuldigung ist aber immer, daß er aus sich selbst heraus keine Sache zu übersehen und durchzudenken vermag. Er, der von sich aus in keiner Weise ein Intrigant ist, kann, sobald ein geschickter Intrigant sich seiner bedienen mag, als der vollkommenste Intrigant erscheinen. Darin lag für politische Intriganten schon immer eine Versuchung, sich gerade ihn zum Werkzeug zu wählen, und allein diesem Umstande verdankt er seine heutige Stellung.« [66]

Rudolf Steiner hat gewiß nicht auf Kosten eines Abwesenden seine Zuhörer witzig zu unterhalten gesucht. Es ist ihm wichtig genug, diejenigen zu kennzeichnen, die an den von ihm wiederholt erwähnten »Drähten« hängen — als Werkzeuge jener, die im Schatten bleiben. In diesem Falle charakterisiert er eine von deren Schlüsselfiguren; es war Grey, auf den sich zu Anfang des Krieges der Volkshaß der Deutschen verdichtete, was dem Verfasser, der 1914 noch ein Kind war, jedoch Zeuge der tiefen Erbitterung über England im deutschen Volk wurde, durch Steiner erst verständlich geworden ist. Die Enttäuschung über den »englischen Vetter« war zu groß, als daß sie sich nicht in einer manchmal auch abstoßenden Weise entladen hätte. Man bedenke und überhöre nicht Rudolf Steiners Stimme: »Hätte Großbritannien irgendeine Antwort gegeben, dann — das zeigt schon dieser äußere Verlauf der Geschichte — wäre die ganze Sache anders verlaufen . . . Ich weiß auch aus anderen Voraussetzungen (!) heraus, daß sich sogar der ganze Krieg mit Frankreich hätte vermeiden lassen, wenn Großbritannien die entsprechende Antwort gegeben hätte . . .« GA 173 S. 335

Es ist Steiner darum so wichtig, in dieser Frage Klarheit zu schaffen, weil es damals — ebenso wie heute noch — viele gibt, die tatsächlich glauben, England sei wegen der Verletzung der belgischen Neutralität in den Krieg eingetreten. Dazu Steiner: »Es hätte aber diese gerade dadurch vermeiden können, daß es nicht in den Krieg gezogen wäre!« GA 173 S. 335 Dem aber widersprach die bereits dargestellte Maxime englischer Politik, wie sie von Lord Rosebery ausgesprochen war. Steiner billigt einem Befürworter des englischen Imperialismus durchaus zu, diesen Standpunkt für sich zu vertreten. »Er soll dann aber sagen: Mein Endziel ist, die Welt englisch zu machen — und nicht: Ich kämpfe für Freiheit und Recht der kleinen Völkerschaften. — *Darum* handelt es sich.« GA 173 S. 112 f.

Tragik oder Verbrechen?

Von der »Tragik der Weltgeschichte« spricht Rudolf Steiner in diesem Zusammenhang, während er im Zusammenhang mit Frankreich von dem »unlösbaren historischen Problem« des Elsaß sprach.

Der Rückblick aus einem 75jährigen Abstand auf das damalige Geschehen bietet ein noch furchtbareres Bild. Denn es zeigte sich vor 50 Jahren noch einmal das nahezu gleiche Geschehen. Was für 1914 noch als verhängnisvoller Irrtum verstanden werden könnte, erscheint 1939 als verhängnisvollste Wiederholung, als grausiges Spiegelbild. Wie anders kann sonst die nahezu gleichlautende Antwort des britischen Staatssekretärs Horace Wilson verstanden werden, die er dem deutschen Unterhändler in der letzten Nacht vor dem Kriegseintritt Englands am 2. September 1939 gab, als dieser ein Friedensangebot Deutschlands überbrachte, das überraschende Zugeständnisse einräumte, um in letzter Stunde einen Krieg zwischen England und Deutschland zu verhindern.

Dr. Fritz Hesse berichtet davon mit nahezu protokollarischer Präzision in »Das Vorspiel zum Kriege«.[67] Nachdem die ersten Kampfhandlungen mit Polen begonnen hatten, erhielt Hesse die Vollmacht, der britischen Regierung folgendes zu erklären: Das Reich ist bereit, die deutschen Truppen aus Polen sofort auf die Grenzen zurückzuziehen und Schadenersatz für den bereits angerichteten Schaden anzubieten unter der Voraussetzung, daß England im deutsch-polnischen Konflikt die Vermittlung übernimmt und dem Reich Danzig unter Wahrung der polnischen Interessen als rein deutsche Stadt zugesprochen wird sowie die exterritoriale Verkehrsverbindung zu Ostpreußen durch den Korridor. Mit anderen Worten: Großbritannien wurde gebeten, die Aufgabe des Schlichters in dem — durch polnische Gewalttätigkeiten gegen Deutsche in Polen — provozierten kriegerischen Konflikt zwischen dem Reich und Polen zu übernehmen und dem Selbstbestimmungsrecht der Völker für die deutsche Bevölkerung Danzigs Geltung zu verschaffen. Dies Angebot war »von höchster Stelle« ausdrücklich legitimiert. In einem Augenblick, wo sich angesichts dieses Angebotes und dem darin liegenden Willen zum Frieden das Schicksal der Völker noch wenden ließ, zeigte sich der britische Gesprächspartner Sir Horace »durch den Bericht auf das tiefste beeindruckt«. Nach Vorwürfen der englischen Seite, deren Berechtigung hier keiner Prüfung zu unterziehen sind und letztlich auch hätten bereinigt werden können, fällt das entscheidende

Wort: »England kann die Hegemonie einer anderen Macht auf dem Kontinent nicht zulassen, ohne zugrunde zu gehen oder die Grundlagen zu beseitigen, auf denen sein Weltreich und sein Weltprestige beruhen. Wir haben 22 Jahre gegen Napoleon gekämpft, wir werden 100 Jahre gegen Hitler und Deutschland kämpfen, wenn es erforderlich sein sollte.« Und Horace Wilson schließt das Gespräch: »Kein Engländer könnte in dieser Lage dem unvermeidlichen Krieg ausweichen.« Diese Aussagen sind eine eindrucksvolle Bestätigung der vorangegangenen Darstellung Rudolf Steiners durch den Staatssekretär des Foreign Office 1939.

Die Gegenfrage des deutschen Unterhändlers: »Bedenken Sie bei Ihrer Entscheidung denn auch *die ungeheueren Opfer,* die dieser Krieg kosten wird?« Darauf wich Sir Horace aus: »Er glaube nicht, daß dieser Krieg lange dauern werde, da Deutschlands Lage in bezug auf Rohstoffe und ähnliches nach den vorliegenden Berichten zu schlecht wäre, als daß der Krieg lange dauern könne. Im übrigen sei ja Deutschlands Rüstung auch noch nicht vollendet.« Einerseits zeigt diese Aussage eine menschenverachtende Haltung gegenüber den Kriegsopfern, zugleich widerlegt sie jedoch die propagandistische Unterstellung, das Reich wolle diesen Krieg zur Eroberung der Weltherrschaft mutwillig entfesseln. Wilson selbst gesteht ein, daß es dazu nicht einmal in der Lage ist.

Daher ist die deutsche Antwort von Hesse weit vorausschauender: »Dieser Krieg wird . . . sehr lange dauern, und er wird sehr viel größere Opfer fordern als der letzte. Sie irren sich, wenn Sie glauben, daß England von diesem Kriege irgendwelchen Vorteil haben wird oder daß Sie Ihr Ziel, Englands Stellung zu sichern, durch diesen Krieg erreichen werden. Ich wage es, Ihnen zu prophezeien, daß wenn es richtig ist, was Sie sagen, daß Sie Amerikaner und Rußland auf Ihrer Seite haben und auch diese Mächte in den Krieg eintreten werden, dann das Ergebnis ganz anders aussehen wird, als Sie es erwarten. Ich fürchte, daß mein Land diesen Krieg nicht gewinnen kann, ich bin aber ebenso sicher, daß am Ende dieses Krieges nicht England, sondern die Vereinigten Staaten und Rußland die ersten Mächte der Welt sein werden.« — Diese Vorausschau verdient um so größere Bewunderung, als 1939 gerade der Nichtangriffspakt zwischen dem Reich und der Sowjet-Union abgeschlossen war und zum anderen die USA erst zwei Jahre später in den Krieg eintraten, ebenso wie im »Ersten« Weltkrieg. —

Sir Horace lehnte darauf jedes weitere Gespräch ab und erklärte seinem Gesprächspartner, daß das britische Kabinett noch am gleichen Abend beschließen werde (!), ein auf zwei Stunden befristetes Ultimatum zu stellen, um nach Ablauf der Frist sich als im Kriegszustand mit Deutschland zu erklären. »Als ich ihm sagte, ich fände die zweistündige Frist doch etwas sehr kurz, schnitt er jede weitere Erörterung ab mit der Feststellung, daß man das nicht ändern könne.« Das also war der Anfang eines nahezu fünf Jahre währenden opfervollsten Ringens zwischen zwei Nationen. Unmittelbar nach der britischen Kriegserklärung erklärte sich auf deutscher Seite Reichsmarschall Göring bereit, innerhalb der zugestandenen zwei Stunden zwecks mündlicher Verhandlungen nach England zu fliegen. Er erhielt von London keine Landeerlaubnis. Ein Vermittlungsangebot Mussolinis wurde ebenfalls ausgeschlagen, obwohl Deutschland diesem zugestimmt hatte. Die »Tragik der Weltgeschichte« nahm ihren Lauf.

Dazu eine Feststellung Rudolf Steiners gegenüber der entsprechenden Lage zu Beginn des sog. »Ersten« Weltkrieges, der nun seine Fortsetzung erfuhr: »Und sei es wer immer, der da sagt, er kämpfe für den Frieden und müsse deshalb Krieg führen, Krieg bis zur Vernichtung des Gegners, um Frieden zu haben — er lügt, wenn er sich dessen auch nicht bewußt ist, wer er auch immer sein möge! Das sind Dinge, die heute gar nicht viel überlegt werden!«
GA 173 S. 221

DER TOTALE KRIEG GEGEN DEUTSCHLAND

Geheime Pläne zur Zerstörung Mitteleuropas

Bereits vor einem Jahrhundert wurde — was wenig bekannt und von der Geschichtsschreibung kaum berücksichtigt worden ist — das Todesurteil für Deutschland ausgesprochen.

Dabei ist hinzuschauen auf eine Macht, die sich im Verborgenen hielt, deren Karten jedoch während des »Ersten« Weltkrieges von Rudolf Steiner offen aufgedeckt wurden. Er war in der Lage, diese Karten darzustellen, welche die geheimen Pläne derer wiedergaben, die — wie bereits bei der Behandlung von Englands Kriegseintritt angedeutet — die eigentlichen Drahtzieher bei allen politischen Ereignissen waren. Als Rudolf Steiner sie vorlegte, hatten sie zunächst den Wert einer Absichtserklärung, die er jedoch durchaus ernst zu nehmen sich veranlaßt sah. Sie läßt sich zurückverfolgen in das Jahr 1889. [68]

Am 16. und 17. Juli 1889, also vor 100 Jahren, fand in Paris ein bedeutsamer Kongreß statt: der »Congrès maçonique internationale du Centenaire«. ›Maçonique‹ ist ein anderes Wort für ›freimaurerisch‹. Welches Centenarium = Jahrhundert-Gedenken feierte die internationale Freimaurerei 1889? Bis auf den Tag genau das hundertste Jahr der »Französischen Revolution« von 1789. So läßt sich dieser Kongreß verstehen als ein erneutes Bekenntnis zu den Zielen dieser Umwälzung alter Ordnungen. Der von der Loge »Grand-Orient de France« gestellte offizielle Festredner führte unter dem stürmischen Beifall der Kongreßteilnehmer aus: »Der Tag, an dem die Monarchien zusammenstürzen, wird die allgemeine Völker- und Weltverbrüderung bringen. Das ist das Zukunftsideal, das uns vorschwebt. Unsere Sache ist es, den Anbruch dieses Tages der allgemeinen Verbrüderung zu beschleunigen.« [69]

In Deutschland berichtete das Mecklenburger Logenblatt im 47. und 48. Jahrgang (1919/20) in neun Folgen von diesem Kongreß durch eine in Fortsetzungen erscheinende Darstellung »Auf den Pfaden der internationalen Freimaurerei — Beiträge zur Geschichte der Gegenwart — Auf Grund ausländischer Logen- und Presseberichte bearbeitet von Br. (= Bruder) Ernst Freymann«. Im Abschnitt »Die Freimaurerei als Erweckerin des Weltkrieges« (47. Jahrg. Nr. 24 vom 20. 7. 1919) wurde berichtet: »Auf dem internationalen Freimaurerkongreß, der am 16. und 17. Juli 1889 in Paris stattfand, wurde als das zu erstrebende Ziel ganz offen die *Weltrepublik* verkündet. Die Freimaurerei sei berufen, als die geeignete Dolmetscherin des Willens der Volkssouveränität die Geschicke der Länder und der ganzen Menschheit zu bestimmen. Auf diesem Kongreß wurde die Hoffnung ausgesprochen, daß der Tag kommen würde, an dem die Monarchien Europas zusammenstürzen. ›Das ist der Tag, den wir erwarten, und der Tag ist nicht mehr fern.‹« [70]

Gleichzeitig wurde ebenfalls in Paris die II. Internationale begründet, auch sie gemäß Karl Marx mit dem Ziel der Eroberung der Staatsmacht.

Aus dem Grundsatz der Geistesfreiheit ist es solchen Kongressen selbstverständlich unbenommen, derartige Vorstellungen zu erörtern und zu proklamieren. Ein anderes ist es allerdings, sie zu verwirklichen. In diesem Falle war dies der damaligen Zeitlage entsprechend nur möglich durch eine europäische Revolution. Wo diese nicht zum gewünschten Ziel führen konnte, da es gewiß Staaten und Völker gab, die sich solchen Absichten widersetzten, war die Durchführung nur durch Krieg möglich, in jedem Falle auf dem Weg der Gewalt. Für die von diesem Umsturzplan betroffenen Länder bedeutete die Proklamation eines solchen Planes eine offene Kriegserklärung. Sie wurde vielleicht in St. Petersburg, aber nicht in Berlin und Wien in der ihr gebührenden Weise ernstgenommen. Sonst wären andere Vorsorgemaßnahmen zur Verteidigung unternommen worden. In St. Petersburg machte der Trend nach dem Süden die Regierenden jedoch blind dafür, daß sie durch solche außenpolitischen Aktionen ihren eigenen Untergang beschleunigten.

WORKHOUSE
NORTH SEA
GERMAN
FRENCH REPUBLIC
IBERIAN REPUBLIC
AUSTRIAN REPUBLIC
MEDITERRANEAN
RUSSIAN
DESERT
DIARY
PORTSMOUTH

Die skizzierte Karte (oben) ist dem 1920 veröffentlichten Buch »Entente-Freimaurerei und Weltkrieg« von Karl Heise entnommen und stellt nur eine Variante der von Rudolf Steiner erwähnten Karten dar, die an die Öffentlichkeit gelangte. – Die Inschriften der Karte lauten folgendermaßen: Den Deutschen verbleibendes Gebiet (Rhein, Donau) – Nach dem prophezeiten Weltkrieg entstehender Donau-Balkan-Bund (Donau) – Aus der Auflösung des russischen Staates aus Tschecho-Slowaken, Polen, Russen etc. hervorgehende Slawen-Konförderation (Weichsel).

Das gilt auch für die Vision Kaiser Wilhelms II., entnommen der Weihnachtsnummer der Zeitschrift »Truth«, London 1889 (links). Hier wird bereits 25 Jahre zuvor der Krieg dargestellt, sowie die Abdankung des »passenger to London«. Die europäischen Monarchien sind in Republiken verwandelt, und Rußland ist »russische Wüste«.

In eingeweihten Kreisen wurde mit einer ins einzelne gehenden Vorstellung, wie Europa neu zu »ordnen« sei, nicht zurückgehalten. Rudolf Steiner war wohl der erste, der in verschiedenen Vorträgen, so am 4. Dezember 1916, bemerkt: »Ich habe Sie darauf aufmerksam gemacht, daß in gewissen okkulten Brüderschaften des Westens, für mich *nachweisbar* in den neunziger Jahren, von dem gegenwärtigen Weltkriege die Rede war, und daß dazumal die Schüler dieser okkulten Brüderschaften unterrichtet wurden durch Landkarten, auf denen verzeichnet war, wie Europa durch diesen Weltkrieg verändert werden sollte. Insbesondere wurde in englischen okkulten Brüderschaften hingewiesen auf einen Krieg, der kommen muß, den man förmlich heranlotste, den man vorbereitete. Dabei weise ich durchaus auf Tatsachen hin; und nur aus gewissen Gründen sehe ich davon ab, Ihnen Landkarten aufzuzeichnen, die ich Ihnen leicht aufzeichnen könnte, und die in den okkulten Brüderschaften des Westens durchaus figuriert haben.« GA 173 S. 22

Die anfängliche Zurückhaltung Steiners erscheint verständlich, da er durch Mitteilung der ihm bekannten Ungeheuerlichkeiten nicht Unruhe erzeugen wollte. Anders ist seine Haltung schon kurze Zeit später, am 14. Januar 1917, weil ihm scheint, »daß es gut ist, daß einmal wenigstens irgendwo . . . dasjenige gesagt wird, was in der Zukunft schon ebenso erscheinen wird, wie in der Antwortnote an den Präsidenten Wilson die Aufteilung Österreichs erschienen ist. Denn wer die Dinge kennt, der hätte die Aufteilung Österreichs schon in den neunziger Jahren — ich will nicht weiter zurückgehen — aufgrund jener erwähnten Karten aufzeichnen können.« GA 174 S. 145

Was lag zwischen diesen beiden Äußerungen? Rudolf Steiner nannte es die »Silvesterbescherung, die der Menschheit geworden ist«. Denn er vertritt die Ansicht: »Ganz abgesehen von jedem Parteistandpunkt muß es heute jedem klar sein, daß von den Worten, die wir heute gelesen haben, das Furchtbarste abhängen kann, was über die Menschheit kommen wird.« GA 173 S. 348

Er meint damit die gemeinsame Note der zehn alliierten Groß- und Kleinstaaten an den Präsidenten der USA, Wilson, vom 30. 12. 1916. Sie war die Antwort auf dessen Friedensappell vom 18. 12.

des gleichen Jahres. Der Satz, der Steiner besonders aufregte, war die Behauptung der Alliierten: »Eine geschichtliche Tatsache steht gegenwärtig fest, nämlich der Angriffswille Deutschlands und Österreich-Ungarns, um ihre Vorherrschaft in Europa und ihre wirtschaftliche Herrschaft über die Welt zu sichern.« Hiermit sollte die Kriegsschuld der Mittelmächte festgeschrieben werden. Diese Behauptung wurde fortan zur Grundlage aller alliierten Politik bis heute. Sie diente zur Rechtfertigung von Versailles 1919 und Jalta-Potsdam 1945. Die damals zum ersten Mal offiziell so schriftlich niedergelegte Unterstellung eines deutschen Weltherrschaftsstrebens diente ebenso als Begründung für die Weiterführung des Ersten Weltkrieges wie als ›Ursache‹ für den Zweiten. Steiner erkannte damals bereits die weittragenden Folgen und damit »das Furchtbarste, was über die Menschheit kommen kann«. Letzten Endes ging es nicht nur um die Zerschlagung dreier Kaiserreiche, von denen das preußisch-deutsche das jüngste und das Habsburger das älteste war. Es ging um die in den okkulten Bruderschaften immer wieder proklamierte endgültige Sicherung der amerikanisch-angelsächsischen Weltherrschaft.

Die von Steiner in ernster Verantwortung vor der historischen Wahrheit der Öffentlichkeit vorgestellten Karten zur Aufteilung Europas sind seit dem eingangs erwähnten Doppel-Kongreß zu Paris im Jahre 1889 in der darauffolgenden Zeit aus verschiedenen Zusammenhängen bekanntgeworden und zeigen in den Grundzügen eine wesentliche Übereinstimmung. Der ehemalige Kabinettschef des letzten Habsburger Kaisers, Karl I., Arthur Graf Polzer-Hoditz, schreibt in seiner 1928 veröffentlichten Biographie »Kaiser Karl« (S. 19, Anm.): »Ich abstrahiere von der Tatsache, daß die Zertrümmerung der Habsburgermonarchie seit langer Zeit beschlossene Sache jener Politiker war, die — beiläufig gesprochen — nach dem Zusammenbruch der Mittelmächte die Hauptrollen der Weltpolitik unter sich verteilten. Es sei hierbei verwiesen auf die Karte über die Aufteilung Europas, welche der Engländer Labouchère in der von ihm herausgegebenen satirischen Wochenschrift ›Truth‹ (= ›Wahrheit‹!) im Jahre 1890 — also vierundzwanzig Jahre vor Ausbruch des Weltkriegs — veröffentlichte. Sie ist nahezu identisch mit der heutigen Karte Europas: Österreich ist als Monarchie verschwunden und hat einer Völkerbundsrepublik Platz gemacht. Böhmen ist in der beiläufigen Gestalt der Tschechoslowakei ein selbständiger Staat, Deutschland in seine heutigen engen Grenzen gezwängt und in republikanische Kleinstaaten aufgelöst. Über dem Raum Rußlands steht das Wort ›desert‹, Staaten für sozialistische Experimente.«

Da die Bestrebungen des Slawismus ohnehin auf eine Aufteilung der Habsburger Donaumonarchie zielten, brauchten diese Karten keinen Zusammenhang mit okkulten Plänen zu haben. Weil diese Karten jedoch nicht nur die Zerschlagung der Donaumonarchie, sondern ebenso die Zerstörung Deutschlands als auch des zaristischen Rußlands darstellen, ist eine solche Folgerung unhaltbar. Für die Klärung der deutschen Kriegsschuldfrage stellen sie eine nicht zu überschätzende Hilfe dar; die unverständlicher- oder vorsätzlicherweise von der herkömmlichen Geschichtsschreibung außer acht gelassen wurde. Denn weit wesentlicher noch als die Aufteilung Österreich-Ungarns sind die aus den Karten ablesbaren Pläne der neunziger Jahre zur Zertrümmerung Deutschlands und zwar in der Weise, wie sie erst 1945 von den Gegenmächten verwirklicht werden konnte. Bei der Urteilsbildung über die Ursachen *beider* Weltkriege wird in Zukunft an dieser Absichtserklärung nicht mehr vorbeigegangen werden können. Sie macht die bisherigen Schuldzuweisungen zu — wie es Rudolf Steiner deutlich nennt — »Makulatur«.

Man bedenke: im Sommer 1889 war Wilhelm II. erst seit nicht einmal einem Jahr deutscher Kaiser und Adolf Hitler gerade geboren.

Unverständlich bleibt, daß Rudolf Steiners eindeutige Hinweise auf die Hintergründe des Weltgeschehens unserer Zeit auch von anthroposophischen Historikern nicht ausreichend berücksichtigt werden.

Rudolf Steiner wies in seinen zahlreichen Vorträgen zur Kriegsschuldfrage wiederholt auf die gründlichen Studien hin, die er über Anlaß und Anfang des Weltkrieges unternommen hat. Der Mord am Erzherzogpaar war für ihn nur der Auslöser des »Krieges« im Sinne von militärischen Aktionen. Deren diplomatische und propagandistische Vorbereitung hatte längst begonnen. Der Krieg war — im Sinne des bekannten Clausewitz-Wortes — lediglich »die Fortsetzung der Politik mit militärischen Mitteln«.

Das Ultimatum Österreich-Ungarns an Serbien hatte also eine tiefe Berechtigung, weil schon damals unmittelbar erkannt werden konnte, daß hinter dem Attentat eine von der serbischen Regierung gedeckte Organisation von Verschwörern stand. Wer als Zeitgenosse heute Zeuge eines weltweit wirkenden Terrorismus ist, wird an solchen Hintergründen nicht mehr zweifeln können. So weist Steiner darauf hin, daß die serbische »Narodna Odbrana«, deren Auflösung von Österreich verlangt worden war, »die genaue Fortsetzung einer früheren ganz okkultistischen Gesellschaft« war. Ihre Fäden zogen sich durch den ganzen slawischen Raum, hatten aber auch einen Zusammenhang mit westlichen Gesellschaften. Vgl. GA 173 S. 97 f.

Der Begriff »okkultistisch« ist dabei und im folgenden nicht im Sinne mystischer oder übersinnlicher Bestrebungen zu verstehen, sondern als Kennzeichnung von Geheimgesellschaften. Diese können — wie heutzutage offensichtlich — sehr praktische politische Ziele verfolgen. Daß sie dies auf dem Hintergrunde von weltanschaulichen oder nationalen Motiven tun, ist durchaus möglich. Welche Indizien weist Steiner dafür auf? »Man kann einen gewissen sozusagen okkultistischen Almanach aufschlagen, der für vierzig Franken verkauft wurde, und man kann in dem Almanach, der auf das Jahr 1913 bestimmt war, der also schon 1912 gedruckt worden ist, die Sätze lesen: ›In Österreich werde nicht der regieren, von dem man glaubt, daß er regieren werde, sondern ein junger Mann, von dem man jetzt noch nicht glaubt, daß er nach dem alten Kaiser regieren werde.‹ Und wiederum, aus demselben

Almanach für 1914, also schon gedruckt 1913, wurde dieselbe Bemerkung wiederholt, weil offenbar für 1913 das Attentat mißglückt war. Für alle solche Dinge wird einmal, wenn man die Dinge heller ansehen wird, der Zusammenhang aufgedeckt werden, der da besteht zwischen dem, was in der äußeren Wirklichkeit geschieht und zwischen demjenigen, was in verborgenen, trüben Wellen ausgekocht wird.« GA 172 S. 147 f.

Und Steiner fragt, auf welches Wissen die Bemerkung hindeutete, daß die Tragik des Habsburger Hauses sich schneller als man meint, erfüllen werde. Und er stellt fest, daß in einem Pariser Blatt — das in Verbreitung und Öffentlichkeitswirkung der seinerzeitigen Berliner »B. Z. am Mittag« entsprach, vergleichbar der heutigen »Bild«-Zeitung, wenn auch auf anderem Niveau — 1913 der Wunsch ausgesprochen worden war, es müsse der österreichische Thronfolger Franz Ferdinand ermordet werden. Im gleichen Blatt, so teilt Steiner mit, wurde mit zynischen Worten vorausgesagt: Wenn es einmal zur Mobilmachung in Frankreich kommen werde, sei der erste, der ermordet werde, der Sozialistenführer Jaurès. Er wurde tatsächlich der erste französische Tote des Weltkrieges, allerdings als Opfer eines Mörders aus dem eigenen Volke. Vgl. GA 173 S. 156

Steiner lehnt es entschieden ab, dies für eine »Prophetie« zu halten. Es sind für ihn ganz nüchterne Drohungen, beziehungsweise Ankündigungen von aus dem Untergrund geplanten Aktionen. Jaurès hatte in einer Parlamentsdebatte zu französischen Rüstungsmaßnahmen Dinge mitgeteilt, »welche viele Leute heute nicht wissen, die Urteile fällen, und zwar ganz wesentliche und wichtige Dinge. Er war auch achtlos genug, diese wichtigen und wesentlichen Dinge so zu sagen, daß man daraus entnehmen konnte, er würde in der Zukunft vielleicht noch mehr sagen. Den Okkultisten ist gut bekannt, wie im letzten Drittel des 19. Jahrhunderts ein Mitglied einer gewissen Brüderschaft gewisse Dinge der Welt bekanntgegeben hat, die nach Meinung dieser Brüderschaft nicht ausgetratscht werden durften.« GA 173 S. 195

In diesem Zusammenhang weist Steiner auf einen ausführlichen Bericht in der »Frankfurter Zeitung« (Vorläufer der heutigen

F.A.Z.) hin vom 23. November 1906 Nr. 323 (Morgenblatt): Der Senator Gaudin de Villaine hatte in der französischen Deputiertenkammer am 20. November an den damaligen als geheimer Kriegstreiber bekannten Ministerpräsidenten Clemenceau eine Interpellation gerichtet, hinsichtlich der äußeren Politik im besonderen Bezug auf geheime englisch-französische Militärabkommen. Clemenceau verweigerte eine präzise Antwort, »denn würde er antworten, so müßte er entweder die Orangebrüderloge(!) in bezug auf den Revanchegedanken enttäuschen, oder er müßte eine kriegerische Erklärung abgeben«. Und Steiner betont: »Nicht eine friedliche, eine kriegerische Erklärung hätte er abgeben müssen. — Das hat er selbst gesagt im Jahre 1906.« GA 173 S. 196

Diese in Dornach Ende 1916 gemachten Ausführungen zu den Vorbereitungen des Krieges durch solche wie von Clemenceau erwähnte Logen hatte Steiner bereits im Frühjahr des gleichen Jahres öffentlich in München begleitet mit der Mahnung: »Halten Sie diese Tatsachen zusammen und versuchen Sie dann ein Urteil zu bilden . . . studieren Sie daran, in wessen Dienst manchmal derjenige steht, der sich beduseln läßt . . . Helles, klares Urteil ist schon notwendig, wenn man bedenkt, was an Unlauterkeit sich an die Rockschöße des Okkultismus hängt.« GA 174a S. 121

». . . sein Augenmerk darauf zu richten, welches die Realitäten sind«

Rudolf Steiner scheut sich in keiner Weise, um der Wahrheit willen — und es darf in diesem Falle gesagt werden: um der Wahrheit für Deutschland willen —, immer wieder und auch außerhalb Deutschlands über diese Zusammenhänge zu sprechen, so am 21. Februar 1920 vor *englischen* Zuhörern: »Es handelt sich darum, daß man in der Geschichte nicht durch abstrakte Begriffe und Ideen eine Erscheinung illustriert, sondern durch dasjenige, was in der Geschichte wirklich wird . . . So handelt es sich darum, *Realitäten* zu studieren. Und so handelt es sich namentlich darum, sein Augenmerk darauf zu richten, welches die Realitäten sind; denn *heute leben wir in dem Zeitalter, wo Realitäten durchschaut werden müssen, wo Realitäten restlos enthüllt* werden müssen. Diese Erscheinung zeigt sich ganz besonders, wenn Sie studieren die Konstitution, den Inhalt derjenigen Geheimgesellschaften, welche eine große Macht innerhalb der englisch sprechenden Bevölkerung haben, eine Macht, welche man im breiten Publikum nicht ahnt. Das sind Gesellschaften, welche sich unter außerordentlich sympathischen äußeren Regeln zusammentun, — Gesellschaften, welche gerade im fünften nachatlantischen Zeitraum[71] eine immer größere und größere Macht erlangt. Denn, wenn Sie noch in das Jahr 1720 zurückblicken, so haben Sie in England ein paar Anhänger solcher Gemeinschaften, — Anhänger sind in der Regel bloß die Werkzeuge, die eigentlich schiebenden Menschen stehen dahinter; aber auch die Anhänger waren dazumal nur ein paar. Steiner führt Statistiken an. So existieren an freimaurerischen Gesellschaften, also solchen Gesellschaften, die ein gutes Instrument in den Händen der Geheimgesellschaften sind: in London 488 Logen, in ganz Großbritannien 1354 Logen, in den Kolonien und im Ausland als englische Logen 486; und daran angeschlossen das sogenannte Royal Arch Cap, also dasjenige, was schon die äußeren Usancen der Freimaurerei etwas geheim hält, 836 in der ganzen Welt.

»Nun handelt es sich darum, erstens den substantiellen Gehalt desjenigen, was innerhalb dieser Logen existiert, ins Auge zu fassen als ein Instrument für die eigentlich schiebenden Mächte. Auch dann handelt es sich darum, die Gründe aufzusuchen, warum diese Mächte eigentlich heute eine außerordentlich große Bedeutung haben.«[72]

Daß Steiner über diese Mächte zu englischen Zuhörern spricht, ist in der Sache selbst begründet. Denn sein Studium der äußerlichen geschichtlichen Vorgänge machte ihm deutlich, »welche Impulse von Westen her durch lange Zeiten gewirkt haben . . . Denn *durch die westlichen Freimaurerei, Sie haben es ja gesehen, wird vieles bewirkt. Da sind diejenigen, die viele Fäden ziehen.* Und ich habe Ihnen gesagt: In diesen Dingen wird mit langen Zeiträumen gerechnet.« So Steiner am 8. Januar 1917 in Dornach.

»Fassen wir einmal, zusammen mit den Gesichtspunkten, die ich Ihnen entwickelt habe, ins Auge, daß sich die moderne Freimaurerei in England, selbstverständlich auf Früherem aufbauend, im Beginne des 18. Jahrhunderts konsolidiert. Im Inneren des Britischen Reiches, nicht des Imperiums, aber des Vereinigten Königreichs, bleibt die Freimaurerei im wesentlichen — ich möchte, um mich genau auszudrücken, sagen — so, daß schon sehr respektable Interessen verfolgt werden. Aber überall anders, an vielen Orten außerhalb des eigentlichen Britischen Reiches, werden von der Freimaurerei ausschließlich oder hauptsächlich politische Interessen verfolgt. Solche politischen Interessen im allerausgesprochenen Sinne werden ja verfolgt von dem ›Grand Orient de France‹, aber auch von andern ›Grand-Orients‹ «.

Nun wirft Steiner die Frage auf, inwiefern es die Engländer betreffe, wenn in anderen Ländern okkult bestimmte Freimaurerorden politische Tendenzen verfolgen? »Aber halten Sie damit die Tatsache zusammen, daß die erste Hochgradloge in Paris von England aus begründet worden ist, nicht von Frankreich aus! Nicht Franzosen, sondern Briten haben sie begründet; sie haben die Franzosen in ihre Loge nur eingefädelt. Halten Sie auch den Umstand damit zusammen, daß, sich anschließend an diese Hochgradloge, die 1725 von England aus in Paris begründet wurde, dann 1729 eine der erstbegründeten entsprechende Loge in Paris selbst vom Grand-Orient sanktioniert wurde. Dann erfolgten, wiederum von England aus, Gründungen in Gibraltar 1729, Madrid 1728, Lissabon 1736, Florenz 1735, Moskau 1731, Stockholm 1726, Genf 1735, Lausanne 1739, Hamburg 1737. Ich könnte das Verzeichnis lange fortsetzen; ich könnte Ihnen zeigen, wie mit einem Netz, zwar andern Charakters als im Britischen Reich selber, diese Logen gegründet worden sind als die äußeren Instrumente für gewisse okkultistisch-politische Impulse.« GA 174 S. 89

Es sind nicht nur politische Impulse, die in der Freimaurerei nach Steiners Ansicht wirksam sind. Er weist auf hervorragende Gestalter des inneren Lebens und Strebens der Logen hin, durch welche die geistige Entwicklung ihrer Mitglieder gefördert worden ist, bemerkt jedoch zugleich — »und das darf wirklich ohne

Hochmut, ohne irgendeine nationale Allüre gesagt werden« — (GA 174 S. 93), daß ein solches inneres Leben im wesentlichen seine Quellen in Mitteleuropa hat. Daher ist den »Brüdern« in Deutschland ein politischer Einfluß am wenigsten bekannt und bewußt. Steiner meint: »Es könnte ja sehr nützlich sein, diese Dinge dort vorzubringen, aber was würde geschehen? Man würde selbstverständlich Sachverständige fragen — Sachverständige sind ja in diesem Falle die Freimaurer selbst —, wie es damit sei; aber keinem Freimaurer in Deutschland würde einfallen, etwas anderes zu sagen, als daß die englischen Logen sich durchaus nicht mit Politik beschäftigen. Sie beschäftigen sich mit Dingen, die durchaus respektabel sind. Das weiß er; das andere weiß er nämlich nicht. Man kann sogar, wie es geschehen ist, zur Antwort bekommen, wenn man diese oder jene Namen aufzählt: Ja, der steht nicht in den Freimaurerlisten. — Die Listen haben sie schon, aber nicht das Bewußtsein davon, daß vielleicht die wichtigsten Leute nicht auf den Listen stehen. Kurz, die deutsche Freimaurerei ist eine recht harmlose Gesellschaft.« GA 174 S. 93

Und Steiner ergänzt in einem weiteren Vortrag seiner »Zeitgeschichtlichen Betrachtungen« zu Ende 1916, daß in den von England aus begründeten Logen, in denjenigen okkulten Brüderschaften, die als Hochgradmaurerei bezeichnet werden können und in westlichen Gegenden wirkten, die Auffassung lebte, das begonnene Zeitalter gehöre der Entfaltung des britischen Wesens und seiner Vorherrschaft in der Welt. »In die öffentlichen Angelegenheiten wurden sie hineingetragen durch Menschen, die mit diesen Brüderschaften in fernerem oder näherem Zusammenhang standen, oftmals in einer so verhüllten Weise, daß die Leute, die im Leben dafür wirken sollten, gar keine Ahnung hatten, wie ihnen diese Dinge übertragen worden waren. Hinter vielen Dingen, die wir namentlich seit dem 16. Jahrhundert innerhalb der Menschheitsevolution erleben, sind diese Dinge vom Westen hineingetragen worden«. GA 173 S. 168

»Vierzig bis fünfzig Persönlichkeiten führten den Kriegsausbruch herbei«

Wie stark solche »okkulten« Einflüsse in die Geschichte der Neuzeit eingegriffen haben, veranschaulicht Rudolf Steiner in einem Vortrag der erwähnten Reihe vom 26. Dezember 1916, in dem er Hinweise bringt für die Entstehung und Entwicklung des Dreißigjährigen Krieges und auf die Ausnutzung des Siebenjährigen Krieges durch England für eigene Zwecke, und fordert für die Erkenntnis solcher größeren Zusammenhänge: »Erweitern Sie Ihren Horizont!« GA 173 S. 312 f.

Jedenfalls sei es richtig, »daß in den heranwachsenden und namentlich seit Jakob I. besonders groß werdenden okkulten Brüderschaften seit Jahrhunderten wie eine selbstverständliche Wahrheit gelehrt worden ist, daß an die angelsächsische Rasse — so sagt man eben in diesem Zusammenhange ... — alle Weltherrschaft ... übergehen müsse.« GA 173 S. 309 Steiner sieht in diesem Bewußtsein die Begründung für das planmäßige Überwinden bzw. Vernichten der Seeherrschaften der Spanier, Niederländer und Franzosen.

Er weist auch auf den Anteil der Freimaurerei bei der Entstehung des italienischen Nationalstaates im 19. Jahrhundert hin. Darauf kann hier nicht näher eingegangen werden. Es wird jedoch auch aus diesem Zusammenhang deutlich, warum »eine okkultistische und den Okkultisten bekannte Persönlichkeit von Paris unmittelbar, nachdem der Krieg zwischen Deutschland, Rußland, England und Frankreich ausgebrochen war, immer wieder und noch im Oktober 1914 nach Rom gereist« ist. Sie spielte nach Steiners Ansicht eine ähnliche Rolle, wie solche, die dem »Grand Orient de France« angehörten oder Verbindung zu den Freimaurern des Angelsachsentums hielten. GA 174 b S. 155.

Man mag sich erinnern, daß Italien durch einen Bündnisvertrag im sog. »Dreibund« seit 1882 verpflichtet war, auf der Seite Österreich-Ungarns und des Deutschen Reiches in den Krieg einzutreten, sich jedoch 1915 durch den bekannten Verrat auf die Seite der Gegner der Mittelmächte schlug. Wer den umfangreichen geheimen Notenwechsel zwischen St. Petersburg und Rom in dieser Angelegenheit eingesehen hat, kennt den diplomatischen Hintergrund dieses Ränkespiels. Die betreffenden Akten wurden von der Zentralstelle für Erforschung der Kriegsursachen 1927 als »Beiträge zur Schuldfrage« unter dem Titel herausgegeben »Das Zaristische Rußland im Weltkriege«. [73]

In dieses Netz der Kriegsvorbereitung ist anscheinend nicht nur das politische Rom einbezogen, sondern auch der Vatikan. Genau drei Jahre nach der Gründung des deutschen Kaiserreiches am 18. Januar 1874 äußerte sich Papst Pius IX. vor einer großen internationalen Pilgerversammlung über den deutschen Reichskanzler Otto von Bismarck: »Bismarck ist die Schlange im Paradiese der Menschheit . . . dieser Selbsterhöhung wird eine Erniedrigung folgen, wie noch kein Volk sie hat kosten müssen. Nicht wir — nur der Ewige weiß, ob nicht ein Sandkorn an den Bergen der ewigen Vergeltung sich schon gelöst hat, das — im Niedergang zum Bergsturz wachsend — in einigen Jahren an die tönernen Füße dieses Reiches anrennen und es in Trümmer verwandeln wird; dieses Reich, das wie der Turmbau zu Babel Gott zum Trotz errichtet wurde und das zur Verherrlichung Gottes vergehen wird.« [74] Kann der über den am Unfehlbarkeitsanspruch des Papstes zuvor entbrannte »Kulturkampf« zwischen dem Reich und dem Vatikan solch ungeheuerliche Äußerungen rechtfertigen oder wird der Hinweis Steiners damit bestätigt: »Es gibt durchaus höhere Stellen, die ebensogut Freimaurer wie Jesuiten sind, Imperien, die sich sowohl des Instruments des Jesuitismus wie der Freimaurerei bedienen können, um durch das Zusammenwirken beider zu erreichen, was sie erreichen wollen. Man darf nicht glauben, daß es nicht Menschen in der Welt geben kann, die beides zugleich sind: Jesuit und Freimaurer.« GA 173 S. 61.

Die Braut des späteren Kaisers Karl I., Prinzessin Zita von Bourbon, später die letzte Österreichische Kaiserin, hatte ein merkwürdiges Erlebnis, als sie zusammen mit ihrer Mutter am 24. Juni 1911 eine Audienz bei Papst Pius X. hatte. Der Papst bezeichnete, wie Zita in ihren Lebenserinnerungen berichtet, ihren Bräutigam, den Erzherzog Karl, als Thronfolger, obwohl er wissen mußte, daß diese Bestimmung dem erst nach drei Jahren und vier Tagen ermordeten Erzherzog Franz Ferdinand zukam. Ein aus Altersgründen verständlicher Irrtum? Obwohl die Prinzessin den Papst mehrmals berichtigte, wiederholte dieser unbeirrt seine Aussage. Was wußte er? [75]

Der feinsinnige Erzherzog hat seinen unnatürlichen Tod vorausgesehen. Die Kaiserin Zita berichtet: Der Erzherzog habe bei einem Besuch in ihrer Anwesenheit seinem Neffen gegenüber bereits Ende 1912 mitgeteilt: »Ich muß euch eine wichtige Sache sagen. Demnächst werde ich ermordet werden.« Sodann machte er Mitteilungen über hinterlassene Dokumente und schloß: »Inzwischen habe ich auch schon alles angeordnet wegen unserer (!) Beisetzung in Artstetten, die Gruft ist fertig und bereit — ich werde demnächst dorthin gebracht.« [76]

Auch in den theosophischen Kreisen Englands, in denen angelsächsischer Okkultismus gelehrt wurde, und die Rudolf Steiner unmittelbar in den dafür repräsentativen Persönlichkeiten persönlich kennengelernt hatte, »wurde immer wieder und wieder von diesem Kriege, in dem wir jetzt drinnenstehen, als einem notwendigen gesprochen. Und immer wieder und wiederum wird in solchen Schulen sehr suggestiv von dem Ausgang dieses Krieges so gesprochen, daß man sagt: Das und das muß geschehen durch diesen Krieg.« GA 174 b S. 155

Und Steiner zitiert den an der militärischen Entscheidung zum Kriegsbeginn unmittelbar beteiligten Generaloberst Helmuth von Moltke, der schrieb: »Deutschland hat den Krieg nicht herbeigeführt, es ist nicht in ihn eingetreten aus Eroberungslust oder aus aggressiven Absichten gegen seine Nachbarn. Der Krieg ist ihm von seinen Gegnern *aufgezwungen* worden und wir kämpfen um unsere nationale Existenz, um das Fortbestehen unseres Volkes, unseres nationalen Lebens.« Steiner fügt dem hinzu: »Es gehört auch zum Wesentlichen dazu, wenn man die Situation beurteilen will, gerade hinzuschauen auf dasjenige, was sich bei den vierzig bis fünfzig Persönlichkeiten abspielte, die eigentlich beteiligt waren an dem Ausbruch dieser entsetzlichen Katastrophe, und wer sich nicht aus Vorurteilen, sondern aus Sachkunde über diese Dinge ein Urteil aneignet, der weiß, daß im Grunde genommen eigentlich alle ziemlich ahnungslos waren außer den vierzig bis fünfzig Persönlichkeiten, die den Kriegsausbruch herbeiführten, die überhaupt Tätigkeiten unter der Konstellation der europäischen Verhältnisse entfalten. Ich habe während des Krieges wahrhaftig Gelegenheit gehabt, mit vielen Menschen, die schon etwas von der Situation beurteilen konnten, über die Angelegenheiten zu sprechen, und ich habe mir da niemals ein Blatt vor den Mund genommen. Ich habe zum Beispiel zu einer Persönlichkeit, die der Lenkung eines neutralen Staates nahestand, gesagt: Es kann als notorisch betrachtet werden, daß in unserer demokratisch sich nennenden Zeit etwa vierzig bis fünfzig Persönlichkeiten, unter denen auch Frauen waren, und zwar in gar nicht so geringer Anzahl, daß etwa vierzig bis fünfzig Persönlichkeiten für diese Katastrophe in der internationalen Welt unmittelbar tätig waren. — Es wäre schon nötig, daß man sich erst etwas heraufschwingen würde zu den Gesichtspunkten, von denen aus man diese Situation erst im Grunde genommen beurteilen könnte.« GA 174 b S. 375 f.

Walther Rathenau (später Außenminister der Weimarer Republik) hatte bereits 1902 gesagt: »Auf dem unpersönlichen demokratischen Arbeitsfeld der wirtschaftlichen Führung hat im Laufe eines Menschenalters sich eine Oligarchie gebildet: Dreihundert Männer, von denen jeder jeden kennt, leiten die wirtschaftlichen Geschicke des Kontinents und suchen sich ihre Nachfolger in ihrer Umgebung.« [77]

Auch in anderem Zusammenhang weist Steiner auf das störende Eingreifen in gesetzmäßige Entwicklungen hin: »Gesetze liegen dem Entstehen und der Entwickelung dessen zugrunde, was man ein Volkstum nennen kann. Diese Gesetze kennt man in der äußeren physischen Welt gewöhnlich nicht. Und das ist zunächst gut, denn sie sollen nur erkannt werden von dem, der sie mit reinlichen Händen empfangen will. Das Eingreifen in dasjenige, was pulst als geistige Kräfte in der Menschheitsentwickelung auf dem Boden, auf dem sich zum Beispiel Volkstümer entwickeln, *das Eingreifen in einseitiger Weise,* wie es gewisse Brüderschaften der Neuzeit tun, das ist es eben, was mit den schwersten Prüfungen der ganzen

Menschheit in der Gegenwart und in der Zukunft zusammenhängt. Alles, was in der Evolution geschieht, geschieht ja gesetzmäßig, geschieht regelmäßig, geschieht nach gewissen Kräften. Die Menschen greifen ein, zum Teil unbewußt, und wenn sie Mitglieder von okkulten Brüderschaften sind, bewußt.« GA 173 S. 306

Zu solchen Einsichten sich anregen zu lassen, vor allem: solchen, oft nur skizzenhaft möglichen Hinweisen kritisch nachzugehen, würde nicht nur zur hier vorliegenden Frage nach der Kriegsschuld Entscheidendes beitragen, sondern auch einer geisteswissenschaftlich orientierten Geschichtsforschung förderlich sein: eine Aufgabe für junge Historiker.

Der Plan wird verwirklicht

Die 1890 in »Truth« veröffentlichte Karte eines zukünftigen, heute realisierten Europas ist durch bemerkenswerte Aussagen solcher Veröffentlichungen zu ergänzen, die im »Ersten« Weltkrieg auf Feindseite erschienen. Hier ist anzuführen das Buch von J. W. Allen: »Germany and Europe«, das bei Beginn des Krieges im Verlag von G. Bell and Sons erschien und in den »Preußischen Jahrbüchern« (März 1915 S. 500 ff.) von Dr. Emil Daniels besprochen wurde. Der Herausgeber der »Preußischen Jahrbücher« war Prof. Dr. Delbrück, zu seiner Zeit bekannt als ein kritischer Historiker, der auf der Gegenseite zu sog. »alldeutschen«, nationalistischen Bestrebungen stand. Alle folgenden Äußerungen sind dieser Quelle entnommen.

Stellen wir die beabsichtigte Umgestaltung Europas in der zuvor gewählten Reihenfolge der einzelnen Kriegsursachen vor: Dem zaristischen Rußland, dem damals einzig im Osten Europas bestehenden Staat sollte nicht nur Posen, sondern auch Westpreußen und Danzig übergeben werden, um diese Gebiete einem neu zu errichtenden Polen einzuverleiben, das zwar weitgehende Autonomie erhalten, jedoch im unmittelbaren Zusammenhang mit Rußland verbleiben sollte. Österreich sei aufzulösen. In einem »Weltverteilungsplan«, der im Herbst 1915 von F. Pigeon in Paris herausgegeben wurde: »L'Europe future de demain« (»Das Europa von morgen«), reicht Deutschland ebenfalls nur bis zu den Sudeten und der unteren Oder. Ein anderer französischer Wissenschaftler, Onésime Reclus, überschreibt seine Forderungen unverhohlen »Die Zerstückelung Deutschlands«. Auch in der Karte des »Weltverteilungsplanes« gibt es ein Deutsches Reich nicht mehr, sondern sechs selbständige deutsche Staaten — also die doppelte Anzahl der heutigen. Polen, das damals als Staat noch nicht existierte, reicht von den Karpaten bis zur Odermündung. Gustave Herve, der als erklärter Pazifist zu den radikalen Sozialdemokraten Frankreichs gehörte, geht in »Guerre social« noch weiter. Er führt bereits für die beabsichtigten Annexionen den Begriff »Befreiung« ein und antwortet auf ein Friedensangebot der deutschen Sozialdemokratie: »Sie sagen, daß jeder auf neuen Erwerb verzichten und seine alten Erwerbungen behalten soll? . . . Wenn Sie glauben, daß wir Ihr Volk die deutsche Kultur . . . den Polen Schlesiens (!) oder den Elsaß-Lothringern auferlegen lassen, so kennen Sie uns nicht. Und kein Landerwerb, nein, aber Befreiung der annektierten Nationen!«

Auf russischer Seite hatte sich, seinem Range nach gewiß dazu legitimiert, Fürst Abamalek-Lasareff zu »Bedingungen eines ehrenvollen und dauernden Friedens« geäußert. [78] Danach beanspruchte Rußland Ostpreußen und Königsberg. In einem bereits 1909 Aufsehen erregenden Aufsatz schrieb als Mitglied der Duma der Fürst N. D. Svjatopolk-Mirsky von der Zerstückelung Mitteleuropas.

»Denn wer die Dinge kennt, der hätte diese Aufteilung Österreichs schon in den neunziger Jahren . . . auf Grund jener erwähnten Karten aufzeichnen können«, so Rudolf Steiner am 14. Januar 1917. GA 174 S. 145

Und er ergänzt sich im gleichen Vortrag durch die Versicherung, »daß dies als eine Art Gestaltung Europas für mich deutlich zurückführbar bis in die neunziger, achtziger Jahre, in gewissen okkulten Gemeinschaften gelehrt worden ist«. Es verrät eine genaue persönliche Erfahrung, wenn Steiner betont: »Ich will nur noch erwähnen, daß ich Ihnen nichts irgendwie Ausgedachtes bringe, sondern etwas weitergebe (!), was in vielen Köpfen als wirksamer Impuls lebte, als etwas, das man herbeiführen müsse, zu dessen Herbeiführung man *alles* tun müsse.« GA 174 S. 147

Es ist wohl zu Recht zu bezweifeln, daß die Träger dieser Köpfe dafür »alles«, nämlich Leib und Leben auf den Schlachtfeldern selbst eingesetzt haben. Diese »Schreibtischtäter«, wie zutreffend solche Drahtzieher heute gekennzeichnet werden, haben unvorstellbare Millionenopfer von Menschenleben vor der Geschichte zu verantworten.

Im Blick auf diese hintergründigen Vorgänge, deren Erkenntnis für eine wahre Urteilsbildung unerläßlich ist, beklagt Steiner: »In gewisser Beziehung haben die Menschen den guten Willen verloren, hinzuschauen, ob denn dasjenige, was in der Wirklichkeit da ist, auch irgendwie im Wahren wurzelt. Man muß sich aber dieses Gefühl für die Wahrheit im alltäglichen Leben aneignen, sonst wird man es nicht hinauftragen können in das Begreifen der geistigen Welten.

Damit Sie sehen, was ich meine, möchte ich Ihnen an einem Beispiel zeigen, wie auf den Wogen der gegenwärtigen Zivilisation nicht nur die phrasenhafte Lüge, sondern die tatsächliche Lüge wallt und wogt und ins Leben eingreift. Man kann jetzt auf mancherlei Geschehnisse zurückblicken, die ganz Europa durchbeben. Man muß Jahrzehnte zurückgehen und in diesen Jahrzehnten genau die Ereignisse in ihren wesentlichen Charakterzügen kennen, wenn man überhaupt ein Urteil haben will über dasjenige, was gegenwärtig die Welt durchbebt; aber man muß ein Auge haben für Wirklichkeiten.« GA 173 S. 22

Rudolf Steiner weist damit auf eine Dimension der historischen Betrachtungsmöglichkeit hin, die herkömmlich vernachlässigt wird: Wenn, wie bereits mehrfach erwähnt, schon vor dem Ausgang des 19. Jahrhunderts von einem zu erwartenden Weltkrieg, wie dieser dann 1914 tatsächlich begann, gesprochen wurde, so deutet das auf Tendenzen hin, die bewußt und systematisch verfolgt werden. Dafür sind die hier besprochenen Landkarten der Beweis. Sie stellen eine Absichtserklärung dar, deren Ernsthaftigkeit durch die sodann erfolgte Verwirklichung sichtbar geworden ist und daher nicht als nebulose Spekulation abgetan werden kann, wie dies immer noch geschieht.

»Diese okkulten Brüderschaften, mit allem, was sich an sie angliederte, rechneten auf große Umwälzungen, welche im Zusammenhange mit dem großen europäischen Krieg, auf den sie hindeuteten, vorzugehen haben — ich sage jeden Satz mit vollem Bedacht — zwischen der Donau und dem Ägäischen Meere und dem Schwarzen Meere und der Adria. Und einer der Sätze, die da figuriert haben und den ich in gewissem Sinne wörtlich zitieren will, lautet so: Wenn nur ein wenig weiter sein werden die Träume der Panslawisten, dann wird sich zunächst auf dem Balkan mancherlei verwirklichen, was im Sinne der europäischen Entwicklung ist — man meinte: im Sinne dieser okkulten Bruderschaften.« GA 173 S. 22 f.

Die Russische Revolution im Interesse Englands lange vorgeplant

Bemerkenswert ist die Bezeichnung auf den Zukunftskarten für den östlichen Raum Europas, der dort ungefähr mit der Demarkationslinie des bisherigen sogenannten »Eisernen Vorhanges« beginnt: »Raum für sozialistische Experimente.« Im Englischen steht für ›Raum‹ ›Wüste‹! Es ist hier nicht der Ort, die sozialistische Bewegung aus ihrem Ursprung im vergangenen Jahrhundert, ihre Berechtigung und Bedeutung zu würdigen; ohne Zweifel ist sie ein weltgeschichtliches Phänomen. Selbstverständlich hat sich Rudolf Steiner mit der durch sie signalisierten »Sozialen Frage« unseres Zeitalters gründlich befaßt. Darüber hinaus hat er eigene Möglichkeiten einer Lösung angeboten, nicht nur in seinen wiederholten Vorschlägen zur »Dreigliederung des sozialen Organismus« während des Krieges und nach diesem. In diesem Zusammenhang erscheint sein Hinweis auf die »für Mitteleuropa so traurige und verderbliche Weltpolitik Englands« außerordentlich wichtig. »Man ist weitsichtig. *Diese* Politik ist vom Gesichtspunkt des Angelsachentums aus eben großzügig, ist durchsetzt von dem Glauben, daß Weltimpulse die Welt regieren und nicht die kleinen praktischen Impulse, von denen sich oftmals mit Überhebung diese oder jene Politiker leiten lassen . . . Man weiß, daß die soziale Frage ein weltgeschichtlicher Impuls ist, der unbedingt sich ausleben muß. Es gibt keinen der Führenden unter den angelsächsischen Persönlichkeiten, die in Betracht kommen, der nicht mit einem, ich möchte sagen, außerordentlich kalten, nüchternen Blick sich sagte: Die soziale Frage muß sich ausleben.« GA 174 b S. 359

Und man kann hinzufügen: In keinem Lande Europas war als Folge des Manchestertums das soziale Elend der unterprivilegierten Massen so groß, wurde vor dem Weltkrieg der Reichtum des Empire auf derart menschenverachtende Verhältnisse gegründet wie in Großbritannien. Man lese den Bericht von Justus von Liebig über seinen Englandaufenthalt nach. Es hatte seinen guten Grund, daß Karl Marx England zu seinem sozialen Studienobjekt wählte.

Doch unter keinen Umständen wollte man in England die »sozialen Experimente« durchführen. Dazu wurde das schlafende Bauernland Rußland ausgewählt, in dem neben dem erstehenden Industrieproletariat auch ein Agrarproletariat zur Revolution aufgerufen werden konnte. Die Regierenden waren klug genug, *dort* einen Blitzableiter zu suchen. »Die westliche Welt ist nicht dazu angetan, daß man sie ruinieren lasse durch sozialistische Experimente. Dazu ist die östliche Welt angetan. Und er (der Engländer) ist dann von der Absicht beseelt, die östliche, namentlich die russische Welt, zum Felde sozialistischer Experimente zu machen . . . Und nach dieser Richtung hin wurde in der Politik tendiert, es wurde mit aller Klarheit nach dieser Politik hin tendiert.« So Steiners Analyse angelsächsischer Politik. GA 174 b S. 359

Die Karte, durch die wohl ungewollt ein Spalt zum Blick hinter den Vorhang auf das eigentliche »Spiel« der weltpolitischen Mächte getan werden kann, läßt keine andere Interpretation zu als diese. Die nachfolgenden Ereignisse bestätigen sie: Zwar wurde Lenin aus der Schweiz nach Rußland im plombierten Zug mit deutscher Duldung — und sogar finanzieller Hilfe — durch Deutschland geschleust, in der Absicht, die russische Front durch ihn von hinten aufsprengen zu lassen und dadurch zu einer kriegsentscheidenden Entlastung im Osten kommen zu können — doch ebenso wurden wesentliche emigrierte Vorkämpfer des radikalen Umsturzes aus den angelsächsischen Ländern, ausgestattet mit namhaften finanziellen Mitteln, nach Petrograd delegiert, u. a. Bronstein-Trotzki. Hier vereinigten sich in eigenartiger Weise zwei recht unterschiedliche Tendenzen. Die Deutschen unterstützten unbewußt letztlich die angelsächsisch-freimaurerischen Bestrebungen, denn »am Ende des 18. Jahrhunderts schon, und namentlich am Ende des 19. Jahrhunderts (!), aber auch schon Jahrzehnte früher, haben besonders die westlichen Freimaurerorden größeren Einfluß auf das russische Geistesleben gehabt, haben da hinübergepflanzt, haben da infiziert, eingeimpft dasjenige, was da auftauchen sollte. Und in vieler Beziehung ist der Slawophilismus und der Panslawismus wirklich die aufgegangene Saat dessen, was viele gerade aus diesen Freimaurerorden gepflanzt haben. Unter der Maske, unter dem Mantel der Zeremonie wurden die Leute zunächst sozusagen benebelt . . ., damit sie dann geneigt sein können für gewisse Pläne. Und welche Dinge gespielt haben im Osten Europas von dieser westlichen Seite, davon wird sich die Menschheit dann, wenn einmal an die Stelle der kriegerischen andere Ereignisse getreten sein werden, entsprechend überzeugen! (Rudolf Steiner in Stuttgart am 15. März 1916) GA 174 b S. 179 f.

Hintergrund-Geschichte — eine neue Aufgabe für Historiker

Es wird die Aufgabe einer ganzen Generation von Historikern sein, diesen Hinweisen Steiners nachzugehen, die von ihm — wie auf anderen Gebieten seines Wirkens — als Anstöße zu weiterer gründlicher Forschungsarbeit gemeint waren. Es liegt in der Natur der hier behandelten Sache, daß kaum unmittelbare, sozusagen aktenkundige Belege zu ermitteln sind. Jedoch sollte es möglich sein, wie auch auf anderen, vornehmlich naturwissenschaftlichen Gebieten, von den Wirkungen auf die Ursachen zu schließen.

In diesem Sinne können auch folgende Anmerkungen Steiners

zur Zeitgeschichte auf ein der »sozialen Frage« geradezu als »Junktim« verbundenes Phänomen hinweisen: auf den »Kapitalismus« als Herrschaftssystem: »Die eigentlichen Kriegsveranlasser gerade in *dieser* Zeit waren eben auf keinem Boden die *Regierenden,* sondern solche Mächte, die *dahinter standen. Ich habe von bedeutsamen Mächten, die nun ganz* dahinterstanden, . . . hinlänglich gesprochen. Aber es waren dann wiederum da die vorgeschobenen Posten. Und das waren im wesentlichen Finanzkreise und Unternehmer, Groß-Unternehmerkreise . . . weniger im gewöhnlichen Sinne als: Großkapital-Mächte, Gründer-Kapital-Mächte und dergleichen; das war es, was dahinter stand. Das war natürlich seit Jahrzehnten überhaupt das Herrschende in der gegenwärtigen Menschheit. *Mehr* als irgend jemand, der schläft, *glauben* kann . . .« GA 185 a S. 22 f.

Wie ernst Rudolf Steiner diese Hintergrundmächte nahm und wie sehr ihm an einer allgemeinen Enthüllung ihres verborgenen Einflusses lag, zeigt die Tatsache, daß er Karl Heise, der mit entsprechenden Nachforschungen beschäftigt war, finanzielle Hilfe vermittelte, um diese unter dem Titel »Entente-Freimaurerei und Weltkrieg« noch im Oktober 1918 veröffentlichen zu können. Steiner selbst schrieb zur ersten Auflage, der inzwischen weitere gefolgt sind, das Vorwort.[78] Die folgenden Sätze sind daraus entnommen: »Die zu einem Verständnisse der großen, 1914 hereingebrochenen Weltkatastrophe führenden Erkenntnisse müssen auf den verschiedensten Gebieten des Völker- und Menschenlebens gesucht werden . . . In welchem Grade es wichtig ist, auf *diese* Strömung den forschenden Blick zu lenken, das möge der Leser selbst entscheiden, dem in dem Folgenden so manches Tatsachenmaterial vorgelegt werden soll, das *belegen* kann, wie gewisse Geheimgesellschaften der Ententeländer und deren Logen eine ursprünglich und im Kern gute und notwendige Sache in den Dienst des Völker-Egoismus und der eigensüchtigen Interessen einzelner Menschengruppen stellten . . . Aus den vorgelegten Tatsachenberichten dürfte doch folgen, daß einen wichtigen Gesichtspunkt unbeachtet läßt, wer beim Suchen nach dieser ›Schuld‹ (gemeint ist die ›Kriegsschuldfrage‹, d. Verf.), das man besser ein Suchen nach bedingenden Ursachen nennen sollte, die Aufmerksamkeit nicht in die . . . angegebene Richtung lenkt.«

Unmittelbar nach dem Kriege macht Steiner seine englischen Gäste im Goetheanum in Dornach in einem in »die Geschichte und Überwindung des Imperialismus« einführenden Vortrag am 20. Februar 1920 darauf aufmerksam, daß »unter der Oberfläche gerade in westlichen Ländern sehr wirksam die Geheimgesellschaften sind, die nun traditionell die zweite Phase des Imperialismus in die dritte hineinschieben. Denn in der anglo-amerikanischen Bevölkerung haben Sie zwei Imperialismen durcheinandergeschoben: den wirtschaftlichen eines Chamberlain [79] und den symbolischen der Geheimgesellschaften, der sehr wirksam hineingeschoben ist, der aber durchaus geheimgehalten wird vor der großen Bevölkerung.« [80]

Schon 1916 hatte Steiner darauf aufmerksam gemacht, »wie man das Kommerzielle in ein anderes Okkultes hinübergezogen hat, in dasjenige Okkulte, das geleitet wird von den sogenannten »Brüdern des Schattens«. Diese hüten gewisse Grundsätze. Es wäre aber vom Standpunkt dieser Leute aus sehr gefährlich, wenn diese Grundsätze verraten würden.« GA 173 S. 315 f.

Heinz Pfeifer ist in einer umfangreichen Untersuchung diesen Hinweisen Steiners nachgegangen, die in seinem in 3. Auflage erschienenen Werk »Die Brüder des Schattens« der Öffentlichkeit vorliegen. Für eingehendere Fragen sei darauf verwiesen. Hier müssen wir uns zusammenfassend beschränken auf die Feststellung Steiners, daß zu seiner Zeit bereits die Macht der mitteleuropäischen Reiche nach und nach gegenüber der Macht der Finanz ohnmächtig geworden sei: »Hinter dem, was im Juli/August 1914 in Österreich geschehen ist, stehen eben durchaus Finanzmächte, die vielleicht garnicht einmal ihren Ursprung in Österreich selber haben, denen aber dieses Österreich ein Instrument war, um gewisse Dinge zu erreichen . . . Man muß eben nur daran denken, was es bedeutet, wenn man die Maschinerie ganzer Reiche in Bewegung setzen kann, um irgend etwas rein Geschäftliches zu erreichen . . . man kann sich eigentlich nichts denken, was teuflisch-geistvoller war als diese Ausnützung der Weltkonjunktur in den letzten Jahrzehnten durch internationale Finanzmächte. GA 185 a S. 23

Für die Aufhellung der Hintergründe und damit für historische Wahrhaftigkeit und Gerechtigkeit können als Hilfe die am 2. Weihnachtstag 1916 von Rudolf Steiner in Dornach gesprochenen Sätze dienen: »*Symptomatisch* die Geschichte kennenzulernen, den Horizont zu erweitern, darauf kommt es an . . . Sehen soll man die Dinge, wie sie in Wirklichkeit sind! Alles kommt darauf an, daß man sich den Willen aneignet, die Dinge zu sehen, zu sehen, wie Menschen geschoben werden, zu sehen, wo Impulse liegen können, durch welche Menschen geschoben werden. Das ist aber eigentlich identisch mit dem Sich-Aneignen des Sinnes für Wahrheit; denn ich habe es oftmals betont, nicht darauf kommt es an, daß man sagt: Ja, ich habe das geglaubt, das war meine ehrliche, aufrichtige Meinung! — Nein, Wahrheitssinn hat derjenige, der unablässig danach strebt, die Wahrheit zu erforschen in einer Sache, der nicht nachläßt, die Wahrheit zu erforschen, und der sich verantwortlich erklärt für sich selber auch dann, wenn er irgend etwas aus Unwissenheit falsch sagt. Denn für das Objektive ist das ebenso gleichgültig, ob man etwas aus Wissenheit oder aus Unwissenheit falsch sagt, wie es gleichgültig ist, ob man aus Unverstand oder aus irgendeinem Mutwillen den Finger in die Flamme steckt; man verbrennt sich in beiden Fällen. GA 173 S. 315

RUDOLF STEINERS DEUTSCHE APOLOGIE

»Die furchtbarsten kriegerischen Ereignisse, die jemals die Menschen betroffen haben«

»Was sich im 20. Jahrhundert bisher zugetragen hat, duldet keinen Vergleich mit vorhergehenden Ereignissen derjenigen Geschichte, die man verzeichnet hat in den menschlichen Annalen.« GA 203 S. 49.
»Nur derjenige wird in den gegenwärtigen Ereignissen recht darin stehen, der diese Ereignisse in einem so bedeutsamen Licht sieht, wie dies nur irgend möglich ist . . ., weil die Kinder und Kindeskinder derer, die jetzt leben, wichtige und gewaltige, aber auch tragische und schmerzliche Ereignisse werden zu durchleben haben . . . Viel, viel mehr als wir uns heute schon im gewöhnlichen Leben vorstellen können, werden unsere Nachkommen des 20. Jahrhunderts starke innere, die Seele haltende Kräfte brauchen, um fortzutragen die Güter der Menschheit, die in der Menschheitsentwicklung durch Jahrhunderte und Jahrhunderte angesammelt worden sind. Und noch ganz anderen Stürmen des Lebens werden die Nachkommen der jetzt lebenden Erdenmenschheit ausgesetzt sein . . . Vielleicht kann aber jetzt eine Empfindung davon entstehen, wenn wir bedenken, daß wir in den größten kriegerischen Ereignissen, den furchtbarsten kriegerischen Ereignissen darinstehen, die jemals die Menschen betroffen haben, seitdem die Menschheit eine bewußte Geschichte auf dieser Erde durchlebt.« GA 159/60 S. 100

So kennzeichnet Rudolf Steiner bereits am 13. März 1915 vor seinen Hörern in Nürnberg das Kriegsgeschehen, das erst vor sieben Monaten begonnen hatte. Bereits der Umfang dieser Kämpfe schon im ersten Kriegsjahr rechtfertigt diese keineswegs übersteigernde Feststellung. Auf seiten der Alliierten standen bei Beginn bereits 14 Millionen in Waffen, die während der nachfolgenden Jahre auf 42 Millionen Soldaten erhöht wurden. Die Mittelmächte konnten dieser Einkreisung nur knapp 8 Millionen 1914 entgegenstellen, die während des Krieges auf 22,8 Millionen gesteigert werden mußten, um gegen die doppelte Überzahl überhaupt bestehen zu können. Fassen wir die Verluste beider Kriege zusammen, so stehen wir vor der unvorstellbaren Zahl von über 64,5 Millionen Toten.[81] Was vollzog sich in diesen Auseinandersetzungen? Konnte dieser ungeheuere Opfergang gerechtfertigt erscheinen, um von Frankreich eine verlorene Provinz (mit vornehmlich deutscher Bevölkerung!) zurückzuerobern und seitens Deutschlands eine durch Versailles abgetrennte rein deutsche Stadt wieder dem Reich einzugliedern? Oder können diese Millionen Tote gar als Sühne für den Mord am österreichischen Thronfolger verstanden werden?

Wozu die Erbitterung und Schonungslosigkeit, mit der gekämpft worden ist, und wieso konnte bereits nach dem »Ersten« Weltkrieg und in verstärktem Maße nach dem »Zweiten« bis in unsere Gegenwart hinein von der Geschichtsschreibung die Alleinschuld und damit die volle Verantwortung für dies unfaßbare Geschehen Deutschland angelastet werden?

Wie in vorhergehenden Kapiteln bereits ausgeführt und insbesondere von Rudolf Steiner herausgearbeitet wurde, war die Losung für den ersten Teil der Tragödie: »Germania est delenda.« Für den zweiten Teil gilt das nicht weniger deutliche: »Germany must perish.« Es stand also offenbar hinter diesem »Weltkrieg« gegen den Kaiser Wilhelm II. wie auch gegen den Reichskanzler Adolf Hitler das gleiche Ziel. Schon allein die Übereinstimmung der Parolen zeigt den Zusammenhang, der dazu berechtigt, von *dem* Krieg unseres Jahrhunderts zu sprechen. Churchill nannte ihn »*seinen* Dreißigjährigen Krieg«. Für Steiner war es der Kampf um die Existenz des deutschen Volkes. In unserer Zeit nennt dieses Kriegsgeschehen — wenn auch in anderem Zusammenhang — Ernst Nolte den »Europäischen Bürgerkrieg«.[82] Doch nicht um Provinzen und Städte, nicht um Kolonien und Wirtschaft ging es in diesem Kampf. Es ging um Deutschland. Es ging um Mitteleuropa und seine 1200jährige Geschichte. Es ist ein Kampf um das »Reich«.

Folgen wir den von Rudolf Steiner aufgezeigten Linien, die auf das Ringen in unserem Jahrhundert hinführen. Der Jahrhundert-Krieg unserer Epoche wurde planmäßig ausgelöst um zweier Ziele willen: Das erste ist gekennzeichnet durch die geistige Tendenz seiner Veranlasser. Daß die Proklamation einer »Weltrepublik« am 100. Jahrestag der Französischen Revolution erfolgte, ist keineswegs zufällig. Die Kampfansage gegen die bewahrenden Kräfte — für die einen verstanden als »Konservative«, für die anderen als »Reaktionäre« — soll neu aufgenommen werden. Der Sturm auf die Bastille in Paris am 14. Juli 1789 als deren Symbol, dessen Jahrestag 1889 von Freimaurern und Sozialisten gefeiert wurde, sollte fortgesetzt werden. Angesichts der damaligen Zeitverhältnisse konnte dies mit den Worten des Revolutionsliedes, der »Marseillaise«, bis heute die Nationalhymne der Französischen Republik, nur heißen: »Aux armes!« — »Zu den Waffen!« —, also Krieg! Dieses Ziel der Umgestaltung der »Landkarte Europas« konnte offenbar nur erreicht werden mit militärischen Mitteln und unter unvorstellbaren Opfern, die diese Mächte bereit waren, einzukalkulieren.

Gegen diesen Weg stand ebenfalls im gleichen Jahr, 1889, eine mutige Frau auf und forderte — ihrer Zeit weit voraus — »Die Waffen nieder!«: Bertha von Suttner in Wien, eine Deutsche aus Österreich. Auch diesem Impuls kommt ein Jahrhundert-Gedenken zu. Ihr gleichlautendes Buch erfuhr Massenauflagen. Der zunächst Aufsehen erregende Ruf einer einsamen Frau in die von Männern bestimmte Welt hinein verhallte. Daß er das vielleicht von ihr geahnte furchtbarste Blutvergießen der Geschichte nicht aufhalten konnte, gehört zu den zutiefst tragischen Widersprüchlichkeiten unseres Jahrhunderts.

Europa — Mutter der Revolutionen

So kennzeichnet Friedrich Heer in seinem gleichnamigen umfassenden Werk das Europa der Neuzeit. Warum, so könnte man fragen, beschränkten sich die Vorkämpfer einer »Weltrevolution« in den bereits beschriebenen Karten eines »neuen« Europa auf unseren Kontinent? Warum nur Europa? Weil zu jener Zeit immer noch der »alte« Erdteil Mittelpunkt der Welt war, der Raum, in dem die entscheidende Entwicklung der Menschheit im geistigen und zivilisatorischen Sinne, in den letzten zwei Jahrtausenden zumindest, stattgefunden hatte, und der für das heutige Antlitz der Erde verantwortlich ist. Von ihm würde, so empfand man, auch die neue Gestaltung der Welt, die »One World«, wie es heute heißt, ausgehen.

Der Inhalt dieser »neuen« und »einen« Welt sollte bestimmt sein durch die Ideale der Französischen Revolution: »Liberté — Egalité — Fraternité!« — Freiheit, Gleichheit und Brüderlichkeit waren und sind hohe Ideale, die — wie gerade Steiner deutlich gemacht hat — auf die richtigen Bereiche bezogen, Grundlagen des sozialen Lebens sein sollten. Freiheit für das Geistesleben, Gleichheit vor dem Recht und Brüderlichkeit, heute noch ganz unverständlich, im Wirtschaftsleben. Das war der zukunftsweisende Impuls, der von den »Idealisten« zu Beginn der Französischen Revolution aufgegriffen wurde, aber sehr schnell von ganz anderen Kräften in das Gegenteil verkehrt worden ist. Freiheit erschien nun im Sinne der Zertrümmerung bisheriger Schranken und Rangordnungen um einer totalen Emanzipation willen (radikaler Liberalismus), Gleichheit nur noch im Sinne der Gleichmacherei, die weder unterschiedlichen Besitz, Begabungen oder gar Führungsqualitäten und höhere Moral anerkannte, und schließlich eine Brüderlichkeit, die bereit war, die Nivellierung so weit zu treiben, daß sie jeden, der nicht dem Maß der Allgemeinheit entspricht, ins Prokrustes-Bett wirft: »Und willst du nicht mein Bruder sein, so schlag' ich dir den Schädel ein!« Zur späteren Verwirklichung dafür geeigneter politischer Systeme bedurfte es der »Wüste« für sozialistische Experimente.

Doch wer sollte zum Vollstrecker dieser »Weltmission« werden? Rudolf Steiner hat die von ihm gemachten Beobachtungen der Hintergrundkräfte deutlich ausgesprochen. Im Bewußtsein der englischen Logen ist das Angelsachsentum berufen, in unserer Zeit die Weltherrschaft auszuüben und damit das Erbe anzutreten der romanisch bestimmten Kultur und ihrer weltpolitischen Wirkungen. Mögen diese Vorstellungen zunächst noch so phantastisch oder willkürlich erscheinen, ein Blick auf die europäische Geschichte des letzten Jahrtausends zeigt uns eine dahingehende Entwicklung. Hiermit hängen Steiner zufolge die Ursachen des Welt-Krieges unmittelbar zusammen. Vordergründig aber wird von Politikern und Historikern als Ursache für den Weltkrieg angegeben:

— ein »Herrschaftsanspruch« als Ordnungsmacht, wie im mittelalterlichen Heiligen Römischen Reich Deutscher Nation dargestellt
— deutscher »Nationalismus«
— deutscher »Militarismus«
— deutscher »Vertragsbruch« (gemeint ist der Einmarsch in Belgien und im Zweiten Weltkrieg in Rußland).

Der Auftrag des Reiches als Ordnungsmacht

Hier ist daran zu erinnern, daß Karl (später ›der Große‹ genannt) mit seinem Stammesverband der Franken Erbschaft und Aufgabe des Imperium Romanum übernahm. Die Sammlung des werdenden Abendlandes um eine geistige und politische Mitte begann damit, nach den Wirren der Völkerwanderung und verschiedenen Versuchen aus den germanischen Zusammenhängen heraus eine neue Völkerordnung zu begründen. Es sei an den beachtenswerten Versuch des Goten Theoderichs, auch ›der Große‹ genannt, erinnert, durch ein Kondominium von Goten und Römern das bis heute brennende Problem eines engen Zusammenlebens unterschiedlicher Völker zu meistern. Dem Bestreben Karls stellte sich das alte Zentrum des Imperiums, Rom, entgegen. Bis in unser Zeitalter hinein lebt dessen geistlicher und letztlich politischer Machtanspruch fort. Der zerstörerische, bis zur Reformation währende, mehr als halbtausendjährige Kampf zwischen Kaiser und Papst kostete Europa Ströme von Blut und beeinträchtigte seine Entwicklung. Auch er war ein »europäischer Bürgerkrieg«! Träger der Macht zu sein, sind Völker und Staaten berufen, nicht Kirchen, am allerwenigsten eine christliche. Ihr Reich ist »von einer anderen Welt«, wie es das Wort dessen lehrt, auf den sie sich beruft.

Wer Karl den Großen, der eine Ordnungsmacht für Europa begründet hatte aus den germanischen Stämmen zwischen den Pyrenäen und der Elbe, »von der Etsch bis an den Belt«, schelten wollte, daß durch das fränkische Erbrecht die Nachfolge der Herrschaft wie auf einem Hof aufgeteilt wurde, darf nicht übersehen, daß das Spannungsverhältnis zwischen einem West- und Ost-Pol bereits in der Sprache erkennbar geworden war. In der Entwicklung zu einem west- und ostfränkischen Reich fand dieser völkische Dualismus seinen Ausdruck. Die Westfranken wurden die europäischen Träger einer »romanischen« Kultur und damit bis in die Sprache »Lateiner«. Im ostfränkischen Reich vereinigten sich hingegen diejenigen germanischen Stämme, die in ihrem Denken durch den »dietschen« Sprachgeist geformt wurden, zu einer Wesensart, die sich »autochthon«, aus eigenem Ursprung, als ein ganz neues und junges Element in Europa entwickelte. Ihnen fiel es zu, Träger des Kaisertums zu werden und damit Regent des im christlichen Bewußtsein als »heilig« verstandenen Römischen Reiches der Deutschen Nation.

Ohne daß es einer kriegerischen »Unterwerfung« bedurfte, leisteten die anderen Nationen des Abendlandes von Frankreich bis Polen und Böhmen oder Ungarn, von Italien bis England dem Kaiser Gefolgschaft, anerkannten »das Reich als europäische Ordnungsmacht« (Ganzer)[83] in jener ersten Epoche gemeinsamer Geschichte, die mit den Sachsenkaisern begann und nach den Saliern mit den Staufern endete, als nach dem glanzvollen »Dominus Mundi« Friedrich II. der erst sechzehnjährige Konradin I. als Kronprätendent und letzter seines Geschlechtes in Neapel sein Haupt auf den Richtblock legen mußte. Wenn es auch für seinen Feind, Karl von Anjou, um die Krone »beider Sizilien« ging, so meldete doch mit diesem Königsmord zum ersten Mal ein Franzose unausgesprochen zugleich Erbansprüche auf das Reich an.

Die Emanzipation des zu einer Einheit zusammenwachsenden Frankreich vom Reich folgte. Ein eigenständiges Nationalbewußtsein entstand zuerst bei den Franzosen. Nach dem »Hundertjährigen Krieg« (1339–1453) begann der Weg zu einer Vormacht in Europa. Er führte durch den »Dreißigjährigen Krieg« zu den Raubkriegen des »Sonnenkönigs« und in die ganz Europa erschütternde »demokratische Revolution«, aus der Napoleon Bonaparte hervorging, der, obwohl selber kein Franzose, dennoch für das Volk, das ihn auf seinen Schultern empor zur Macht trug, als sich selbst krönender »Kaiser der Franzosen« die Sukzession des Beginners, des großen Karl, bewußt aufnahm, und sich durch den Papst, den Repräsentanten der einstigen Gegenmacht gegen das von Deutschen verwaltete Reich, in Paris (!) salben ließ. Den letzten Träger der Krone des »Heiligen Römischen Reiches Deutscher Nation«, Franz II. von Habsburg, zwang er durch ein Ultimatum, diese niederzulegen. In den darauf folgenden Feldzügen zur Unterwerfung insbesondere der mitteleuropäischen Staaten strebte der »Empereur« in seiner Weise die Neuordnung Europas unter Frankreichs Führung an. Auch nach seinem Sturz gibt dieses seinen Hegemonie-Anspruch nicht auf. Obwohl die Mitte Europas in der ersten Hälfte des 19. Jahrhunderts einen schwachen Staatenbund darstellt, fürchtete die französische Politik nichts mehr als ein Wiedererstarken dieser Mitte und damit, wie man meinte, eine Schwächung der eigenen Macht. Auch heute noch lieben — wie ein bekanntes Bonmot sagt — nicht wenige Franzosen Deutschland so sehr, daß sie es gern zweimal haben.

Noch eine andere Macht war inzwischen in Europa herangewachsen: Im »Hundertjährigen Krieg« versuchte England, die Uneinigkeit der Franzosen zu nutzen, um selbst ein Reich auf dem Festland zu begründen. Von den durch Jeanne d'Arc impulsierten Franzosen nach langen Kämpfen vom Kontinent vertrieben, wirkte sich seine Expansionskraft fortan zur See aus. Das in die englischen Anfänge hineingeflossene Wikingerblut lebte wieder auf. England eroberte die Meere und anrainenden Länder und legte damit schließlich auch den Grundstein zur heutigen Weltmacht der USA, die ihrerseits das inzwischen zerbrochene »British Empire« beerbten.

Das eroberte oder erhandelte englische Weltreich erlebte im 19. Jahrhundert seine glanzvolle Zeit: es beherrschte ein Viertel der

Festlandsmasse unserer Erde und ließ sein »Rule Britannia« über die Weltmeere tönen. Mit Frankreich, dem Konkurrenten im Streben nach kolonialer Macht, trifft es sich in der Sorge um eine Renaissance des »Reiches« deutscher Nation. Zwar hat die englische Politik eine Wiederherstellung 1871 nicht zu verhindern versucht, sondern im Gegenteil die als Folge zunächst eingetretene Schwächung Frankreichs um des »europäischen Gleichgewichts« willen begrüßt, doch spätestens seit 1889 strebten Rudolf Steiner zufolge Hintergrundmächte danach, dem Angelsachsentum die ganze Weltherrschaft zu sichern. Darum mußte der einstige »Kronprätendent« beseitigt oder zumindest in die absolute Abhängigkeit gebracht werden: »Germany must perish!«

Der deutsche Nationalstaat

Dem steht gegenüber, daß die Bestrebungen der Deutschen längst andere geworden waren. Ernst Moritz Arndt formulierte das Ziel: »Ein *Volk* zu sein, ist die Religion unserer Zeit!« Das »Reichsvolk« besinnt sich auf sich selbst, nachdem das Reich 1648 in politischer Ohnmacht gefesselt, in zahllose Staaten auseinandergefallen und ihm die Krone 1806 von Napoleon entrissen war. Die »Deutsche Bewegung«[84], herkömmlich, doch unbegründet und irreführend, »Romantik« genannt, strebt mit Goethes Faust »zu den Müttern«, zu den Wurzeln ihres volkhaften Ursprungs. Kleist schreibt »Die Hermannschlacht«, Nibelungenlied und Edda werden wieder entdeckt, die »Germanisten« als neue wissenschaftliche Disziplin zur Erforschung und Pflege der deutschen Sprache, die Beschreibung des noch in vollem Leben stehenden »Deutschen Volkstums«, die Begründung des »Deutschen Wörterbuches«, der »Monumenta Germaniae historica« zur Ermittlung der Dokumente der deutschen Reichsgeschichte im Mittelalter, die Wiederbelebung des Volksliedes durch die Sängerbewegung und die körperliche Gesundung bei den »Turnern« Friedrich Ludwig Jahns sind Ausdruck einer ganzheitlich gerichteten Wiedergeburt des deutschen Volkswesens. Fichte, Schiller, Herder, Schelling begründen eine Philosophie und Lebensanschauung, die nicht nur die Vertiefung dieses neuen Werdens darstellt, sondern ein Aufruf deutschen Geistes an die Menschheit ist, wie zuvor Luthers Erweckung des persönlichen Gewissens eine Tat für die ganze Welt, für die menschliche Evolution schlechthin war. Die neue Bewegung des deutschen »Idealismus« war das deutsche Gegenbild zur Französischen Revolution, ihre im Geistesleben vollzogene Verwandlung.

Wenn, wie der »Turnvater« Jahn es zu jener Zeit mit »Leibesübungen« für den einzelnen Deutschen erreichen wollte, zu einem gesunden Geist ein gesunder Leib gehört, und dessen Vorhandensein die Voraussetzung für eine geistige Wirksamkeit auf Erden ist, dann mußte die selbstverständliche Folgerung der in dieser Weise deutsch empfindenden und denkenden Menschen das Streben nach einer Gestaltung ihres Volkslebens sein, nach einem gemeinsamen Haus. Dieses Bild hatte die damalige deutsche Jugendbewegung der Burschenschaften vor sich gesehen: »Wir hatten gebauet ein stattliches Haus«, um später singen zu müssen: »das Haus ist zerfallen . . .« Die Ernte ihres Opferganges zur Befreiung Mitteleuropas vom korsischen »Tyrannen«, dem usurpierten »Kaiser«, war von den Diplomaten auf dem »tanzenden« Wiener Kongreß verraten und die junge Freiheitsbewegung von Metternich in Fesseln geschlagen worden, ein sich immer wiederholender Vorgang in der deutschen Geschichte.

Als 1848 die »Deutsche Bewegung« nicht mehr aufzuhalten war und alle Dämme durchbrochen hatte, bemühte sich die Frankfurter Deutsche Nationalversammlung um den Bau eines gemeinsamen Hauses der Deutschen. Auch wenn der Begriff »Reich« aus der Geschichte zu Recht übernommen wurde, so stand doch die Großdeutsche Partei, die alle Deutschen in einem Reich vereinigen wollte, »zu den alten idealistischen Prinzipien und wollte aus idealen Grundlagen und Impulsen heraus eine solche Reichsgründung erlangen. Die Großdeutschen wollten nichts erobern, sondern alles, was deutsch ist, in einem gemeinsamen Reichs- oder Staatengebilde zusammenfassen. Wer denkt, daß diese Großdeutschen auch nur das Allergeringste erobern wollten, der kennt einfach den Grad des völkischen Idealismus nicht, der in ihnen gelebt hat.« GA 173 S. 185

Rudolf Steiner spricht hier treffend aus, was in den meisten der völkisch empfindenden Generation bis zur Zerschlagung des Reiches 1945 gelebt hat.

Daß unter den großen europäischen Nationen die Deutschen als letzte in der europäischen Völkerfamilie ein eigenes »Haus«, einen Volksstaat bzw. deutschen Nationalstaat bauen wollten, empfand Rudolf Steiner als ihr selbstverständliches Recht: »Nun kann es Leute geben, welche von ganz anderen Gesichtspunkten aus die Begründung dieses Deutschen Reiches anfechten, die finden, daß es nicht gut war für die Menschheitsentwickelung, daß dieses Reich gegründet worden ist. Aber die Menschen, welche sich auf den Standpunkt der westlichen Reiche stellen, haben kein Recht, ein solches Urteil zu fällen. Denn man muß wohl beachten, daß gerade die westlichen Völker außerordentlich hängen an dem, was man den Reichsgedanken, den Staatsgedanken nennen kann, und daß das Denken der westlichen Völker auch in bezug auf das Völkische zusammenhängt mit den verschiedenen Staatsgedanken. Es liegt daher für den, der von vornherein Patriotismus und Staatsgedanken so zusammenbringt wie die westlichen Völker, keine Berechtigung vor, den Reichsgedanken überhaupt in Frage zu stellen; denn er würde sich damit auf einen unlogischen Standpunkt stellen, nämlich auf den, daß ein anderes Volk nicht das Recht habe, das gleiche zu tun, was das eigene Volk tut.« GA 173 S. 179 f.

Diesen Hinweis Steiners zu übergehen, würde nicht nur ein völliges Unverständnis für die geschichtliche Evolution, für das, was jeweils »fällig« ist, bekunden, sondern zugleich einen der wichtigsten Grundsätze der »demokratischen Revolution« (»Bill of Rights«) verraten: »Gleiches Recht für alle!« Zutreffend bemerkt in diesem Zusammenhang Rudolf Steiner, daß man sich über Umstände und Ereignisse, die zur Wiederbegründung des Deutschen Reiches in der damals nur möglichen Gestalt geführt haben, verschiedene Anschauungen bilden kann, bis zu der — inzwischen praktizierten — Meinung, »daß es zum Unheil für die Menschheit ist, daß es überhaupt so etwas wie Deutsche gibt«. GA 173 S. 179

Dennoch »ist es nicht zu verwundern, daß in Mitteleuropa die Tendenz entstand, gewissermaßen das auch haben zu wollen, was die anderen Völker schon errungen hatten, nämlich ein Reich«. Und Rudolf Steiner fährt im gleichen, am 18. Dezember 1916 in Dornach gehaltenen Vortrag fort: »Es ist nicht zu verwundern, daß in Mitteleuropa der Impuls entstand, gewissermaßen auch ein Reich zu haben, das die Möglichkeit bietet, auf der einen Seite etwas (!) Schutz zu haben gegen den jahrhundertealten Ansturm von Westen her, und auf der anderen Seite das, was von Osten her wirkt, in der Weise zu begrenzen, wie es, selbstverständlich nicht für den Osten, aber für Mitteleuropa eben noch notwendig ist. Ich meine, diese Dinge sind zu verstehen.« GA 173 S. 183

So verstanden die deutschen Patrioten ein Vaterland, das »stets zu Schutz und Trutze brüderlich zusammenhält«. »Aber man hat« — so Steiner am gleichen Orte im Januar 1917 — »eine wahre, nennen wir es ›Genialität‹, gerade dasjenige, was in *Deutschland* entsteht, mißzuverstehen. Geradeso, wie man aus dem harmlosen Nationallied ›Deutschland, Deutschland über alles‹ — was nichts anderes heißt, man braucht nur die folgenden Zeilen zu lesen, als das Vaterland lieben, denn es werden ja nur die Teile des Vaterlandes aufgezählt — das Groteskeste gemacht hat . . .« GA 174 S. 97

Man kann heute dankbar sein, daß sich Rudolf Steiner so unmißverständlich zur Hymne der Deutschen geäußert hat. Mit ihr sind Ungezählte in den Tod gegangen. Diese Hymne wurde von Hoffmann von Fallersleben in der von der Reaktion erzwungenen Einsamkeit der Emigration auf der Insel Helgoland gedichtet, auf der alten »Heiligen Insel«, die *nach* 1945 durch Bombenabwürfe und sinnlose Sprengungen von Feindeshaß mutwillig zerstört werden sollte, ohne daß es gelang.

Jedem Volk kommt sein eigener Staatsgedanke zu

»In Mitteleuropa war nicht durch Jahrhunderte ein solcher Staatsgedanke lebendig, wie etwa in Frankreich, und ein Staatsgedanke, wie er in Frankreich vorhanden war, eignet sich nicht für das, was da in Mitteleuropa zurückgeblieben ist. Dafür hat sich in dem, was in Mitteleuropa zurückgeblieben ist, um die Wende des 18. zum 19. Jahrhundert eine geistige Höhe entwickelt, die schließlich auch vom Westen, wenn wieder einmal weniger Haß herrscht, anerkannt werden wird.« GA 173 S. 184

Steiner betont, »daß der Staatsgedanke, von dem die Bewohner Mitteleuropas ergriffen waren, zunächst vor allen Dingen verankert war in den Köpfen von lauter Idealisten, von Leuten, welche vielleicht mehr idealistisch als praktisch waren, und die insbesondere in bezug auf Staatsgedanklichkeit eben durchaus unpraktisch waren im Vergleich zu den praktischen Westlern. So sehen wir die Bestrebungen, die idealistisch waren, zum Zusammenfassen der mitteleuropäisch-deutschen Völker zu einem Deutschen Reich sich entwickeln. Wir sehen sie namentlich im Jahre 1848 bestimmte Formen annehmen, die ein durchaus idealistisches Gepräge haben. Aber weil nun einmal das 19. Jahrhundert das Zeitalter des Materialismus war, so hat dasjenige, was ein idealistisches Gepräge hatte, kein besonderes Glück gehabt, weniger durch völkische Schuld als durch das, was eben im 19. Jahrhundert als Materialismus herausgekommen war. Und nun handelte es sich darum, dasjenige, was auf idealistische Weise nicht zu erringen war, auf praktische Weise zu erringen, wie es sonst auch errungen worden ist in der bisherigen europäischen Geschichte. Denn wodurch sind Staaten entstanden? Durch Kriege sind Staaten entstanden, durch alle diejenigen Dinge sind Staaten entstanden, wodurch 1864 bis 1870 auch das Deutsche Reich entstanden ist.« GA 173 S. 184 f. Das klingt hart, ist jedoch die geschichtliche Wirklichkeit.

Rudolf Steiner erinnert daran: »Das eine darf nicht vergessen werden, daß auf französischer Seite das Bestreben war, die deutsche Reichsgründung zu verhindern, daß man die ganze Politik daraufhin anlegte, daß eine deutsche Reichsgründung nicht stattfinden sollte . . . Es sei mit der ›Gloire‹ des französischen Staates nicht vereinbar, daß in Mitteleuropa ein selbständiges Deutsches Reich entstehe.« GA 173 S. 186

Man kann dies nur in der Weise verstehen, daß diesem Reich der Anspruch unterstellt wurde, den man selbst in den letzten Jahrhunderten zu verwirklichen strebte: Vormacht innerhalb einer europäischen Staatenordnung zu werden. Hingegen kämpfte nach Steiner in dem von Frankreich erklärten Kriege von 1870 »Deutschland um seine Existenz«. »Und es kämpft noch heute darum. Es ist völlig falsch, zu glauben, Deutschland stünde schon auf seinem Höhepunkt. Es kämpft einen stillen, aber entschlossenen Kampf gegen mächtige Rivalen, deren Macht und Erfahrung schon vor Generationen gewonnen wurden. An jeder Grenze und über dem Wasser sitzen die Gegner, kommerziell und politisch, und warten gespannt auf den Moment, wo Deutschland nur ein wenig nachläßt, um darüber her zu fallen und es unterzukriegen. Deutschland weiß das ganz genau.« Steiner schilderte diese Lage mit den Worten von I. A. R. Wylie, einem Engländer, aus dessen Buch »Mein deutsches Jahr«, Braunschweig 1911. GA 64 S. 470

Insofern war Bismarcks Werk von einer ungeheuren Kühnheit getragen, und wir verstehen Steiner auf diesem Hintergrunde sehr wohl, wenn er nach dem katastrophalen Ausgang des Ersten Weltkrieges meint, man müßte sich zu dem Urteil bequemen, daß Bismarck letzten Endes ein »Phantast« gewesen sei, »denn die Schöpfung des Reiches war natürlich eine Phantasterei«. [85]

Selbst ein »Turm« von Praxis, wie Bismarck von Hermann Grimm genannt worden war, konnte bei aller realpolitischen Einschätzung der Lage nicht voraussehen, daß der nackte Herrschaftswille der Gegner und der daraus gegenüber dem »Konkurrenten« geborene Haß unerbittlich gegen jede Vernunft und bis zur Erschöpfung der eigenen Kräfte auf die Vernichtung des Reiches abgestellt sein würde. Diese »Schwäche« kennzeichnet ebenso wie den ersten Kanzler des neuen Reiches dessen letzten, der sich nicht vorstellen konnte, daß England um der Wiedereingliederung der Stadt Danzig in das Reich willen sein ganzes Empire verspielen würde. Es wird aber dadurch zugleich die gegenwärtige Lage der Menschheit deutlich, wenn die Annahme normalen Verhaltens »Phantasterei« ist.

In diesem Zusammenhang äußert sich Steiner gegen »die allergräßlichste Phrase, die jemals geprägt worden ist, nämlich die des ›deutschen Militarismus‹«. GA 173 S. 191

Steiner folgert aus der ständigen Bedrohung der europäischen Mitte, daß »es das Allerunsinnigste ist, so ohne weiteres von mitteleuropäischem Militarismus zu sprechen; denn dieser Militarismus ist für ein zwischen zwei Militärstaaten eingeschlossenes Land die selbstverständliche Folge gewesen, um eben bestehen zu können zwischen den beiden Militärstaaten . . . Menschen, die jeden Wirklichkeitssinnes bar sind, können allerdings fragen: Sind denn nicht allerlei Abrüstungsvorschläge gemacht worden?« Bei den Haager Friedenskonferenzen von 1899 und 1907 wurden solche Abrüstungsvorschläge gemacht. »Hätte man Mitteleuropa einschnüren können durch Abrüstungen, so hätte man es selbstverständlich lieber getan ohne Krieg . . . Nicht nur aus vielen Tatsachen, sondern eigentlich schon aus der Vernunft heraus könnte man beweisen, daß die zwei mitteleuropäischen Staatsgebilde nicht die geringste Veranlassung hatten, einen Krieg heraufzubeschwören.« GA 173 S. 197 u. 198.

Rudolf Steiner wehrt sich entsprechend mit aller Entschiedenheit gegen die Unterstellungen, »was ein albernes Geschwätz den ›deutschen Militarismus‹ nennt, jenen Militarismus, zu dem Deutschland gezwungen worden ist, nicht durch sich, sondern durch diejenigen, die es einkreisten«. Und er »möchte einen solchen Mann fragen, was er denn eigentlich erwartet hat, daß Deutschland seinen Feinden entgegenstellen würde anders als Flinten und Kanonen. Hat er sich vielleicht vorgestellt, daß man gegenüber den feindlichen Heeren von Deutschland her Novalis oder Schiller oder Goethe rezitieren wird?« [86]

Steiner zitiert den Amerikaner George Stuart Fullerton, der in den ›Süddeutschen Monatshefte‹ 12. Jg. Heft 7 im Januar 1915 seinen noch nicht im Krieg befindlichen Landsleuten erklärt: »Militarismus — die Deutschen empfinden es etwas beleidigend, daß man die notwendige Abwehr gegen tatsächliche Gefahren, die berechtigten Maßnahmen zur Selbstverteidigung mit diesem Wort bezeichnet.« [87]

Insbesondere wendet sich Steiner gegen die Unwahrhaftigkeit, durch die der Westen den Eindruck hervorruft, »daß nur er etwas will für das Heil der Menschheit, und wir nur bestrebt seien, diese löblichen Bestrebungen durch allerlei solche Dinge wie Militarismus zu stören, während er dadurch, daß er sich seit langem darauf eingerichtet hat und weiter noch besser einrichten will, uns zu *Schattenmenschen* zu machen, in Wahrheit der Schöpfer unseres Militarismus ist«. Und so kommt es Steiner darauf an, »daß die Welt erkennen lernt, daß sie von Mitteleuropa kein anderes Handeln zu erwarten hat als ein solches, daß es zum Schwerte greifen *muß* (von R. St. hervorgehoben), wenn die anderen ihm dieses Schwert in die Hände zwingen«. GA 24 S. 357 Erstes Memorandum im Juli 1917

Bereits am Anfang des gleichen Jahres hatte Rudolf Steiner nach der Ablehnung des deutschen Friedensangebotes von Ende 1916 auf den Vorwurf geantwortet, daß Deutschland als »Aggressor« den Krieg eingeleitet und daher verschuldet habe: »Die Mittelmächte hatten es nicht in der Hand, einen fruchtlosen Defensivkrieg zu führen, nachdem sie gesehen hatten, daß sich Frankreich unter allen Umständen beteiligen würde. Das ist billig, zu sagen, man hätte sich einfach Grenze an Grenze gegenüberstehen können; das war eben nicht möglich, weil der russisch-französische Militarismus ein so überwiegender ist gegenüber dem, was man preußischen Militarismus nennt.« GA 174 S. 102

Im Blick auf die den Krieg auslösenden Ereignisse des Juli und August 1914 sagte Rudolf Steiner — am 9. November 1918, also gleichsam vom Ausgang rückschauend auf den Anfang und die Ursache, die für ihn eben nicht der Kaiser war: »Das Ausland hat dem deutschen Volke mit allen diesen Urteilen das allergrößte Unrecht getan, wird vermutlich auch weiter das allergrößte Unrecht tun!« GA 185a S. 28

Und so ist es — mit Ausnahmen — durchweg bis heute geblieben, nur mit dem Unterschied, daß nach dem Ersten Weltkrieg die Abwehr gegen die »Kriegsschuldlüge« im deutschen Volke einmütig war, während inzwischen das »Ausland« vielerorts zum »Inland« geworden ist. So sah es Steiner bereits voraus am 13. September 1914 in München: »Wir Deutsche haben es schwer, uns zurecht zu finden, vielleicht am allerschwersten! Es kann Ihnen sonderbar erklingen, daß ich das sage, aber wir haben es wirklich schwer, wir haben es aus dem Grunde schwer, . . . weil es uns immer schwer fällt, uns selbst recht zu geben, weil es uns leichter ist, dem anderen gerecht zu werden als uns selbst.« GA 174a S. 21

Weil es um Wahrheit und Gerechtigkeit geht, ist es Steiner um genaue Aufklärung des Kriegsbeginns zu tun. Er setzt sich mit Maximilian Harden, dem seinerzeit weitbekannten Publizisten auseinander, dem gegenüber er nachweist, daß die deutschen militärischen Maßnahmen im August 1914 nicht einmal annähernd den Charakter eines »Präventivkrieges« im eigentlichen Wortsinne hatten. GA 185 a S. 33

»Man muß ganz genau, von Stunde zu Stunde, kennen, was in den letzten Tagen des Juli 1914 und vielleicht noch in den ersten Tagen des August in Berlin geschah.« GA 174b S. 369

Darüber war Steiner wie wenig andere durch General Helmuth von Moltke später unterrichtet worden. Steiner läßt es nicht an Vorwürfen gegen die Entschlußlosigkeit eines Monarchen fehlen, der sich als dieser Schicksalsstunde nicht gewachsen gezeigt habe und bis zum letzten Augenblick mitsamt seinen politischen Beratern, darunter der Reichskanzler Bethmann-Hollweg, auf die Neutralität von England hoffte. Auf der anderen Seite war der Generalstab an seinen seit Jahren notwendigerweise für den Ernstfall ausgearbeiteten Aufmarschplan gebunden, so daß die Heeresleitung in dem Augenblick, wo die ganze Verantwortung auf ihren Schultern lag, jede Stunde des Abwartens als verloren einschätzen mußte. »Man muß in Betracht ziehen, daß das deutsche Heer in dieser Zeit, in der man den Mittelmächten zumutete, einen Präventivkrieg haben führen zu wollen, was doch wirklich ein bloßer Unsinn ist, noch keineswegs in der Verfassung war, daß ein Sachverständiger großes Zutrauen haben konnte, daß es durchkommen werde bei dem, was doch hereinbrechen mußte . . . Man darf nicht vergessen: Bereits Ende September hatte dieses Heer keine Munition mehr! . . . Und solche Dinge könnte man zu Hunderten und Tausenden aufzählen, wenn man nicht ohnehin wüßte, daß niemand dachte an einen Präventivkrieg.« GA 185a S. 32 ff.

Zur Kriegsschuldfrage — und dies gilt für der Tragödie ersten und zweiten Teil — wird immer wieder darauf hingewiesen, daß derjenige die Last der vollen Verantwortung für einen Krieg trage, der den ersten Schuß abgegeben hat. Bereits Friedrich der Große hat diese naive Beschuldigung zurückgewiesen, da eine deutliche Unterscheidung zu machen sei zwischen Kriegsgrund und Anlaß. Rudolf Steiner weist anläßlich des Kriegsausbruches 1914 den Vorwurf der Unnachgiebigkeit, welcher der österreichisch-ungarischen Regierung hinsichtlich ihres Ultimatums an Serbien gemacht worden ist, weit zurück: »Sei tolerant, sonst beginnst *du* den Streit! — Es zeugt von wenig Denken, wenn man nicht einsieht, daß es eine Absurdität ist, zu verlangen, daß der andere sich die Hand abhauen lassen solle, ohne sich zu wehren. Ich habe es die letzten Wochen oft hören müssen, daß gesagt wurde: Wenn Österreich den Krieg mit Serbien nicht begonnen hätte, so wäre es ›tolerant‹ gewesen. — Genau derselbe Fall! Man ruft dem zu, dem die Hand abgehauen werden soll: Sei tolerant! — Wir haben mancherlei Möglichkeiten, durch das, was sich so schmerzhaft um uns herum abspielt, Objektivität zu gewinnen; aber dazu müssen wir *richtig denken können.*« Und Steiner wendet sich im besonderen an seine Schülerschaft und erinnert an den Osloer Vortragszyklus von 1910 über die Mission der Volksseelen. »Aber wenn wir jetzt (30. Sept. 1914) in ernster Zeit ihn nicht in heiligstem Ernst verstehen könnten, dann wäre alle unsere damalige Beschäftigung mit diesem Zyklus ein theoretisches Spiel.« GA 174 b S. 18

Ein andermal begründet Steiner in einem drastischen Beispiel die mögliche Notwendigkeit eines Präventivschlages: »Wer sein Haus feindlich umstellt sieht, hat das Recht, hinauszugehen und die Störenfriede hinwegzuprügeln.« s. Anm. 86

1914 stand die Führung des Reiches vor der Wahl, entweder den Angriff von Osten und Westen abzuwarten und dann in einem Zweifrontenkrieg das Reich im eigenen Land verteidigen zu müssen oder aber den Angriff so schnell wie möglich in geballten harten Schlägen auf feindliches Gebiet vorzutragen. Für diese Notwendigkeit hatte sich der deutsche Generalstab, in langen Jahren planend, vorbereiten müssen. Es war nur die Frage, wer mit dem ersten Schlag das Gesetz des Handelns an sich reißen konnte und damit die größere Aussicht auf einen militärischen Erfolg, auf den Sieg haben würde. Wie verwundbar das Reich im Osten war, bestätigte der schnelle Durchbruch der russischen Armeen in Ostpreußen. Er konnte erst in der Entscheidungsschlacht bei Tannenberg aufgehalten werden. Hätte diese, was durchaus möglich gewesen wäre, mit einer deutschen Niederlage geendet, so wäre eine nicht absehbare Katastrophe entstanden und die Reichshauptstadt in Gefahr geraten.

Freund wie Feind wußten um die Bedeutung des ersten Schlages, und beide wußten voneinander, das jeder es wußte. So ging es im Grunde um Stunden, die der eine dem anderen voraus war. Rudolf Steiner erfuhr die Vorgänge dieser Tage in der deutschen Führungszentrale von einem unmittelbar Betroffenen, mit dem er später befreundet war und der ihm noch vor seinem Tode den Ablauf der Ereignisse in größter Genauigkeit schildern konnte: der Chef des deutschen Generalstabes Generaloberst Helmuth von Moltke, Neffe des Siegers im Deutsch-Französischen Krieg von 1870/71. Aufgrund von Moltkes präzisem Bericht stellte Steiner wiederholt dar, wie Berlin von der Entwicklung völlig überrumpelt wurde. Der Kaiser und auch der Kanzler hofften buchstäblich bis zum letzten Augenblick auf Englands Entscheidung für eine neutrale Haltung, die einen Krieg mit Frankreich unwahrscheinlich gemacht hätte und damit dem Reich die Offensive und also auch die aus strategischen Gründen unvermeidbare Verletzung der belgischen Neutralität erspart haben würde. Der Kaiser hatte nicht nur aus Unentschlossenheit, sondern aus wahrhaftiger Bemühung um die Erhaltung des europäischen Friedens die bereits ausgesprochene Mobilmachungsordre wieder zurückgenommen.

»Hätte Großbritannien irgendeine Antwort gegeben, dann — das zeigt schon dieser äußere Verlauf der Geschichte — wäre die ganze Sache im Westen anders verlaufen.

Ich bin auch dabei nicht stehen geblieben, sondern habe Ihnen gesagt: Ich weiß auch aus andern Voraussetzungen heraus, daß sich sogar der ganze Krieg mit Frankreich hätte vermeiden lassen, wenn Großbritannien die entsprechende Antwort gegeben hätte. — Daß andere, tiefere Gründe dafür vorliegen, daß es nicht geschehen ist, das gehört wiederum auf eine andere Waagschale. Aber wenn man urteilen will über dasjenige, was als Urteil durch die Welt geschwirrt ist in den letzten zweieinhalb Jahren, dann muß man diese Dinge ganz sorgfältig in Erwägung ziehen. Denn es gibt heute noch zahlreiche Leute, welche glauben, daß England in den Krieg gezogen sei wegen der Verletzung der belgischen Neutralität. Es hätte aber diese gerade dadurch vermeiden können, daß es nicht in den Krieg gezogen wäre!« GA 173 S. 335

Während nach Steiners Ansicht die deutsche Regierung aus ihrer Hilflosigkeit in den Krieg »hineingerutscht« ist, läßt sich von der englischen Regierung sagen, daß sie mit »fast unanfechtbarer Gewißheit«, ja, er verstärkt diese Aussage noch: »bis zur absolutesten Gewißheit« den Einfall in Belgien hätte verhindern können, wenn sie nur gewollt hätte. GA 185a S. 34 f.

Statt dessen läßt sich erkennen, daß von seiten Englands geradezu auf die Neutralitätsverletzung Belgiens gewartet wurde, daß diese bewußt provoziert wurde, um hinterher diese Neutralitätsverletzung als Grund für den eigenen Kriegseintritt ausgeben zu können. Auch hier wieder Parallelen zu 1939.

Steiner war zu seiner Zeit keineswegs der einzige, der die Dinge so sah. George Bernard Shaw z. B. äußerte sich nicht minder deutlich in der ›New York Times‹. Dort schrieb er: »Grey spricht von Deutschlands Verletzung der belgischen Neutralität . . . Aber Belgien war ebensowenig unabhängig wie Irland. Für Frankreich und England war Belgien das Vorwerk gegen Deutschland; das weiß jetzt jeder Mensch, ausgenommen die Leser der . . . Londoner Halbpennyblätter.«[88]

In diesem Zusammenhang ist eine längere Ausführung Steiners von besonderer Bedeutung. Um seine Argumentation nachvollziehen zu können, ist die geschlossene Wiedergabe unerläßlich: »Nun könnte man sagen: Ja, aber es wäre der ganze Stand des Krieges im Westen auch anders geworden, wenn Deutschland die Neutralität Belgiens nicht verletzt hätte. Nun, dann unterscheidet man aber nicht zwischen dem, was korrekt, juristisch-formal ist, und demjenigen, was nun einmal zusammenhängt mit der Tragik der Weltgeschichte. Darauf kommt vieles an, daß man das Tragische von dem Formal-Richtigen zu unterscheiden vermag. Gewiß wäre manches anders geschehen. Was wäre anders geschehen? Ohne daß man irgendwie, bitte, Moralisches jetzt ins Urteil mischt, betrachten wir, was anders geschehen wäre.

Nehmen wir also an: Trotzdem Großbritannien sich in keiner Weise engagiert hatte, sondern auf die Gefahr hin, daß es in jedem Momente hätte in den Krieg eingreifen können, wäre die Neutralität Belgiens respektiert worden. So wie die Dinge lagen, war es bei dem Verhalten Großbritanniens — das muß jeder sehen, der die Dinge prüft; nicht bloß das Blaubuch, sondern alle Akten müssen dann geprüft werden —, es war nun einmal ganz ausgeschlossen, daß der Krieg im Westen nicht ausbrach. Ob er bei der Stimmung in Frankreich überhaupt zu vermeiden gewesen wäre, darüber läßt sich vielleicht diskutieren —.« Dies ›vielleicht‹ wird jedoch sofort wieder von Steiner zurückgenommen und zwar bei Berücksichtigung der allgemeinen Stimmung in Frankreich, wie sie ausführlich im Kapitel »Kain und Abel — ein Bruderkampf« dargestellt wurde. Darauf untersucht er die Frage, was geschehen wäre, wenn ein Krieg im Westen entbrannt und Belgiens Neutralität respektiert worden wäre. Wobei Steiner wie bereits in anderem Zusammenhang betont, daß es sich hier um kein moralisches Urteil handele, in keiner Richtung. Er fährt dann wörtlich fort: »Nun, das wäre geschehen, daß die weitaus größte Hauptmasse des so vielfach angeklagten deutschen Heeres sich in den westlichen französischen Festungen verfangen hätte und verbraucht worden wäre. Und da trotz der Phrase vom preußischen Militarismus tatsächlich das französische Heer kaum weniger stark ist als das deutsche, auch vor dem Krieg kaum weniger stark war als das deutsche — die Zahlen sind fast ganz gleich —, so ist es ganz selbstverständlich, daß das deutsche Heer im Westen aufgebraucht worden wäre, und die Invasion vom Osten, die im August-September begann, im ausgiebigsten Maße eingetreten wäre. Denn eine Unmöglichkeit wäre es gewesen — so sagten sich die Sachverständigen —, im Westen den

Krieg zu führen, ohne fast das ganze deutsche Heer dauernd zu engagieren. Das heißt, man hätte Deutschland preisgeben müssen, weil vom Osten die Invasion gekommen wäre.«

»So lagen die Dinge«, erklärt Steiner, um dann festzustellen, daß von einem falschen strategischen Urteil nicht mehr gesprochen werden könne, das wäre allenfalls in den ersten Monaten des Krieges möglich gewesen, »denn nach dem mißglückten Versuch, der vor Verdun gemacht wurde, ist der Beweis dafür erbracht, daß diejenigen Recht hatten, die dazumal sagten: Das deutsche Heer braucht sich auf, wenn es ganz im Westen verwendet wird.

Man hatte also die Wahl, Deutschland das Todesurteil zu sprechen, oder eben das Tragische auf sich zu nehmen, durch Belgien einzubrechen, was der einzige Ausweg war für den Fall, daß der Krieg im Westen überhaupt nicht zu vermeiden war . . . Billig ist es natürlich, wenn alle diejenigen, welche eben *billige* Urteile haben wollen, sagen: Verträge müssen gehalten werden.« GA 173 S. 335 ff.

Die an dieser Stelle wiedergegebene persönliche Argumentation Rudolf Steiners erscheint um so bemerkenswerter, als sie weder die Rechtfertigung eines Politikers ist noch die Wertung eines Historikers, sondern die Darstellung eines Mannes, der, um Wahrheit und Gerechtigkeit bemüht, sich aus einer Parteinahme heraushält. Andererseits versucht er immer wieder, seine manchmal ausschließlich einem spirituellen Leben zugewandten Zuhörer mit den Realitäten der Geschichte und ihren tief tragischen, oft schuldlosen Verstrickungen bekanntzumachen, und sie von allzu schnellen moralischen Beurteilungen abzuhalten. Dabei beeindruckt sein nüchterner Wirklichkeitssinn, der die Voraussetzung für eine gerechte Beurteilung geschichtlicher Vorgänge ist, welche gegenwärtige Historiker aus vorgegebener Parteinahme allzuoft vermissen lassen, so daß es ohne Berücksichtigung der gegebenen Umstände zu vorschnellen, einseitigen Schuldzuweisungen kommt.

Der Krieg hatte begonnen. Die deutsche Führung war unfähig gewesen, ihn abzuwehren. Vom 19.—22. August 1914 gelang es den Russen, sich des größten Teils von Ostpreußen zu bemächtigen. In der Umfassungsschlacht bei Tannenberg wurde die russische Narew-Armee im Raum Hohenstein — Gilgenburg — Ortelsburg durch den genialen Plan General Ludendorffs unter dem Oberbefehl von Generalfeldmarschall von Hindenburg eingeschlossen und größtenteils vernichtet. Beide galten fortan als die Sieger von Tannenberg. Die Zahl der russischen Gefangenen betrug 93000. Der russische Oberbefehlshaber mit dem deutschen Namen von Rennenkampf gab sich selbst den Tod. Weitere Siege folgen. Die Russen müssen Ostpreußen räumen. Im Westen besetzten die deutschen Armeen Belgien. Die Festung Lüttich wird durch General Ludendorff, der seine Division persönlich durch das Abwehrfeuer führte, genommen. Der Weg nach Brüssel war frei. Die große Schwenkung auf Paris kann nach dem Testament des Generalfeldmarschalls Alfred Graf von Schlieffen — »Macht mir den rechten Flügel stark!« — vollzogen werden. Deutsche Armeen bedrohen Paris. Die französische Heeresführung unter General Joffre befiehlt den Rückzug hinter die Marne. Flüchtende französische Regimenter werden standrechtlich »dezimiert«: jeder Zehnte wird erschossen. Der deutsche Vormarsch wird durch den zähen Verteidigungswillen der französischen Führung zum Stehen gebracht. »Besonders kritisch wird die Lage am rechten deutschen Flügel . . . Der deutsche Generalstabschef von Moltke, krank und ohne genügenden Kontakt mit der Front, beurteilt die Lage pessimistisch und gibt den Rückzugsbefehl.« [89]

Von einer unmittelbaren oder gar negativen Beeinflussung Moltkes durch Dr. Steiner zu sprechen, ist böswilliger Rufmord. Anläßlich des Kriegsausbruchs am 3. August hatte Marie von Sivers, nachmalige Frau Steiner, berichtet: »Ich habe nie den Dr. so deprimiert gesehen wie anläßlich dieses Krieges.«[90] Vom 13.—16. August gab Rudolf Steiner im Goetheanum einen »Samariterkurs« über Hilfe bei Kriegsverwundeten. Über sich selbst sagte er:

»Im Monat August habe ich den General von Moltke ein einziges Mal, und zwar am 27. August in Koblenz gesehen. Unsere Unterhaltung drehte sich um rein menschliche Angelegenheiten. Das deutsche Heer war noch im vollen Siegeszuge.« GA 24 S. 404

In der Zeit der Marneschlacht vom 5.–12. September ist Rudolf Steiner auf der Reise von Berlin nach Horn in Niederösterreich, dem Wohnort seiner Angehörigen, um diese finanziell zu versorgen und wohl um amtliche Voraussetzungen für seine geplante Heirat mit Marie von Sivers zu beschaffen. Erst am 27. oder 28. September hat er eine erneute Unterredung mit Generaloberst von Moltke, der inzwischen aber den Oberbefehl niedergelegt hat und krank darniederliegt. Damit dürften die leichtfertigen Behauptungen über Dr. Steiners Einflußnahme wohl ad absurdum geführt worden sein.

Nach der Marneschlacht begann die Front auf der ganzen Linie zu erstarren. Der Stellungskrieg leitete die großen Material- und Zermürbungsschlachten ein, die ihresgleichen in der Menschheitsgeschichte vergeblich suchen. Die Verlustziffern im erbitterten Kampf um die Festung Verdun (das alte Verden) im Jahre 1916 betrugen 360000 Franzosen und 335000 Deutsche, also fast 700000 Mann, ohne einer der kämpfenden Parteien einen operativen Vorteil zu bringen. Die im gleichen Jahr 1916 an der Somme begonnene »Materialschlacht« bewirkte in einem knappen Halbjahr lediglich das Eindrücken der deutschen Front in 40 km Breite und 12 km Tiefe, kostete jedoch den Deutschen 400000, den Franzosen fast 200000 und den Briten über 400000 Mann, insgesamt eine Millionen Menschenleben innerhalb eines halben Jahres.

Daraufhin entschloß sich die deutsche Reichsregierung zu einem ersten Friedensschritt. Um die Beurteilung dieser Initiative durch Steiner verständlich zu machen, wird folgend das Angebot der Mittelmächte vom 12. 12. 1916 ungekürzt zitiert:

»Der furchtbarste Krieg, den die Geschichte je gesehen hat, wütet seit bald zwei und einem halben Jahr in einem großen Teil der Welt. Diese Katastrophe, die das Band einer gemeinsamen tausendjährigen Zivilisation nicht hat aufhalten können, trifft die Menschheit in ihren wertvollsten Errungenschaften. Sie droht, den geistigen und materiellen Fortschritt, der den Stolz Europas zu Beginn des zwanzigsten Jahrhunderts bildete, in Trümmer zu legen.

Deutschland und seine Verbündeten, Österreich-Ungarn, Bulgarien und die Türkei haben in diesem Kampfe ihre unüberwindliche Kraft erwiesen. Sie haben über ihre an Zahl und Kriegsmaterial überlegenen Gegner gewaltige Erfolge errungen. Unerschütterlich halten ihre Linien den immer wiederholten Angriffen der Heere ihrer Feinde stand. Der jüngste Ansturm im Balkan ist schnell und siegreich niedergeworfen worden. Die letzten Ereignisse beweisen, daß auch eine weitere Fortdauer des Krieges ihre Widerstandskraft nicht zu brechen vermag, daß vielmehr die gesamte Lage zu der Erwartung weiterer Erfolge berechtigt.

Zur Verteidigung ihres Daseins und ihrer nationalen Entwicklungsfreiheit wurden die vier verbündeten Mächte gezwungen, zu den Waffen zu greifen. Auch die Ruhmestaten ihrer Heere haben daran nichts geändert. Stets haben sie an der Überzeugung festgehalten, daß ihre eigenen Rechte und begründeten Ansprüche in keinem Widerspruch zu den Rechten der anderen Nationen stehen. Sie gehen nicht darauf aus, ihre Gegner zu zerschmettern oder zu vernichten.

Getragen von dem Bewußtsein ihrer militärischen und wirtschaftlichen Kraft, und bereit, den ihnen aufgezwungenen Kampf nötigenfalls bis zum Äußersten fortzusetzen, zugleich aber von dem Wunsch beseelt, weiteres Blutvergießen zu verhüten und den Greueln des Krieges ein Ende zu machen, schlagen die vier verbündeten Mächte vor, alsbald in Friedensverhandlungen einzutreten. Die Vorschläge, die sie zu diesen Verhandlungen mitbringen werden, und die darauf gerichtet sind, Dasein, Ehre und Entwicklungsfreiheit ihrer Völker zu sichern, bilden nach ihrer Überzeugung eine geeignete Grundlage für die Herstellung eines dauerhaften Friedens.

Wenn trotz dieses Anerbietens zu Frieden und Versöhnung der Kampf fortdauern sollte, so sind die vier verbündeten Mächte entschlossen, ihn bis zum siegreichen Ende zu führen. Sie lehnen aber feierlich jede Verantwortung dafür vor der Menschheit und der Geschichte ab.«

Am gleichen Tage richtete Woodrow Wilson, der Präsident der Vereinigten Staaten von Nordamerika, die sich noch nicht im Kriege befanden, einen Friedensappell an die kriegführenden Mächte, in dem der Präsident anregt, daß baldigst Gelegenheit genommen werde, von allen jetzt kriegführenden Staaten die Bedingungen zu erfahren, unter denen der Krieg zu einem Abschluß gebracht werden könnte. In einem Vortrag vom 16. Dezember 1916 bemerkt Steiner dazu: »Es ist, glaube ich, selbstverständlich, daß jede Seele, welche es ernst und aufrichtig mit dem menschlichen Heil meint, in banger Erwartung dem entgegensieht, was in den nächsten Tagen geschieht.« Und spricht die Hoffnung aus, »daß nicht der ganzen Menschheit, auch derjenigen der Zukunft, zugemutet werden müßte, daran zu glauben, man kämpfe für den Frieden, wenn man die Möglichkeit, diesen Frieden, und zwar in verhältnismäßig kürzester Zeit, zu erlangen, von der Hand weist und ausschließt . . . Die Welt wird in der nächsten Zeit Gelegenheit haben, zu erfahren, ob sie sich entschließen muß, die Deklamationen vom Friedenswillen mit vollem Bewußtsein als unrichtige, unwahrhaftige entgegenzunehmen . . .« GA 173 S. 122

Die deutsche Antwort auf den Wilson-Appell war ein Telegramm des damaligen Reichsaußenministers Zimmermann an den deutschen Botschafter in Washington, Graf Bernstorff, vom 26. 12. 1916:

»Ich werde amerikanische Friedensnote dahin beantworten, daß uns unmittelbar Gedankenaustausch am geeignetsten erscheint, um zum erwünschten Ergebnis zu gelangen. Wir schlügen daher alsbaldigen Zusammentritt von Delegierten der kriegführenden Staaten an neutralem Ort vor . . .«. »Alsbaldiger Zusammentritt von Delegierten«, das heißt: Laßt uns unverzüglich beginnen, über das Kriegsende miteinander zu sprechen!

Die Antwort der Alliierten wird durch folgenden Auszug ihrer Note vom 30. 12. deutlich:

». . . Vor jeder Antwort legen die alliierten Mächte Gewicht darauf, gegen die beiden wesentlichen Behauptungen der Note der feindlichen Staaten lauten Einspruch zu erheben, welche auf die Alliierten die Verantwortung für den Krieg abwälzen will und die den Sieg der Zentralmächte verkündete.

Die Alliierten können diese doppelt unrichtige Behauptung nicht zulassen, die genügt, jeden Verhandlungsversuch zur Unfruchtbarkeit zu verurteilen.

Die alliierten Nationen ertragen seit 30 Monaten einen Krieg, zu dessen Vermeidung sie alles getan haben, sie haben durch Taten ihre Anhänglichkeit an den Frieden nachgewiesen. Diese Anhänglichkeit ist jetzt ebenso fest wie im Jahre 1914; nachdem Deutschland seine Verpflichtung verletzt hat, kann der von ihm gebrochene Friede nicht auf sein Wort gegründet werden.

Eine Anregung ohne Bedingungen für Eröffnung der Verhandlungen ist kein Friedensangebot. Der angebliche Vorschlag, der jeden greifbaren Inhalts und jeder Genauigkeit entbehrend durch die Kaiserliche Regierung in Umlauf gesetzt wurde, erscheint weniger als ein Friedensangebot, denn als ein Kriegsmanöver.

Er beruht auf der systematischen Verkennung des Charakters des Streites in der Vergangenheit, in der Gegenwart und in der Zukunft.«

Rudolf Steiner hatte in der Schweiz, in der er sich zu dieser Zeit in Dornach aufhielt, die unmittelbare Möglichkeit, das Echo der Feindseite in der internationalen Presse zu studieren. Das erklärt seine Äußerung bereits am 21. Dezember anläßlich eines das Weihnachtsfest vorbereitenden Vortrages: »Muß es uns doch ins Herz schneiden, daß wir selber in einer Zeit leben, wo die Friedenssehnsucht des Menschen angebrüllt wird. Fast unwahr ist es in diesen Tagen des Anbrüllens der Friedenssehnsucht der Menschen, Weihnachten zu feiern.« Und nicht ernst genug können seine folgenden Worte genommen werden, die für *beide* Kriege gelten angesichts der Tatsache, daß diese von alliierter Seite als ein »Kreuzzug« für die Freiheit und Menschenwürde erklärt worden waren, im Sinne eines englischen Liedes, später gemeinsam gesungen von Roosevelt und Churchill auf dem Schlachtschiff, das beiden zur Kriegskonferenz diente: »Vorwärts, Soldaten Christi!«

Rudolf Steiner sagte am Vorabend des Weihnachtsfestes 1916: »Wollen wir heute, da *das Äußerste* noch nicht vor uns steht, hoffen, daß in den Seelen Umkehr eintreten kann, und daß an die Stelle des Anbrüllens der Friedenssehnsucht christliches Empfinden, Friedenswille trete. Sonst werden vielleicht nicht diejenigen, die heute in Europa streben, sondern diejenigen, die von Asien herüber das Anbrüllen der Friedenssehnsucht einmal rächen werden, auf den Trümmern des europäischen Geisteslebens das Christentum und das Mysterium von Golgatha der Menschheit zu verkündigen haben. Und unauslöschlich wird es dann bleiben: Zu Weihnachten im neunzehnhundertsechzehnten Jahre nach der Verkündigung, daß Friede auf Erden unter den Menschenseelen, die eines guten Willens sind, sein möge, im neunzehnhundertsechzehnten Jahre nach der Weihnachtsverkündung konnte die Menschheit einmal dazu kommen, die Friedenssehnsucht zu verbrüllen! Möge es nicht so sein!« GA 173 S. 240 f.

Bereits am 8. Januar 1917, also eine Woche nach der »Silvesterbescherung« der alliierten Absage an das deutsche Friedensangebot, empört sich Rudolf Steiner über die Menschen in Europa, »die den Friedensruf verhöhnen wollen! Das ist eine Tatsache, die wir nicht tief genug bedenken können.« GA 174 S. 103

Und in geradezu prophetischer Voraussicht kündigt er die Folgen dieses »Bebrüllens« des Friedensgedankens auf seiten der Gegner an: »Denn für uns muß es klar sein, daß *wieder die Zeit eintreten kann* — ich wähle heute meine Worte sehr vorsichtig und sage also: eintreten *kann* —, wo, weil man durchaus nicht den Frieden haben will, der Kampf sehr grausam wird, vielleicht grausamer als er schon war . . . Dann wird man wiederum die Möglichkeit finden, über Grausamkeiten Mitteleuropas zu reden, und wird in Schutt und Trümmer begraben die Tatsache, daß man ja diese Grausamkeiten seinerseits hätte verhindern können, wenn man nicht wie ein Stier brüllend auf die Friedensaufforderungen geantwortet hätte. Es lag ja in der Hand der Peripheriemächte, den Frieden herbeizuführen.« GA 174 S. 101

Helmuth von Moltke war voll berechtigt, vor seinem bald eingetretenen Tode zu schreiben: »Deutschland hat den Krieg nicht herbeigeführt . . . Der Krieg ist ihm von seinen Gegnern aufgezwungen worden, und wir kämpfen um unsere nationale Existenz, um das Fortbestehen unseres Volkes, unseres nationalen Lebens.« nach GA 174b S. 375

Und Rudolf Steiner bekräftigt sein eigenes Plädoyer für Deutschland in seinem Ersten Memorandum 1917 mit der Feststellung, daß *»die ungeschminkte Darstellung der Tatsachen in der Tat Deutschlands Unschuld ergeben müßte«*. GA 24 S. 346

Wer wie Steiner Vorbereitung, Entstehung und Zielsetzung des Weltkrieges genau durchschaute, konnte nur bis zum letzten Augenblick auf den deutschen Sieg setzen oder zumindest nach Zerschlagung dieser Hoffnung die Unterschrift unter die deutsche Alleinschuld zu verhindern suchen.

Wie sehr Steiner um den Sieg gebangt hatte, geht aus der Mitteilung eines Soldatenbriefes hervor, den er bereits im September 1914 in der »Österreichischen Rundschau« fand und in einem Vortrag seinen Zuhörern vorlas. Steiner hält besonders die letzten Worte dieses im Felde geschriebenen Aufsatzes für wichtig. Der Soldat Robert Michel schreibt da:

»Aber jeder einzelne Zurückgebliebene . . . hat die Pflicht, nach besten Kräften unterstützend zu wirken, bis die siegreiche Entscheidung gefallen ist. Alle die guten Worte, herzhaften Zurufe und Segenswünsche, die beim Auszug uns zuteil geworden sind, vermehrten die Zuversicht. Sie waren Splitter, die nicht verloren gegangen sind. Dieser Zuschuß an seelischer Kraft muß auch weiterhin der Armee zuteil werden, und der Wille zum Sieg muß von jedem einzelnen herüberzittern zu den Kämpfern in der Front . . . Wer der ungeheueren Kräfteleistung von Heer und Reich untätig zuschauen muß, der trachte auf dem Wege, den seelische Kräfte geben, sein Scherflein beizutragen. Wen Gott erhört, der bete — wer nicht beten kann, der sammle alle seine Gedanken und Willenskräfte zu dem inbrünstigen Wunsch nach dem Siege — und wer nichts anderes vermag, der drücke die Daumen in die Handflächen und spreche: ›Wir müssen siegen, wir müssen siegen!‹ So wird auch der Schwächste beigetragen haben zum Sieg.« [91]

Und Rudolf Steiner fügt hinzu: »Der Soldat, der fortzieht ins Feld, schreibt aus dem Felde Worte zurück, die wie ein Widerklang sind dessen, was oftmals auf dem Boden spirituellen Lebens gesprochen worden ist. Wer nicht beten kann, sammle Gedanken und Willenskräfte zum inbrünstigen Wunsch nach dem Siege. —

Der Glaube an den Geist, wir sehen ihn jetzt am Anfang des ungeheueren Ereignisses stehen.« GA 174 a S. 17 f.

Die innige Anteilnahme, die Rudolf Steiner am Einsatz der jungen Menschen an der Front nahm, fand einen vielfachen Ausdruck. Am 13. September 1914, als die erste große Kampfhandlung im Westen, die Marneschlacht, gerade ihren Abschluß gefunden hatte, sprach Steiner in München von einer notwendigen Solidarisierung: »Alle, die nicht unmittelbar hinausziehen können, um ihr Blut zu vergießen, sie sollten eingedenk sein, daß sie so *arbeiten* sollten, daß . . . die, die ihr heiligstes Opferblut vergossen haben, etwas finden, das wert war, daß sie ihr Blut vergossen haben, . . . Dann werden wir (!) auch als diejenigen, die nicht unmittelbar an die Front hinausziehen, uns so verhalten, daß wir freien Auges aufblicken können und uns nicht zu schämen brauchen.« GA 174 a S. 31

Die hier herausgeforderte Verantwortung jedes einzelnen sollte nicht im nur auf die Erhaltung des eigenen Volkes bezogenen Sinne verstanden werden. In Oslo hatte Steiner 1910 seinen Zuhörern gleich zu Anfang des Vortragszyklus über »die Mission einzelner Volksseelen« — von dem er später sagte, daß jeder Anthroposoph ihn *oftmals studieren* solle — zugerufen, daß der Weg zur Menschheit über die Völker führt: »Erkennet euch selbst als Volksseelen!« GA 121 S. 14

Mit einer Vernichtung des deutschen Volkstums sah Steiner die ganze Menschheitsevolution gefährdet — in »demutvoller« Übereinstimmung mit Friedrich Hölderlins Kennzeichnung Deutschlands: »O heilig Herz der Völker!« Wie kann der Organismus der Einen Menschheit leben und gedeihen, wenn das Herz zerstört oder auch nur krank ist? Wer zur Menschheit »ja« sagt, darf zu Deutschland nicht »nein« sagen.

DAS SIEGER-DIKTAT VON VERSAILLES

»Die arroganteste, gewissenloseste Unkenntnis der Verhältnisse«

Die Überzeugung von der planmäßigen Einkreisung und damit Unschuld Deutschlands am Weltkrieg erwuchs Rudolf Steiner aus sorgfältigem und immer wieder aufs neue überprüftem Studium entsprechender Informationen bis in die in- und ausländische Presse hinein. Um so betroffener muß er gewesen sein, weil in der bereits zitierten Note der zehn alliierten Groß- und Kleinmächte auf den Friedensappell des amerikanischen Präsidenten vom 30. 12. 1916 unter anderem auch folgender Satz zu lesen war: »Eine geschichtliche Tatsache steht gegenwärtig fest, nämlich der Angriffswille Deutschlands und Österreich-Ungarns, um ihre Vorherrschaft in Europa und ihre wirtschaftliche *Herrschaft über die Welt* zu sichern.« Steiner bemerkt dazu: »Ganz abgesehen von jedem Parteistandpunkt muß es heute jedem klar sein, daß von den Worten, die wir heute gelesen haben, *das Furchtbarste* abhängen kann, was über die Menschheit kommen wird.« GA 173 S. 350

Erscheint diese Feststellung nicht überzogen, die einem einzigen Satz der Note eine solche weittragende Bedeutung beimißt? Rückschauend müssen wir Steiner zustimmen. Er erkennt die hier zum ersten Mal in dieser offiziellen Form bekundete *Kriegsschuldlüge.* Diese wird fortan das Denken und Handeln der Alliierten nicht nur bestimmen, sondern alle beabsichtigten Maßnahmen zur Durchführung dessen zu rechtfertigen versuchen, was Steiner unter dem Begriff »Helotismus« = »Sklavenzustand« zusammenfaßt. Die eigene Vorherrschaft, das bereits dargestellte, zunächst noch geheime Streben nach Weltherrschaft soll gegenüber der Welt durch diese Unterstellung getarnt werden. Verhaltensweisen, die heute dem Deutschland des sog. Zweiten Weltkrieges unter stellt werden, sind in dieser Note bereits vorgeprägt: »Deutschland hat . . . durch die Art, wie es den Kampf geführt hat, eine *systematische Verachtung aller Grundsätze der Menschlichkeit* . . . gezeigt.« (Also damals bereits ein »menschenverachtendes System«!) Die Note fährt fort: »Je mehr der Konflikt sich entwickelte, wurde die Haltung der Mittelmächte und ihrer Verbündeten ein ständiger Hohn auf Menschlichkeit und Zivilisation«. [92]

Zum Inhalt der an Wilson gegebenen Antworten und insbesondere zu den Vorstellungen zur Neuordnung Europas bemerkt Rudolf Steiner: »Aus dieser ganzen Note spricht die arroganteste, gewissenloseste Unkenntnis der Verhältnisse . . . Was konnte denn besser beweisen, daß Österreich in die Notwendigkeit versetzt war, sich zu wehren, als diese Note der Entente? . . . Kurz, diese Note ist nur pathologisch zu betrachten. Sie ist eine Herausforderung an die Wahrheit und Wirklichkeit selber.« GA 174 S. 121 · GA 24 S. 354 f.

Woodrow Wilson, Präsident der USA von 1913–1921, hatte 1916 seine zweite Wahl unter der Parole gewonnen: »He kept us out of war!«. Am 18. Dezember des gleichen Jahres richtete er als noch Neutraler den Friedensappell an die kämpfenden Staaten. Die Mittelmächte stimmten zu, die Alliierten lehnten ab. Am 4. Januar 1917 bekräftigte Wilson seine Wahllosung; er äußerte zur Frage eines Kriegseintritts der USA: »Es wird keinen Krieg geben. Amerika beabsichtigt nicht, sich in diesen Krieg verwickeln zu lassen. Wir sind die einzige große weiße Nation, die heute vom Kriege frei ist, und es wäre ein Verbrechen gegen die Kultur, wollten wir eintreten.« [93] Bereits vier Wochen später brachen am 3. Februar 1917 die Vereinigten Staaten die diplomatischen Beziehungen zu Deutschland ab, zwei Monate später am 6. April 1917 erfolgte die Kriegserklärung. Man vergegenwärtige sich noch einmal die obige erfolgreiche Wahlparole, um sich ein Urteil darüber zu bilden, wie Völker — auch in »Muster-Demokratien«! — willentlich getäuscht und terrorisiert werden. Das Ergebnis rechtfertigt diesen harten Ausdruck. Denn 112432 junge Amerikaner mußten diesen gegen den deutschen Kaiser ausgerufenen »Kreuzzug« mit ihrem Leben bezahlen.

Brest-Litowsk: Die Befreiung Polens und der baltischen Ostvölker

Angesichts dieses Doppelspiels — ob mit oder gegen den Willen dieses schwachen Präsidenten — ist Steiners immer wieder ausgesprochene harte Kritik an Wilson verständlich. Die Doppelzüngigkeit wird aber noch fortgesetzt. In seiner viel zitierten Ansprache an den Kongreß proklamiert am 8. Januar 1918 Präsident Wilson die berühmten — aber im einzelnen wenig bekannten — »Vierzehn Punkte«. Bemerkenswert ist die Einleitung. In ihr stellt Wilson die deutschen Friedensverhandlungen in Brest-Litowsk mit den Delegierten der Sowjets — an ihrer Spitze Trotzki-Bronstein — als abschreckendes Beispiel dar, abschreckend im Hinblick auf das Verhalten der Deutschen, während er von der sowjetischen Delegation sagt: »Die russischen Vertreter waren ernst und aufrichtig . . . sehr weise und im wahren Geiste der modernen Demokratie« handelnd. Wilson weiß nicht oder will nicht zur Kenntnis nehmen, daß diese »sehr weisen, aufrichtigen russischen Vertreter« erst wenige Wochen zuvor durch einen Staatsstreich die Macht an sich gerissen hatten. Lenin selbst sagte darüber zu Trotzki: »Die Auflösung der Konstituante durch die Sowjetregierung bedeutet die vollständige und offene Liquidierung der Idee der Demokratie zugunsten des Gedankens der Diktatur.« [94] Dieser gleiche Lenin hatte zuvor seinem Freund Solomon gegenüber seine »*wahrhaft menschenfreundlichen und demokratischen*« Pläne (Wilson) beschrieben: »Ja, wir werden alles zerstören und auf den Ruinen unseren Tempel aufbauen . . . wir werden die ganze Bourgeoisie vernichten, sie ›pulverisieren‹ . . .« [95]

Während Wilson also die Bolschewiken zu wahren Demokraten hochstilisiert, erwecken die Deutschen in ihm »bestürzende Eindrücke«, und noch 1977 wird in dem zweibändigen Werk von Gerhart Binder, »Geschichte im Zeitalter der Weltkriege« als Randbezeichnung vermerkt: »Brest Litowsk — ein östliches Versailles?« [96]

Was aber hatten nach monatelangen (!) Verhandlungen zwischen deutschen, österreichischen, bulgarischen und türkischen Unterhändlern auf der einen Seite und den Abgesandten Lenins auf der anderen die Russen unterschreiben müssen? Letzten Endes die Forderung Wilsons nach dem Selbstbestimmungsrecht der Völker und die Verwirklichung dieser Forderung. Durch den Frieden von Brest-Litowsk wurde nach 123jähriger Teilung und Fremdherrschaft das selbständige Polen neu begründet. Sein erster Staatschef Pilsudski diente zu dieser Zeit noch als Freiwilliger im deutschen Heer. Er legte bei seiner Entlassung anläßlich der deutschen Demobilisierung im November 1918 großen Wert darauf, das ihm verliehene Eiserne Kreuz noch ausgehändigt zu bekommen und mit nach Warschau nehmen zu können. [97] Litauen, Lettland, Estland wurden selbständige Staaten. Finnlands errungene Freiheit mit deutscher Hilfe von Mannerheim schwer erkämpft, wurde garantiert und das Selbstbestimmungsrecht der Ukraine gefordert. Das hieß vor allem, diese Nationen sollten dem bolschewistischen Terror entzogen werden, den die Baltendeutschen am eigenen Leib bereits erfahren hatten.

Auch Rudolf Steiner äußert sich in einem Gespräch mit Friedrich Rittelmeyer »tief erregt« über den Frieden von Brest-Litowsk: »Es ist furchtbar, einfach furchtbar. . . . Es geht nun wirklich ins Chaos hinein.« [98] Ob Steiner damit die Begründung Polens meint, das erst hierdurch entscheidend zur Auslösung des Zweiten Weltkrieges beitragen konnte, das nach dem Krieg für Vertreibung und Mord an Millionen Ostdeutscher verantwortlich ist, dessen Elite von den Kommunisten liquidiert wurde, und das bis heute sich in einer verzweifelten Situation befindet, oder ob damit mehr die Auslieferung Rußlands an die bolschewistischen Diktatoren, die erst durch diesen Frieden völlig freie Hand erhielten, gemeint ist, bleibt eine offene Frage.

Man darf davon ausgehen, daß Steiner durch Russen wie die Woloschina über die Ereignisse genau unterrichtet war. Die Namen und Lebensumstände der bolschewistischen Unterhändler sind ihm bekannt: »Sie wissen, daß verschiedene Leute daran beteiligt sind. Als hauptsächlichste Leute von Rußland sind beteiligt, um das herauszugreifen: Lenin, Trotzkij, ein gewisser Herr Joffe und ein gewisser Herr Kamenew, der eigentlich Rosenfeld heißt. Trotzkij heißt Bronstein; Joffe ist ein reicher Händler aus Cherson. Das sind die hauptsächlichsten Unterhändler.« GA 180 S. 204

Womit Steiner darauf hinweist, daß die Hauptdelegierten Chasaren sind. [99] Der Hochgradfreimaurer »Bruder« Wilson bestätigt durch seine Sympathie mit den bolschewistischen Delegierten in Brest-Litowsk geradezu die Generallinie von 1889. Man meint bereits den US-Präsidenten des »Zweiten Weltkrieges« zu hören, den Stalin-Verehrer Roosevelt, wenn Wilson bei diesen Unterhändlern meint feststellen zu können, daß sie mit einer »Größe der Auffassung, einem Großmut des Geistes und einer universellen menschlichen Sympathie, . . . welche die Bewunderung jedes Freundes der Menschheit herausfordern muß«, ihre Sache vertreten hätten. Er spricht wiederholt vom »russischen Volk«, dem zu helfen sei, »damit es gegenüber der deutschen Militärmacht den höchsten Grad der erhofften Freiheit und einen geordneten Frieden erlange«.

Die Vierzehn Punkte des US-Präsidenten Wilson

Vor dem Kongreß sieht Wilson sich veranlaßt, die »Herausforderung« der Bolschewiki durch die Mittelmächte aufzugreifen und »mit der äußersten Aufrichtigkeit unsere Antwort zu erteilen«. So begründet er die Darstellung der »Vierzehn Punkte«. Der Leser möge sich selbst ein Urteil bilden, auch unter Einbeziehung des Verhaltens der Siegermächte nach 1945.

I. Keine Geheimdiplomatie mehr: »Die Diplomatie soll aufrichtig und vor aller Welt offen vorgehen.«

II. »Uneingeschränkte Freiheit der Schiffahrt auf den Meeren.«

III. »Die möglichste Beseitigung aller wirtschaftlichen Schranken . . . für alle Nationen.«

IV. »Volle Garantie, zugestanden und zugesichert (!), daß die Rüstungen der Nationen auf das kleinste Maß, das zur inneren Sicherheit nötig ist, beschränkt werden.«

V. »Freier, unbefangener und absolut unparteiischer Ausgleich aller kolonialen Ansprüche . . .«

VI. ». . . für Rußland eine ungehemmte Gelegenheit zur unabhängigen Bestimmung seiner eigenen politischen Entwicklung . . .

und ihm eine herzliche Aufnahme in die Gesellschaft der Nationen zuzusichern, unter Einrichtungen seiner eigenen Wahl . . .« (Der Leser möge sich bitte an die erwähnten Karten von 1889 mit der Bezeichnung »desert für sozialistische Experimente« erinnern.)

VII. »Belgien muß geräumt werden«

VIII. »Das ganze französische Gebiet muß geräumt . . . werden. Das Unrecht (!), das Frankreich anno 1871 in Beziehung auf Elsaß-Lothringen durch Preußen (!) angetan worden ist . . . muß wieder gut gemacht werden.« (Von »Selbstbestimmung« wurde nicht gesprochen!)

IX. »Eine Bereinigung der Grenzen Italiens sollte nach genau erkennbaren Linien der Nationalitäten (!) bewerkstelligt werden.« (Wie durfte dann das deutsche Südtirol 1918 durch einen Handstreich mit Gewalt annektiert werden?)

X. »Den Völkern Österreich-Ungarns, deren Platz unter den Nationen wir geschützt und gesichert zu sehen wünschen, sollte die freieste Gelegenheit autonomer Entwicklung zugestanden werden.« (Nur den Nicht-Deutschen? Der deutschen Heimat Rudolf Steiners wurde nicht einmal zugestanden, sich den Namen ihrer Republik selbst zu wählen.)

XI. »Rumänien, Serbien und Montenegro sollten geräumt, die besetzten Gebiete zurückgegeben werden . . .«

XII. »Den türkischen Teilen des jetzigen Osmanischen Reiches sollte eine sichere Souveränität geschaffen werden . . .«

XIII. »Ein unabhängiger polnischer Staat sollte aufgerichtet werden, der alles Land einzubegreifen hätte, das von unbestritten (! !) polnischer Bevölkerung bewohnt ist; ein Staat, welchem ein freier und sicherer Zugang zur See geöffnet werden soll . . .«

XIV. »Ein allgemeiner Verband der Nationen muß gebildet werden . . .«

»Für solche Gestaltung der Verhältnisse, solche Abkommen sind wir bereit zu kämpfen, bis die Ziele erreicht sind; doch nur, weil wir danach streben, daß das *Recht* sich durchsetzt und weil wir einen *gerechten* und dauernden Frieden herbeisehnen, einen Frieden, der nur durch die *Beseitigung der Herausforderungen zum Krieg* gesichert ist. Das tut dies Programm. *Wir sind nicht eifersüchtig auf die deutsche Größe, und es ist nichts in diesem Programm, das sie gefährdet.* Wir beneiden Deutschland um keine seiner Errungenschaften . . ., die seinen Ruf zu einem glänzenden und sehr beneidenswerten gemacht haben. Wir wünschen nicht Deutschland zu verletzen oder in irgendeiner Weise seinen berechtigten Einfluß oder seine Macht (!) zu sperren . . . Wir wünschen nur, daß es seinen Platz der Gleichberechtigung (!) unter den Völkern der Welt . . . einnehmen soll . . .«

Zum Schluß verpfändet Woodrow Wilson Wort und Ehre seines Staatsvolkes: »Das Volk der Vereinigten Staaten kann nur auf diesem festen Grunde handeln. Zur Verteidigung dieses Prinzips ist es bereit, sein Leben, seine Ehre und alles, was es besitzt, einzusetzen. Der moralische Höhepunkt, der letzte (!) Krieg für die menschliche Freiheit ist gekommen, und es ist bereit, seine eigene Stärke, seine eigenen höchsten Ziele, seine eigene Redlichkeit und Hingebung auf die Probe zu stellen.« [100]

Es wird sich für immer der Beurteilung entziehen, ob der Redner selbst an seine Worte glaubte oder nur ein Werkzeug jener war, die Rudolf Steiner als die eigentlichen »Drahtzieher« kennzeichnete, und die, wie bereits dargestellt, ganz andere Ziele verfolgten. Tatsache ist, daß diese Proklamation der Vierzehn Punkte in der Welt zumeist wohl als wahrhaftig verstanden wurde und auch in Deutschland — wie ich selbst in deutlicher Erinnerung habe — großen Eindruck machte.

Über das Zustandekommen dieser »Vierzehn Punkte« gibt Gregory Bateson 1966 in einem Vortrag am 21. April 1966 vor Teilnehmern des »Two Worlds Symposium« im State College in Sacramento Aufschluß:

»Die meisten von Ihnen wissen vermutlich nur wenig darüber, wie der Versailler Vertrag überhaupt zustande kam. Das war ganz einfach. Der Erste Weltkrieg zog und zog sich hin; die Deutschen waren ziemlich offensichtlich dabei zu verlieren. Hier nun kam George Creel, einem Werbefachmann — und ich möchte Sie bitten, nicht zu vergessen, daß dieser Mann als Vorfahr der PR-Leute von heute zu betrachten ist —, plötzlich eine Idee: daß nämlich die Deutschen sich vielleicht ergeben würden, wenn wir ihnen milde

Waffenstillstandsbedingungen anböten. Er entwarf also flugs eine Reihe solcher Bedingungen, denen zufolge auf Strafmaßnahmen verzichtet werden würde, und teilte sie in 14 Punkte ein. Diese Vierzehn Punkte übermittelte er Präsident Wilson. Wenn man jemanden übers Ohr hauen will, sucht man sich am besten einen ehrlichen Menschen als Zwischenträger. Präsident Wilson war eine fast pathologisch ehrliche Haut und zudem ein Philanthrop. In mehreren Reden legte er die Punkte bis ins einzelne dar: es werde ›keine Annexionen‹ geben, ›keine Wiedergutmachungen‹, ›keine Strafmaßnahmen‹ . . ., und so fort. Und die Deutschen ergaben sich.«

Doch Bateson begnügt sich nicht mit der Entstehungsgeschichte, er gibt auch eine Beurteilung:

»Die ganze Sache war wohl eines der größten Schwindelgeschäfte in der Geschichte unserer Zivilisation. Ein wahrhaft außergewöhnliches (›singulär‹!) Ereignis, das dann ziemlich direkt und unvermeidlich in den Zweiten Weltkrieg führte. Es führte auch (und das dürfte vielleicht sogar interessanter sein als die gerade Linie zum Zweiten Weltkrieg) zur völligen Demoralisierung der deutschen Politik. Wenn Sie Ihrem Sohn etwas versprechen und es dann nicht halten, wobei Sie sich scheinheilig auf höhere ethische Werte berufen, werden Sie erleben, daß er nicht nur unheimlich wütend auf Sie wird, sondern auch *seine* Moral verfällt, so lange er die Peitschenhiebe Ihres ungerechten Benehmens zu spüren bekommt. Der Zweite Weltkrieg war also nicht nur der entsprechende Gegenschlag einer Nation, mit der man in eben dieser Weise umgesprungen war; viel wichtiger ist wohl, daß man diese Demoralisierung der Deutschen auf eine solche Behandlung hin hätte vorhersehen können. Durch die Demoralisierung dieser Nation wurden wir selbst demoralisiert. Und das ist auch der Grund, weshalb ich sage, mit dem Versailler Vertrag sei ein Punkt erreicht worden, an dem Einstellungen sich änderten. Ich nehme an, daß die Nachwirkungen dieses gigantischen Schwindels noch eine Generation lang aufgearbeitet werden müssen.« [101]

Rudolf Steiner durchschaut die geplante Verführung und hält einen Frieden auf der Grundlage dieser Vorschläge für unmöglich. Daraus werden seine oft sehr harten Worte verständlich: so im Ersten Memorandum, das er im Juli 1917 gleichsam als Antwort auf Erklärungen und Ereignisse seit dem Kriegseintritt der USA und als Anregung für eine deutsche Erwiderung jenen maßgebenden Regierungsmitgliedern zuleitete, mit denen er zum Teil in persönlicher Beziehung stand. Steiner kennzeichnet darin zum wiederholten Male den Charakter dieses Krieges, der »unter der falschen Flagge der Völkerbefreiung ein Krieg ist zur Unterdrückung des deutschen Volkes, im weitesten Sinne zur *Unterdrückung alles selbständigen Volkslebens in Mitteleuropa.* Entkleidet man das Wilsonsche Programm, das als die neueste Umschreibung aus den Deckprogrammen der Entente hervorgegangen ist, so kommt man darauf, daß seine Ausführung nichts anderes bedeuten würde als den *Untergang dieser mitteleuropäischen Freiheit.* Daran hindert nicht, daß Wilson von der Freiheit der Völker redet; denn die Welt richtet sich nicht nach Worten, sondern nach Tatsachen, die aus der Verwirklichung dieser Worte folgen. Mitteleuropa braucht wirkliche Freiheit, Wilson aber redet gar nicht von einer wirklichen Freiheit. Die ganze westliche Welt hat von dieser wirklichen für Mitteleuropa nötigen Freiheit überhaupt keinen Begriff. Man redet da von Völkerfreiheit und meint dabei nicht die wirkliche Freiheit der Menschen, sondern eine schimärische Kollektivfreiheit von Menschenzusammenhängen, wie sie sich in den westeuropäischen Staaten und in Amerika herausgebildet haben.« GA 24 S. 354 f.

Diese Beurteilung der weltgeschichtlichen Lage durch Steiner hat auch nicht das geringste an Aktualität seit den inzwischen vergangenen sieben Jahrzehnten mit ihren dramatischen Vorgängen verloren. Im Gegenteil: Gerade in einem geschichtlichen Augenblick, in dem sich Europa zusammenfinden will, sollten Steiners Perspektiven neu und gründlich überdacht werden. Um dazu durch unmittelbare Kenntnisnahme seiner Gedanken einen Anstoß zu geben, seien diese hier im Zusammenhang wiedergegeben.

Sie sind entnommen im ersten Absatz dem »Ersten Memorandum«, der Endfassung des »Zweiten Memorandum«, das am 24. Juli in die Hand des Kabinettschefs von Kaiser Karl kommt. Ende Juli spricht Dr. Steiner mit dem deutschen Reichsaußenminister Kühlmann.

»Es gibt daher für Mitteleuropa nur ein Friedensprogramm, und das ist: Die Welt wissen zu lassen, ein Friede ist sofort möglich, wenn die Entente an die Stelle ihres jetzigen, unwahren Friedensprogramms ein solches setzt, das wahr ist, weil es in seiner Verwirklichung nicht den Untergang, sondern die Lebensmöglichkeit Mitteleuropas herbeiführt.«

Steiner führt dann aus, daß auf der Grundlage des vorgelegten Friedensprogrammes ein Friede nicht möglich ist, daß Deutschland nur mit Gewalt gezwungen werden könnte, dies Programm anzunehmen und sagt wörtlich — und wie rückblickend festzustellen ist, leider zutreffend: »Bei Verwirklichung des Wilsonschen Programmes gehen die europäischen Völker zugrunde. Man muß eben in Mitteleuropa ohne Illusion dem ins Auge schauen, was diejenigen Persönlichkeiten seit vielen Jahren als ihren Glauben haben, den sie von ihrem Gesichtspunkte aus als das Gesetz der Weltentwicklung betrachten: *daß der anglo-amerikanischen Rasse* die *Zukunft der Weltentwicklung gehört,* und daß sie das Erbe der lateinisch-romanischen Rasse und die Erziehung des Russentumes zu übernehmen hat. Bei der Anführung dieser weltpolitischen Formel durch einen sich eingeweiht dünkenden Engländer oder Amerikaner wird stets bemerklich gemacht, daß das deutsche Element bei der Ordnung der Welt nicht mitzusprechen hat wegen seiner Unbedeutendheit in weltpolitischen Dingen . . .« GA 24 S. 356-358

»Wer den Ursprung dieses Krieges in einem tieferen Sinne kennt, der kann nicht anders, als die Notwendigkeit betonen, daß das Entente-Wilson-Programm durch Mitteleuropa die schärfste Zurückweisung durch Tatsachen erfährt. Denn das real Aussichtsvolle dieses Programmes — neben seinem moralisch Blendenden — liegt darin, daß es die Instinkte der mittel- und osteuropäischen Völker dazu benützen will, diese Völker durch moralisch-politische Überrumpelung in wirtschaftliche Abhängigkeit von dem Anglo-

Amerikanismus zu bringen. Die geistige Abhängigkeit würde dann nur die notwendige reale Folge sein. Wer weiß, daß man *in englischen eingeweihten Kreisen seit dem vorigen Jahrhundert von dem »kommenden Weltkriege« sprach als dem Ereignis, das der angloamerikanischen Rasse die Weltherrschaft bringen müsse,* der kann keinen besonderen Wert darauf legen, daß die Führer der Ententevölker sagen, sie seien von diesem Kriege überrascht worden oder sie haben ihn verhindern wollen . . .« GA 24 S. 365 f.

Für Steiner gibt es eine »naturgemäße Entwicklung« Mitteleuropas, die durch die Wilsonsche Friedensformel unmöglich gemacht werden soll. Ja, Steiner schildert das Wesen dieser Formel sogar in größter Schärfe: »Wir Anglo-Amerikaner wollen, daß die Welt werde, wie wir sie wünschen. In diesen Wunsch hat sich Mitteleuropa zu fügen. Diese unmaskierte Friedensformel zeigt, daß Mitteleuropa in den Krieg getrieben werden mußte. Siegte die Entente, so wäre Mitteleuropas Entwickelung ausgelöscht.« GA 24 S. 380

Es bleiben nach Steiners Einschätzung der Lage für die Deutschen und Österreicher nur drei Möglichkeiten der Entscheidung:

»1. Unter allen Umständen auf einen Sieg ihrer Waffen zu warten, und von ihm die Möglichkeit zu erhoffen, ihre mitteleuropäische Aufgabe ausführen zu können.

2. Mit der Entente auf Grund deren jetzigen Programms einen Frieden einzugehen und damit *ihrer sicheren Zerstörung entgegenzugehen.*

3. Zu sagen, was sie im Sinne der wirklichen Verhältnisse als das Ergebnis eines Friedens betrachten werden . . . An Mitteleuropa aber ist es, sein Wollen für die Freiheit klar hinzustellen, ein Wollen, das nicht in Wilsonscher Art auf Programme gebaut sein kann, sondern auf die Wirklichkeit des Menschendaseins.« GA 24 S. 356/7 f.

Da jedes Gespräch von der Entente-Seite verweigert wurde — wie schon 1916 —, war eine Alternative nicht mehr gegeben, der Sieg der Waffen nach Kriegseintritt der USA nicht mehr zu erhoffen, es blieb nur der Strohhalm der »Wilsonschen Punkte«.

Noch am 27. September 1918 hatte der US-Präsident diese Grundlage in einer in New York gehaltenen »Fünf-Punkte-Rede« neu formuliert: »Es muß eine Gerechtigkeit sein, die *keine Begün-*

stigungen und keine Abstufungen kennt, sondern nur die gleichen Rechte der beteiligten Völker.« Daraufhin wurde am 7. Oktober bereits in Washington folgende Note übergeben: »Die Deutsche Regierung ersucht den Präsidenten der Vereinigten Staaten von Amerika, die Herstellung des Friedens in die Hand zu nehmen. Sie nimmt das . . . namentlich in der Rede vom 27. September aufgestellte Programm als Grundlage für die Friedensverhandlungen an.« [102]

Bereits am 11. Februar hatte Präsident Wilson vor dem amerikanischen Kongreß seine Grundsätze noch einmal präzisiert: »Es soll weder Annexionen noch Entschädigungen geben.« In der Antwortnote der Alliierten an die Deutschen wurde jetzt geltend gemacht, daß auch der der Zivilbevölkerung der Alliierten zugefügte Schaden ersetzt werden müsse. Das Prinzip der »Reparationszahlungen« wird nun zusätzlich angemeldet. [103]

Trotz dieser unerwarteten Neuerung nahmen die Deutschen an. Die demütigende Szene, die den deutschen Beauftragten im Salonwagen des Marschall Foch zu Compiègne vor Paris bereitet wurde, als die Reichsregierung am 11. November 1918 um Waffenstillstand nachsuchte, dürfte hinlänglich bekannt sein. Foch empfing sie, über seine Karten gebeugt mit den Worten: »Was wollen die Herren hier?!« Dr. Steiner war betroffen darüber, wie im neutralen Ausland »die unerhört grausamen Waffenstillstandsbedingungen für die Zentralmächte gewürdigt werden, mit jenem allgemeinen merkwürdigen Schweigen, mit dem man darüber hinweg geht, daß diese Waffenstillstandsbedingungen, so wie sie waren und wie sie ja auch nach der Milderung bleiben werden, *ein wahrhaftiges Todesurteil* sind . . .« GA 185 a S. 92

»Ein wahrhaftiges Todesurteil«

Als Vorleistung für die Annahme des Waffenstillstandsersuchens waren zu erbringen: 20 Milliarden Goldmark, außerdem die Ablieferung von 5.000 Lokomotiven, 150.000 Eisenbahnwagen, 5.000 Lastkraftwagen, 3 Jahre lang je 35.000 Tonnen Benzol, je

50.000 Tonnen Teer und je 30.000 Tonnen Ammoniak, ferner 700 Zuchthengste, 40.000 Stuten, 4.000 Stiere, 140.000 Milchkühe, 40.000 Färsen, 1.200 Böcke, 220.000 Schafe, 21.000 Ziegen, 25.000 Schweine, 245.000 Stück Geflügel.

Dazu: 14.500 Pflüge, 400 Dampfpflüge, 6.500 Sämaschinen, 6.500 Düngerstreumaschinen, 18.000 Eggen, 2.500 Stahlwalzen, 2.500 Grasmähmaschinen, 2.500 Heuwender, 3.000 Bindemähmaschinen, 5 Jahre lang je 200.000 Tonnen Schiffsneubauten.

Ferner monatlich 2 Millionen Tonnen Kohle, weiter ungeheuere Mengen von Steinen, Ziegeln, Stahl, Kalk, Zement, Bauholz, Fensterglas und Maschinen. [104]

Eine neue Verfahrensweise war der Vorbehalt der Alliierten, weitere Nachforderungen stellen zu können, zu denen die deutsche Zustimmung im voraus verlangt wurde. Wohlgemerkt: dies alles sind Waffenstillstands- noch nicht »Friedensbedingungen«! Immerhin wurde die geordnete Rückführung der deutschen Truppen durch ein Zugeständnis in der Fristensetzung sichergestellt, die Räumung des Gebietes westlich des Rheins eingeschlossen; die Abgabe deutschen Kriegsmaterials war verständlich, die Ablieferung aller U-Boote und der Luftflotte sollte die Wiederaufnahme des Kampfes unmöglich machen, jedoch die Fortsetzung der mörderischen Hungerblockade war eine Maßnahme, die sich gegen das ganze Volk in verheerender Weise auswirkte. Die kriegsgefangenen Männer wurden nicht gegen die sofort zu entlassenden alliierten Gefangenen ausgetauscht. Im Grunde ging der Krieg ohne Waffeneinsatz weiter. Und das war erst der Waffenstillstand.

Die Fortsetzung der Blockade und die Lähmung der deutschen Landwirtschaftsproduktion durch die oben aufgelisteten Ablieferungen kosteten nach einhelligen internationalen Schätzungen das Leben von mindestens 800.000 Menschen der Zivilbevölkerung und schwächten die heranwachsende Jugend in ihren Entwicklungsjahren lebenslang.

Am 18. Januar 1919, am Jahrestage der Proklamation des wiedererstandenen Reiches 1871 — so von Clemenceau ausgewählt —, trat die Kommission zusammen, die den »Friedensvertrag« bestimmen sollte.

Es ist zur fahrlässigen Gewohnheit geworden, das Diktat von Versailles als »Friedensvertrag« zu bezeichnen. Ein Vertrag wird herkömmlich zwischen Partnern aufgrund von Vereinbarungen abgeschlossen. Den deutschen Unterhändlern wurde bereits bei Empfang des Diktats, das den Umfang eines Buches hatte, erklärt, daß mündliche Verhandlungen ausgeschlossen seien, und daß es ihnen lediglich freistehe, schriftliche Anmerkungen zu geben. Der spätere Außenminister der USA, John Foster Dulles, schrieb als damaliges Mitglied der US-Delegation von 1918/19 in Versailles: »Ich erinnere mich lebhaft, wie dort die Mitglieder der deutschen Friedensdelegation in ein mit Stacheldraht eingefaßtes Gehege verwiesen wurden, den Blicken *wie Tiere in einem zoologischen Garten* ausgesetzt und ihnen jede persönliche Berührung mit alliierten Delegierten versagend . . .«

Die Falle war zugeschnappt

Deutschland war unter Vorspiegelung anderer Voraussetzungen in die Falle gegangen. Von den Zusicherungen Wilsons, aufgrund derer die Waffen im Vertrauen auf ihre Erfüllung niedergelegt worden waren, war nicht mehr die Rede. Ein Volksbetrug, wie er in der Weltgeschichte einmalig ist, vollzog sich. Das Reich und seine Bundesgenossen waren ohnmächtig der Willkür der Sieger ausgeliefert. Unvorstellbar, in welcher Weise die zu Siegern gewordenen Kriegstreiber als »Friedensmacher« ihre dargestellten Prinzipien vor aller Welt verleugneten. Und die Welt schwieg.

Für das »Selbstbestimmungsrecht der Völker« waren die Alliierten, wie sie versicherten, in den Krieg gezogen. Nun wurde das Reich verstümmelt, und die Habsburger Monarchie zertrümmert.

Ohne Abstimmung, also unter Verleugnung des »Selbstbestimmungsrechtes« waren abzutreten: Elsaß-Lothringen, fast ganz Posen und Westpreußen einschließlich Memelgebiet, Hultschiner Ländchen, Eupen-Malmedy, das Saargebiet auf 15 Jahre. Abstimmungen sollten stattfinden in Nordschleswig, Regierungsbezirk Marienwerder, Allenstein und Oberschlesien. Das deutsche

Sudetenland wurde an die neugegründete »Tschechoslowakei« abgetreten, der von den Deutschen Österreichs einstimmig geforderte Zusammenschluß mit der deutschen Republik ohne Volksbefragung als unabänderlich kurzerhand verboten. Dazu gehörte der Verlust aller Kolonien mit der Begründung, ihrer Verwaltung nicht würdig zu sein!

Teil VII bringt Strafbestimmungen: Wilhelm II. wurde unter Anklage gestellt »wegen schwerster Verletzung der internationalen Moral und der Heiligkeit der Verträge«. Ein besonderer Gerichtshof soll gebildet werden und von der deutschen Regierung wird verlangt, »alle Kriegsverbrecher«, darunter Generalfeldmarschall von Hindenburg, auszuliefern. Überhaupt liest sich das gesamte Diktat »selbst heute noch in vielen Teilen wie ein Strafurteil« (Haffner).[105] Teil VIII befaßt sich mit den »Wiedergutmachungen« (Reparationen) und erklärt, »daß Deutschland und seine Verbündeten als Urheber aller (!) Verluste und aller Schäden verantwortlich sind, welche die alliierten und assoziierten (!) Regierungen und ihre Angehörigen infolge des ihnen durch den Angriff Deutschlands und seiner Verbündeten aufgezwungenen Krieges erlitten haben«. »Mit dieser einseitigen Feststellung der Kriegsschuld der Mittelmächte, insbesondere Deutschlands, werden alle Reparationen begründet.«[106] Man erinnere sich, daß der Krieg durch den serbisch-österreichischen Konflikt entstand und Deutschland aufgrund seiner Bündnisverpflichtung, und weil es sich durch zwei Fronten tödlich bedroht sah, zu den Waffen greifen mußte.

Zugleich wurde Deutschland die Möglichkeit genommen, solche Auflagen zu erfüllen, indem es die gesamte Handelsflotte über 1600 BRT, die Hälfte aller Handelsschiffe von 1000–1600 BRT, Fischereifahrzeuge und die Flußschiffahrtsflotte abliefern sollte. Große Mengen von Maschinen, Fabrikeinrichtungen, Baumaterialien mußten ebenso wie Kohle für die Dauer von zehn Jahren, Benzol, Steinkohlenteer, Farbstoffe, schwefelsaurer Ammoniak, aber auch die zu solchen Leistungen notwendigen Transportmittel, Lokomotiven, Eisenbahnwagen, Lastkraftwagen und landwirtschaftliche Maschinen ausgeliefert werden.

Teil X fordert Kriegsentschädigung, u.a. solche, welche die Alliierten später der Sowjetunion zusprechen! Teil XII verfügt über Häfen, Wasserstraßen und Eisenbahnen und erklärt Elbe, Memel, Oder, Donau und Rhein für international, bestimmt freie Durchfahrt für alle Nationen durch den Nord-Ostsee-Kanal, Freihäfen für die Tschechoslowakei in Hamburg und Stettin. Danzig war bereits bei den Abtretungen des Reichsgebietes von Deutschland getrennt worden. [107]

Das Verhalten der Alliierten als Sieger sowohl 1918/19 als auch 1945 kann nicht anders gewertet werden denn als Bestätigung der vor diesen Kriegen jeweils erklärten Zielsetzung: Vor dem ersten Teil der Tragödie »Germania est delenda« und vor dem zweiten »Germany must perish«.

Erstaunlicherweise gibt es immer noch deutsche Teilstaaten, wenn auch mit Ausnahme Österreichs nur teilselbständig. Ein wirklicher Friede konnte allerdings auf dem Hintergrund von Versailles nicht erreicht werden. Der Historiker Binder schreibt dazu in dem bereits angeführten Werk: »Es ist eine alte Erfahrung der Geschichte, daß es leichter fällt, einen Krieg zu beginnen, als Frieden zu schließen. Und doch gewährt erst ein Friede, der Sieger und Besiegte schließlich versöhnt, Sicherheit und Ausgleich. Das hatte man, trotz aller Mängel in einzelnen Regelungen, noch 1814/15 gewußt und es fertiggebracht, die Epoche der Französischen Revolution und Napoleons I. im Wiener Kongreß mit einem Frieden abzuschließen, der immerhin bis 1870 gedauert hat. Auch der Friede von 1866, den Bismarck gegen die kurzsichtigen Militärs und den zwar redlichen, aber wenig vorausschauenden König durchgesetzt hatte, hatte Dauer, weil er Versöhnung ermöglichte.

Der Frankfurter Friede von 1871 zwischen Frankreich und dem siegreichen zweiten deutschen Kaiserreich war schon der Anfang neuer Kriege, doch konnte man immerhin noch hoffen, in den Jahren nach dem Krieg zu einem neuen europäischen Ausgleich zu gelangen. Das glückte nicht; der Erste Weltkrieg war die Folge.

Versailles war eine der Hauptursachen, daß nach 1918 kein gesicherter Friede entstand. Wir können darum — allerdings im Rückblick auf die ganze Epoche — die Zeit von 1918 bis 1939 die

»Zwischenkriegszeit« nennen. Sie war nicht mehr Krieg und noch kein Friede. Und sie leitete über zu einem neuen Krieg: dem Zweiten Weltkrieg — dem letzten?« [108]

Der Kriegsschuld-Paragraph Artikel 231

Neben der schmachvollen Behandlung der deutschen Verhandlungspartner in Versailles, über Gebietsabtrennungen und unvorstellbar hohe Reparationen hinaus, wurde die verlangte Unterschrift unter den Artikel 231 zur ersten »Gehirnwäsche« in der Geschichte, wie sie danach, im kommunistischen Machtbereich, vor allem in China, immer wieder als offizielles Druckmittel verwandt wurde.

Der Artikel 231 lautet: »Die alliierten und assoziierten Regierungen erklären, und Deutschland erkennt an, daß Deutschland und seine Verbündeten als Urheber aller Schäden verantwortlich sind, welche die alliierten und assoziierten Regierungen und ihre Angehörigen infolge des ihnen durch den Angriff Deutschlands und seiner Verbündeten aufgezwungenen Krieges erlitten haben.« Damit sollte dem deutschen Volk die Alleinschuld an diesem furchtbaren Krieg und seinen unabsehbaren Folgen auferlegt werden. Diese Zumutung bedeutete, wider die Wahrheit zu zeugen und diese Lüge durch das Zugeständnis der Unterschrift ein für allemal »festzuschreiben«. Das bedeutete, nicht nur sein eigenes Todesurteil zu unterschreiben, sondern es selbst zu fällen. [109]

Die Folgen waren nicht abzusehen: Nicht nur, daß durch ein solches Bekenntnis alle an Deutschland gerichteten Ansprüche der Sieger einen Rechtstitel erhielten, es wurde damit das deutsche Volk zum Verbrecher am Frieden der Welt gestempelt und geächtet. Bis heute lebt im Bewußtsein vieler historischer Ignoranten die vornehmlich aus dieser Unterschrift abgeleitete Vorstellung von der deutschen Alleinschuld am Krieg. Dazu äußerte sich 1933 aus dem neutralen Ausland der Schweizer Roman Boos als unmittelbarer Mitarbeiter Rudolf Steiners: »Einem Volk, das sich in seinem tiefsten Inneren von der Schuld frei wußte, diesen Krieg beabsichtigt und herbeigeführt zu haben, in der Erweckung der Bewußtseinskräfte zu helfen, die allein den Ereignissen eine für Deutschland und die Welt heilsame Richtung geben konnten«, war Rudolf Steiner gleich zu Anfang 1919 bemüht: Er bezeichnete »die unerhört grausamen Waffenstillstandsbedingungen« als ein »wahrhaftiges Todesurteil« und erklärt am 25. Januar 1919 seinen Mitarbeitern im Goetheanum: »Es ist unbedingt nötig, von einem geeigneten Ort aus eine Darstellung des Kriegsausbruches zu geben . . . Die Notwendigkeit, über die eigentlichen Ursachen des Krieges zu sprechen, liegt im eminentesten Sinne vor . . . Es müßte zunächst auf eine dem internationalen Publikum verständliche Art gerade von deutscher Seite über die Ursachen der ganzen Katastrophe geredet werden.« Alles geht davon aus, »daß für die Entente-Verbündeten die Schuldfrage entschieden ist . . . Es muß durchaus betont werden, daß im Grunde genommen wirklichkeitsgemäß bis jetzt nichts anderes geschehen ist, in bezug auf diese Schuldfrage, als ein sehr merkwürdiger Entscheid der Siegermächte. Dieser Entscheid begründet sich, ganz nach den Regeln des heutigen Weltgeschehens, nicht auf eine objektive Beurteilung der Tatsachen, sondern einfach auf ein Diktat der Sieger. Die Sieger haben nötig, um ihren Sieg in entsprechender Weise auszunützen, der Welt zu diktieren, die andere Seite sei schuld am Kriege.« GA 174 b S. 356

Der frühere Reichsaußenminister Walther Rathenau (1921) schrieb unter dem Eindruck des Diktat-Textes am 15. Mai 1919 in »Der Spiegel«: »Wer . . . an Deutschland denkt, das Land der Münster und Hohen Schulen, der Lieder und Gedanken, an zwei Jahrtausende der Gesinnung und des Geistes, der wird, und wenn er sieben Leben hätte, grübeln und nicht fassen können, daß ein Urteilsspruch in die Welt geht, ein Urteilsspruch von lebendigen Menschen, die denken und fühlen, die reden und wissen, wachen und schlafen, und daß dieser Urteilsspruch, dieses Wort des Todes, unsere Heimat vernichtet, unsere Städte entvölkert, unsere Menschen begräbt.

Ein wissenschaftlicher Mord, kalt, klar, klug und blutlos, vernichtet das Werk der vergangenen und das Leben der kommenden Geschlechter.

Vae Victoribus! Auch wenn wir ihnen vergeben, das Weltgeschehen vergibt ihnen nicht, und das Blut der Unschuldigen kommt über ihr Haupt.

Nach diesem Morde kann die Welt nicht wieder froh werden.«[110]

Unüberhörbar war damals der Aufschrei des Volkes trotz Erschöpfung durch Kriegsanstrengungen und Hunger. Der Widerstand gegen das Siegerdiktat war einhellig »von rechts bis links«. Er ging durch sämtliche Bevölkerungsschichten. Einen würdigen, aber auch entschiedenen, ja leidenschaftlichen Ausdruck gab der inneren Erhebung des deutschen Volkes die Sitzung der Nationalversammlung vom 12. Mai 1919. Der Wortführer war der Sozialdemokrat Philipp Scheidemann als Ministerpräsident der Deutschen Reichsregierung, die erst vor drei Monaten gebildet worden war nach Abdankung des Kaisers und Wahl zur verfassunggebenden Deutschen Nationalversammlung. Form und Inhalt der Rede des Sozialdemokraten zum erlittenen Schicksal des Deutschen Volkes sind bis heute beachtenswert.

Der Sozialdemokrat Scheidemann zu Versailles

Diese außergewöhnliche Sitzung fand in der Berliner Universität statt, deren heutiger Name zurecht Wilhelm von Humboldts gedenkt. Den Hintergrund bildete ein Kolossalgemälde, das Johann Gottlieb Fichte in einer seiner »Reden an die Deutsche Nation« darstellt. An ihn erinnerte als Gastgeber Prof. Kahl in seiner Eröffnungsansprache und erntete »allgemeinen lebhaften Beifall«, als er Fichte zitiert, der sich in einer vergleichbaren Lage in seiner ersten Rede wendet »nicht an die Hörer, die aufgehen in dem Gefühl des Schmerzes, sondern nur an solche, die über dem gerechten Schmerze die Besinnung für die Ehre, für die Freiheit, für die Selbständigkeit, für den Entschluß zur Tat sich bewahrt« haben. Und Kahl berief sich weiterhin auf die 8. Rede, in der Fichte spricht von dem Wesen »der wahren und allmächtigen Vaterlandsliebe in der Erfassung unseres deutschen Volks als eines ewigen« und wiederholt Fichte's Schlußwort seiner letzten Rede: »Es ist kein Ausweg: wenn

Ihr versinkt, so versinkt die ganze Menschheit mit, ohne Hoffnung einer einstigen Wiederherstellung.«

Der Sozialdemokrat Scheidemann — seinen heutigen Parteigenossen zur Lektüre empfohlen — gab eine »Erklärung der Reichsregierung« über das ab, »was unsere Gegner Friedensbedingungen nennen«. Sein erstes Bekenntnis gilt den Männern aus den bedrohten Ländern und Provinzen Posen, Ost- und Westpreußen, Schlesien, Danzig und Memel und vom Saargebiet: »Wir gehören zusammen. Wir müssen beieinander bleiben.« Immer wieder von »stürmischem Beifall« unterbrochen (wie das amtliche Protokoll vermerkt) führt er aus: »Wir sind ein Fleisch und ein Blut, und wer uns zu trennen versucht, der schneidet mit mörderischem Messer in den lebendigen Leib des deutschen Volkes. Unser Volk am Leben zu erhalten ist unsere höchste Pflicht!« Und dann weist er auf das »dicke Buch«, in dem hundert Absätze beginnen: ›Deutschland verzichtet — verzichtet — verzichtet‹, »dieser schauerlichste und mörderischste Hexenhammer, mit dem einem großen Volke das Bekenntnis der eigenen Unwürdigkeit, die Zustimmung zur erbarmungslosen Zerstückelung, das Einverständnis mit Versklavung und Helotentum abgepreßt und erpreßt werden soll — dies Buch darf nicht zum Gesetzbuch der Zukunft werden! (Stürmischer Beifall)«

Scheidemann zitiert u. a. die »Times«: »Wenn Deutschland in den nächsten 50 Jahren wieder Handel zu treiben beginnt, ist dieser Krieg umsonst geführt worden« und enthüllt damit unter »Pfui-Rufen« die wahren Ziele der Gegner, die diese zum Kriege gegen das Kaiserreich veranlaßt hatten. Es war 1914 (wie 1939), daß *England* den Krieg an das Reich erklärt hatte und damit aus einem europäischen Konflikt einen Weltkrieg entfesselte. Scheidemann führte aus: »Und weil vielleicht all dieses Maß von Fesselung und Demütigung und Ausraubung noch nicht ausreicht, um jede günstige Vernichtungsmöglichkeit in Zukunft auszunützen, schließlich und endlich offen den Fuß in den Nacken und den Daumen aufs Aug', — offen die erbärmliche Versklavung für Kind und Kindeskind: Deutschland verpflichtet sich, alle Akte der Gesetzgebung, alle Bestimmungen und Verordnungen einzuführen, in Kraft zu setzen und zu veröffentlichen, die nötig sein können, um die vollständige Ausführung der oben erwähnten Festsetzungen zu sichern . . . Dieser Vertrag ist nach Auffassung der Reichsregierung unannehmbar!« Das Protokoll der Deutschen Nationalversammlung vom 12. Mai 1919 (39. Sitzung) vermerkt auf Seite 1084: »Minutenlanger brausender Beifall im Hause und auf den Tribünen — die Versammlung erhebt sich — erneutes stürmisches Bravo und Händeklatschen.« Scheidemann fährt fort: »Dieser Vertrag ist so unannehmbar, daß ich heute noch nicht zu glauben vermag, die Erde könne ein solches Buch ertragen, ohne daß aus Millionen und aber Millionen Kehlen aus *allen* Ländern, ohne Unterschied der Partei, der Ruf erschallt: Weg mit diesem Mordplan!«

Dann wendet sich Philipp Scheidemann an die »Brüder in Deutsch-Österreich, die auch in der dunkelsten Stunde den Weg zum Gesamtvolk nicht vergessen, wir grüßen euch, wir danken euch und wir halten zu euch. (Stürmischer Beifall und Händeklatschen.) Stehen Sie uns bei, bei der Anbahnung der Verhandlungen, lassen Sie niemand in der Welt darüber in Zweifel, daß Sie eins mit uns sind, das ganze Volk ein Wächter vor der Zukunft unserer Kinder und Kindeskinder! Ein einiges Volk (im Protokoll mit Fettdruck) vermag viel, ganz besonders, wenn es, wie wir heute, nicht nur für sich selbst, sondern für die Gesellschaft der Nationen dagegen protestiert, daß Haß verewigt, daß Fluch für immer verankert werde! Ihnen, den Mitgliedern der Deutschen Nationalversammlung, gilt heute das Wort: Der Menschheit Würde ist in eu're Hand gegeben! Bewahret sie! Würde dieser Vertrag wirklich unterschrieben, so wäre es nicht Deutschlands Leiche allein, die auf dem Schlachtfelde von Versailles liegen bliebe. Daneben würden als ebenso edle Leichen liegen das Selbstbestimmungsrecht der Völker, die Unabhängigkeit freier Nationen, der Glaube an all die schönen Ideale, unter deren Banner die Entente zu fechten vorgab, und vor allem der Glaube an die Vertragstreue. (Lebhafte Zustimmung.)«

Und nun folgt ein geradezu prophetisches Wort: »Eine Verwilderung der sittlichen und moralischen Begriffe, das wäre die Folge eines solchen Vertrages von Versailles, das Signal für den Anbruch einer Zeit, in der wieder, wie vier Jahre lang, nur heimtückischer, grausamer, feiger, die Nation das mörderische Opfer der Nation, der Mensch des Menschen Wolf wäre . . . Heute sieht es fast so aus, als sei das blutige Schlachtfeld von der Nordsee bis zur Schweizer Grenze noch einmal in Versailles lebendig geworden, als kämpften Gespenster über all den Leichenhügeln noch einen letzten Kampf des Hasses und der Verzweiflung . . . Wir sehen mit Grausen am Beispiel unserer Gegner, welche Verzerrungen Gewaltpolitik und brutaler Militarismus hervorbringen. Wir wenden uns schaudernd von dem jahrelangen Mord . . . Dreimal wehe über die, die heute einen wahrhaften Frieden auch nur um einen Tag verzögern!«

Nach dem »stürmischen Beifall« der Abgeordneten, erklärt der Präsident des preußischen Staatsministeriums Hirsch im Namen der Regierungen sämtlicher deutscher Freistaaten:

»In allen Gauen Deutschlands lodert in diesen dunkelsten Tagen unseres Volkes die Erbitterung auf über den Friedensvorschlag unserer Feinde. Sie haben uns im Herbst vorigen Jahres feierlich einen *Rechtsfrieden versprochen.* Auf dieses Versprechen hin legten wir die Waffen nieder. Nun bieten sie den Wehrlosen einen Frieden der Gewalt. Nie war Zorn berechtigter als heute. Heute ist klar, was die Feinde mit uns vor haben: sie wollen uns für alle Zeit aus der Reihe der Kulturstaaten der Welt streichen und wieder wie einst zu völliger Ohnmacht herabdrücken. Sie wollen das arbeitsfreudige deutsche Volk zu einem Knechtsvolk erniedrigen. Demgegenüber erklären wir, die Vertreter aller deutschen Freistaaten, vor aller Welt: Lieber tot als Sklav!« Das war vor 70 Jahren.

Das Todesurteil wurde unterschrieben

In seiner kritischen Bemerkung über »Brest-Litowsk« hatte Wilson von den monatelangen Verhandlungen gesprochen, die zweifelsohne der Gegenseite einen Zeitgewinn verschafften und das deutsche Ostheer binden sollten, jetzt wurde den Deutschen ein Ultimatum von fünf Tagen gestellt, innerhalb derer die vorbehaltlose Unterschrift der Reichsregierung gefordert wurde. Andernfalls würden die Alliierten das ganze Deutschland besetzen.

Die Anfrage des sozialdemokratischen Reichspräsidenten Friedrich Ebert an den bisherigen Oberbefehlshaber des Heeres Generalfeldmarschall von Hindenburg, ob dem Eindringen des Feindes eine ausreichende Verteidigung entgegengestellt werden könne, mußte verneint werden nach aufgrund der Waffenstillstandsbedingungen vertragsgemäßer Demobilisierung der Streitkräfte. Die Situation schien tatsächlich auswegslos. Philipp Scheidemann und sein Kabinett traten zurück, da sie zu einer Unterschriftsleistung nicht bereit waren.

Auch Rudolf Steiner warnte eindringlich davor, dies Diktat zu unterschreiben: »Die Angehörigen des deutschen Volkes erleben in dieser Weltenstunde in der denkbar bittersten Art, wozu es unter den herrschenden Antrieben der neueren Zivilisation gekommen ist. Man fordert von ihm etwas, an dessen Verwirklichung keinen Augenblick gedacht werden kann. Die es fordern, würden Berge von Haß auftürmen, gegen die die bisher errichteten winzige Hügel wären, wenn das deutsche Volk nach einem Machterfolge sich hätte einfallen lassen, dergleichen zu ersinnen.« GA 24 S. 145

Natürlich wird das, was man sich selbst erlaubt, keineswegs dem anderen zugestanden. Und immer noch ist, wenn zwei dasselbe tun, es nicht dasselbe! Steiner warnt: »Die führenden Persönlichkeiten arbeiten an der Zerstörung Europas; diese führenden Persönlichkeiten ersinnen als ein Stück ihres ›Friedenswerkes‹ etwas, aus dem Maßnahmen hergeleitet werden, welche zu der wirtschaftlichen Zerstörung die völlige *seelische Selbstvernichtung* des deutschen Volkes herbeiführen sollen.« [111]

Steiners entschiedener Widerstand gegen die Anerkennung der Alleinschuld

Zu dieser kategorischen Ablehnung war Dr. Steiner insbesondere durch die von den Alliierten am 16. Juni nachgereichte »Mantelnote« veranlaßt. Sie stellte eine Erwiderung dar auf das in der Nationalversammlung artikulierte Aufbegehren des deutschen Volkes und sollte eine Rechtfertigung gegenüber der Weltöffentlichkeit sein. Um die Ungeheuerlichkeit der nachgeschobenen Vorwürfe zu verdeutlichen, erscheint die auszugsweise Wiedergabe geboten: Die Mantelnote schreibt die Alleinschuld Deutschlands fest.

»Nach der Anschauung der alliierten und assoziierten Mächte ist der Krieg, der am 1. August 1914 zum Ausbruch gekommen ist, das größte Verbrechen gegen die Menschheit und gegen die Freiheit der Völker gewesen, den eine sich für zivilisiert ausgebende Nation jemals (!) mit Bewußtsein begangen hat. Während langer Jahre haben die Regierenden Deutschlands, getreu der preußischen Tradition, die Vorherrschaft in Europa angestrebt. Sie haben sich nicht mit dem wachsenden Gedeihen und Einfluß begnügt, nach welchem zu streben Deutschland berechtigt war . . . Sie haben getrachtet, sich dazu fähig zu machen, ein unterjochtes Europa zu beherrschen, uns zu tyrannisieren, so wie sie ein unterjochtes Deutschland beherrschten und tyrannisierten. Um ihr Ziel zu erreichen, haben sie durch alle ihnen zur Verfügung stehenden Mittel ihren Untertanen die Lehre eingeschärft, in internationalen Angelegenheiten sei Gewalt Recht . . . Sie sind bestrebt gewesen, zwischen den Nationen an Stelle der Freundschaft Feindschaft und Argwohn zu säen. Sie haben ein System der Spionage und Intrigen entwickelt . . . Sobald ihre Vorbereitungen vollendet waren, haben sie einen in Abhängigkeit gehaltenen Bundesgenossen dazu ermuntert, Serbien innerhalb 48 Stunden den Krieg zu erklären; der Weltkrieg ist unvermeidbar geworden, jener Weltkrieg, den sie angezettelt hatten, und für den Deutschland allein unter den Nationen vollständig ausgerüstet und vorbereitet war.« [112]

Diese Behauptungen erscheinen demjenigen, der beide Phasen

des Jahrhundertkrieges als Zeitzeuge erlebt hat, wörtlich austauschbar. Der Vorwurf eines »singulären« Weltverbrechens wurde also bereits 1919 formuliert und erfuhr 1945 eine Zweitauflage. Poincaré behauptete sogar, die deutschen Kanzleien und Generalstäbe hätten in aller Heimlichkeit »ein unerhörtes Programm der Universalherrschaft vorbereitet«.

Noch am 3. März 1921 erwiderte Lloyd George, damals britischer Ministerpräsident, auf der Londoner Konferenz zur Regelung der deutschen Reparationsleistungen den Einwänden der deutschen Delegation gegenüber: »Für die Alliierten ist die deutsche Verantwortung für den Krieg *grundlegend.* Sie ist die Basis, auf der der Bau des Vertrages (!) von Versailles errichtet worden ist. Wenn dies Eingeständnis abgelehnt oder aufgegeben wird, ist der Vertrag zerstört.« Und im englischen Unterhaus bezeichnet noch am 24. Juni 1925 Lloyd George die sog. Mantelnote als einen Teil des ganzen Vertrages: »Es ist . . . ein wesentlicher Teil davon.« [113]

Für die Wochen zwischen dem 10. Mai und 28. Juni 1919, dem Tag, an dem die Unterschrift geleistet wurde, bestand für Deutschland die von Sebastian Haffner folgendermaßen gekennzeichnete Situation: »Ein paar Wochen lang hatte die deutsche Demokratie Hoffnung, ein Inbegriff für deutschen Patriotismus zu werden. Die Chance wurde versäumt, und die deutsche Demokratie wurde statt dessen ein Inbegriff für Ehrlosigkeit und Selbstaufgabe im eigenen Land, für Doppelzüngigkeit und Betrug im Ausland — eine Katastrophe, deren Nachwirkungen die Weimarer Republik nie verwunden hat.« [114]

Die Entschlossenheit vom Mai zerbröckelte unter dem Druck des Juni-Ultimatums und der Aussicht auf einen neuen Krieg. »Inzwischen wartete die Pariser Konferenz mit wachsender Nervosität auf die Entscheidung über Krieg oder Frieden, die sie den Besiegten zugespielt hatte.« [115]

Nach der Unterschriftsleistung stellt Rudolf Steiner fest: »Sie werden leicht einsehen, daß man so, wie man da handelt, nicht handeln könnte, wenn man sagen würde: Ja, die Leute sind ja eigentlich gar nicht so zu beurteilen, wie es, sagen wir, während der Kriegskatastrophe geschehen ist.

Also es handelt sich darum — denn alles andere ist nur Literatur geblieben oder nicht einmal Literatur geworden —, daß vorläufig für die Schuldfrage nichts anderes getan worden ist, als daß ein Siegerdiktat erflossen ist. Und daß auf unbegreifliche Weise das geschehen ist, was im Grunde doch niemals hätte geschehen dürfen, daß dieses Siegerdiktat unterschrieben worden ist, damit ist eine Tatsache geschaffen, die man nicht genug bedauern kann. Denn man kann nicht sagen: Diese Unterschrift hat gegeben werden müssen, um das Unglück nicht noch größer zu machen. — Derjenige, der in die wirklichen Ereignisse hineinsieht, weiß, daß man doch durchkommt durch die gegenwärtige Weltsituation nur mit der Wahrheit und mit dem Willen zur vollen Wahrheit. Mag auch vielleicht das, was zunächst durch das Bedürfnis fließt, zu tragischen Situationen führen, man kommt heute doch mit nichts anderem durch. Die Zeiten sind zu ernst, sie rufen zu große Entscheidungen hervor, als daß sie anders gelöst werden könnten als mit dem vollen Mittel zur Wahrheit.« GA 174 b S. 357

In ähnlicher Weise stellt Sebastian Haffner die Frage, was geschehen wäre, wenn die Deutschen tatsächlich die Unterschrift verweigert hätten. Das Fazit seiner nachlesenswerten Überlegungen ist, daß selbst, wenn es zu einer Besetzung ganz Deutschlands gekommen wäre, »es nicht zuviel gesagt ist, daß unter solchen Umständen die Weltgeschichte mit Sicherheit eine ganz andere und möglicherweise eine glücklichere Wendung genommen hätte«.

Haffner macht ausdrücklich darauf aufmerksam: an dem Tag, an dem das Ultimatum auslief, »am 22. Juni 1919 —, eroberten deutsche Truppen unter einem britischen General Riga für die lettische Regierung im Kampf gegen die russischen Bolschewiki«. Damit will er deutlich machen, welche gemeinsame Frontstellung eigentlich im Interesse Europas gelegen hätte.

Steiner durchschaut selbstverständlich die Gründe für die Unterstellung der Kriegsschuld Deuschlands und Österreichs und hält es für umso notwendiger, die Schuldfrage zu behandeln. »Das geht ja daraus hervor, daß gewissermaßen an die Spitze dieser letzten, unglückseligen Londoner Verhandlungen gestellt worden ist von dem durchtriebensten Staatsmann der Gegenwart, *Lloyd*

George, . . . der Satz: ›Alles, was wir verhandeln, geht davon aus, daß für die Entente-Verbündeten die Schuldfrage entschieden ist.‹

Nun, wenn alles das, was wir verhandeln können, überhaupt unter dem Aspekt geschieht, daß die Schuldfrage entschieden sei, dann handelt es sich, wenn sie nicht entschieden ist, erst recht darum, beim Anfang die Verhandlungen damit zu beginnen, daß man ernsthaft die Schuldfrage aufwirft und sie in ernsthafter Weise behandelt. Es muß durchaus betont werden, daß im Grunde genommen wirklichkeitsgemäß bis jetzt nichts anderes geschehen ist, in bezug auf diese Schuldfrage, als ein sehr merkwürdiger Entscheid der Siegermächte. Dieser Entscheid begründet sich, ganz nach den Regeln des heutigen Weltgeschehens, nicht auf eine objektive Beurteilung der Tatsachen, sondern einfach auf ein Diktat der Sieger.« GA 174 b S. 356 (Stuttgart 21. März 1921) Die Anklage Rudolf Steiners gilt bis auf den heutigen Tag. 75 Jahre nach Beginn des furchtbarsten Krieges der Weltgeschichte wuchert die Schuldlüge weiter. Dem Volk, das keine Schuld am ersten Weltkrieg trägt, kann diese auch nicht für den zweiten aufgebürdet werden. Er folgerte aus dem weltgeschichtlichen Unrecht von Versailles, als dem Ergebnis des ersten.

»Die Geschichte schreiben die Sieger!« sagt ein altes Wort. Auch dies ist die Wirklichkeit bis heute: dennoch ist sie nicht gleichbedeutend mit der Wahrheit. In keinem Fall hat diese Art Geschichte etwas mit Wissenschaft zu tun.

Auch Regierungsvertreter der Weimarer Republik versuchten immer wieder eine Annullierung der wider besseres Wissen von politischen Nebenfiguren unterschriebenen Schuld-Erklärung zu erreichen.

Reichsaußenminister Dr. Rathenau am 13. Juni 1922: »Ein Urteil kann nur gesprochen werden von einem vollgültigen Tribunal. Unser Suchen und Werben um Wahrheit aber wird nicht ruhen, bis im Namen der Geschichte ein befugtes Tribunal seinen Spruch gefällt hat . . .«

Reichskanzler Dr. Cuno am 22. März 1923 in München: ». . . der unanfechtbare Beweis zu erbringen, daß alles, was von der französischen Regierung über Deutschlands Verhalten bei der

Vorbereitung und Entstehung des Weltkrieges gesagt wurde, erfunden oder tendenziös entstellt ist . . .«

Reichsaußenminister Dr. von Rosenberg im Reichstag am 9. August 1923 verdeutlicht »das Verlangen nach Revision dieser moralischen Verdammung, deren Berechtigung unser Volk nie anerkannt hat und nie anerkennen wird, und deren Grundlagen sich immer brüchiger erweisen, je mehr Dokumente über die Vorgeschichte des Krieges ans Tageslicht kommen, . . . den Wahrspruch der Geschichte scheuen wir nicht«.

Reichskanzler Dr. Stresemann am 2. September 1923 in Stuttgart: »Wir können uns jedem unparteiischen Richterspruch über die deutsche Schuld beugen . . . wir fordern die Wahrheitssucher aller Nationen auf, daß die Archive aller Nationen für die Forschung geöffnet werden . . .«
und am 25. Oktober 1923 in Hagen: ». . . so weise ich diese Kriegsschuldlüge mit aller Entschiedenheit zurück. Deutschland hat . . . sich bereit erklärt, sich einem internationalen Gerichtshof zur Beurteilung seiner Kriegsschuld zu unterwerfen. Wenn alle ein so gutes Gewissen haben, wie Deutschland, so sollen sie einmal dasselbe tun . . .«

Der sozialdemokratische *Reichspräsident Ebert* bei der Totengedenkfeier am 3. August 1924: »Im August 1914 ist das deutsche Volk nur zur Verteidigung der bedrohten Grenzen seines Vaterlandes in den Krieg gezogen . . .«

Reichskanzler Dr. Luther am 28. Oktober 1925 in Essen: »Die Frage der Kriegsschuld bewegt die Seele des ganzen deutschen Volkes, . . . das ganze deutsche Volk arbeitet mit Hingebung daran, diesen Irrtum aus der Weltgeschichte zu streichen . . .«

Die *Erklärung der Reichsregierung* vom 3. Oktober 1925 anläßlich des deutschen Eintritts in den Völkerbund bemüht sich, noch einmal mit aller Deutlichkeit zum Ausdruck zu bringen, daß sich das deutsche Volk moralisch nicht an das 1919 in Versailles erzwungene Schuldbekenntnis gebunden fühlt . . .«

Dr. Stresemann als Reichsaußenminister in Genf am 21. September 1925: »Wenn man uns vorgeworfen hat, wir seien die *moralischen* Urheber des Weltkrieges, so sagen wir: *das waren wir nicht.«*

Und er bekennt sich in Stuttgart am 26. Mai 1927 zu dem »Glauben daran, daß der Sturz des deutschen Volkes nicht auf seiner Schuld begründet ist, daß es das Recht hat, moralisch sich so frei zu fühlen wie irgendein anderes Volk dieser Erde . . .«

Reichsaußenminister Dr. Stresemann am 23. September 1927: »Das Volk empfindet die Behauptung, daß das furchtbare Geschehen des Weltkrieges auf Deutschlands Initiative zurückzuführen sei, als die schwerste ihm zugefügte Beleidigung . . .« [116]

Die erforderliche Korrektur der Ostgrenzen

Aber auch die Zwangseingliederung von Millionen Deutscher gegen ihren Willen in den neubegründeten polnischen Staat wurde nicht widerspruchslos hingenommen. Die Forderung nach einer Revision verband — »von links bis rechts« — das ganze deutsche Volk. Der dazu legitimierte Reichsaußenminister der Weimarer Republik, der zu Recht auch heute noch verehrte Dr. Gustav Stresemann, verlieh der allgemeinen Forderung vor dem Deutschen Reichstag am 18. Mai 1925 offiziell Ausdruck:

»Es gibt niemand in Deutschland, der anerkennen könnte, daß die in flagrantem Widerspruch mit dem Selbstbestimmungsrecht der Völker gezogene Grenze im Osten eine für immer unabänderliche Tatsache sei. Es kann deshalb für Deutschland auch keine Regelung der Sicherheitsfrage in Betracht kommen, die eine nochmalige Anerkennung dieser Grenze in sich schlösse.« [117] Man vergleiche diese Haltung mit den freiwillig kapitulierenden Zugeständnissen der sog. »Ostverträge« von 1968.

An den deutschen Kronprinzen schrieb der gleiche republikanische Reichsaußenminister am 7. September 1925: »Die dritte große Aufgabe ist die Korrektur der Ostgrenzen: die Wiedergewinnung Danzigs, des polnischen Korridors und eine Korrektur der Grenzen in Oberschlesien.« [118]

Der sozialdemokratische Ministerpräsident in Preußen, Otto Braun, sagte in Königsberg im November 1930:

»Ich bestreite nicht das Interesse Polens an einem Ausgang zum

Das hailig Römisch reich mit seinen gelidern
INRI
·H·BVRGKMAIR ZV AVGSPVRG·1510·

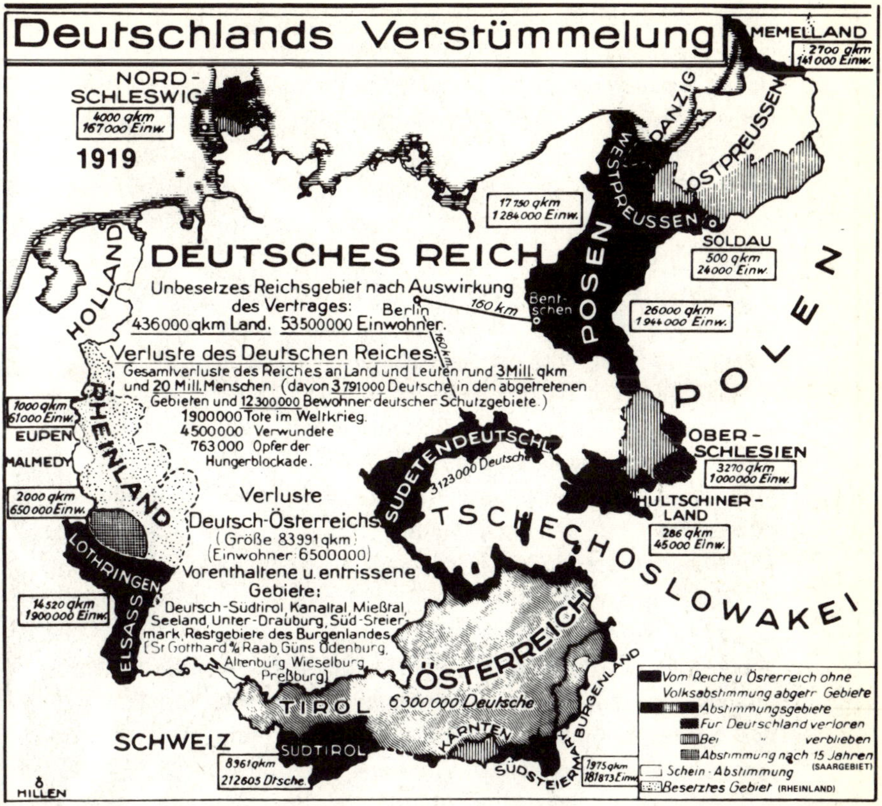

Diese Karte (oben) wurde 1928 im Auftrag der Reichsregierung für den offiziellen Schulgebrauch herausgegeben. Sie gibt nicht nur die abgetrennten Gebiete wieder, sondern auch die Zahl der einem fremden Staat gegen ihren Willen unterstellten Deutschen.

Der Adler, das Symbol des Heiligen Römischen Reiches Deutscher Nation, als Holzschnitt von Hans Burgkmair 1510 (links), breitet schützend seine Schwingen über Mitteleuropa aus (Nürnberger Staatsarchiv).

Meer. Wie er der Tschechoslowakei über Elbe und Hamburg gesichert wurde, konnte er Polen auch durch Weichsel und Danzig gesichert werden, ohne daß Ostpreußen vom Mutterland fortgerissen wurde und Hunderttausende deutscher Volksgenossen ohne Befragung unter fremde Staatshoheit gepreßt und schlimmstem Terror ausgesetzt oder gar aus ihrer Heimat verdrängt wurden. Dieses Unrecht kann und wird Deutschland niemals als berechtigt anerkennen.« [119]

Gegenüber diesen Forderungen Weimarer Regierungsvertreter erscheint der letzte Reichskanzler mit seinem eher bescheidenen Anspruch auf die rein deutsche Stadt Danzig und eine gesicherte Verbindung nach Ostpreußen — die bereits in Versailles erörtert worden war — als ein »Verzichtpolitiker« und, wie es in der Weimarer Republik genannt wurde, »Erfüllungsgehilfe«.

Besonders gesteigert wurde die deutsche Erbitterung durch den polnischen Chauvinismus, dessen Forderungen in Paris bereits 1919 ins Maßlose gingen. Hinzu kam die beginnende Vertreibung der Deutschen aus Westpreußen. Aus der Vielzahl der Belege bringen wir hier nur die eidesstattliche Erklärung eines früheren Mitgliedes des auswärtigen Ausschusses des polnischen Sejm, Kurt Graebe, vor dem Militärtribunal in Nürnberg: »Ich kenne aus jener Zeit (es muß etwa im Jahre 1931 gewesen sein) eine *amtliche* Denkschrift des polnischen Auswärtigen Amtes mit dem Titel: ›Ziele der polnischen Außenpolitik‹, die in ganz genauen Angaben von der erstrebten Expansion nach Westen handelte. In dieser Denkschrift wurde als zu erstrebende Westgrenze schon damals die Oder-Neiße-Linie bezeichnet . . .

Meine Kollegen und ich faßten den Inhalt der Denkschrift als eine außerordentliche Bedrohung Deutschlands auf und befürchteten bei der feindseligen Haltung der Polen schon damals eine kriegerische Auseinandersetzung. Die Erziehung des polnischen Volkes fand in einem durchaus antideutschen Sinne statt. Es war allgemein bekannt, daß die polnische Jugend im Haß gegen Deutschland erzogen wurde. Gerade die damalige Schwäche Deutschlands hat diesen Chauvinismus in Polen groß werden lassen, weil man hoffte, auf billige Weise seine Expansionsziele zu erreichen.« [120]

Von außerordentlichem Interesse sind für diese Frage die Aufzeichnungen des letzten Hohen Kommissars des Völkerbundes in Danzig, Carl Jacob Burckhardt. Dieser berichtet: »Am 20. Februar 1938 hatte Hitler in seiner großen Reichstagsrede über Danzig gesagt: ›Gerade dieser gefährlichste Platz hat für den europäischen Frieden seine drohende Bedeutung verloren.‹ Am 26. September 1938 erklärte er in einer Rede im Berliner Sportpalast: ›Das schwierigste Problem, das ich vorfand, war das deutsch-polnische Verhältnis. Es bestand die Gefahr, daß die Vorstellung einer Erbfeindschaft von unserem, wie auch vom polnischen Volk Besitz ergreifen würde. Dem wollte ich vorbeugen ... Wir sehen ein, daß hier zwei Völker sind, die nebeneinander leben müssen, und von denen keines das andere beseitigen kann. Ein Staat von 33 Millionen Menschen wird immer nach einem Zugang zum Meere streben. Es mußte daher ein Weg der Verständigung gefunden werden ... Das Entscheidende ist, daß die beiden Staatsführungen und alle vernünftigen und einsichtigen Menschen in beiden Völkern und Ländern den festen Willen haben, das Verhältnis immer mehr zu bessern.‹«[121] Solche Worte waren zuvor noch nie von deutscher Seite an Polen gerichtet worden. 1939 unmittelbar vor Kriegsausbruch wurden sie in einer Sonderbotschaft des Reichskanzlers an den Völkerbundskommissar noch einmal feierlich bekräftigt.

Der Weg der Verständigung, der im Interesse beider Völker gelegen hätte, wurde nicht gefunden, oder: wurde verhindert. Wer, wie Steiner es für die Klärung der Schuldfrage beim Ersten Weltkrieg gefordert hatte, die Tatsachen und die wirklichen Geschehnisse untersucht, unvoreingenommen und beide Seiten ausgewogen berücksichtigend, der erkennt mit Schrecken, wie ein zweites Mal »die Falle zuschnappte« und der gleiche Film abzulaufen begann. Allerdings mit einem großen Unterschied: Ein Friedensdiktat oder überhaupt Friedensschluß steht auch heute noch aus. Frieden gedeiht nicht auf dem Boden der Lüge und des feigen Verzichts. Die Wahrheit duldet keine Kompromisse. Dem Frieden muß vorangehen die Einsicht in begangenes Unrecht und die Bitte um Vergebung. Dann erst ist Versöhnung möglich.

DIE FORTSETZUNG DES KRIEGES MIT ANDEREN MITTELN

Der ersten Etappe erreichtes Ziel

Als am 28. Juni 1919 von den Bevollmächtigten des Deutschen Reiches die Unterschrift unter das Diktat von Versailles gesetzt wurde, war nach dreißig Jahren die erste Etappe des Planes jener erfüllt, die 1889 den Sturz der Monarchien und die »Neuordnung« Europas auf dem Weg zur »Welt-Republik« proklamiert hatten. Auf den Tag genau fünf Jahre zuvor waren in Sarajewo die Schüsse gefallen, die das Thronfolgerpaar des ältesten europäischen Kaiserhauses tödlich trafen. Drei Kaiserreiche wurden gestürzt: 1917 das russische, welches nach dem Untergang Konstantinopels das Erbe des »ost-römischen« byzantinischen Reiches übernommen hatte, im darauffolgenden Jahr das der Habsburger, die als »Apostolische Majestät« die Kaiserkrone Karls getragen hatten, verbunden mit der Würde des Heiligen Römischen Reiches Deutscher Nation durch mehr als sechs Jahrhunderte, und das junge Kaisertum der Hohenzollern, das nicht einmal ein halbes Jahrhundert eine neue Macht in Europa darstellte. Mit dieser Dreiheit sank nicht nur eine bedeutende Epoche europäischer Geschichte ins Grab. Die Existenz zweier Groß-Völker, des deutschen und des russischen, wurde in Frage gestellt.

Keines der anderen aus der Völkerfamilie wurde in der Gegenwart derart bis in seine Wurzeln erschüttert. Dazu bedurfte es des Aufgebotes nicht nur der anrainenden Staaten des alten Kontinents, sondern der Unterstützung der den Alliierten »assoziierten« Mächte. Es war nach deren Zahl und durch die weittragende Bedeutung in Wahrheit ein »Welt-Krieg«. Und er blieb es, als die gleiche Allianz — die Entente von 1918 — mit Hilfe ihres damaligen Verbündeten und diesmaligen heimlichen Kriegstreibers aus

Übersee die zweite Phase des Kampfes um Deutschland eingeleitet und wieder die antideutsche chauvinistische Politik eines slawischen Staates zum Anlaß genommen hatte.

Einen Hinweis auf die Machinationen aus Übersee gibt die 1935 durch das Nye Committee durchgeführte Untersuchung über die Kriegsgewinnler des Ersten Weltkrieges. Der Amerikaner Eustace Mullin schreibt dazu 1954: »Die Anhörungen vor dem Nye Committee bewiesen, daß der Kongreß schon 1935 die Teilnahme unseres Landes im Zweiten Weltkrieg als unvermeidlich in Betracht zog, obwohl wir vermeintlich im Frieden mit aller Welt lebten.« [122]

Für das »Werk« von Versailles sind drei Männer verantwortlich, soweit überhaupt ausführende Organe der Urheberschaft geziehen werden können. Die überdimensionale Verantwortung, die sie gegenüber der Weltgeschichte haben, erscheint für einzelne kaum tragbar. Die Hauptdarsteller in dieser größten Tragödie unseres Jahrtausends waren Clemenceau als Verkörperung eines wilden chauvinistischen Hasses, Lloyd George als der kühl kalkulierende Vertreter britischer »Interessenpolitik« und der Dritte im Bunde, Woodrow Wilson, von dem man schwerlich ergründen kann, ob er ein moralisierender, wirklichkeitsfremder »Weltschulmeister« war, der selbst an seine volksbeglückenden Vorstellungen glaubte oder — wie G. Bateson meinte — eine Charaktermaske, hinter der sich andere Weltherrschaftsplaner verbargen. Er starb bald nach »Versailles« als gebrochener Mann. Rudolf Steiner hat alle drei immer wieder charakterisiert und vor ihrem unheilvollen Tun gewarnt.

Daß es sich nur um eine erste Etappe handelte, davon waren zumindest die Vertreter Frankreichs überzeugt. Am Vorabend der Unterzeichnung in Versailles wurde anläßlich eines festlichen Empfangs der französische Marschall Foch gefragt: »Freut es Sie nicht, daß nun der Friede, für den Sie so tapfer gekämpft haben, da ist?« »Friede?« meinte Foch. »Das ist kein Friede. Das ist ein Waffenstillstand für zwanzig Jahre!« Genau nach Ablauf dieser Frist und 66 Tagen erklärte die Französische Republik am 3. 9. 1939 abermals dem Deutschen Reich den Krieg — auf politische Initiative Englands und unter dem Einfluß französischer Militärs.

Foch hatte sein Kriegsziel nicht erreicht. Er hatte die dauernde Besetzung des Rheinlandes und die völlige Entwaffnung des amputierten Reiches angestrebt, nicht anders als Clemenceau, der bei den Pariser Vorgesprächen Wilson in unflätiger Weise beschimpft hatte, weil dieser gegen die Abtrennung aller linksrheinischen Gebiete Deutschlands Widerspruch einlegte. [123]

Drei Wochen nach der Unterzeichnung versicherte Clemenceau französischen Offiziersanwärtern in St. Cyr: »Meine jungen Freunde, seien Sie ohne Sorge für Ihre militärische Zukunft. Der Friede, den wir soeben gemacht haben, garantiert euch zehn Jahre der Konflikte in Mittel-Europa.« [124]

Lloyd George lokalisierte bereits 1919 den Zündstoff, durch den der neue Brand entfacht werden würde: *Danzig.*

Die Schuldzuweisung aus psychologischer Notwendigkeit

»Mourir pour Danzig?« (Sterben für Danzig?) war 1939 die Frage des ›Poilu‹, des französischen ›Landsers‹, der wie immer die Konflikte der Mächtigen — oder ihre wahren Ziele — ausfechten sollte. Noch einmal die Frage: War der Preis nicht zu hoch? Hatte der erste Waffengang von 1914—1918 acht Millionen Tote gekostet, so der zweite (nach der Schweizer Zentrale des Roten Kreuzes) 57 Millionen, *insgesamt also 65 Millionen Opfer.* Das entspricht der Bevölkerungszahl des deutschen Volkes, als es 1914 sich zum Krieg gezwungen sah. Welches unvorstellbare Leid in Abermillionen von Einzelschicksalen wurde ausgelöst, als wenige — und aus welchen Motiven! — Glück oder Unheil eines ganzen Kontinents in ihrer Hand wogen.

Es ist verständlich, daß angesichts der geschichtlichen Verantwortung diese Last abgewälzt werden soll. Sie erklärt den Schuldparagraphen samt der Mantelnote. Sie erklärt noch mehr. Der mörderische Schützengrabenkrieg und Giftgaseinsatz, die lebenden Fackeln der Zivilbevölkerung und die Vernichtung unersetzlicher Kulturwerte im Bombenterror 1940—1945 bis hin zum Atombombeneinsatz 1945 sind der eigenen Bevölkerung nur annehmbar zu machen, wenn es gelingt, den Kriegsgegner zu verteufeln, ihn zum zu Recht bestraften Menschenfeind abzustempeln. Das ist psychologisch zu verstehen. Mit Geschichtsschreibung und Wissenschaftlichkeit hat das nichts zu tun.

Aus diesem Grunde ist die Zuweisung der Kriegsschuld an den planmäßig Besiegten mehr als andere Maßnahmen gegen ihn von unverzichtbarem Wert, rechtfertigt sie doch alles, was gegen ihn unternommen wurde und weiterhin ihm abgefordert werden soll. Auch dies ist ein Neues in der Geschichte. Verstehen wir, warum Rudolf Steiner allen anderen Fragen voran dieser die größte Aufmerksamkeit zuwendet, zu ihrer Klärung durch entsprechende Erforschung beizutragen sich bemüht, immer wieder auf sie zu sprechen kommt und ihre Klärung vor der Weltöffentlichkeit fordert? Er wußte um die Veranlassung des ersten Krieges, er erkannte die übergreifenden Zusammenhänge, und er ahnte, daß die ihm sich darstellenden Tendenzen ihren Fortgang nehmen würden.

Die politische, militärische und wirtschaftliche Demontage Mitteleuropas

Der österreichische Vielvölkerstaat wurde unter dem Vorwand des Selbstbestimmungsrechtes der Völker aufgelöst und statt dessen ein neuer Vielvölkerstaat »en miniature« errichtet, die Neuschöpfung der Tschechoslowakei mit Tschechen (42%), Deutschen (22,5%) und Slowaken (20%), und dies, obwohl die 3,5 Millionen Sudetendeutschen mit überwältigender Mehrheit sich für ihre Zugehörigkeit zu Deutsch-Österreich ausgesprochen hatten.

Darüber hinaus wurde Deutsch-Österreich verboten, sich dem Deutschen Reich anzugliedern und sich »Deutsch« zu nennen. Elsaß-Lothringen wurde mit seinen zwei Millionen dem deutschen Sprachraum zugehörigen Menschen an Frankreich gegeben (ohne Volksabstimmung), und durch die an Polen abzutretenden Gebieten (in Oberschlesien und Westpreußen entgegen der Mehrheit der deutschen Bevölkerung) wurden noch einmal 2,2 Millionen Menschen einem fremden Staat überantwortet.

Insgesamt wurden also nahezu so viele Deutsche, wie die Bevölkerung der drei skandinavischen Länder, Schweden, Dänemark und Norwegen zusammen ausmacht, gezwungen, anders zu leben, als es ihr ausdrücklicher Wille war. Das war die Realität des Wilsonschen Selbstbestimmungsrechtes der Völker, vor dem Steiner so eindringlich gewarnt hatte und dem er die Vorstellung eines dreigegliederten sozialen Organismus als bessere Lösung entgegenzustellen suchte.

Damit aberkannte Steiner selbstverständlich nicht das Recht eines jeden Volkes auf sein Eigensein und eigene Entfaltung, um innerhalb des Menschheitszusammenhanges seine Mission zu erfüllen. Es gilt nach wie vor, wenn er sagt: »Wir fühlen, daß die großen Völker sowohl als die kleinen Volkssplitter ihre Mission haben und beizutragen haben ihren Teil für das Ganze. Zuweilen haben kleine Volkssplitter, weil sie alte oder neue Seelenmotive bewahren sollten, Allerwichtigstes beizutragen.« GA 121 S. 124 f. Aber er wußte genau, daß eine solche grundsätzliche Selbstbestimmung von den Feindmächten nicht gemeint war. Gerade dem deutschen Volk sollte unter allen Umständen dieses Recht abgesprochen werden, weil es bedeutet hätte, wie Haffner mit Recht hervorhebt, daß Deutschland »der wirkliche Gewinner des Krieges unter einer solchen Regelung« gewesen wäre. Denn, so fährt Haffner fort, »Deutschland war nämlich ein ›Reich‹, ein übernationales Imperium, nur ganz am Rande, . . . in Wirklichkeit war es ein Nationalstaat, und ein inkompletter Nationalstaat obendrein. Ein ›Wilson-Friede‹ hätte Deutschland zwar nicht weniger als der Versailler Vertrag genötigt, Elsaß-Lothringen an Frankreich und Preußisch-Polen an Polen abzutreten; aber dafür hätte er die deutschen Gebiete und Bevölkerungen aus der habsburgischen Konkursmasse Deutschland zugeschlagen; und, wichtiger noch, er hätte Deutschland automatisch zur Vormacht des neuen Europa gemacht.« Und etwas weiter sagt Haffner ganz lapidar: ›Ein Wilson-Europa‹ wäre, machtpolitisch betrachtet, ein deutsches Europa geworden.« Daran schließt er sogar die Überlegung an: »Rückblickend kann man vielleicht argumentieren, daß das ja nicht notwendigerweise der Übel größtes gewesen wäre.« [125]

Wer wollte *wofür* dann eigentlich ein Selbstbestimmungsrecht? England, Frankreich und Rußland erkannten ein solches Recht vornehmlich für sich selber an, aber England schon nicht mehr für Irland oder Indien, Frankreich nicht für Elsaß-Lothringen oder Algerien und Rußland nicht für die kaukasischen Völker oder die Ukraine und so weiter. Das war doch 1918/1919 für jeden sehenden Menschen erkennbar.

Das in Versailles geforderte Selbstbestimmungsrecht betraf ausschließlich die kleineren osteuropäischen Völker, die vornehmlich in der Donaumonarchie zusammengeschlossen oder wie Polen immer wieder aufgeteilt worden waren. Für diese Völker bedeutete nationale Eigenständigkeit auch im außenpolitischen Sinne das Ausgeliefertsein an den großen östlichen Nachbarn, Rußland, und damit an den dort gerade aufkommenden Herrschaftsanspruch des Kommunismus. Dies Schicksal ereilte nach 1945 alle diese Länder, auch Polen, dessen Chauvinismus neben Versailles äußerer Anlaß für den Zweiten Weltkrieg wurde. Das besonders Tragische dieser Entwicklung war, daß gerade diejenige Schicht, aus der die Bestrebungen nach nationaler Souveränität hervorgegangen waren, als erstes in allen Ländern der Verfolgung oder Liquidierung ausgesetzt wurde. Erst jetzt werden im Zuge von Perestroika Mörder und Opfer erkannt.

Die vollständige Demontage des deutschen Heeres wurde bereits in Einzelheiten beschrieben. Nach den Wilsonschen Punkten sollte dies nur der Auftakt zur *allgemeinen* Abrüstung sein. Lloyd George, britischer Premierminister von 1916—1922, erklärte am 29. November 1934 vor dem Unterhaus: »Die Signatarmächte des Vertrages von Versailles versprachen den Deutschen feierlich, man würde abrüsten, wenn Deutschland mit der Abrüstung vorangehe. Vierzehn Jahre lang hat Deutschland auf die Einhaltung dieses Versprechens gewartet. In dieser Zeit ist eine Reihe ausgesprochen friedfertiger Minister in Deutschland tätig gewesen, Minister, die nicht aufgehört haben, die großen Mächte zu beschwören, endlich mit der Einlösung des gegebenen Versprechens ernst zu machen. Man hat sich über diese deutschen Minister in einer Reihe von Pakten — darunter einer ein ausgesprochener Anti-Kriegs-Pakt —

lustig gemacht. In der Zwischenzeit haben alle Länder, mit Ausnahme Englands, ihre Kriegsbewaffnungen gesteigert und sogar den Nachbarn Deutschlands Geldanleihen zugestanden, mit denen diese wiederum gewaltige Militär-Organisationen dicht an Deutschlands Grenzen aufbauten. Können wir uns wundern, daß die Deutschen zu guter letzt zu einer Revolution und Revolte gegen diese chronische Betrügerei der großen Mächte getrieben wurden?« [126]

Weit schwerwiegender war für die bereits durch die letzten Kriegsjahre völlig unterernährte Bevölkerung die Zerschlagung der Wirtschaft. Die über den Waffenstillstand fortgesetzte Hungerblockade läßt die Absicht dahinter ebenso erkennen wie der zynische Ausspruch Clemenceaus: »Zwanzig Millionen Deutsche sind zuviel!«

Zugleich aber sollte mit diesem »Mordplan«, wie Scheidemann es nannte, die deutsche Wirtschaft vornehmlich für Briten und Amerikaner als Konkurrenz ausgeschaltet werden und für dieses Jahrhundert zu Tributleistungen verpflichtet werden (bis zu diesem Jahr 1989).

Für jeden denkenden Politiker war es absehbar, daß die Verelendung nicht nur das individuelle Dasein physisch und psychisch zutiefst beeinträchtigen mußte, sondern auch wachsende soziale Spannungen verursachte. Indem dies zu bürgerkriegsähnlichen Zuständen führte, war die innere Zerrüttung und nationale Schwächung vorprogrammiert. So erhebt sich die daraus folgernde Frage, ob die ca. sieben Millionen Arbeitslose und insbesondere die sechs Millionen Kommunisten ebenfalls »gewollt« waren?

Nach 1945 wurde dies Konzept fortgesetzt und alles, was nicht bereits durch Bomben in Schutt und Asche gelegt worden war, als Reparationen in die Länder der Siegermächte abtransportiert. Aber man hatte aus Versailles gelernt und ließ es diesmal nicht darauf ankommen, daß ein in die Verzweiflung getriebenes Volk, heimatlos, arbeitslos und halb verhungert, sich um des nackten Überlebens willen neu politisch zu organisieren begann. Diesmal erstickte man jeden nationalen Widerstand und Volkswillen in Schuldgefühlen und im satten Wohlstand ohne jeden geistigen Hintergrund.

Die Demokratie als anglo-amerikanisches Herrschaftsinstrument

Zu sprechen ist auch von den Eingriffen in die »Infrastruktur« der deutschen Nation: Die Voraussetzung für einen Waffenstillstand war 1918 die Abschaffung der Monarchie, im besonderen des Hauses Hohenzollern. Es bleibe unvergessen, daß nicht erst 1946 die durchgeführte, sondern bereits 1918 die durchaus ernst gemeinte Absicht bestand, die deutsche Führung nach Scheinprozessen zu »liquidieren«: »Hängt den Kaiser!« (Lloyd George). Das deutsche Volk ist nie vor die Frage nach der ihm geeignet erscheinenden Staatsform gestellt worden. 1919 konstituierte sich zwar die Deutsche Nationalversammlung durch in allgemeiner, freier und geheimer Wahl gewählte Parteien — eine plebiszitäre Annahme der deutschen Reichsverfassung vom 11. 8. 1919 ist nie erfolgt. Es waren und sind auch anders geartete und dem volklich differenzierten Leben jeweils angepaßte Möglichkeiten denk- und praktizierbar.

Rudolf Steiner hat sich dazu nicht erst 1919 in seinem »Aufruf an die deutsche Kulturwelt« geäußert. Er entwickelt bereits 1887 in Anlehnung an Goethesche Anregungen: »Der Staat ist die Form, in der sich der Organismus eines Volkes darlebt . . . Die Verfassung muß aus dem innersten Wesen eines Volkes hervorgehen. Der Volkscharakter in einzelnen Sätzen ausgedrückt, das ist die beste Staatsverfassung. Der Staatsmann kann dem Volke keine Verfassung aufdrängen. Es ist einfach eine Torheit, wenn man glaubt, alle Staaten können nach der in Frankreich und England üblichen liberalen Schablone regiert werden. Der Staatslenker hat die tiefen Eigentümlichkeiten seines Volkes zu erforschen und den Tendenzen, die in ihm schlummern, durch die Verfassung die ihnen entsprechende Richtung zu geben.« [127]

Ebensowenig wie 1919 in Weimar wurden diese Prinzipien in Bonn 1948—49 berücksichtigt. Auch das Grundgesetz der Bundesrepublik Deutschland ist nicht durch eine Volksabstimmung in Kraft gesetzt worden, sondern durch eine aus verschiedenen Länderparlamenten delegierte Zahl von Abgeordneten der damals von den Militärregierungen zugelassenen Parteien. Eine Verfassung, die nicht zu einem Volke paßt, ist wie ein Anzug, der nicht sitzt. Entweder ist er zu eng oder zu weit, und unter Umständen wird man darin zur Karikatur. Außerdem besteht die außerordentliche Gefahr, daß man seiner wie im Falle »Weimar« überdrüssig wird, wenn er nicht zumindest dem jeweiligen Bedürfnis angepaßt und das heißt, nach der Entwicklung des Trägers verändert werden kann.

In seinem Zweiten Memorandum 1917 hatte Rudolf Steiner die Verfassungsfrage sehr konkret angesprochen: »Man kann sich kaum etwas Unglücklicheres denken als den Aberglauben, daß es einen Zauber bewirken werde, wenn man zu dem Übrigen, was man sich hat von England gefallen lassen, nun auch noch das fügt, daß man sich die demokratische Schablone von ihm aufdrängen läßt.« GA 24 S. 350 Um jedoch jedem Mißverständnis vorzubeugen, als halte er es mit der konservativen, die Mitwirkung des mündigen Staatsbürgers ausschließenden damaligen »konstitutionellen« Monarchie, fügt Steiner sogleich hinzu: »Damit soll nicht gesagt werden, daß Mitteleuropa nicht im Sinne einer inneren politischen Gestaltung eine Fortentwicklung erfahren solle, *aber* eine solche darf nicht die Nachahmung des westeuropäischen sogenannten Demokratismus sein, sondern sie muß gerade dasjenige bringen, was dieser Demokratismus in Mitteleuropa wegen dessen besonderer Verhältnisse verhindern würde.« GA 24 S. 350

Steiner, der unter allen Umständen die deutsche Freiheit erhalten will, begründet sein Urteil wie folgt: »Dieser sogenannte Demokratismus ist nämlich nur dazu geeignet, die Menschen Mitteleuropas zu einem Teile der englisch-amerikanischen Weltherrschaft zu machen.« Er kennzeichnet damit nicht nur unsere gegenwärtige Situation, sondern wird für die heutige Problemstellung eines »vereinigten« Europa noch aktueller: »Würde man sich noch dazu (!) auf die sogenannte zwischenstaatliche Organisation der gegenwärtigen Internationalisten einlassen, dann hätte man die schöne Aussicht, als Mitteleuropäer innerhalb dieser zwischenstaatlichen Organisation stets überstimmt zu werden.« GA 24 S. 350

Nach diesen Warnungen im Juni 1917 beschäftigte sich Steiner am 28. Oktober des gleichen Jahres in einem Dornacher Vortrag mit den Feststellungen des französischen Sozialwissenschaftlers Francis Delaisi und berichtete über dessen Erfahrungen in der französischen Demokratie. Steiner leitete seine Darstellung ein: »Sie werden vielleicht schon gehört haben, daß von gewissen Leuten immer wiederum in die Welt posaunt wird: Die Demokratie muß die ganze Kulturwelt ergreifen, Demokratisierung der Menschheit ist dasjenige, was das Heil bringt; dafür muß man alles kurz und klein schlagen, damit die Demokratie sich ausbreitet auf der Welt . . . Dann glauben sie, in ihrem Streben gehe es dahin, daß jeder Mensch seinen Willen zum Ausdruck bringen könne durch die verschiedenen Einrichtungen der Demokratie, und merken nicht, daß diese Strukturen der Demokratie so sind, daß immer ein paar Menschen an den Drähten ziehen, die andern aber werden gezogen. Doch weil man ihnen immer vorredet, sie sind in der Demokratie drinnen, merken sie nicht, daß sie gezogen werden, daß da einzelne ziehen . . . Dadurch können aber die dunklen Mächte gerade am allerbesten wirken.« Und nun kommt Steiner zu der Erkenntnis von Delaisi: »Interessant ist es, wie einer 1910 den schönen Satz geschrieben hat: daß es dem Großkapitalismus gelungen ist, aus der Demokratie das wunderbarste, wirksamste, biegsamste Werkzeug zur Ausbeutung der Gesamtheit zu machen.« [128]

Hier schließt sich der Kreis: Der Hochkapitalismus bedient sich der anglo-amerikanischen Politik zur Ausübung von Weltherrschaft *und* der »demokratischen« Strukturen als Fassade. Steiner wollte seine Hörer dazu bringen, »nichts auf alle solche Schlagworte zu geben, sondern zu sehen, was wirklich ist . . ., denn dann würde man sehen, von wie wenigen Zentren aus die Ereignisse heute eigentlich gelenkt und geleitet werden, die so furchtbar, so blutig über die ganze Menschheit hin walten . . . Das alles, was da gesagt wird, über Antagonismus und Gegensätzlichkeiten der Völker, das ist dazu da, um über die wahren Gründe den Schleier zu breiten.« GA 177 S. 248

Delaisi stimmt mit der Feststellung Rathenaus und anderer überein, wenn er in seinem von Steiner zitierten Buch »La Démocratie et les Financiers« (1910) eine Liste aufstellte von fünfundfünfzig Männern, die Frankreich in Wirklichkeit nicht nur beherrschten, sondern auch ausbeuteten. Steiner kommentiert: »Auch über diese Dinge muß man sich entschließen, die Wirklichkeit ins Auge zu fassen.« Denn diese Mächte waren nicht nur die »Peacemakers« von Versailles, sondern sind auch die Kriegstreiber, worauf Delaisi in einem weit bekannt gewordenen Buch hinwies ›La Guerre qui vient‹ (Der Krieg, der kommt). Es erschien Steiner in dem genannten Vortrag wichtig, noch auf eine andere Erscheinung des Parlamentarismus hinzuweisen, von der er meint, daß solche Fragen »heute in der ganzen Welt aufgeworfen werden sollten, weil sie manches über die Wirklichkeit lehren würden, die man so begraben will unter all den Deklamationen von Demokratie und Autokratie und was die Schlagworte alle sind«. GA 177 S. 249 Delaisi schildert in seinem Buch die Lage der Parlamentarier, denen Diäten in einer gewissen Höhe vom Staat gezahlt werden, während sie als Aktionäre oder Aufsichtsratsmitglieder das Zehnfache in die Tasche bekommen. Er führt dies an einem Beispiel aus, wo ein führender sozialistischer Parlamentarier als Vertreter von Versicherungsgesellschaften tatsächlich zusätzlich eine solche Summe einsteckte. Sind »Politik« und ihre Träger dann noch »unabhängig« zu nennen? Wird ein kritisches Verhältnis des Staatsvolkes zu einer ihm aufgenötigten Verfassung wie zur Zeit von »Weimar« verständlich?

Die Verführung durch den Amerikanismus

In der letzten Fassung seines Zweiten Memorandums vom Sommer 1917 sprach Rudolf Steiner die Befürchtung aus, daß nach einem Siege der Alliierten nicht nur für die mitteleuropäischen Staatsgebilde »die wirkliche europäische Freiheit verloren« gehe GA 24 S. 368, nicht nur die Wirtschaft in ein Abhängigkeitsverhältnis vom Anglo-Amerikanismus gebracht werde, sondern auch die kulturellen und geistigen Verhältnisse Mitteleuropas beeinflußt würden, wie es »im Sinne des Volksegoismus des Anglo-Amerikanertums« liegt.

Seine Voraussicht ist abgeleitet aus der Analyse eines »Demokratismus«, der — so wie er vorangehend geschildert werden mußte — »totalitären« Charakter hat, auch wenn dies zunächst vielleicht dank der »Fassade« nicht allgemein erkannt wird. In einem Dornacher Vortrag vom 19. Oktober 1919 schilderte Steiner das Heraufkommen des »ökonomischen Menschen« seit der Mitte des 15. Jahrhunderts. Seitdem wurden die Fürsten und Regierungen zunehmend beherrscht von ökonomischen Gesichtspunkten und — Mächten. Nach Steiner wurde damit zur Zeit der Reformation der alte Vertreter des geistigen Lebens, der »Priestertypos« abgelöst. Im 19. Jahrhundert wurde dann maßgebend »der Wucherer, will sagen: der Bankier« Steiner nach GA 191 S. 175. Wie zuvor schon der ökonomische Mensch mit der Entwicklung einer im Zeitalter der Entdeckungen aufgekommenen Weltwirtschaft in den Vordergrund tritt und sein Denken mehr und mehr auf die Politik der Staaten richtet, so wurde nun der spezielle ökonomische Typus derjenige, der auf die soziale Struktur und auch auf die Gesetze der Länder maßgeblichen Einfluß ausübt. »Der Bankier wurde der Herrschende.« GA 191 S. 176

Auf dem Wege über das vorherrschende Wirtschaftswesen und den von diesem weitgehend beeinflußten Staat, der seinerseits durch das Schulwesen und die Universitäten das Geistesleben (Kunst, Erziehung und Wissenschaft) verwaltet, wird dieses ebenfalls in eine Abhängigkeit von der durch den herrschenden Bankier gesteuerten Wirtschaft gebracht. In dem Maße, in dem die Naturwissenschaften gegenüber den Geisteswissenschaften das Übergewicht erlangen und in ihrer geradezu stürmischen Entwicklung für die Technisierung des allgemeinen Lebens die Grundlagen schaffen, verbinden sich die Vollstrecker der Industriellen Revolution mit der naturwissenschaftlichen Komponente des Geisteslebens. Der fortschrittliche Unternehmer ist ebenso auf deren Hilfe und Zulieferung von Möglichkeiten zur technisch-wirtschaftlichen Entwicklung angewiesen wie auf die Vorfinanzierungen durch den »Geldhändler«, den Bankier, durch das von diesem verwaltete Kapital. Damit gerät zwangsläufig das Geistesleben und mit ihm die Kultur in die Abhängigkeit. Denn hier wird mit der Finanzierung auch darüber entschieden, was geforscht wird und dies nach dem Maßstab des zu erwartenden Nutzens bzw. Profits.

Diesen »demokratischen« Totalitarismus meinte Steiner offensichtlich als »Amerikanismus«, mit dem er sich nicht nur wegen seines politischen Machtanspruches auseinandersetzt, sondern vielmehr im Blick auf seine das Menschsein schädigenden Folgen. Diesen sind »die« Amerikaner ebenso ausgesetzt, und daher erübrigt sich fast der Hinweis, daß Steiner nie die einzelnen Angehörigen eines Volkes oder Staates mit seiner Kritik angreift, sondern eine Kulturstimmung charakterisiert, wenn er mit harten Worten deren Gefahren kennzeichnet. So fordert er im Zweiten Memorandum, daß die anglo-amerikanischen Staaten einsehen müssen, daß die Belange der mitteleuropäischen Staaten und »die Ordnung der mitteleuropäischen Völkerfreiheit« diesen überlassen bleiben müssen, anstatt in einem Krieg, der für die anglo-amerikanischen Staaten ausschließlich ein »Wirtschaftskrieg« ist, die Absicht zu verfolgen, »die mitteleuropäischen Staatsgebilde zu zermalmen«. [129]

In diesem Kampfe, den Steiner mit den weltgeschichtlichen Kriegen zwischen Römern und Puniern vergleicht und damit mit einer Entscheidung für oder gegen »Europa«, zwischen den Verehrern der olympischen Götter und den Anbetern des menschenverschlingenden Moloch (vergl. GA 173 S. 327), sind die Worte Wilsons für Steiner nur »die Fahne der Taten, zu denen sich die Amerikaner waffnen . . . Denn das real Aussichtsvolle dieses Programmes — neben seinem moralisch Blendenden — liegt darin, daß es die Instinkte der mittel- und osteuropäischen Völker dazu benützen will, diese Völker durch moralisch-politische Überrumpelung in wirtschaftliche Abhängigkeit von dem Anglo-Amerikanismus zu bringen. Die geistige Abhängigkeit würde dann nur die notwendige reale Folge sein.« GA 24 S. 365 Seine Folgerung am 8. Dezember 1918 in Dornach: »Das, was eintritt, ist eine entschiedene Hegemonie der Westmächte bei einer vollständigen Abhängigkeit der Mittel- und Ostmächte.« GA 186 S. 137 f. Und als Folge schildert er bereits ein Jahr später am 10. Oktober 1919 die Seelenlähmung: »Dasjenige, was mitteleuropäisches Leben ist, liegt am Boden, ist mehr oder weniger in einen furchtbaren Schlaf versenkt . . . Wir haben allerlei Versuche zu demokratischen Gebilden, allein wir haben in Deutschland keine Demokraten, wir haben eine Republik, aber keine Republikaner.« GA 191 S. 83

Noch schärfer äußert sich Steiner über den geistigen Niedergang. Er nimmt die Worte auf, die der Bruder des Kabinettschefs des österreichischen Kaisers 1917 schrieb und die, vor mehr als siebzig Jahren gesagt, eher wie eine Vorankündigung unserer Zeit denn eine Beschreibung der damaligen Zustände klingt. Polzer-Hoditz schrieb: »Eine untergehende, dekadente Kultur kämpft ihren Todeskampf . . . Hat sie nicht auch uns durchseucht? In den Moden wird sie auf der Gasse herumgetragen, im Baustil ist sie verkörpert, in der Reklame grinst sie uns an, im Geschäftsleben treibt sie ihre Orgien, im Organisationswahnsinn und Bürokratismus bläht sie sich auf, in einem verlogenen wichtigtuenden Humanismus belügt sie sich selbst.« [130] »Der Krieg ist nur ein Anfang von alledem, wozu . . . die Dinge hintendieren.« GA 174 S. 242

Darum, so Steiner, sei es wichtig, den großen Gegensatz hervorzuheben, der erkennbar ist zwischen dem mitteleuropäischen Wesen und dem angelsächsischen Wesen. Denn »die Deutschen denken für Europa . . . Die Engländer sehen nur das einzelne und wissen die Menschheit nicht als ein Ganzes aufzufassen . . . Die Engländer ermessen die Tiefe des deutschen Geistes nicht«, zitiert Steiner den Angloamerikaner Emerson. GA 24 S. 323 Doch es sei zu erhoffen, daß es in England ein Erwachen gebe, wenn die materielle Kultur »versengend und das Geistige ausrottend über die Erde . . . sich verbreitet«. GA 185 a S. 105

Schon für die vorangegangenen Jahrzehnte stellte Steiner 1915 fest, daß sich bereits viele Einflüsse des Amerikanismus »über Deutschland ergossen haben und es seinem ursprünglichen volksmäßigen Wirken entfremdet haben«. [131] Hart klingt seine Feststellung, daß es darauf ankäme, einzusehen, daß ein charakteristisches Element des Amerikanismus die »Furcht vor dem Geistigen« ist und seine Kritik wird noch schärfer, wenn er sagt: ». . . daß in den gegenwärtigen katastrophalen Ereignissen das amerikanische Element als das eigentlich radikal Böse immer mehr und mehr wirken wird.« [132]

Rückblickend mag für die damalige Zeit eine solche Kritik unverständlich erscheinen. Nur der Hellsichtige vermochte im damals sichtbaren Keim bereits die uns heute vergiftende Frucht zu erkennen. Orwells »1984« und Neil Postmans Gesellschaft, die sich »zu Tode amüsiert«, Herbert Gruhls »geplünderter Planet« und »der Verlust der Mitte« (Sedlmayr) bestätigen inzwischen, wovor Steiner vor mehr als siebzig Jahren warnte. Was als Zielsetzung des Amerikanismus von ihm gekennzeichnet wird, ist bereits voll eingetreten, wenn er sagt, der Amerikanismus wolle die Welt »zu einer möglichst mit Komfort ausgestatteten physischen Wohnung machen, in der man bequem und reich leben kann . . . Unter dem Einfluß dieser Strömung muß aber der Zusammenhang des Menschen mit der geistigen Welt ersterben. In diesen amerikanischen Kräften liegt das, was wesentlich die Erde zum Ende führen muß, liegt das Zerstörerische, was zuletzt die Erde zum Tode bringen muß, weil der Geist davon abgehalten werden soll.« [133] In diesen Prognosen ist die ökologische Katastrophe als tödliche Gefahr für unseren Planeten bereits vorgezeichnet: das Ergebnis des »American way of life«, der — wie bereits Steiner erkannte — ein »Weg des Todes« ist.

Die Lüge als Waffe der Politik

Schlimmer als ein fremdes Gewand ist die Umformung der Seele. In der Sprache der Sieger heißt das »re-education«, zu deutsch »Umerziehung«. Hier wird eine Verdrehung aller Werte und die Vertauschbarkeit von Lüge und Wahrheit mit allen Mitteln der inzwischen entwickelten Psychologie vorgenommen, bis Glauben als Wissen und Wünschbares als Tatsächliches erscheint. Das Diktat der Sieger wird zum Vertrag, die beschworene Abrüstung zur Aufrüstung — mit Ausnahme der deutschen, versteht sich — und die erzwungene Unterschrift unter den Schuldparagraphen wird zum Beweis für die Schuld. Die Deutschen haben das ja unterschrieben! Letzten Endes führt die systematische Verunsicherung der Menschen dazu, daß sie bereit sind, mehr als den eigenen Augen und Erlebnissen den Behauptungen der Sieger zu glauben.

Auch das gilt für beide Kriege und die ›Politik mit anderen Mitteln‹ danach.

Rudolf Steiner macht in unmißverständlicher Weise auf eine solche Urteilsverdrehung aufmerksam:

»Wenn jemand von einem andern angefallen wird und der Angefallene schreit ›zu Hilfe‹, so sagt man dem nach Hilfe Schreienden, er tue etwas Unberechtigtes, weil er sich nicht freiwillig abschlachten lasse. — Von ähnlicher Qualität sind auch manche Urteile, die in der Gegenwart gefällt werden. Man kann in dieser Beziehung die allermerkwürdigsten Erfahrungen machen. Gutwillige, wohlwollende Menschen, die im gewöhnlichen Leben nie ein solches Urteil fällen würden, fällen Urteile dieser Art über politische Dinge, von denen sie nichts wissen. Diesen Menschen fehlt Klarheit in ihren Urteilen, und darum handelt es sich um eine Grundbedingung für jede Urteilsfindung überhaupt, nicht jedoch um die Abgabe dieses oder jenes Urteils in dieser oder jener Richtung.« GA 173 S. 47 f.

Die hier dargestellte Verhaltensweise ist ein Kennzeichen für das »Jahrhundert der Lüge«, in dem in zunehmendem Maße Vor-Urteile aus subjektiven Erfahrungen und einseitiger Information gebildet, und darüber hinaus gezielt Fehlinformationen verbreitet werden. Es wurde bereits auf die Zwiespältigkeit des deutschen Verhaltens gegenüber der Weltlüge von Versailles hingewiesen, indem nach anfänglich einmütigem Widerstand gegen besseres Wissen und Gewissen durch die Unterschrift unter den Schuldparagraphen eine Beteiligung an der Unwahrheit eintrat. Wie auch immer dies damals gerechtfertigt worden ist, die deutsche Volksseele nahm damit das Gift der Lüge in sich auf. Davor hatte ja Rudolf Steiner in geradezu leidenschaftlicher Weise gewarnt, gewiß in Vorausschau der Folgen. »Das Charakteristische unserer gegenwärtigen Zeit ist gerade, daß bis zum heutigen Tag . . . alle Anstrengungen gemacht werden, um die Wahrheit zu verhüllen, um die Menschen über die Wahrheit hinwegzutäuschen.« GA 173 S. 318 Diese Feststellung hat bis in unsere Tage ihre Gültigkeit behalten. Dazu gehört auch, daß beim Nürnberger Militärtribunal den Verteidigern der Angeklagten von den Siegern untersagt wurde, die durch Versailles geschaffenen Maßnahmen und Folgen als Begründung für die Politik der Angeklagten mit einzubeziehen. »Die Sieger haben nötig, um ihren Sieg in entsprechender Weise auszunützen, der Welt zu diktieren, die andere Seite sei schuld am Kriege.« GA 174 b S. 356

Es war für Steiner dies die geradlinige Folgerung aus dem Ziel der gegnerischen Kriegspolitik, das er schon 1917 in seinem Zweiten Memorandum schonungslos aufgedeckt hatte: »Träte an die Stelle der Entente-Wilsonschen Friedensformel dasjenige, was ohne Maske das *Wesen* dieser Formel ist, so käme das folgende heraus: ›Wir Anglo-Amerikaner wollen, daß die Welt werde, wie *wir* sie wünschen. In diesen Wunsch hat sich Mitteleuropa zu fügen.‹ (Hervorhebungen durch Rudolf Steiner) Diese unmaskierte Friedensformel zeigt, daß Mitteleuropa in den Krieg getrieben werden mußte.« GA 24 S. 380

Schon im Dezember 1916 hatte Rudolf Steiner die Äußerung von Georg Brandes zitiert: »Der Unterdrückte würde dann selbstverständlich mit aller Kraft danach streben, sich wieder aufzurichten . . . und sich binnen einem halben Jahrhundert befreit haben«, wie es auch für jedes andere Volk eine Selbstverständlichkeit gewesen wäre. Und im Blick auf das oben gekennzeichnete Endziel fügt Steiner hinzu: »Dabei braucht man heute kaum ein Okkultist zu sein, um zu wissen, daß . . . ein viel wütenderer Krieg . . . die Welt durchzittern« wird. GA 173 S. 43 Es kann wie eine Prophetie auf die Fortsetzung des Jahrhundertkrieges erscheinen, wenn — wie bereits zitiert — am 8. Januar 1917 Rudolf Steiner darauf hinweist, daß »weil man durchaus nicht den Frieden haben will, der Kampf sehr grausam wird . . . Dann wird man wiederum die Möglichkeit finden, über die Grausamkeiten Mitteleuropas zu reden«, die man »seinerseits hätte verhindern können«. GA 174 S. 101 »Im Kriege geschehen selbstverständlich Greuel.« GA 173 S. 345 »Das Verurteilen von Staaten und Völkern, das steht in der Regel auf recht schwachen Füßen.« GA 173 S. 340

Zu den deutschen Versuchen einer gewaltlosen Bereinigung des Unrechts von Versailles nahm der zuvor höhere Diplomat des Auswärtigen Amtes Harry Graf Kessler als Hitler-Gegner und

Emigrant anläßlich einer Reichstagserklärung des deutschen Reichskanzlers vom 21. Mai 1935 zur allgemeinen Abrüstung in seinen Tagebüchern 1918–1937 (S. 734 f.) wie folgt Stellung »Hitlers große Rede . . . im Original gelesen. Man mag über ihn denken, was man will, jedenfalls ist diese Rede eine große staatsmännische Leistung. Sie bietet . . . eine Grundlage, die . . . den europäischen Frieden auf Jahrzehnte sichern könnte. Es wäre ein Verbrechen gegen Europa und die Menschheit, wenn die anderen Staaten diese Vorschläge nicht sorgfältig prüften und alles, was daran praktisch verwendbar ist, in die Wirklichkeit umsetzten . . . Große Teile der Rede hätten genauso Rathenau oder Stresemann halten können.«

Die Kriegsschuldlüge wuchert weiter und die *einseitige* Aufrechnung der deutschen Kriegsverbrechen — bei Verleugnung der eigenen in Geschichte und Gegenwart — hält unvermindert an.

Nach dem Ersten Weltkrieg wurde in der Weimarer Republik noch eine Zentralstelle zur Erforschung der Kriegsursachen von der Reichsregierung eingesetzt, nach dem Zweiten die Schuld festgeschrieben und lediglich die Darstellung deutscher Greuel offiziell gefördert. Wer heute als Hochschulwissenschaftler unvoreingenommen deutsche Zeitgeschichte behandeln und in größere Zusammenhänge einordnen will, der wird zuerst als ein »Revisionist« — so nannten und nennen Marxisten die Abweichler von der reinen Lehre — und sehr bald als »Faschist« abgestempelt. Selbst vor Text-Fälschungen in Lehrbüchern wird nicht zurückgeschreckt. [134]

Der US-Historiker Prof. Dr. Barnes stellt angesichts des immer wieder zur Schau gestellten deutschen Schuldkomplexes fest: »Das deutsche Kriegsschuldbewußtsein stellt einen Fall von geradezu unbegreiflicher Selbstbezichtigungssucht ohnegleichen in der Geschichte der Menschheit dar. Ich kenne jedenfalls kein anderes Beispiel in der Geschichte dafür, daß ein Volk diese nahezu wahnsinnige Sucht zeigt, die dunklen Schatten der Schuld auf sich zu nehmen an einem politischen Verbrechen, das es nicht beging, es sei denn jenes Verbrechen, sich selbst die Schuld am Zweiten Weltkrieg aufzubürden.«[135]

Als Ergebnis scheint erreicht: ein seelisch-geistiger Genocid. Rudolf Steiner sah ihn voraus.

GESTALTWANDEL ALS GESETZ DES VOLKSLEBENS

»Für Mitteleuropa stehen die Dinge so, daß es sich handelt um Leben und Tod des Volkstums«

Nachdem durch die von den Deutschen erpreßte Unterschrift das Versailler Diktat in Kraft gesetzt worden war, sagte Rudolf Steiner am 3. Oktober 1919 in Erkenntnis der Absichten der Sieger und in Vorausschau kommender weiterer Katastrophen:

»Für Mitteleuropa stehen die Dinge so, daß es sich handelt um Leben und Tod, um Leben und Tod des Volkstums. Die Menschen denken bei so etwas viel zu oberflächlich. Wenn man sagt ›Tod des Volkstums‹, so denken sie: Achtzig Millionen Menschen kann man doch nicht in einer kurzen Zeit töten, also kann es sich nicht um einen Tod des Volkstums handeln.

Wer so denkt, versteht eben ganz und gar nicht, um was es sich eigentlich handelt. Das ist ja schon ganz natürlich, daß man achtzig oder neunzig Millionen Menschen nicht in einer kurzen Zeit physisch töten kann. Aber der Tod des Volkstums bedeutet doch noch etwas ganz anderes. Man braucht sich nur daran zu erinnern, daß, als Jerusalem zerstört worden ist, es sich auch nicht um den Tod der einzelnen in Jerusalem dazumal lebenden Juden gehandelt hat. Dennoch handelte es sich damals in einer gewissen Weise um den Tod des Volkstums, und dieser Tod des Volkstums kann noch in einer ganz anderen Weise auftreten, als er dazumal aufgetreten ist. Es handelt sich da schon um Leben oder Tod!« GA 191 S. 15

Für das Deutschtum und seinen Träger, das deutsche Volk, hatte Rudolf Steiner bereits vor dem 1918 erzwungenen Waffenstillstand gefolgert: »Wenn ein Volk, bevor es seine Mission erfüllt hat, hingemordet würde oder in seiner Existenz beeinträchtigt würde, dann tritt nicht eine andere Volksindividualität an seine Stelle. Völker müssen sich ausleben! Völker müssen den Kreislauf ihres Daseins — nicht nur das Kindes- und Mannesdasein, sondern ihr Dasein bis in die höchste Vollendung hin erreichen. ... Wenn Feindeswünsche, die nach dem Entgegengesetzten gehen, sich von allen Seiten gegen die Existenzmöglichkeiten des deutschen Volkes ... erheben, dann muß es dieses sein, ... was dem deutschen Volke die Kraft zum Widerstande gibt, die Kraft, die Keime lebendig zu erhalten, die wir in seine Seele gelegt finden gerade dann, wenn wir diese Seele in ihrer ganzen lebendigen Entwicklung betrachten.« Und Steiner kommt daraus zu der Folgerung, »daß das deutsche Leben fortleben muß, weil das deutsche Wesen in der Weltentwicklung seine Mission erfüllen muß, weil nichts da sein würde, was die rein äußere materialistische Weltanschauung erheben würde zu jener ideellsten spirituellen Höhe, deren Intention im deutschen Wesen liegt. ... So den deutschen Geist ansehen, gibt eine Zuversicht, ... die nicht auf einem bloßen blinden Glauben beruht, sondern die unser Trost und unsere Hoffnung sein muß in diesen schicksalstragenden schweren Tagen.« GA 64 S. 181 f.

Inzwischen ist — 44 Jahre nach dem letzten Waffengang, dem sog. »Zweiten« Weltkrieg — die Zerstörung des deutschen Volkstums so weit fortgeschritten, daß die Volksidentität in Frage gestellt wird, und der von Steiner eingeführte Begriff »Tod des Volkstums« mehr und mehr an Wahrscheinlichkeit gewinnt. Wenn zudem der Kampf des deutschen Volkes um seine Existenz als Großvolk, gleichgültig unter welchem der wechselnden Regime, in diesem Jahrhundert zweimal verloren worden ist und ihm die staatliche Selbstgestaltung seiner Einheit entgegen dem Selbstbestimmungsrecht der Völker verweigert wird, erscheint tatsächlich die in offiziellen Äußerungen westdeutscher Politiker wiederholt ausgesprochene Feststellung berechtigt, daß die in beiden Waffengängen gebrachten Opfer »umsonst« gewesen seien. Die Amputation Deutschlands durch das Verbrechen der Vertreibung der Deutschen aus den von ihnen im vergangenen Jahrtausend kultivierten Ostgebieten sei unheilbar, die Zerstückelung seines alten Reichsgebietes in drei selbständige Staaten sei »um des lieben Friedens willen« endgültig hinzunehmen und entsprechend die Präambel des Grundgesetzes der Bundesrepublik Deutschland in Frage zu stellen, da sie nur noch zu deklamatorischen Versicherungen Anlaß gebe, an deren Verwirklichung in diesem Jahrhundert kein »ernsthafter« Politiker in der Welt denkt.

Im Hinblick auf das Schicksal Polens oder auch Israels braucht trotzdem nicht das letzte Wort gesprochen zu sein. »Aber der Tod des Volkstums bedeutet doch noch etwas ganz anderes«, ist Steiners Hinweis 1919, trotz der durch Versailles immerhin noch zugestandenen Weiterexistenz des Deutschen Reiches. Zur Frage gestellt ist heute nicht nur die Einheit des deutschen Volkes, nicht nur sein Anspruch aus dem international anerkannten »Selbstbestimmungsrecht der Völker« auf die unabhängige Eigengestaltung eines deutschen Volksstaates; zur Frage gestellt wird heute dieses Recht von Deutschen selbst und ebenso das Heimatrecht der Schlesier, Sudeten- und Ostdeutschen, wie das Volksprinzip überhaupt. Im offensichtlichen Widerspruch zu den nationalen Bewegungen in aller Welt wird in Mitteleuropa die Ansicht vertreten, die Zeit der Völker sei vorbei, ein »New Age«, ein neues Zeitalter der Menschheit breche an, in dem für Völker und volkhaftes Bewußtsein kein Raum mehr sei. Alles ziele ausschließlich ab auf die Selbstverwirklichung der »Individualität« und eine Gemeinschaft freier Geister, in der Grenzen, sprachliche und volkliche Unterschiede nur noch zu überwindende »Atavismen« einer untergehenden Epoche seien.

»Tod des Volkstums«, das heißt angesichts dieser Meinungsbildung nicht nur Tod des deutschen Volkstums, sondern Tod des Volkstums als Lebenserscheinung schlechthin. Es bedeutet nichts weniger als die vollständige Auflösung des Begriffes »Volk«. Das Bewußtsein der Zugehörigkeit zum »eigenen« Volke soll, wo es nicht schon geschehen ist, sterben. Das sind die Vorstellungen solcher Menschen, welche nie eine innere Beziehung zu ihrem eigenen Volkstum aufgenommen haben. Der Wirklichkeit entsprechen diese verschwommenen Ideale einer Menschheitszukunft nicht. Ein Blick in die Welt bezeugt das Aufflammen »nationaler« Leidenschaften dort, wo sich noch nicht wie in Nord- und Südamerika ein im Grunde kulturloses Einerlei aus verschiedensten Volkselementen entwickelt hat. Der Kampf der Iren und Basken beispielsweise um die Anerkennung ihrer Identität, der Völkerschaften in der Sowjetunion und im Balkan, also überall dort, wo übergreifende politische Gebilde die vorhandenen Volkselemente einzuschmelzen begannen, zeugt gegen eine Abwertung als »historischer Atavismus«.

»Erkennt euch selbst als Volksseelen!«

Gewiß spricht Rudolf Steiner im Zusammenhang mit den Ereignissen von 1918 und 1919 davon, daß die Menschen von vielem im Laufe der darauffolgenden Jahrzehnte scheiden müssen. Überhört werden darf aber auch nicht sein Bekenntnis zu seinen vorangegangenen Aussagen, wie er es nach den Kriegsereignissen in der völlig neu entstandenen Lage am 9. November 1918 ausspricht. Man bedenke den historischen Augenblick: Die rote Revolte im Reich, die Ausrufung der Republik und der Zusammenbruch des Kaiserreiches lassen Steiner dennoch bekennen: »Jetzt in diesem Augenblicke möchte ich es ausdrücklich betonen, daß ich genau auf demselben Standpunkte stehe in Bezug auf die Beleuchtung der Ereignisse, auf dem ich gestanden habe im Anfang des Hereinbrechens der sogenannten kriegerischen Katastrophe.« GA 185 a S. 10

Steiner bezeichnet das Erlebnis der »Heimatlosigkeit« als einen Umweg, »wieder den Rückweg zu finden zu den Volkssubstanzen, den Einklang zu finden mit dem Bodenständigen in der Menschheitsentwicklung«. Und er begründet, daß »gerade in unserer Zeit in unbefangenster Weise auch einmal über dasjenige gesprochen wird, was wir die Mission der einzelnen Volksseelen der Menschheit nennen«. In unserer Gegenwart sei zu beginnen, von dieser Mission zu reden. »Es ist aus dem Grunde von einer ganz besonderen Wichtigkeit, weil die nächsten Schicksale der Menschheit in einem viel höheren Grade, als das bisher der Fall war, die Menschen zu einer gemeinsamen Menschheitsmission zusammenführen werden. Zu dieser gemeinsamen Mission werden aber die einzelnen Volksangehörigen nur dann ihren entsprechenden freien, konkreten Beitrag liefern können, wenn sie vor allen Dingen (!) ein Verständnis haben für ihr Volkstum, ein Verständnis für dasjenige, was man nennen könnte ›Selbsterkenntnis des Volkstums‹. Wenn im alten Griechenland in den apollinischen Mysterien der Satz: ›Erkenne dich selbst‹ eine große Rolle gespielt hat, so wird in nicht ferner Zukunft der Ausspruch an die Volksseelen gerichtet werden: ›Erkennet Euch selbst als Volksseelen‹.« GA 121 S. 13 f.

Unmißverständlich wird hier dem Volkstum das Primat zugesprochen, Voraussetzung für die gemeinsam anzustrebende Menschheitsentwicklung zu sein. Eine Familie, ein Bund haben nur soviel Qualität, als sie hervorragend ausgebildete Individualitäten aufweisen. Von dieser Lebensselbstverständlichkeit spricht Steiner: »Der Mensch ist zwar zunächst eine menschliche Individualität, eine Ausgestaltung einer Ichheit, dann aber ist er nicht nur Individualität, sondern auch Angehöriger eines Volkes und damit etwas, wofür er zunächst als menschliche Individualität nichts kann . . . Das ist das Strombett, in das er aufgenommen wird.« GA 121 S. 30

Bereits 1887 hatte Rudolf Steiner bei der ihm als 26jährigem anvertrauten Herausgabe der Naturwissenschaftlichen Schriften Johann Wolfgang Goethes sein Menschenbild entwickelt: »Der Mensch gehört nun nicht allein sich selbst; er gehört als Glied zwei höheren (!) Totalitäten an. Erstens ist er ein Glied seines Volkes, mit dem ihn gemeinschaftliche Sitten, ein gemeinschaftliches Kulturleben, eine Sprache und gemeinsame Anschauungen (!) vereinigen. Dann aber ist er ein Bürger der Geschichte, das einzelne Glied in dem großen historischen Prozesse der Menschheitsentwicklung.« [136] Zu letzterem sei, so Steiner, vor allem notwendig, daß der Mensch seine Zeit verstehe! Dazu gehört selbstverständlich als Voraussetzung die Kenntnis der Geschichte seines eigenen Volkes.

Wird dem Menschen sein nationales Identitätsbewußtsein und die Kenntnis seiner Volksgeschichte genommen, so läuft er demgemäß Gefahr, zu einem eindimensionalen Menschen herabgemindert zu werden. Diese Erkenntnis ist für die Verantwortung des Erziehers in der Gegenwart von besonderem Gewicht. Daß der Unterricht in wahrhaftiger und ausgewogener Weise geschehen muß, darauf hat Ernst Anrich, »Leben ohne Geschichtsbewußtsein«, als Anklage gegen den heutigen Geschichtsunterricht (1988) eindrucksvoll hingewiesen. Diese Aufgabe veranlaßte Rudolf Steiner bereits 1916, zur Erkenntnis der Völkerseelen zu fordern das »Kapitel einer Wissenschaft, die es aber heute noch nicht gibt, einer Wissenschaft, die einem vorschweben kann als ein hohes Ideal. Aber was müßte alles zusammenarbeiten, um eine solche Wissenschaft wirklich zustande zu bringen! Erstens müßte vielleicht nicht eine, sondern eine Reihe von Persönlichkeiten zusammenwirken, die den hingebungsvollen Forschersinn für alles, was Volkswesen, Volksart, Volksentwicklung ausmacht, haben, den etwa Jakob Grimm gehabt hat, der ja seine Studien auf die beiden Äußerungen der Volksseele, die Mythe, die Sage und Sprache hauptsächlich gelenkt hat.« Steiner weist hin auf die Notwendigkeit für eine im Sinne Jakob Grimms gehaltene Volksseelenkunde, die äußerlich gefunden und mit derjenigen Wahrheits- und Erkenntnisgesinnung durchtränkt ist, die aus naturwissenschaftlicher Disziplinierung heraus folgt. »So könnte wirklich das zustande kommen, was aus einer Volksseelenwissenschaft heraus Licht verbreiten kann über die Eigentümlichkeiten des Waltens und Wirkens einer Volksseele.« GA 65 S. 591 u. 593

»Volksseelen-Wissenschaft als ein hohes Ideal«

Die deutsche Volkskunde war aus der Deutschen Bewegung des 19. Jahrhunderts geboren worden, als die Metternich-Ära die mit dem Befreiungskampf gegen Napoleon begonnene Selbstbesinnung der deutschen Nation im politischen Raum niederdrückte und für die erwachte deutsche Geistigkeit nur der »Weg nach innen« (Novalis) frei blieb. Die Arbeiten der Brüder Grimm, Mannhardt, Wuttke und Wilhelm Heinrich Riehl, um nur wenige zu nennen, begründeten eine neue Wissenschaft, zu der Friedrich Ludwig Jahn bereits 1810 durch sein Buch »Deutsches Volksthum« gleichsam die Einleitung geschrieben hatte. Hinfort gilt die Begriffsbestimmung des Wörterbuches der deutschen Volkskunde:

»Deutsche Volkskunde ist die wissenschaftliche Erforschung des deutschen Volkes in seiner geistigen Artung, wie sie Abstammung und Landschaft, allgemein menschlich-seelische Grundlage und Gemeinschaftskultur in Auseinandersetzung mit dem geschichtlichen Schicksal gebildet haben.« Wichtig ist die Feststellung: »Volkskunde ist eine Geisteswissenschaft.« So hatte sie auch Rudolf Steiner gemeint. Denn »der Begriff ist nicht im Sinne eines Staatsvolkes gebraucht, sondern als Zusammenfassung der Menschen gleicher Abstammung, Sprache und Kultur. Im Begriff Volk umfaßt die Volkskunde zwar grundsätzlich alle Angehörigen dieser Bluts- und Kulturgemeinschaft, doch ist ihr Blick auf die Mutterschicht, auf den Wurzelboden dieses Lebenskörpers gerichtet.« [137]

Selbstverständlich gilt der von Rudolf Steiner geforderte Ausbau einer solchen Wissenschaft für alle Völker. Der in der ersten Hälfte des 19. Jahrhunderts von England ausgehende und insbesondere über die nordischen Länder sich verbreitende Begriff »Folklore« meinte zunächst das nämliche, wurde jedoch in den letzten Jahrzehnten zu einer allgemeinen Bezeichnung von »volkstümlich« entwertet und ist zu einem Verlegenheitswort geworden, das diejenigen anwenden, welche die Begriffe »Volk« und »Volkstum« verneinen und beseitigen wollen, ohne die Existenz des »Volkstümlichen« leugnen zu können. Steiner sah diese »Volksseelenwissenschaft« als ein »hohes Ideal«, denn nicht nur für das Selbstverständnis des eigenen Volkstums — die Bemühung um ein »Identitätsbewußtsein«! — erhält eine solche Wissenschaft eine nicht zu überschätzende Bedeutung, sondern in gleicher Weise für das gegenseitige Verstehen innerhalb der Familie der Völker. Die Kennzeichnung, die in der Zeit vor dem Ersten Weltkrieg Gustaf Kossinna der von ihm begründeten deutschen Vorgeschichtswissenschaft im Untertitel seines bahnbrechenden Werkes gab: »eine hervorragend nationale Wissenschaft«, kann für eine Volksseelenkunde abgewandelt werden: »eine hervorragend *völkerverbindende* Wissenschaft«.

Mit Recht wehren sich daher jene Wissenschaftler, welche die Ziele dieser Wissenschaft anstreben und — gewiß im Sinne Rudolf Steiners — zur pädagogischen Anwendung weiter ausgestalten wollen, gegen zeitgenössische radikale Bemühungen an deutschen Hochschulen, diese ihres ursprünglichen Charakters zu entfremden und daraus eine für die Anwendung zumeist nutzlose allgemeine Gesellschaftswissenschaft zu machen, welche »Volk« nicht mehr im Sinne eines geistigen Zusammenhanges, sondern als soziale Schicht interpretiert. So soll auch der Name und mit ihm der Inhalt verschwinden. Jedoch »wer sich mit dem tief eingewurzelten Glauben des Volkes und der Völker beschäftigt, der weiß, daß mit dem Namen (Volkskunde) das Gesicht verloren wird, ja, daß man mit dem Namen sich selbst fremder Macht zu überliefern droht . . . Die Umarmung der Soziologie internationalen Zuschnitts wird tödlich sein. Die Gestalt eines ›deutschen Volkes‹ wird wieder hervortreten, wenn sich die trübe Welle fragwürdiger »Reeducation« durch New Yorker Journalisten in Offiziersuniform endgültig verlaufen hat. Das Europa der Zukunft soll ein sinnvolles Neben- und Miteinander alter Stämme, Sprachen und Kulturen sein, nicht ein Völkerbrei nach amerikanischem Muster. Mächte, die auf eine solche ›Entnationalisierung‹ hinarbeiten, warten auf den Tag, an dem sie die namen- und gesichtslos gewordenen Massen unter ihre Herrschaft zwingen können. Mit der Sprache fängt es an.« [138]

Entnationalisierung bezweckt »Helotismus«

Rudolf Steiner kennzeichnete diese deutlich gewordene Tendenz »Entnationalisierung« als das Streben der Gegenmächte im »Jahrhundertkrieg« nach einem »Helotismus« der Deutschen. Er prägte diesen Begriff nach der Bezeichnung der Spartaner für ihre Staatssklaven, als die Instrumente ihres Herrschaftswillens. Der Begriff ist augenscheinlich einst abgeleitet vom Namen der Stadt Helos auf dem von den Spartanern unterworfenen Peloponnes, bedeutet aber zugleich ursprünglich »Sumpf, Bruch, Morast« und kennzeichnete damit die Lage dieser Siedlung. Wollte Steiner mit seiner ungewöhnlichen Wortprägung das Leben im »Sumpf« kennzeichnen, der in diesem Falle weniger in sozialer Hinsicht als vielmehr in seelisch-kultureller gemeint gewesen sein wird? Seine Feststellung, daß ein Sieg des Anglo-Amerikanismus die europäische Kultur »auslösche«, läßt fast darauf schließen. Im November 1914 war Rudolf Steiner nach Berlin geeilt, in das eine der beiden Zentren Mitteleuropas im Kriegsgeschehen, um dort damit zusammenhängende grundlegende Ausführungen über »die Seelen der Völker« zu machen. Er bekräftigte bei diesem Anlaß: »Ich glaube nicht, daß es unnötig ist, sich so in die Grundnatur der Volksseelen zu vertiefen. Denn mir scheint, daß aus dieser Beleuchtung der Volksseelen heraus auch das Licht strömen kann, welches Klarheit über das bringt, was uns heute in den großen Schicksalsereignissen entgegentritt.« GA 64 S. 150

Der Begriff »Volksseele« ist in den deutschen Sprachgebrauch seit der »Deutschen Bewegung« der Romantik (Nohl) eingeführt worden. Herkömmlicher wird dafür die Bezeichnung »Volksgeist« verwandt. In das neuzeitliche Denken Europas ist dieser als »esprit général d'une nation«, als »Nationalgeist«, von Montesquieu (1689–1755) eingebracht worden, also keineswegs ein Produkt von »Deutschtümelei«. Johann Gottfried Herder begann vom Volksgeist zu sprechen. Der Völkerpsychologe Wilhelm Wundt sah im Volksgeist das Bleibende, das sich in steten Entwicklungsreihen verwirklicht, und die Volkskunde »begreift im Volksgeist die geistige Wesenheit (!), die allen kulturellen Schöpfungen der Gemeinschaft . . . zugrundeliegt«. [139]

Rudolf Steiner erläuterte die Volksseele als einen nicht bloß abstrakten, leeren Begriff, etwa im Sinne einer Zusammenfassung der Eigenschaften eines Volkes. »Diese Volksseele ist ein Lebendiges, ein Reales . . . Es waltet in uns das übersinnliche Selbst, das durch Geburten und Tode von Leben zu Leben auf der Erde geht. Und es waltet in allem geschichtlichen Werden unsichtbar, übersinnlich . . .« GA 64 S. 118 ff. Darum ist Geisteswissenschaft im Sinne Rudolf Steiners bemüht, Aufklärung zu schaffen nicht nur über wichtige Zusammenhänge des Lebens des einzelnen Menschen, sondern auch des Lebens der Völker!

Wie ist nun das Hereinwirken des Volksgeistes in die individuelle Menschenseele verursacht? Rudolf Steiner gibt eine lapidare

Antwort: »Der Mensch gehört einem gewissen Volkstum an durch sein Blut.« Der Mensch erlebe sein Volkstum zunächst nur unterbewußt, diese Zugehörigkeit wird im Gemüt lebendig. Daher wird auch im positivem wie im abwehrenden Sinne das Gefühlsleben erregt, wenn diese Zugehörigkeit zum Volk berührt wird. Das Pathos, die Leidenschaft werden mit elementarer Kraft sich regen. »Das Blut und das Herz, das unter dem Einflusse des Blutes steht, bringt den Menschen mit seiner Nationalität zusammen, läßt ihn in der Nationalität drinnen leben.« GA 174 S. 57

Steiner charakterisiert diese Tatsache als gegeben und gesteht dem »Nichtgeisteswissenschafter« zu, zu sagen: »Durch mein Blut hänge ich mit meiner Nationalität zusammen, durch mein Blut verteidige ich dasjenige, was in der Nation lebt, durch mein Blut fühle ich die Verpflichtung, mich zu identifizieren mit meiner Nationalität«. GA 174 S. 57 f.

Der zu seinem Bewußtsein erwachte Mensch werde allerdings veranlaßt sein, hinzuzufügen, daß er durch sein Karma mit der Nationalität verbunden sei, weil diese ein Teil seines Schicksals ist. Es erscheint diese Unterscheidung insofern für die weitere Menschheitsentwicklung wichtig, weil durch dieses erweiterte Bewußtsein das Verhältnis der Individualität zu ihrer Nation vergeistigt wird und damit ein primitiver »Chauvinismus« ausgeschlossen und eine unbefangene Verständigung zwischen Angehörigen verschiedener Völker möglich wird wie unter einzelnen Individualitäten, die ihren Familien angehören, aber miteinander in Nachbarschaft leben und aufeinander angewiesen sind.

»Die Liebe zum eigenen Volkstum in Einklang bringen mit der Liebe zur ganzen Menschheit«

Wer vielleicht gerade von Rudolf Steiner am wenigsten ein Bekenntnis zum eigenen Volkstum erwartet haben mag, der lasse sich durch dessen eigene Worte eines anderen belehren: »Wir müssen anerkennen, daß, indem wir in einer bestimmten Inkarnation gegenüber dem Volkstum, in dem wir eben stehen, voll unsere

Pflicht zu tun haben, ihm voll unsere Liebe darzubringen haben, dieses Volkstum im ganzen Entwicklungsprozeß der Erde darinsteht. Wir müssen uns klar sein, daß wir, indem wir auch geistige Wesenheiten sind . . ., wirklich der ganzen Menschheit angehören und mit unseren Impulsen mit der ganzen Menschheit fühlen müssen. Und nicht ist es so, daß die Geisteswissenschaft zuläßt, daß wir in ihr in einer Einseitigkeit leben, sondern wir müssen diese beiden Seiten unseres Wesens in einen vollen Einklang bringen können.« GA 159/160 S. 161

Um kein Mißverständnis aufkommen zu lassen, sei hier betont, daß diese Liebe zum eigenen Volkstum in keiner Weise verwechselt werden darf mit chauvinistischer Überheblichkeit, mit einem beschränkten Nationalismus, zu dem allerdings gerade nach Steiner die Deutschen ihrem Wesen nach wenig neigen. Sie überschätzen gern alles »Ausländische« und geringschätzen leicht ihr Deutschtum, das dann vernachlässigt wird, vorgeblich, um menschheitlich zu sein, doch tatsächlich, um amorph — gestaltlos — zu werden. [140]

So fährt Steiner im gleichen Vortrag fort: »Wir müssen uns klar darüber sein, daß wir — trotzdem wir als Mensch der gegenwärtigen Inkarnation, auch wenn wir Geisteswissenschafter sind, unser Volkstum so lieben können, wie nur irgend jemand sein Volkstum zu lieben vermag — mit diesem Fühlen dasjenige in Einklang bringen, was uns mit der ganzen Menschheit zusammenführt. Und von Unheil ist es, wenn man wahre Geisteswissenschaft verwechselt mit jenem unklaren mystischen Getriebe, das immer da die Bedürfnisse des äußeren, physischen Lebens verquicken möchte mit demjenigen, wozu wir uns erheben müssen, indem wir in die geistige Welt eintauchen. Denn unklare Mystik, die überall in das alltägliche Leben dasjenige hereinbringen möchte, was die Geisteswissenschaft erst im rechten Lichte zeigt, jene unklare Mystik wird zum Beispiel niemals die Liebe zum eigenen Volkstum in Einklang bringen können mit der Liebe zur ganzen Menschheit, wird zu einem verschwommenen mystischen Kosmopolitismus führen.« GA 159/160 S. 162

So befürwortet Rudolf Steiner »nicht ein abstrakt-allgemeines Menschentum, sondern ein wirkliches Verbinden der Menschen auf Grund des Interesses für die besondere individuelle Gestaltung, die ein Mensch dadurch erhält, daß er in ein bestimmtes Volksseelentum hineinversetzt ist. Es ist heute einmal die Zeit gekommen, daß solche Dinge, die nicht nur als unbequem, sondern manchmal sogar als verletzend empfunden werden, populär werden müssen. Man kommt nicht weiter, meine lieben Freunde, ohne daß solche Dinge populär werden. Das muß gehörig ins Auge gefaßt werden.« GA 159/60 S. 78

Heute, 1989, ist die hier angesprochene Aufgabe noch weit weniger »populär« als 1915, im Gegenteil: populär ist die völlige Verneinung der Volkszugehörigkeit und die Betonung, ›man sei menschheitlich orientiert‹. Demgegenüber sagt Steiner, daß es nicht darauf ankomme, in der einförmigen Einheit das Wesen der Welt zu sehen, sondern gerade in der Harmonie des Vielen. »Und der Mensch muß die Möglichkeit finden, alle mögliche Wärme, hinsichtlich derer er vor keinem, der nicht Geisteswissenschaft erstrebt, zurückzustehen braucht, alle Wärme für sein Volkstum zu empfinden, und das auf der andern Seite zu vereinigen, was uns wiederum, insofern wir der ganzen Menschheit angehören, mit der ganzen Menschheit als einer großen, gesamten Wesenheit zusammenbringt.« GA 159/160 S. 163

Es kann eine Erkenntnishilfe sein, wenn Steiner die Polarität von Individualität und Volk mit einer anderen Polarität vergleicht. Er nennt das Volkstum »das mütterliche Prinzip« im Unterschied zum »väterlichen« des Geistigen. Unseres Erachtens kann diese Bezeichnung die Lebenstatsache, die hier zur Sprache steht, nicht besser treffen: »natio« ist als lat. Bezeichnung abgeleitet von »nascior« gleich »ich werde geboren«. Das Wort bezeichnet also »Abstammung« und ist im Lateinischen ebenso stammverwandt mit »natura«, der »Gebärerin«, welche in der Menschheitsjugend als »die Große Mutter« verehrt wurde. Aus diesem Wortverständnis ist es »das Natürlichste« »national« zu sein, daß heißt: einem Volke zuzugehören, sich dessen bewußt zu sein und sich zu seinem Karma zu bekennen. Wie aus Steiners bereits wiedergegebenen Äußerungen gegenüber seinen anthroposophischen Freunden hervorgeht, brauchen beide Prinzipien, das volkhafte oder »nationale« und das in der Individualität ausgebildete Bewußtsein oder geistige Leben sich keineswegs zu widersprechen, weil auch zur Erzeugung des sich auf der Erde verwirklichenden Menschenwesens beide Prinzipien gehören: das »mütterliche« und das »väterliche«. Dem einen oder anderen den Vorrang zu geben, erscheint abwegig. Erst aus der Vereinigung beider ersteht das volle Menschentum oder Mensch»heit« in dem Sinne, wie von Kind»heit« gesprochen wird, nicht nur als einer Altersstufe, sondern Wesensart. Menschheit als Bewußtsein der Zusammengehörigkeit aller derer, die Menschenantlitz tragen, und als anzustrebende Friedensordnung der Völker hat solche Erkenntnis zur Voraussetzung. Nicht von ungefähr singt die »Internationale«: »Erwacht, ihr *Völker* dieser Erde . . . !« und sprechen wir von den »Vereinten *Nationen*«. Auch der Auftrag der Aussendung im Evangelium lautet: »Gehet hin zu allen Völkern!« »Völker sind Gedanken Gottes« war die Überzeugung von Johann Gottfried Herder. Völker, so sagt dieses Wort, kommen »aus Gott«. Und Rudolf Steiner bemerkt: »Zu den in der geistigen Welt uns am nächsten stehenden Wesen gehört die Volksseele«. GA 64 S. 296 u. 306, dazu auch Anm. 86

Diese Überzeugung ist seit Menschengedenken den Kulturen gemeinsam und hat in Bildern und Mythen ihre Darstellung gefunden. Platon hat sie für den europäischen Geist in seiner Lehre von den »Ideen« formuliert. Wo es an der Fähigkeit zu unmittelbarer denkerischer Einsicht mangelte, ist sie zur Überzeugung des »Glaubens« geworden, zu einem »Axiom«, an dessen Deckung durch die Wirklichkeit es keinen Zweifel gab. Erst die durch den Rationalismus der »Aufklärung« einseitige Sicht auf die Materie als das alleinige Sein hat seit nur zwei Jahrhunderten den Blick auf die geistige Welthälfte verstellt, nämlich auf »das Reich der Ideen« als den unsichtbaren Hintergrund aller Wirklichkeit. »Volk« ist eine »Idee« und damit eine geistige Realität, die sich in den drei Wesensgliedern des sozialen Organismus im sprachlich-kulturellen, im politischen und im wirtschaftlichen Leben jeweils verwirklichen will und soll wie jede andere Individualität.

»Von der unglückseligen Verquickung von Staat und Nation und Volk«

Aus dieser Zusammenstellung in einem Vortrag, den Rudolf Steiner unmittelbar beim Eintreten des Waffenstillstandes des Ersten Weltkrieges am 11. November 1918 in Dornach hielt, wird deutlich, daß hier drei Begriffe angesprochen werden, die ihrem Inhalt nach als nicht austauschbar von Steiner gebraucht werden. Um seine scharfe Kritik einer Grenzverwischung — er sagt »unglücksselige Verquickung« — zu verstehen, bedarf es zunächst einer Kennzeichnung dieser drei Begriffe.

Staat, wie Nation aus dem Lateinischen entlehnt, heißt ursprünglich Verfassung, Zustand, aber auch Rangordnung, Lebensweise. Erst im 17. Jahrhundert wurde die politische Bedeutung von französisch ›état‹ übernommen. In einem herkömmlichen philosophischen Handbuch wird der Begriff Staat, wie er heute gebraucht wird, so definiert: »Ein durch repräsentativ aktualisiertes Zusammenhandeln von Menschen dauernd sich erneuerndes Herrschaftsgefüge, das die gesellschaftlichen Akte auf einem bestimmten Gebiet in letzter Instanz ordnet.« Daneben verwenden wir aber auch das Wort Etat und zwar für den Staatshaushalt oder überhaupt für die einer Gruppe von Menschen zur Verfügung stehende Summe Geldes. Der ökonomische Akzent im Begriff Staat ist unverkennbar. Ebenso aber auch das Statische, also das Feststehende.

Der Begriff Staat, in der oben gekennzeichneten Weise, ist ein Ergebnis der Zeit der Aufklärung und damit des Rationalismus und des aufkommenden philosophischen Materialismus. Thomas Hobbes, englischer Staatsmann und Philosoph, erklärte im 17. Jahrhundert den Staat als einen Vertrag, der zum Schutze des einzelnen geschlossen wird, denn in dem vorstaatlichen Zustand befindet sich jeder im Krieg mit dem anderen. Erst durch diesen »Staatsvertrag« wird nach dieser Ansicht ein humanes Leben gewährleistet. Alles, was dem Staate dient, ist gut, das Gegenteil verwerflich. So nannte Hobbes bezeichnenderweise sein epochales Werk »Leviathan«. Das ist im Hebräischen der Name für eine

»krumme, gewundene Riesenschlange«, die im Buch Hiob geschildert wird als eine den Menschen demütigende Urgewalt. [141]

Der Weg führt von Hobbes' Entwurf des totalitären Staates bis zu der von Orwell gekennzeichneten Diktatur der Lüge in der Gegenwart, unter welchem Namen auch immer diese sich verbirgt. Dazu hat sich Steiner, wie im Vorangegangenen dargestellt, deutlich genug geäußert. Daß ein solches Staatswesen der freien menschlichen Entfaltung hemmend entgegensteht, bedarf keiner Begründung. Es ist entwickelt aus einer radikal materialistischen Weltanschauung und führt zu Demokratie und Kapitalismus, so wie von Steiner gekennzeichnet und in diesem Buch bereits dargestellt.

Die große demokratische Revolution in Frankreich war letzten Endes ein Sieg dieses totalen Etatismus, zumindest wurden ihre menschheitlichen Ideale in diese Richtung umgebogen und verfremdet.

Demgegenüber steht die Romantik oder »Deutsche Bewegung« mit ihrem neuentdeckten Begriff des Volkes, dessen Interpretation im Deutschen Idealismus gegeben ist. Dieser Volksbegriff ist in der vorliegenden Arbeit umfassend aus der Sicht Steiners dargestellt und braucht hier nicht noch einmal behandelt zu werden.

Als dritter Begriff steht nun die Nation in dieser »unglückseligen Verquickung«. Auch dieses Wort wurde in seiner ursprünglichen Bedeutung erläutert. Hier, in diesem Zusammenhang, ist es offensichtlich in einem anderen Sinn zu verstehen. Wir müssen dabei eine Eigentümlichkeit unserer deutschen Sprache einbeziehen, die diese Färbung erkennen läßt. Für das Wesenhafte einer Person sowie einer sprachlich abgegrenzten, aber zusammengehörigen Menschengruppe, benutzen wir zwei deutsche Wörter, mit denen wir dieses Wesenhafte kennzeichnen, nämlich »ich« und »Volk«. Wollen wir nun die Übersteigerung, die Überbetonung dieses Eigenseins und zwar im negativen Sinne hervorheben, dann gebrauchen wir in beiden Fällen im Deutschen, und zwar auch im allgemeinen Sprachgebrauch, ein Fremdwort: Egoismus und Nationalismus. Bei Egoismus könnten wir auch Ich-Sucht sagen, tun dies aber in der Regel nicht. Für Nationalismus gibt es eine entsprechende Bildung mit Volk überhaupt nicht. Auch das Herkunftswörterbuch von Duden weist darauf hin, daß heute der Begriff »Nation« nicht mehr in seiner ursprünglichen Bedeutung benutzt wird, sondern ein schillernder und leicht mit negativem Akzent versehener Begriff geworden sei.

So weist Steiner nach Bekanntwerden der Wilsonschen Vierzehn Punkte, mit dem Grundgedanken des Selbstbestimmungsrechtes der Völker, in vielen Vorträgen immer wieder darauf hin, daß hier etwas ganz anderes heraufkommt als die Erkenntnis und Pflege des eigenen Volkstums. Was hier angesprochen wird, ist ein übersteigerter Nationalismus, der zum Chauvinismus werden kann und durch dieses Programm gefördert wird. Dies geschieht vornehmlich bei den kleinen, bisher im Zusammenhang mit größeren lebenden Völkern und auf Kosten des »Reiches«.

Ein solcher Nationalismus wird von Steiner in Beziehung zur Unwahrheit gesetzt, die wiederum in enger Verbindung zum Egoismus steht. Unwahr ist dieser Nationalismus insofern, als er die Realität des eigenen Volkstums innerhalb der Volkstümer und Menschheitsentwicklung falsch einordnet und daher zu einem irrealen Bild kommt, was dann eben kein wahres ist, und diese irreale bzw. unwahre Vorstellung erwächst aus eigener Überschätzung, die wir ja gemeinhin Egoismus nennen. Steiner sagt wörtlich: »Die Menschen lieben es, in Illusionen zu leben. Zwischen Illusionen und Unwahrheit ist aber nur eine ganz schmale Kluft, über die man sehr leicht eine Brücke hinüber findet, von den Illusionen aus ins Reich der wirklichen Lüge.« Und in einem nächsten Satz führt er dann aus, daß dieses »Leben in der Unwahrheit mit dem Egoismus verbunden« ist. Als Fazit dieser Verbindung sagt Steiner dann: »Es gibt zum Beispiel nichts, was der Wahrheit abträglicher ist in dem Sinne, wie ich von der Wahrheit vorhin gesprochen habe, als der Nationalismus.« Das kann sich nur auf diese übersteigerte, überzogene und damit wirklichkeitsfremde Überbewertung des eigenen Volkes beziehen. Als letztes Zitat in diesem Zusammenhang noch der Satz: »Denn soviel Nationalismus in der Welt entstehen wird, soviel Unwahrheit wird in der Welt sein, besonders gegen die Zukunft hin.« Alle Zitate entnommen aus GA 185 a, S. 69–78.

Für Steiner war der Weltkrieg und dessen Ausgang mehr als nur Krieg, es handelt sich für ihn um eine »Weltkatastrophe«. Aber er muß feststellen: »Die meisten Menschen leben ja heute noch so, denken so, wie es 1914 der Fall war . . . Daß es in Mitteleuropa auch so ist, ist ja etwas Furchtbares. Das Normale ist nur, daß der Mensch fühlt, er habe etwas durchgemacht, wie man es sonst nur innerhalb von Jahrhunderten durchmachen kann . . . Aber ein einigermaßen bedeutsames Licht kann auf diese Dinge nur fallen, wenn man sie in einem größeren historischen Zusammenhang betrachtet.« Gesprochen 1921, GA 209, S. 53

Schon in dem Aufruf an das deutsche Volk und die Kulturwelt 1919 hatte Steiner gleich zur Einleitung darauf hingewiesen, daß nach diesem Erlebnis der Weltkriegskatastrophe Selbstbesinnung eintreten muß, und daß es darauf ankommt, sich Irrtümer einzugestehen, Fehler, die man auch selber gemacht hat, um dann fortzufahren, daß alles darauf ankäme, die Aufgaben zu ergreifen, »denen die neuere Menschheit sich zuwenden muß«. Diese Aufgabe sieht Steiner in demjenigen, was er, statt zu resignieren, sofort zu Kriegsende in Angriff genommen hat, nämlich die Darstellung der »Kernpunkte der sozialen Frage«. Hierin versucht er in die untergehenden alten Formen ein ganz neues, dem Leben abgelesenes Ordnungskonzept für das Zusammenleben der Menschen hineinzustellen.

Immer wieder wird von verschiedenen Seiten gesagt, daß mit dieser Hinwendung zur Dreigliederung Steiner eine Absage an das Volk, das Völkische und die Pflege des Volkstums erteile. Ja, es wird das Volk und dessen Pflege vielfach auch bei Anthroposophen als »faschistisch« oder Relikt aus dem Dritten Reich abgelehnt. Aufgrund des dargestellten Gesamtzusammenhanges könnte man aber eher zu dem Ergebnis kommen, daß gegenübergestellt wird Individualität, Volk und Reich auf der einen Seite, dem Egoismus, Nationalismus und Staat auf der anderen Seite. Diese durcheinanderzubringen und falsch zuzuordnen, ist ja gerade das Verhängnisvolle gewesen. Steiner sagt sicher nicht zufällig in dem »Aufruf an das deutsche Volk und die Kulturwelt«: »Das Reich war gegründet« . . . aber es war »in den Weltzusammenhang hineingestellt ohne wesenhafte, seinen Bestand rechtfertigende Zielsetzung.« [142]

Das hat, von innen her gesehen, zum Zusammenbruch Deutschlands geführt und in diesem Sinne stellt Steiner fest, wo Deutschland bzw. Österreich und die Führung der beiden Länder versagt, Schuld haben. Die Lebensmöglichkeit des deutschen Volkes hängt für Steiner davon ab, ob es jetzt die Kraft zu Selbstbesinnung und einer Neuordnung für die Zukunft aufbringen kann. »Die Kräfte der Zeit drängen nach der Erkenntnis einer sozialen Struktur der Menschheit, die ganz anderes ins Auge faßt, als was heute gemeiniglich ins Auge gefaßt wird. Die sozialen Gemeinschaften haben sich bisher zum größten Teil aus den sozialen Instinkten der Menschheit gebildet. Ihre Kräfte mit vollem Bewußtsein zu durchdringen, wird Aufgabe der Zeit.

Der soziale Organismus ist gegliedert wie der natürliche. Und wie der natürliche Organismus das Denken durch den Kopf und nicht durch die Lunge besorgen muß, so ist dem sozialen Organismus die Gliederung in Systeme notwendig, von denen keines die Aufgabe des anderen übernehmen kann, jedes aber unter Wahrung seiner Selbständigkeit mit den anderen zusammenwirken muß.« GA 24 S. 431

Indem Steiner von einem sozialen Organismus spricht, wird erkennbar, daß eine naturgegebene Lebensganzheit gemeint ist. Diese stellt im Menschenreich neben dem einzelnen Menschen, der Individualität, nur noch das Volk dar. So heißt es im vierten Kapitel der Kernpunkte demgemäß: »Wenn die Volksgemeinschaften die innere Dreigliederung ihres sozialen Organismus« [143] durchführen, das heißt aber nichts anderes, als diese in ihnen lebendig wirkende Gliederung, wie oben von Steiner gefordert, ins Bewußtsein zu heben und sie bewußt auszubilden. Damit ist nicht gemeint, daß das Volk zu zerschlagen oder zu verleugnen sei. Eine solche Interpretation entspricht weniger Steiner, wie aus dem in diesem Buch zuvor Gesagten deutlich hervorgeht, als vielmehr dem Willen der Hintergrundmächte unseres Jahrhunderts, der jetzt von einzelnen bereits zu ihrer eigenen Sache gemacht wird.

So stellt Steiner weder Staat noch Volk oder Nation in Frage. Er erkennt sie vielmehr als Organe, die ihren richtigen Stellenwert erhalten müssen, von denen vor allem keines sich die Bevormundung und Herrschaft über das andere anmaßen darf.

Offenbar war für ihn »das Reich« die den Deutschen entsprechende Ordnungsmacht, ein Reich, in dem viele Völker sich vertreten fühlen können und in dem mit dem Heraufkommen des mündigen, eigenständigen Menschen immer mehr Aufgaben in freier Eigenverantwortung von den einzelnen übernommen werden sollten. Wie eine solche zukunftsgemäße Ordnung zu gestalten sei, das deutet Steiner in den »Kernpunkten der sozialen Fragen an, in denen er diesen dreigegliederten sozialen Organismus beschreibt, der eine Widerspiegelung des dreigliederigen Menschen ist. Steiner sagt aber auch: »Selbst wenn die Verwirklichung der in dieser Schrift (Kernpunkte der sozialen Frage) dargestellten Ideen zu etwas ganz anderem führen sollte, als hier unmittelbar dargestellt ist, so wäre dies nicht gegen die Intentionen des Verfassers. Ideen, die aus der Wahrnehmung des Wirklichen geholt sind, wollen Anregungen, nicht Programme sein, von denen man sich einbildet, daß sie ihrem wörtlichen Sinne nach ausgeführt werden können.«

Der Herausgeber dieser Schriften, Roman Boos, fügt hinzu: »Und dies war auch die Haltung, die von Rudolf Steiner — leider nicht von allen seinen Anhängern . . . streng gewahrt wurde.« Als einer seiner nächsten Mitarbeiter charakterisiert der Schweizer Boos Steiners Bemühen darum, daß »das militärisch besiegte Deutsche Reich geistig machtvoll die Schuldlüge stolz zu Boden werfend«, vor die Welt treten solle: »nicht als Angeklagter, auch nicht als Ankläger, sondern als Wortführer einer neuen sozialen Idee«. [144]

Diese neue soziale Idee ist nicht ohne die Bejahung und Einbeziehung des Volkes und zwar in allen Aspekten, wie von Steiner dargestellt, durchzuführen. Steiner hatte noch vor seinem Tode die Dreigliederungsbewegung, der er sich mit großer Energie und unter Aufbringung aller zur Verfügung stehenden Kräfte zugewendet hatte, insofern abgebrochen, als, wie in der Wochenschrift »Anthroposophie« am 15. Juli 1922 mitgeteilt wurde, der »Bund für Dreigliederung« in den »Bund für freies Geistesleben« übergeleitet wurde. Und zwar mit der Begründung, die Dreigliederungsbewegung habe »das notwendige Echo nicht gefunden«. Immer war die Schwierigkeit damals wie heute im Fehlen geeigneter Persönlichkeiten begründet. 1923 sagt Steiner über einen Rednerkurs, den er gehalten hatte, um Menschen zur Vertretung der Dreigliederung zu schulen: »Schauen Sie sich das Echo dessen an, was durch diesen Hordenzug angerichtet worden ist! Was da alles draußen verzapft worden ist. Das ist manchmal etwas gewesen, was an Groteskheit alles übertrifft.« [145] Schon damals wurde also in unmittelbarem Kontakt mit Rudolf Steiner das Anliegen der Dreigliederung des sozialen Organismus nicht verstanden, es wurde daraus die bis heute praktizierte »Zerstückelungsbewegung«, die völlige Verkennung der Bedeutung der Volkswesenheit — und zwar gerade für die Entwicklung der Individualität — und die Hinwendung zu einem verschwommenen Menschheitsbild, das nirgendwo auf dieser Erde seine Realisierung erfahren kann.

Das deutsche Volkswesen in den Metamorphosen seiner Geschichte

Johann Wolfgang von Goethe eröffnete seine »Metamorphose der Pflanzen« mit folgender Feststellung: »Man findet . . . in dem Gange der Kunst, des Wissens und der Wissenschaft mehrere Versuche, eine Lehre zu gründen und auszubilden, welche wir die Morphologie nennen möchten . . . Der Deutsche hat für den Komplex des Daseins eines wirklichen Wesens das Wort Gestalt. Er abstrahiert bei diesem Ausdruck von dem Beweglichen, er nimmt an, daß ein Zusammengehöriges festgestellt, abgeschlossen und in einem Charakter fixiert sei. Betrachten wir aber alle Gestalten . . ., so finden wir, daß nirgends ein Bestehendes, nirgend ein Ruhendes, ein Abgeschlossenes vorkommt, sondern daß vielmehr alles in einer steten Bewegung schwanke. Daher unsere Sprache das Wort Bildung sowohl von dem Hervorgebrachten als von dem Hervorgebrachtwerdenden gehörig genug zu brauchen pflegt.« Nun untersucht Goethe bekanntlich den Gestaltwandel des Blattes als Urphänomen in der Metamorphose der Lebenserscheinung Pflanze und verfolgt so die Leitidee, die sich im Keimen, Sprossen, der Entwicklung zur Blüte, in ihrer Entfaltung und in ihrer Konzentration zur Frucht- und neuen Samenbildung darstellt. Der Samen muß vergehen, um zu einer neuen Pflanze zu keimen, die Blüten müssen »sterben«, um sich zur Frucht und damit zum Träger neuen Lebens zu entwickeln. Goethe kennzeichnet dies als das ewige »Stirb und werde!«

Diese Anschauung wird von ihm auf das Leben schlechthin angewandt, wie es seinem Streben nach umfassender Erkenntnis des Ganzen entspricht. So kann es nicht überraschen, daß seine »mühselige, qualvolle Nachforschung . . . erleichtert, ja versüßt (wurde), indem Herder die Ideen zur Geschichte der Menschheit aufzuzeichnen unternahm«.[146] Wenn auch die damit verbundenen Gespräche zwischen beiden zunächst auf die Evolution der Erde abgestellt gewesen sein mögen, so hat doch Goethe den Weg zu einer allgemeinen Anwendung der Erkenntnis von der Metamorphose als Schlüssel zum Verständnis aller Lebensvorgänge eröffnet. Dabei ist ebensowenig wie die Anthropogenese — als Wissenschaft von der Menschwerdung — deren Fortsetzung in der Geschichte der Völker und Kulturen auszuschließen. Oswald Spengler hat in seinem großen Werk vom »Untergang des Abendlandes« eine Morphologie der Großkulturen bahnbrechend unternommen, durch die er sich in dieser Hinsicht als Schüler Goethes ausweist und den Begriff der Evolution — wenn auch bedingt und begrenzt — auf die Historie anwendet.

Rudolf Steiner hat in seinem kaum zu überschauenden Vortragswerk die »Menschheitsevolution« als geschichtlichen und biographischen Prozeß dargestellt und in den von ihm gesehenen Entwicklungsstufen der sog. »Kulturepochen« erkennbar gemacht. Nicht davon ist hier zu sprechen, sondern von dem Urphänomen, durch welches das »Sterben« nicht als Ende, sondern als möglicher Übergang zu einer neuen Lebensform, zu einer neuen Stufe des immerwährenden Werdens erscheint. Mit anderen Worten: Tod ist zwar Auflösung der vorhandenen Gestalt, nicht aber Erlöschen der diese tragenden und impulsierenden »Idee«. Diese geht weiter durch eine immer neue »Bildung« hindurch. Ob in der

»Natur«, in der pflanzlichen und animalischen, oder auf der Stufe des Menschen ist die einmal existent gewordene »Idee« unsterblich. Ihre sichtbare Erscheinung kann vergehen, sie selbst bleibt. Es ist hier nicht der Ort, diese Anschauungsweise zu begründen. Sie soll im Anschluß an das zuvor über das Wesen des Volk-seins Gesagte angewandt werden, hier entsprechend auf das *deutsche* Volkswesen.

Was sagt Rudolf Steiner über die Metamorphose im Leben des deutschen Volkes? »Dieses mitteleuropäische Volk hat viele Seelen, welche heute darin leben, und die auch früher innerhalb der germanischen Völker verkörpert waren. Solcher Tatsache können wir nachgehen. Wir können sie oftmals mit den Mitteln der . . . Forschung, wie wir sie bis jetzt haben, gar nicht völlig erklären; aber sie steht da. Eine solche Tatsache bekommt Licht, wenn wir wissen, daß Seelen wiederholt innerhalb der mitteleuropäischen Volksgemeinschaft erscheinen. Das ist die Tatsache, daß wir gerade innerhalb dieser Volksgemeinschaft abgerissene Kulturepochen haben. Man soll sich nur vorstellen, was es bedeutet, daß innerhalb der Morgenröte der germanischen Kultur es eine Epoche gegeben hat, wie sie da war bei den Dichtern des Nibelungenliedes, bei Walther von der Vogelweide und anderen; und man soll sich vorstellen, daß später eine Zeit begann, in welcher eine neue Blütezeit der germanischen Kultur einsetzte, und wo die erste Blüte ganz vergessen war. Denn zur Zeit, als Goethe jung war, wußte man sozusagen nichts von der ersten Blüte germanischen Kulturlebens.«

Es ist dies tatsächlich ein wenig beachtetes, aber erstaunliches Phänomen, daß die Dichtungen des deutschen Mittelalters so völlig in Vergessenheit geraten konnten. An ihrer Wiederentdeckung und Sammlung hat die Romantik entscheidende Verdienste. Steiner schildert weiter: »Bei keinem andern Volke ist es so, daß gewissermaßen solche Metamorphose durchgemacht worden wäre, wie beim mitteleuropäischen Volke von jener Höhe, welche vorhanden war im zehnten, elften, zwölften Jahrhundert, zu jener andern Höhe, die wieder da war um die Zeit vom Ende des achtzehnten und Beginn des neunzehnten Jahrhunderts und deren Fortwirken wir erhoffen dürfen.« GA 157 S. 76

Innerhalb eines Vortrags-Zyklus in Berlin führt in nachfolgenden Darstellungen Rudolf Steiner am 19. Januar 1915 weiter aus: ». . . auch äußerlich durch den ganzen Gang des deutschen Lebens in Verbindung mit dem europäischen Leben hat sich dasjenige gezeigt, was ich da sagen will. Ich habe es im ersten der beiden letzten öffentlichen Vorträge, ›Die germanische Seele und der deutsche Geist‹, auseinandergesetzt, wie die germanische Seelenhaftigkeit gleichsam in den Vorposten der germanischen Völker — durch die Goten, Longobarden, Vandalen — hineingeströmt ist in die Völker des Westens, des Südens, wie da hingeopfert worden ist am Altare der Menschheit dasjenige, was germanische Seelenhaftigkeit ist. Aber das hat sich später wiederholt, nur weniger auffällig. — Wir könnten das viel weiter noch verfolgen —, wie dieses germanische Seelenhafte hinausgeschickt wird in die Welt, wie es wirkt. Das geschieht durch eine innere Notwendigkeit.« GA 157 S. 101

Gekreuzigt Volk

Das Wappen des Heiligen Römischen Reiches Deutscher Nation aus dem Jahre 1510 zeigt den doppelköpfigen Adler, nach West und Ost zugleich gerichtet. Er trägt die weit ausgebreiteten Flügel geschmückt mit den Zeichen der Länder, die unter seinem Fittich geschützt sind — und das ist Mitteleuropa in einer über den gegenwärtigen geographischen Begriff ausgreifenden Weise —, in der Mitte, seinen Körper bedeckend, der Kruzifixus: das Kreuz mit dem daran gehefteten Leib des sich Opfernden und Geopferten. Vergl. Abb. S. 240 In dieser oftmaligen Darstellung ein christlich religiöses Bekenntnis allein sehen zu wollen, wäre zu eng interpretiert; sie hat uns mehr zu sagen. Sie weist auf ein mehr oder weniger deutlich empfundenes Bewußtsein hin, daß dieses Reich und sein tragendes Volk »unter dem Kreuz« steht, daß es selbst immer wieder gekreuzigt wurde und wird. Drei Jahrhunderte später sprach Félicité Robert de Lamennais, ein französischer Priester, Schriftsteller und Sozialrevolutionär, eine solche Bestimmung in folgender Weise aus:

»Seht ihr ein Volk mit Ketten belastet
und dem Henker preisgegeben,
sprecht nicht gleich:
Dieses ist ein gewalttätiges Volk,
das den Frieden der Welt stören wollte.
Denn vielleicht ist es ein Märtyrervolk,
das für das Heil des Menschengeschlechtes stirbt.«

In den frühen Zwanziger Jahren unseres Jahrhunderts nahm eine auslandsdeutsche Dichterin, Maria Kahle, dieses Motiv auf, indem sie vom »Gekreuzigt Volk« sprach. Folgen wir dem Verlauf der deutschen Geschichte, so bestätigt sich dieses Schicksal der fortwährenden Aufopferung in eindrucksvoller Weise.

Am Anfang steht wie eine Vorschau der Mythos, der im Lied von »der Nibelunge nôt« seine literarische Gestaltung erfuhr, als das erste Reich auf der Höhe seiner Entfaltung stand, jedoch bereits im 13. Jahrhundert seinem Ende entgegenging. Das Finale des oft so bezeichneten deutschen »Nationalepos« ist der Zug der Nibelungen in die brennende Halle des Untergangs. War dies nicht der Leidensweg der Sachsen bereits vor dem eigentlichen Beginn der deutschen Geschichte? Ihr Opfergang führte, wie bereits dargestellt, über die verbrannte Erde ihrer Heimat, im Todesmarsch nach Verden, über Vertreibung (Umsiedlung) und »christliche« Umerziehung — das bedeutete zunächst: über die Vergewaltigung ihrer Seele und die Brechung ihres Geistes — in eine aussichtslos erscheinende Zukunft. Doch aus ihr erstand nach weniger als vier Generationen die deutsche Volkwerdung unter Heinrich I. und der Ururenkelin Wittekinds Mathilde als erster deutscher Königin. Sie wurde die Mutter des ersten deutschen Kaisers Otto des Großen, der Mitteleuropa zur bedeutenden Mitte zwischen Ost und West emporhob. Aus Untergang wurde Aufgang. Zugleich wurde eine höhere Kulturstufe betreten, deren Repräsentant im 10. Jahrhundert Bernward von Hildesheim war.

Als mit Friedrich II. von Hohenstaufen der Endkampf um das alte Reich ausgefochten wurde gegen die reichsfeindliche Usurpation des Cäsaropapismus in Rom, als Konradin, der letzte Staufer, in Neapel sein junges Haupt auf den Richtblock legen mußte, die erste Hinrichtung eines Königs in Europa, begann »die kaiserlose, die schreckliche Zeit«. Jedoch aus ihr erhob sich eine neue deutsche Kultur, die des Bürgertums in den Städten der Hanse, die der deutschen Ostsiedlung durch den Deutschen Orden, die der »Gotik«, die Goethe den »deutschen« Baustil zu nennen vorgeschlagen hat. Eine der alten »Kaiserherrlichkeit« und ihrem ritterlichen Stil gegenüber ganz neue Lebensweise entfaltete sich. Auch diese bedeutete ein Fortschreiten. Das Leitmotiv jedoch blieb. Die Kaiserwürde wurde wiederhergestellt, die staatsbegründenden Prinzipien, die Friedrich II. erdacht hatte, lebten im deutschen Osten auf, die Freiheit geistiger und wissenschaftlicher Erkenntnis, der er die Bahn geebnet hatte, entfaltete sich und verlangte nach der Befreiung des Gewissens und des Denkens aus der religiösen Erstarrung durch die Tat Luthers. Die Begeisterung, die diese auslöste, als im Flug die Reformation das ganze Reichsgebiet bis auf wenige kleinere Regionen erfüllte, ist uns von Cochläus als einem sehr kritischen Zeitgenossen geschildert: »Luthers Neu Testament war durch die Buchdruckerei dermaßen gemehrt und in so großer Zahl ausgesprengt, daß auch Schneider und Schuster, ja auch Weiber und andere einfältige Idioten (?!) . . . dasselbe wie einen Bronnen der Wahrheit mit höchster Begierde lasen. Etliche trugen dasselbe mit sich im Busen herum und lernten es auswendig. Daher maßen sie sich in der Folgezeit innerhalb weniger Monate soviel Geschicklichkeit und Erfahrung selber zu, daß sie keine Scheu trugen, nicht allein mit den katholischen gemeinen Laien, sondern auch mit Priestern und Mönchen, ja auch mit Magistern und Doktoren der Heiligen Schrift vom Glauben und Evangelium zu disputieren.« [147]

Die eigentliche Frucht jener Epoche ist bis heute erhalten geblieben: Johann Gottfried Herder preist Luther, daß er die deutsche Sprache, »einen schlafenden Riesen aufgeweckt und losgebunden« habe. Mit Luthers Bibelübersetzung, die 1534 abgeschlossen wurde, entstand eine gemeindeutsche Schrift- und bald auch Rede-Sprache, von der Steiner meinte, daß diese deutsche Sprache in besonderer Weise für die Mitteilung spiritueller Aussagen geeignet sei.

Allerdings sah Luther auch in die Zukunft seines Volkes und sagte verbittert: »Es mag der Türke herrschen oder die Unsern, mit Deutschland wird es übel stehen. Adel und Fürsten (also die Regierenden!) sinnen nur darauf, seine Freiheit zu vernichten. Ich will ausgesorgt haben für diese schändlichen Furien. Warum beten wir so ängstlich, daß der muhammedanische Türke nicht die »christlichen Türken« erwürgt, die schlimmer sind? Laßt laufen, wie es läuft!« Dennoch wurde die Reformation zum Befreiungsakt auf dem Wege der Nation zu sich selbst und zur zeitweiligen Lösung von geistiger und politischer Fremdbestimmung: »Wach auf, du deutsche Nation, du hast genug geschlafen!« Die Bewegung greift durch bis zu derjenigen Schicht, die wie das von ihr beackerte Erdreich zumeist am wenigsten in Bewegung gerät: bis zum Bauerntum. In der Bauernerhebung sucht sie einen politischen Ausdruck. Diese als Ganzes zu sehende Deutsche Bewegung des 16. Jahrhunderts wird im 17. von außen zertrümmert. Die Forderung und Prognose des römischen Legaten Aleander in den Tagen Luthers wurde verwirklicht: »Möget ihr Deutschen auch das Joch der römischen Knechtschaft abwerfen, so werden wir dennoch dafür sorgen, daß ihr euch untereinander mordet und im eigenen Blute untergeht!« [148] Als am 29. Mai 1521 in Worms die Schriften Luthers öffentlich verbrannt werden, heißt es in einer Flugschrift jener Zeit: »Es ist ein blutdürstig wälsches Süpplein, das uns Deutschen zugerichtet. Gott gebe, daß es ihnen nicht gelinge!« [149]

Es gelang ihnen dennoch — durch den aus Prag, aus der Mitte des Reiches, aufflammenden »Dreißigjährigen Krieg«. Wie auch später wieder entzündete sich an einem regionalen Konflikt in Böhmen ein europäischer Krieg, für die damaligen Verhältnisse ein »Weltkrieg«. Die unüberbrückbar gewordene religiöse Spaltung ließ ihn zunächst als weltanschaulichen »Bürgerkrieg« erscheinen, jedoch wurde zugleich um Souveränität und Macht der Reichsstände gegen die Zentralgewalt in Wien gefochten, und bald griffen Frankreich und Schweden ein, um das mitteleuropäische Reich zu beerben. Herman Grimm, oft von Steiner zitiert, kennzeichnet dieses Schicksal: »Dreißig Jahre lang war Deutschland, das als eigene Nation den Ausschlag nicht zu geben vermochte, das Schlachtfeld für die uns umgrenzenden Völker, und nachdem die Fremden, die so auf unserem Boden sich bekriegt, endlich Frieden geschlossen, kehrte der alte unbestimmte Zustand wieder.« Der ›Friede‹ von Münster und Osnabrück legte das Reich in Fesseln. [150]

Das Reich war Objekt geworden, denn die Interventionsrechte des Auslandes wurden in die Reichsverfassung integriert, seine Hoheitsrechte auf dem Gebiete der Außen- und Wehrpolitik wesentlich eingeschränkt und dadurch der Weg des deutschen Volkes zu einem modernen Staatswesen, wie er den anderen europäischen Mächten möglich wurde, in verhängnisvoller Weise verbaut.

Land und Volk waren »gekreuzigt« worden: 1629 Städte, 1976 Schlösser und 18.310 Dörfer lagen in Schutt und Asche. Der damalige »deutsche Osten« (Brandenburg) hatte mit dem Verlust von 5000 Dörfern am meisten gelitten. Die Bevölkerung ging in ländlichen Gebieten auf 50%, in städtischen auf 30% der ursprünglichen Bewohner zurück. [151] Von den furchtbaren Einzelschicksalen derer, die einer rohen Soldateska der kämpfenden Parteien ausgeliefert waren, schweigt, wie zumeist, die Geschichtsschreibung.

Kaum hatten sich Volk und Land erholt, war eine neue überraschende Blüte in der heute weltweit verbreiteten Musikkultur aufgebrochen, zeigten Volk und Land an den Höfen der deutschen Territorialstaaten und in den Städten eines emporstrebenden Bürgertums ein verjüngtes Gesicht, da befand sich abermals — nach anderthalb Jahrhunderten schon — »Deutschland in seiner tiefsten Erniedrigung«. So beschrieb Palm, der dafür mit dem Leben büßen mußte, die Empfindung wohl der meisten seiner Zeitgenossen. Deutschland war von Napoleon besetzt, neue Herrschaftsverhältnisse willkürlich eingerichtet, Preußen halbiert und die Jugend zu verlustreichem Kriegsdienst bei des Korsen Marsch nach Moskau gepreßt. Der Obelisk in München zeugt noch heute von den unverhältnismäßig hohen Blutopfern einer ersten deutschen »Fremdenlegion«.

Nachdem das Land freigekämpft worden war, wurde die damalige Generation um die Frucht ihres Blutopfers gebracht, als die

Diplomaten am Wiener Konferenztisch, unter ihnen laut mitsprechend der Vertreter des gerade besiegten Frankreichs, Talleyrand, abermals an Deutschland Ketten legten. Steiner charakterisiert diesen Zustand: Deutscher sein zu wollen, hieß damals »eingekerkert« zu werden. Wieder vergingen drei Jahrzehnte, bevor in der ersten deutschen »Nationalversammlung« in Frankfurt, der alten Reichs- und Krönungsstadt, das ganze deutsche Volk in Mitteleuropa zu seinem Eigenbewußtsein und zur Selbstbestimmung seiner Zukunftsgestalt kommen wollte. Das Ende dieser geistigen Erhebung der Besten war die z.T. gewaltsame Auflösung durch die fürstliche Willkür der reaktionären Mächte und das Opfer der »März-Gefallenen« in Berlin. Fast eine Generation danach erst erfüllte sich durch die staatsmännische Klugheit Bismarcks der Traum von der Erneuerung des Reiches, nicht ohne neue Tote in dem von Napoleon III. erzwungenen Krieg, der die Selbstbestimmung eines großen Volkes mit Waffengewalt verhindern sollte.

Vierzig Jahre des Friedens waren Deutschland beschert, aber es war ein trügerischer Frieden. Wie sehr dies groß und wirtschaftlich stark gewordene Deutschland die umgebenden Länder allein durch seine Existenz beängstigte und von ihnen als Bedrohung empfunden wurde, ist ausführlich im vorliegenden Buch beschrieben worden. Die Stärke Mitteleuropas und Haß und Angst der umgebenden Länder führten in den Weltkrieg, der im ersten Waffengang mit Versailles endete. Durch die ungeheueren Reparationsforderungen sollte Deutschland wirtschaftlich zerschlagen werden; durch die Abtrennung von Millionen Deutscher an zum Teil besonders chauvinistische, neubegründete Nationen wurde nicht nur die Volksgröße vermindert, sondern auch ein neuer Unruheherd veranlagt.

Wider alles Erwarten gab es bereits nach 15 Jahren einen neuen Anfang, der den Menschen wieder Lebensmöglichkeit und neuen Lebensmut gab. Diesmal dauerte die Waffenruhe kaum 21 Jahre, dann wurde wieder geschossen. Der Mord von Sarajewo war der Anlaß (der äußere Anlaß, nicht die Ursache!) für den Ersten Weltkrieg. Die grausamen Verfolgungen und die Ermordung zahlreicher Volksdeutscher in Polen war »der erste Schuß« als Auftakt für den zweiten. [152] Welche Staatsmacht hätte bei der damaligen Denkweise dem zugesehen, anstatt zum Schutze ihrer Volksangehörigen militärische Gegenmaßnahmen einzuleiten, die bei Verhandlungen einzustellen bereits nach zwei Tagen zugesichert worden ist? Noch kurz zuvor hatte der britische Botschafter in Berlin seinem Außenminister in einem persönlichen Schreiben sein ganzes Vermögen darauf verwettet, daß der Reichskanzler keinen Krieg haben wolle. [153] Abermals war Deutschland durch eine verhängnisvolle und folgenschwere Fehleinschätzung seiner Führung in eine Falle geraten. So konnte Versailles 1919 seine perfektionierte Vollendung in Jalta 1945 erfahren: »Der Plan ist erfüllt!«

Wir sprachen von Deutschland: Es wurde wie in der grausamen Hinrichtungsart des Mittelalters wie ein Verbrecher gevierteilt: die von Orwell interpretierte Lügensprache unseres durch »das Karma der Unwahrhaftigkeit« (Steiner) gezeichneten Jahrhunderts spricht von »unter polnische Verwaltung gestellt«, wenn sie schlicht »Amputation durch Raub« will, und sie zerlegt im Widerspruch zu dem Selbstbestimmungsrecht der Völker ein Volk in drei Staaten.

Wir sprechen jetzt vom Volk selbst; und das heißt von seinen Menschen. Achtzehn Millionen wurden aus ihrer Heimat vertrieben. In Böhmen und Mähren war die deutsche Geschlechterfolge ein Jahrtausend verwurzelt, in den Ländern des deutschen Ostens um wenige Jahrhunderte kürzer. Steiner betont, »daß das deutsche Seelenwesen den gemüthaften Anschluß an Heimatliches, Gleichartiges, das Zusammenleben mit Heimatlichem, Gleichartigem braucht, um immer wieder und wiederum die Frische des Heimatlichen, Gleichartigen zu fühlen. Der Deutsche ist nicht imstande, sich mit starker innerer Kraft, die ihn unverändert läßt, wie etwa der Engländer, in fremdes Volkstum einzuschieben. Er braucht, wenn er sein Volkstum so recht innerlich lebendig haben will, den unmittelbaren Zusammenhang mit der ganzen Aura, mit der ganzen Atmosphäre des Volkstums.« GA 65 S. 616 f. Wird von den Nichtbetroffenen, die sich berufen meinen, über Empfindungen und »unveräußerliche Menschenrechte«, über die heute so viel gesprochen wird, in Aussagen und Verträgen hinwegschreiten zu dürfen, diese Erkenntnis Rudolf Steiners nachvollziehbar? Und damit die Größe des Verlustes, den Millionen in unserer Zeit — und keineswegs nur in Deutschland, doch hier wohl am allerbittersten — erfahren haben?

Sprechen wir jetzt vom Wichtigsten: vom Menschen! Um seinetwillen wandte sich zu Ende des letzten Krieges der weithin bekannt gewordene Berliner Probst Heinrich Grüber an den Lordbischof von Chichester, Reverend Bell: »Wenn dieser Krieg für Deutschland verloren ist, darf es kein neues Versailles geben, sondern wir christlichen Kirchen müssen unsere Völker dahin bringen, daß sie gemeinsam die vierte und fünfte Bitte des Vaterunsers sprechen, und daß sie sich stets dessen bewußt bleiben, daß die vierte und fünfte Bitte mit dem Wörtchen »und« verbunden sind . . . Ich kenne die Leiden der Nichtarier, ich habe die Qualen des Konzentrationslagers mitgetragen, aber was sich jetzt vor unseren Augen abspielt, überschreitet in Form und Umfang alles bisher Dagewesene. Ich denke an die Menschen, die sich aus Verzweiflung das Leben nehmen. Tausende von Leichen spülen die Oder und Elbe ins Meer, man achtet nicht mehr darauf. Tausende von Leichen hängen in den Wäldern um Berlin, und keiner schneidet sie mehr ab. Tausende und Zehntausende sterben auf den Landstraßen vor Hunger und Entkräftung. Tausende wissen seit Wochen, seit Monaten nicht, wo sie je wieder eine Heimat finden werden. Tausende sind getrennt von ihren Angehörigen. Kinder irren umher, die Eltern erschossen, gestorben, abhanden gekommen.« [154]

Der Probst spricht wie alle Zeugen dieses Geschehens von einer historischen Singularität. Der US-General Frank A. Keating meinte zum Verhalten der Sowjetarmee in Ostpreußen: »In vielen Fällen war ihr hemmungsloses Treiben dem der barbarischen Horden von Dschingis-Khan zu vergleichen.« Kennt einer von uns Heutigen dieses? Das, was die bezeugten Berichte von 1945 mitteilen, kann durch keine menschliche Bestialität überboten werden. [155] Der Arzt Hans von Lehndorff notiert in seinem Ostpreußischen Tagebuch: »Kann man überhaupt von diesen Dingen schreiben, den furchtbarsten, die es unter Menschen gibt? Ist nicht jedes Wort eine Anklage gegen mich selbst? Gab es nicht oft genug Gelegenheit, sich dazwischen zu werfen und einen anständigen Tod zu finden? Ja, es ist Schuld, daß man noch lebt, und deshalb darf man dies alles auch nicht verschweigen.« [156]

Im Gedenken an die Opfer der Völker wurde zum Volkstrauertag 1988 in Bonn ausgesprochen: »Wer sich nicht erinnert, tötet zum zweiten Mal.« Darum müssen wir jenes zur Kenntnis nehmen, das wiederzugeben so entsetzlich ist, daß diejenigen, die es an sich erfahren haben, — und wir mit ihnen — davon schweigen möchten. Darum hier nur weniges, obwohl auch nicht vergessen werden darf, daß zwei Millionen der von der Austreibung Betroffenen, (die gemäß Orwell als »eine erzwungene Wanderung« im offiziellen Sprachgebrauch bezeichnet wird) buchstäblich »auf der Strecke blieben«: verhungert, entkräftet, totgeschlagen am Straßenrand ihres Passionsweges.

Das Bundesarchiv stellt dazu fest: »Es handelt sich bei den Vergewaltigungen von Frauen und Mädchen durch sowjetische Soldaten und Offiziere nicht etwa um Einzelfälle, sondern um Massenvergehen. Sie sind als eine der grauenhaftesten völkerrechtswidrigen Gewalttaten zu verzeichnen. Sie haben in massenhaftem Ausmaß bei und nach (!) der Besetzung der östlichen Reichsgebiete stattgefunden, auch in den Kreisen, die erst nach der Kapitulation der Wehrmacht besetzt wurden. Fast allerorts sind sie durch Soldaten und Offiziere der sowjetischen Nachschubeinheiten verübt worden, vielfach bereits bei deren Begegnung mit Trecks auf den Landstraßen. Sie vollzogen sich oft in brutalster und schamlosester Weise, insbesondere, wenn die Täter unter Alkoholeinfluß standen. Nicht verschont blieben Schwangere, Minderjährige, Insassinnen von Altersheimen, Schwestern in Krankenhäusern und Klöstern. Viele Frauen mußten in vielfacher Folge nacheinander Vergewaltigungen erdulden, selbst bis zur Todesfolge. Auch wurden Frauen nach den Vergewaltigungen getötet und ihre Leichen in sadistischer Weise geschändet.« [157] Ersparen wir uns weitere Einzelheiten der nicht wiederzugebenden Verbrechen: hier wurden nicht nur Leiber getötet, sondern Seelen gemordet, und zu welchem Gott konnte der Menschengeist noch rufen in einem solchen Todesaugenblick! Keine noch so krankhafte Phantasie kann die perverse Grausamkeit übersteigern, mit der deutsche Menschen zu Tode gequält worden sind von solchen, die zuvor in einer einmaligen Veröffentlichung — gegen den Widerspruch der deutschen Armeeführung in Rußland — als »Untermenschen« gekennzeichnet worden waren. Das spätere Verhalten rechtfertigte leider nachträglich in gewisser Weise dieses Odium.

Es ist eine nur zu gern geleistete Pflicht, auch an diejenigen Russen zu erinnern, die sich dazwischen warfen und deswegen verurteilt wurden, wie Alexander Solschenizyn zu acht Jahren ins Archipel GULAG. Nawratil vermerkt: »daß die Verbrechen in Ostdeutschland nicht zwangsläufiges und ›selbstverständliches‹ Ergebnis der Besatzungspolitik der Nazis (Pendelschlag-Theorie) waren . . ., sondern Produkt einer jahrelangen propagandistischen Vorbereitung«. [158] »Die Vertreibungsverbrechen stellen keine Häufung von Ausschreitungen dar, sondern eine neuartige Form *staatlich* gelenkter Liquidationspolitik.« [159] Nawratil stellt weiter fest: »Daß der Schlüssel zum Verständnis der Vertreibungsverbrechen nicht bei den einzelnen Tätern, sondern bei den Regierungen liegt, zeigt vor allem das tschechische Beispiel. Obwohl das tschechische Volk nach den neutralen Nationen mit die geringsten materiellen und personellen Verluste während des 2. Weltkrieges in Europa erlitt, . . . erreichte die tschechische Exilregierung als erste die Zustimmung der Alliierten zur Vertreibung der sudetendeutschen Volksgruppe.« [160]

Als eine grauenhafte Symbolik für das Wort vom gekreuzigten Volk kann der Bericht von Nemmersdorf, Ostpreußen, angesehen werden, der, vielfach bezeugt von rückerobernden Truppen und Angehörigen des Roten Kreuzes, ebenso in einer protokollarischen Aussage dem Internationalen Militärgericht in Nürnberg von Dr. Heinrich Amberger vorgelegt wurde. In diesem Bericht heißt es unter anderem: »An dem ersten Gehöft, links von der Straße, stand ein Leiterwagen. An diesen waren vier nackte Frauen in gekreuzigter Stellung durch die Hände genagelt. . . . Ein großes Gasthaus ›Roter Krug‹: An diesem Gasthaus stand längs der Straße eine Scheune. An die beiden Scheunentüren war je eine Frau, nackt in gekreuzigter Stellung, durch die Hände genagelt.« [161]

72 Frauen, vom Wickelkind bis zu einer Frau von über achtzig Jahren, wurden allein in diesem Dorf bestialisch vergewaltigt und gemordet. Das namenlose Leid hilflos-unschuldiger Menschen, das immer wieder über die Bevölkerung Mitteleuropas hereinbrach, fand eine Widerspiegelung in dem Bild der leidenden Königstochter.

Die mitteleuropäische Volksüberlieferung, einschließlich Nordfrankreich, Flandern, Böhmen und Mähren wie Polen, kennt diese merkwürdige Erscheinung unter den Heiligenbildern des späten Mittelalters: Mit ausgestreckten Armen hängt eine weibliche Gestalt am Kreuz, in ein schönes Gewand gehüllt und gekrönt. Im deutschen Tirol erhielt sich die Anbetung der leidenden Königstochter, »Kümmernis« genannt, wohl am längsten. Sie ergänzt das Mahnbild des Kruzifixus, das an das Leiden des Menschseins erinnert, indem sein göttliches Urbild so sichtbar geschändet erscheint. Ist es nicht verständlich, wenn die gekreuzigte Königstochter insbesondere von Frauen verehrt wurde? Ist sie nicht ein Sinnbild für deren Schicksale?

Das »Hin- und Herschwingen« des deutschen Volksgeistes

Rudolf Steiner kennzeichnet in einer vielleicht überraschenden Weise die dargestellten Metamorphosen der deutschen Geschichte als einen Pendelschlag, der mit einer unterschiedlichen »Präsenz« des deutschen Volksgeistes zu tun hat: »Es wird nur ein Anlauf genommen, den deutschen Charakter zu einem eminenten Volkscharakter auszubilden, aber das wird nur eine Weile gemacht. Nachdem einiges hierin getan ist, steigt der Volksgeist wiederum zurück, hinauf, wiederum bloß auf das Seelische zu wirken.« Die Blütezeit des deutschen Geisteslebens fällt in die Zeit, wo der Volksgeist am tiefsten heruntergestiegen war. Selbstverständlich bleibt der Volksgeist seinem Volke. Aber er hält sich jetzt wieder in geistigen Höhen auf. Das ist das Eigentümliche des deutschen Volksgeistes. Auch früher ist er schon heruntergestiegen, hat aber dann wieder abgelassen von einem zu starken Nationalisieren. Ein solches Kristallisieren in der Nationalität, wie bei den westlichen Völkern, kann beim deutschen Volke durch die Eigentümlichkeit des deutschen Volksgeistes gar nicht eintreten. Daher muß das deutsche Wesen immer universeller bleiben als andere Volkswesen. Es hängen diese Dinge in der Tat mit tiefen Wahrheiten der geistigen Welten zusammen. Würde man in der Zeit Goethes den deutschen Volksgeist gesucht haben, würde man ihn etwa auf demselben Niveau gefunden haben, wo man den englischen oder französischen oder italienischen Volksgeist gefunden hätte. Sucht man ihn heute (1915), dann muß man höher hinaufsteigen. Es werden wieder Zeiten kommen, wo er heruntersteigt, es werden wieder Zeiten kommen, wo er hinaufsteigt. Das Hin- und Herschwingen ist das Eigentümliche des deutschen Volksgeistes.« GA 157 S. 212

Martin Heidegger kommt merkwürdigerweise, gewiß von Steiner unbeeinflußt, nach 1945 zur gleichen Anschauung. Der französische Europäer Pierre Krebs weist darauf hin: »Deutschland ist nicht mehr. Deutschland ist zur Essenz und zum Mythos zurückgekehrt, seine unstete Seele folgt dem grundlegenden Zweifel, sein zerrissenes Herz sucht die Heimat des Werdens und der Verwurzelung.« Mit dem Begriff »Verwurzelung« deutet Heidegger auf das einem solchen Werden vorausgehende Keimen eines Neuen, auf das Samenkorn, welches das Leben und die Idee der Gestalt bewahrt, das nach der Winterruhe im Verborgenen aus dem Unsichtbaren hervorbricht und zu neuer Gestalt gedeiht. Auf die Bewahrung dieses Kerns kommt alles an. Wenn der Volksgeist sich in die Höhen seines Ursprungs zurückgezogen hat, dann sollten wir ihm dorthin zu folgen versuchen. Wenn Völker, wie Herder sagt, Gedanken Gottes sind, dann sollten wir diesen nachspüren und nach unserem von Gott zu empfangenden Auftrag fragen. Dann sollten wir »um Gottes willen« uns nicht aufgeben, sondern mit allen uns zu Gebote stehenden geistigen Kräften einem neuen Frühling unseres Volkstums entgegenstreben.

Am 13. April 1916 sprach Rudolf Steiner abermals in Berlin die bedeutsamen Worte über »Die deutsche Seele in ihrer Entwicklung«: »Sie wirkte durch die Jahrhunderte fort und wirkt heute. Sie trägt die Keime zu noch langem Wirken in sich.« GA 65 S. 623

Allerdings warnt Rudolf Steiner auch davor, seines eigenen Volkes »Ewigkeitsbedeutung« zu überschätzen. Gewiß wird das von jedem Volk geistig Errungene im Strom der Menschheitsentwicklung nicht verlorengehen und in der ihm zugemessenen Weise weiterwirken. Es wäre jedoch, so Steiner 1910, eine »Illusion, daß jedes Volk gerade den Kulturschatz, den es selber auszuarbeiten hatte, als etwas Ewiges und Unvergängliches betrachtete, was nimmermehr ihm genommen werden könnte«. GA 120 S. 209

Jedoch gerade durch diese Illusion wurde die Leistung ermöglicht, das Arbeiten an der eigenen Kultur in der Erwartung, diese auf unabsehbare Dauer bewahren zu können. Doch die Menschheitsentwicklung als Ganzes strebt weiter und braucht für eine neue Stufe ihres Werdens statt eines gealterten Volkes ein junges Volkstum. So kann das von einem Volk Errungene vor dem Verfall gerettet werden.

Noch weit größere Rhythmen, als sie die Geschichte unseres Volkes aufweist, sind in der Weltgeschichte erkennbar: Das Ägyptertum wird abgelöst durch Hellas, obwohl das ägyptische Volk und Reich über Alexander hinaus beinahe bis zur Zeitenwende seine Existenz behauptet. Östliche Weisheit fließt in die griechische Geistigkeit ein, während Griechenland sich mit allen Kräften gegen eine Überwältigung durch das vorderasiatische Reich der Perser wehrt. Was Hellas in sich vereinigte, nahm das Römische Reich auf und gab es weiter nach Westen und Nordwesten und machte seine Verbindung mit dem jungen Christentum möglich. Rudolf Steiner folgert aus diesem Gang der Geschichtsentwicklung: »so würden wir auch späterhin einen fortlaufenden Kulturstrom finden, in welchem wir Glied an Glied anreihen können, und jedes folgende Glied erscheint uns zugleich als eine Fortsetzung des vorhergehenden und immer als etwas Neues, was der Menschheit gegeben werden mußte.« GA 120 S. 211

Auch für die Geschichte gilt das Wort des Novalis: »Im Tode wird das ew'ge Leben kund!«

Der Tod als Weg der Metamorphose

Das Wesen der Metamorphose, ihr Vollzug, ist jener Vorgang, den Goethe grundlegend in den Begriff zusammenfaßt: »Stirb und werde!«. Der Tod ist — vergleichbar dem Ausgang des Raupen-Zustandes — nicht Ende, sondern Übergang zu einer neuen Lebensstufe. So verstanden die Griechen die Metamorphose des Schmetterlings als eine Verkündigung dieses Lebensgesetzes und setzten sein Bild auf ihre Grabsteine. Doch bleibt ein Unterschied zu beachten: Im Wandel von Raupe zu Schmetterling und dessen Fortpflanzung in einem neuen Raupensein schließt sich ein immerwährender Kreislauf. In der Evolution der Erde baut sich eine Stufe auf die andere auf, in der Geschichte des Menschen zeigt sich die gleiche Tendenz. Verstehen wir »Weltgeschichte« als Biographie »des« Menschen, so werden auch in dieser Sicht die Völkerschicksale jeweils zur »Biographie« ihres Volksgeistes. Ist das Leben der Völker ebenfalls dem Gesetz der Metamorphose unterworfen, wie zuvor an der Geschichte des deutschen Volkes dargestellt, dann führt auch deren Weg über Sterben und Tod. Dieser aber wird erlitten nicht nur vom Volksganzen, sondern von dessen einzelnen Gliedern, den Individualitäten, soweit sie in den Vollzug der Geschichte durch den Krieg hineingestellt werden. Daher wird hier die Frage nach der Bedeutung vom »Tod auf dem Schlachtfeld« zu stellen sein. Dies erscheint um so notwendiger, als in der gegenwärtigen Zeit kein inneres Verhältnis dazu mehr besteht, und er nur als Unfall und Unglück oder sinnloses Geopfertwerden gewertet wird. So wird der Tod im Kriege seines spirituellen Gewichtes beraubt. Um so wichtiger ist die Suche nach seinem Verständnis.

Die Frage ist so alt, wie es denkende Menschen gibt. In der Bhagavadgita des alten Indien »Des Erhabenenen Gesang«, wird von einem »Gespräch« berichtet, das der Fürst Arjuna vor der Schlacht mit dem »Erhabenen«, seinem »Führergeist« hat. Arjuna widersetzt sich dem Kampf mit Verwandten. Er will lieber selber sterben als töten zu sollen. Ein höchst aktuelles zeitgenössisches Thema. Erst recht, wenn wir uns in der »Family of Man« allen Menschen »verwandt« wissen.

»Wir wissen's nicht, was mehr uns würde frommen, wenn wir die Sieger, wenn wir die Besiegten? . . . So sprach der Held, zum ew'gen Gott gewandt. Ich will nicht kämpfen! — also rief noch einmal er . . . Doch lächelnd sprach zu ihm darauf . . . der heil'ge Krishna dieses Wort: ›Es gibt kein Werden aus dem Nichts, noch wird zu Nichts das Seiende! Die Grenze beider ist erschaut von denen, die die Wahrheit schau'n. Doch wisse, unvergänglich ist die Macht, durch die das All gewirkt! Des Ewigen Vernichtung kann bewirken niemand, wer's auch sei. Vergänglich sind die Leiber nur, — in ihnen weilt der ew'ge Geist. . . . der Ungeborene, Ewige, Alte — nimmer wird er getötet, wenn den Leib man tötet . . . Gleichwie ein Mann die altgewordnen Kleider ablegt und andre, neue Kleider anlegt, so auch ablegend seine alten Leiber geht ein der Geist in immer andre, neue . . . Denn dem Gebornen ist der Tod, dem Toten die Geburt bestimmt, — da unvermeidlich dies Geschick, darfst nicht darüber trauern du. Unsichtbar sind die Anfänge der Wesen und ihr Ende auch, die Mitte nur ist sichtbar uns — was gibt's für Grund zur Klage da?‹« [162]

Das von altersher durch Jahrtausende bei den indogermanischen Völkern lebendige Bewußtsein von der Wiederholung der Erdenleben, wie es dann zuerst bekanntlich Lessing für das Denken unserer Zeit erneuerte, wird hier vom göttlichen Geist wachgerufen. Es gibt dem Fürsten Arjuna die Einsicht, den Kampf aufnehmen zu müssen und die Kraft, ihn zu bestehen.

Rudolf Steiner spricht vom »Menschheitskarma« und fragt nach dem Sinn, den wir dem in unserem Jahrhundert erlittenen Krieg abgewinnen müssen: »War er nicht ein ungeheurer Lehrmeister? Stellt er sich nicht dem Materialismus gewaltig entgegen? Was hat sich dann alles in einer Woche vollzogen! Welche Summe von Bekämpfung des Egoismus! Welche Summe von Aufopferungsfähigkeit, von Menschenliebe ist da entstanden . . . Mag das nächste Ergebnis dieses oder jenes sein, eines wird das Ereignis zeigen: Spiritualität in der menschlichen Seele, die solche sonst noch lange nicht gefunden haben würde.« GA 174b S. 24

»*Die Opfertode für nichts dargebracht?*«

Über dem Abgrund der Zerstörung und des Bösen, der sich im Kriege vor und im Menschen auftut, darf nicht übersehen werden, welche gewaltigen Leistungen der Selbstüberwindung und selbstlosen Hingabe von Menschen aller Völker erbracht worden sind, kann nicht hoch genug veranschlagt werden, wie Menschen, Frauen wie Männer, über sich selbst hinauswuchsen und in der Bemeisterung von nahezu unerfüllbar erscheinenden Aufgaben, von körperlichem Schmerz und tiefstem seelischen Weh wahrhaft zu Helden und Märtyrern geworden sind. Jeder wahrhaftige Zeitzeuge wird dies anerkennen. Rudolf Steiner wunderte sich, wie wenig dies gesehen wird: »Denn abgesehen von alledem, was man äußerlich bemerken kann, sind diese schicksaltragenden Ereignisse eine Warnungstafel, eine Warnung davor, bei dem zu bleiben, was die letzten Jahrhunderte an Materialismus in die Menschheit heraufgetragen haben, eine Warnung zur Umkehr in bezug auf den Entwicklungsweg der Menschheit. Und dasjenige, was an Blut und Tod durchgemacht wird, sollte so empfunden werden, als ob es von den Göttern auf die Erde hereingeschickt wäre, auf daß es uns lehre, wie notwendig der Weiterentwicklung der Menschheit die Spiritualität ist. Es ist zum Beispiel wirklich bejammernswert, wenn wir in diesen Zeiten erleben, daß Leute Vorträge halten, auch Artikel schreiben, in denen sie sagen: Wenn sie nur bald wiederum kommen möge, die Zeit, wo wiederum der freie Verkehr der Völker so stattfindet, wie er früher stattgefunden hat, sonst könnten die Deutschen in den Wahn verfallen, zur Metaphysik von Fichte und Hegel wieder zurückzukommen, wieder metaphysische Triebe zu entwickeln.« GA 159/60 S. 150

Zeitzeugen der letzten Kriegsjahre des Zweiten Weltkrieges und insbesondere der unmittelbar darauf folgenden Zeit erinnern sich, wie stark das Verlangen nach solcher »Spiritualität« sich äußerte. In den wenigen vom Bombenterror bewahrten Sälen der Städte drängten sich die Menschen in kaum zu fassender Fülle, um neben dem Kampf um die nackte Existenz durch Teilnahme an entsprechenden Vorträgen geistige Grundlagen zu gewinnen für ein neues geisterfülltes Leben. Diese Sehnsucht und eine Erneuerung des Denkens ist durch das sogenannte Wirtschaftswunder in Westdeutschland erstickt worden. Heute bricht eine Sehnsucht nach Spiritualität vor allem bei jungen Menschen wieder auf. Gleichzeitig ist aber auch heute eine Angst vor dem Geistigen, vor dem folgerichtigen, ideologiefreiem Denken zu beobachten, wie das von Steiner bereits damals gekennzeichnet wurde: »Selbst in diesen schicksaltragenden Tagen wird wie eine Furcht hingestellt, daß in die Sehnsucht der Menschen etwas von metaphysischen Trieben wieder hereinkommen könnte! Das *sollen* gerade diese Monate, die metaphysischen Triebe wiederum erwecken! Denn in wie vielen Fällen sehen wir — zum traurigen Leiderlebnis der Mütter, Väter, Söhne, Töchter, Schwestern, Brüder und weiterer menschlicher Zusammenhänge —, daß ein unbewußter Glaube an die Bedeutung des Übersinnlichen wie ein Zauberhauch durch unsere Welt geht. Es sollen Tausende und aber Tausende opferfreudig durch den Tod gehen, und die Menschen sollten etwa nachher, wenn wiederum Friede auf unsere Erde eingezogen ist, weiter predigen dürfen, daß das menschliche Leben zwischen Geburt und Tod eingeschlossen ist? *Dann* wären die Opfertode für nichts dargebracht, denn diese Opfertode entspringen — wenn auch für viele nicht deutlich — dem festen Glauben daran, daß diese Tode die Morgenröte für eine neue Zeit sind. Wer auf dem Schlachtfeld in den Tod hineingeht, der will durch seinen Tod wahrhaftig etwas anderes bekräftigen, als das: Hier endet mein Leib.« GA 159/60 S. 150 f.

Wenn Rudolf Steiner von der Notwendigkeit der »Spiritualisierung« der menschlichen Entwicklung spricht, darf dieser Begriff nicht mit dem des »Spiritismus« in Zusammenhang gebracht werden. Letzterer kennzeichnet den Glauben an Erscheinungen von Seelen Verstorbener, mit denen man mit Hilfe eines Mediums zu verkehren sucht, zeitweise eine äußerst fragwürdige Modeerscheinung, die in der heutigen jungen Generation wiederaufzuleben droht, während unter Spiritualismus zu verstehen ist: »diejenige philosophische Richtung, die das Wirkliche (Absolute) als geistig annimmt, das Körperliche als Produkt oder Erscheinungsweise des Geistes« im Gegensatz zum »Materialismus«, der nur das von den menschlichen Sinnesorganen unmittelbar Erfaßbare als »Wirklichkeit« anerkennt. »Spiritus«, im Lateinischen »Geist«, entspricht dem Griechischen »pneuma« oder »logos«. Das Johannes-Evangelium bezeichnet den »Logos« als den Ursprung allen Seins. Es stellt damit eine Übereinstimmung her zwischen christlicher Überzeugung und griechisch-platonischer Philosophie.

»Welche Sinnlosigkeit wäre es, die europäische Erde in unserer Zeit mit Leichnamen zu erfüllen, wenn die materialistische Weltanschauung auch nur einen Funken von Recht hätte. Das müssen wir uns vor allen Dingen in die Seele schreiben. Diejenigen, die diese Zeit überleben werden, die leben werden in der Zeit, wo wieder Frieden herrschen wird, die werden an denen, die hingestorben sind, Verräter sein, wenn sie nicht an der Spiritualisierung der menschlichen Entwicklung arbeiten. Denn im Grunde genommen bedeutet ein solches Nichtarbeiten an der Spiritualisierung der Menschheit nichts anderes, als denen, die durch Blut und Tod gegangen sind, zu sagen: Ihr seid für nichts gestorben! — Denn ist der Materialismus richtig, dann sind sie alle für nichts gestorben.« GA 159/60 S. 150 f.

Selbstverständlich werden die nachfolgenden ernsten Worte Steiners nicht jedermanns sofortiges Verständnis erwarten dürfen, am allerwenigsten in einer Zeit, in der einerseits die materialistische Denkweise eine neue Steigerung erfährt, andererseits auch bei spirituell gerichteten Zeitgenossen das Denken und Empfinden vorangegangener Generationen anscheinend unüberwindbaren Vorurteilen ausgesetzt ist. Gewiß ist zu unterscheiden zwischen »Geopferten«, denen wider eigenen Willen das Zeitgeschehen zum Schicksal wird, und solchen, die aus Überzeugung und innerer Anteilnahme am »Wohl *und* Wehe« ihres Volkes sich als »Kriegs-Freiwillige« zur Verfügung stellten und damit sich selbst bewußt zum »Opfer« brachten. Von deren Tod sagt Rudolf Steiner: »Wer ihn richtig fühlt — und es fühlen ihn sicher richtig die, welche mit der richtigen Gesinnung durch diesen Tod gehen —, der weiß, daß dieser Tod ein Tod der Liebe ist, daß er erlitten wird nicht für das Persönliche, nicht für das, was man mitbehalten kann in der ganzen Zeit zwischen Tod und neuer Geburt für sich; sondern daß er erlitten wird für die Volksseele, indem selbstlos hingegeben wird dieser physische Leib und Ätherleib.« Steiner spricht hier von einem doppelten Opfer. Nicht nur wird mit dem Leben der Körper dahingegeben, sondern auch, wie es heißt, der »Ätherleib«. Diese Bezeichnung, alten Überlieferung entsprechend, gilt den Lebenskräften, welche den physischen Leib als Gestalt zusammenhalten und impulsieren. Darum spricht Steiner später vom »Lebens- oder Bildekräfteleib«, wobei mit »Leib« der Zusammenhang einer Gestalt gemeint ist. Auch diese Kräfte, von jungen Menschen noch unverbraucht, werden mit dem Kriegstod aufgeopfert, kommen aber dem Volksganzen zugute. Auf diesem Hintergrund fährt Steiner fort: »Man kann sich den Tod auf dem Schlachtfelde nicht denken, ohne ihn durchdrungen zu wissen von wirklicher innigster Liebe, vom Getragenwerden der Menschen von dem, was zum Heile der Menschheit in der Zukunft beiträgt. Das ist das Große, das Bedeutsame, das Ungeheuere gerade dieses Todes auf dem Schlachtfelde, wenn er in richtiger Gesinnung erlebt wird. Denn er ist undenkbar, ohne verbunden zu sein mit der Liebe.« GA 157 S. 52

Rudolf Steiner bestätigt gerade aus spiritueller Sicht die Notwendigkeit dieses Opfers, wo es aus dem Zeitenschicksal gefordert war. Denn ». . . die Gewißheit müssen wir gewonnen haben durch das, was wir von unserer geistigen Strömung in unsere Herzen und in unsere Seelen aufgenommen haben, daß der Geist, der durch die Menschheitsentwicklung wallt, uns in diesen Sturmzeiten kräftige und mit Zuversicht erfülle, so daß wir den Glauben in uns tragen können, daß im Weltenkarma das Rechte geschehen werde, daß gekämpft werden muß, daß Blut über Blut fließen muß, damit erreicht werden könne, was der Welten Schicksalslenker mit der Erdenmenschheit erreichen will. Auch ein Opferblut wird dieses sein, ein heiliges Opferblut! Und diejenigen unserer Lieben, die dieses Opferblut vergießen werden, sie werden in den geistigen Reichen starke Helfer der Menschheit werden nach den schönsten, nach den hehrsten Zielen.« Bei dieser zunächst sicher zutiefst erschreckenden Mitteilung Steiners sei erinnert an den Zweiten Gesang der Bhagavadgita, in dem »der Erhabene«, der Gott Krishna zum kriegführenden Menschen Arjuna spricht und ihm den

Kampf als unabdingbare Notwendigkeit darstellt, oder auch an Worte aus dem Evangelium, wo der Christus sagt: »Ich bin nicht gekommen, Frieden zu senden, sondern das Schwert« (Matth. 10, 34 sowie Offenbarung 1, 16). Steiner fährt in seinen Ausführungen fort: »Denn auf viele Arten sprechen die Weltengeister zu uns Menschen. Sie sprechen zu uns auf die Art, wie wir es gewohnt sind innerhalb unserer Kreise durch die Worte, die entnommen sind unserer geistigen Forschung und unserer geistigen Gesinnung. Sie sprechen aber auch zu uns durch die ernsten Zeichen des Kriegesdonners. Und so sehr es mancher Seele naheliegen möchte, mit Bedauern darauf hinzublicken, daß auch diese Sprache in der Weltenlenkung der Menschheit geführt werden muß — geistergriffene Seelen müssen bedenken können, daß solche Sprache im Weltenkarma notwendig ist. Es ist die Sprache, deren richtigen Sinn zu verstehen für den einzelnen Fall erst den folgenden Zeiten auferlegt ist, die auf dasjenige zurückblicken können, was ihnen dadurch geworden ist, daß ihre Vorfahren ihren Leib zum Opfer gebracht haben, um aus diesem Opfer des Kriegsfeldes heraus die verklärte Seele zum Heile der Menschheit in die geistigen Sphären hinaufzuschwingen.« GA 157 S. 12–13

Umgekehrt dürfen die Seelen derer, die sich zum Opfer gebracht haben oder aufgeopfert wurden, das liebend teilnehmende und ehrende Gedenken der Verschonten und der nachfolgenden Generationen erwarten. In dem Zeitraum der »Weimarer Republik« war dies ungeachtet der jeweiligen politischen Überzeugung eine Selbstverständlichkeit, die ihren Ausdruck fand in der Errichtung von »Ehrenmälern« an allen Orten und in allen Kirchen. Für Rudolf Steiner war dieses Gedenken eine Notwendigkeit für die »Toten«. Er fragt: »Was bedeutet es denn eigentlich für die gesamte Realität, wenn an einem Totengedenktage, am Allerseelentage oder einem anderen Totenfesttage, die Seelen der Menschen, die hier auf Erden in ihren Leibeshüllen leben, nach den Gräbern gehen, oder in Gedanken sich mit ihren Toten vereinigen? Was bedeutet es, wenn wir uns selber unsere Erinnerungstage oder Erinnerungsstunden an die Toten machen? Wenn wir ihnen in unserem Sinne vorlesen? Wenn wir etwas tun, um uns mit ihnen zu vereinigen und besonders das lebendig zu machen, was uns mit ihnen dauernd verbindet? Mit anderen Worten jetzt: Was bedeutet es, wenn wir uns im Wachbewußtsein das wach rufen, was uns mit den Toten verbindet?« Und er antwortet: »Wenn man auf einen Friedhof geht, am Totensonntag oder am Allerseelentag, und dort viele Menschen sieht, die in dieser Zeit erfüllt sind von dem Bilde ihrer teueren Toten, und man blickt dann hinauf in die Seelen derer, an die da erinnert wird, . . . dann durchleuchtet das, was ihnen da von der Erde hinaufstrahlt, für diese Toten die Welt . . . « GA 174 b S. 92

Darum sind wichtig für sie die Gedanken, welche die auf Erden Lebenden mit den Abgeschiedenen verbinden. Wir lernen aus solcher Sicht verstehen, wie bedeutsam es seit altersher für die Völker war, mit ihren Toten durch Bewußtsein und Brauch Gemeinschaft zu halten. Erst die materialistische Gegenwart droht zu vergessen, daß der sog. »Totenkult« zum Ursprung aller Kultur gehörte, mit der das Menschsein begann.

Während der Kriegsjahre wurde von Rudolf Steiner zur Einleitung und zum Ausklang seiner Vorträge ein gebetartiger Spruch zum Gedenken an diejenigen gesprochen, die das Zeitenschicksal im besonderen zu tragen hatten:

Aus dem Mut der Kämpfer,
Aus dem Blut der Schlachten,
Aus dem Leid Verlassener,
Aus des Volkes Opfertaten
Wird erwachsen Geistesfrucht —
Lenken Seelen geistbewußt
Ihren Sinn ins Geisterreich.

In unserem zerrissenen Lande werden hüben wie drüben keine Erinnerungsmale für seine im letzten Krieg gefallenen Soldaten errichtet, wie es in anderen Ländern geschah, und zudem die aus dem ersten vorhandenen oftmals geschändet. Umsomehr ist im Sinne der ernsten Mahnung Rudolf Steiners Anlaß, in den Herzen eine bleibende Stätte des Gedenkens zu bereiten.

DEUTSCHE WIEDERGEBURT

Der Entscheidungskampf zwischen Materialismus und Idealismus

Wenn Rudolf Steiner den Krieg als zur Menschheitsentwicklung zugehörig einzuordnen und ihm einen Sinn zu geben vermag, so darf daraus nicht abgeleitet werden, daß derartige Waffengänge für die Zukunft — und wie wir heute wissen, dann in einem Atomkrieg — möglich wären. In jedem Fall ist es Aufgabe des Menschen, solche »Menschheitskatastrophen«, wie Steiner es nennt, zu verhindern.

Für die Zukunft kann es sich nur handeln um ein geistiges Ringen um das Selbstverständnis des Menschen und sein daraus abzuleitendes Handeln, sowohl im persönlichen als auch im volklichen Leben. In dieser Auseinandersetzung stehen wir mitten darinnen. Sie zeichnete sich bereits als Hintergrund des Weltkrieges ab, von dem Steiner sagt: »Dieser Krieg ist ein Kampf gegen das deutsche Geistesleben«. GA 174 b S. 27

Von Papst Benedikt XV. überlieferte Emil Ludwig nach dem Ersten Weltkrieg das Wort: »Diesen Krieg hat Luther verloren.« Wie ist dies zu verstehen? »Luther« steht für »Freiheit«. Es ist eine unbestrittene historische Tatsache, daß die Proklamation des mündigen, nur seinem Gewissen verantwortlichen Menschen von Deutschland ausging, und dies für die ganze Welt. Der Dreißigjährige Krieg des 17. Jahrhunderts ging zwar auch um die Vorherrschaft in Europa und endete mit der Entmachtung des Reiches, er war jedoch zugleich ein »Religionskrieg« — geistige Entscheidungen wurden in ihm mit unangemessenen Mitteln ausgetragen. Der Dreißigjährige Krieg unseres Jahrhunderts leitete nach Steiner den Entscheidungskampf ein zwischen zwei Lebenshaltungen: dem Idealismus und dem Materialismus.

Die von Luther zum ersten Mal ausgesprochene Forderung

nach Geistesfreiheit, von Friedrich Schiller in seinen Dramen und Briefen aufgegriffen und von Rudolf Steiner in seiner »Philosophie der Freiheit« als Quintessenz von Anthroposophie ausgeführt, ist der besondere Beitrag Mitteleuropas für die Entwicklung des Menschengeschlechtes. Dieser Freiheitsimpuls steht im schärfsten Gegensatz zum Materialismus und der Bevormundung des Menschen durch eine Ideologie, klinge deren Lehre auch noch so human.

Dieser Materialismus, der nach Steiner »von dem britischen Reich und von Amerika die Welt überstrahlen wird, der hat ja seine Grundlagen gelegt; vergessen wir nicht, die Grundlagen sind gediegen gelegt«. GA 185a S.105 f. Das findet seinen Ausdruck im Kommunismus und der daraus heute im Westen abgeleiteten marxistisch-sozialistischen Gesellschaftsvorstellung, während der Idealismus in den Goetheanismus einmündete.

Einer der bedeutendsten Vertreter des Deutschen Idealismus, Friedrich Schiller, hielt vor 200 Jahren, am 27. Mai 1789, an der Universität Jena seine Antrittsvorlesung für Geschichte. Hierdurch erhielt er die Voraussetzungen für die Darstellung seiner geschichts- und staatsphilosophischen Gedanken sowie seiner historischen Dramen. Ihm war damit die Freiheit der Meinungsäußerung zuteil geworden, die ihm während seiner Ausbildung zum Regimentsarzt in seiner schwäbischen Heimat verwehrt worden war.

Der Dramatiker und Geschichtsprofessor Friedrich Schiller hinterließ drei, für die Beurteilung der Gegenwart wichtige Feststellungen: Zunächst sei erinnert an das sehr bekannte Wort aus dem Entwurf zum »Demetrius«: »Was ist die Mehrheit? Mehrheit ist der Unsinn; Verstand ist stets bei wen'gen nur gewesen!« Und Schiller endet: »Der Staat muß untergeh'n, früh oder spät, wo Mehrheit siegt und Unverstand entscheidet.«

Der Zeitzeuge Schiller gibt hiermit zu Beginn der durch die Französische Revolution heraufgeführten Entwicklung zur Demokratie in ihrer parlamentarischen Form eine deutliche Absage und zugleich Ausdruck jener Stimmung, die wir zu Beginn unseres Jahrhunderts von Rudolf Steiner mit aller Schärfe gekennzeichnet finden, wenn er den Satz von Delaisi zitiert: »daß es dem Großkapitalismus gelungen ist, aus der Demokratie das wundersamste, biegsamste Werkzeug zur Ausbeutung der Gesamtheit zu machen«. GA 177 S. 248 Die Staatsform, genannt Demokratie, so wie sie heute sich ausgebildet hat und den Völkern überall als »Segnung« übergestülpt werden soll, ist ein Herrschaftsinstrument des Materialismus und hängt eng mit dem Kapitalismus zusammen. Demgegenüber steht, wie Erwin Laaths in seiner Weltgeschichte der Literatur 1953 sagt: »Schillers ästhetisch-ethische Politeia ist die Magna Charta des humanistischen Welt-Innenreiches der Deutschen. Sie weicht an geistiger Bedeutung nicht der Politeia Platons, ja sie hat dieser die Freiheit voraus.« [163]

Das zweite Wort Schillers über die Geschichte heißt: »Die Weltgeschichte ist das Weltgericht!« Diesem Forum haben wir uns alle zu stellen. Auf diese höchste Instanz berief sich anläßlich seiner Verurteilung durch das Internationale Militärgericht in Nürnberg 1946 Rudolf Heß: »Gleichgültig, was Menschen tun, dereinst stehe ich vor dem Richterstuhl des Ewigen. Ihm werde ich mich verantworten . . .« Das setzt allerdings voraus, daß in den Menschen das Bewußtsein einer solchen Instanz lebt, daß sie nicht ausschließlich im Materialismus befangen sind. Dazu bedarf es der Hinführung gerade des heranwachsenden jungen Menschen auf solche Werte, wie dies zum Beispiel durch Schillers nicht nur gedanklich, sondern auch stilistisch meisterhafte Schrift »Über die ästhetische Erziehung des Menschen in einer Reihe von Briefen« geschieht. Diese Briefe über die ästhetische Erziehung des Menschen wurden noch bis in die Mitte unseres Jahrhunderts hinein an deutschen Oberschulen gelesen und besprochen.

Das dritte bekannte Wort Schillers offenbart die Tragik der historisch handelnden Persönlichkeit, deren Beurteilung sich dem kleinbürgerlichen Moralkodex als Maßstab entzieht. Im Prolog zu »Wallensteins Lager« stellt Schiller seinen Helden vor: »Von der Parteien Haß und Gunst verwirrt, schwankt sein Charakterbild in der Geschichte.« Das trifft nicht nur auf Wallenstein zu. Hören wir dazu auch das Wort des jungen Idealisten Max Piccolomini zu Ausgang der Tragödie »Die Piccolomini«: »O diese Staatskunst, wie verwünsch' ich sie! Ihr werdet ihn (gemeint ist Wallenstein) durch euere Staatskunst noch zu einem Schritte treiben — ja! Ihr könnt ihn, weil ihr ihn schuldig wollt, noch schuldig machen!« Dies Wort eröffnet Perspektiven für eine lebensnahe Geschichtsbetrachtung, die auch der Tragik des politisch Handelnden und des Menschseins schlechthin gerecht zu werden vermag.

Weil die Repräsentanten des deutschen Volkes und mit ihnen viele einzelne diesen Weg der eigentlichen Bestimmung der deutschen Volksseele verlassen haben, meint Steiner, sei der Weltkrieg verloren gegangen. Denn auch in Mitteleuropa hat der Amerikanismus und mit ihm der Materialismus Einzug genommen. So sagt Steiner das harte Wort: »Die Typen, welche sich in Mitteleuropa in diesen Jahren gezeigt haben . . . sind die furchtbarsten Verwüster Mitteleuropas geworden; das waren die Menschen, die in unendlichem Hochmut aus einer eingebildeten Praxis heraus durch Jahre hindurch alles niedergetreten haben, was irgendwie hat einwirken wollen auf ein Wiederbemerken desjenigen, was mit Walther von der Vogelweide zu singen begann und mit dem Goetheanismus seinen Abschluß fand.« [164]

Diesen Goetheanismus wieder zu verlebendigen und zu einer Grundstimmung in Mitteleuropa zu machen, ist für Steiner die vordringliche Aufgabe unserer Zeit. Darin sieht er eine Hoffnung für die Weiterentwicklung: »Man wird das Bedürfnis haben, zu dem zu kommen, was geblieben ist vom Goetheanismus, der im deutschen Volkstum wurzelt, um von dem heraus den Impuls zu suchen, wie die Welt wiederum gesunden kann . . . So wird die Gesundung der Welt doch einmal basieren auf demjenigen, was geholt wird aus dem deutschen Goetheanismus.« GA 185a S. 105 f. Allerdings ist auch für Steiner das Eintauchen in den Materialismus eine notwendige Phase, durch die das Abendland hindurch gehen muß.

Der Materialismus ist ein Kind der Aufklärung. Die Befreiung von der Vormundschaft der Kirche brachte die Freiheit des Denkens. Auf diesem Wege entdeckte der Mensch Erde und Welt. Er übte in ständig steigender Weise seine Intelligenz, seine Ratio. Wir sprechen nicht zufällig vom Zeitalter des »Rationalismus«. Wohin dieser Weg des reinen Materialismus und Rationalismus führt, erleben wir heute in der Umweltkatastrophe und in der Verwüstung von Menschenseelen. Jetzt wird die Zukunft von Erde und Mensch davon abhängen, ob es gelingt, wieder den Brückenschlag zum anderen Pol des Menschseins zu finden, wie er von Steiner in einem Goetheanismus und Spiritualismus gesehen wird.

So sind für Rudolf Steiner drei Erscheinungen der Neuzeit lebensbedrohlich für dasjenige, was aus Mitteleuropa heraus sich im Goetheanismus entwickeln soll. Und zwar ist dies nicht nur von Bedeutung für Mitteleuropa selbst, sondern für die Weiterentwicklung der Menschheit. Diese drei lebensbedrohlichen Mächte sind: Auf weltanschaulich-religiösem Gebiet dasjenige, was Rudolf Steiner mit »Jesuitismus« bezeichnet. Darin faßt er zusammen ein religiös begründetes, aber den eigenen Ursprung verfälschendes missionarisches Streben, welches nach geistiger Vorherrschaft oder sogar Bevormundung und Weltherrschaft strebt. Im politischen und wirtschaftlichen Bereich sind es der aus dem Westen kommende »Amerikanismus«, von dem Steiner sagt, daß er bereits mit Gründung des Bismarck-Reiches nach Mitteleuropa hineinzuwirken begann, und der erst nach dem Ersten Weltkrieg in Rußland eingeführte »Bolschewismus«. Diese drei Mächte haben gemeinsam, daß sie in dasjenige, was in Mitteleuropa als freies Geistesleben, als Neuordnung im sozialen Organismus entwickelt und hervorgebracht wird und werden soll, mit allen Mitteln zu verhindern, ja zu zerstören suchen, da es ihren Intentionen grundsätzlich zuwiderläuft.

Diese drei Kräfte richten sich vornehmlich gegen die Herausbildung und Förderung der Individualität, und zwar sowohl der Volksindividualität als auch der Persönlichkeitsbildung im Einzelmenschen. Ihre Tendenz ist Vereinheitlichung und Vermassung. Insbesondere richten sich sowohl Amerikanismus als Jesuitismus wie auch Bolschewismus gegen die Freiheit des Menschen, der entweder abhängig gemacht werden soll von seinen Trieben und Gelüsten (Wirtschaftswunderkinder bis hin zu Drogenabhängigen) oder von einer Ideologie, die jeden selbständig Denkenden zum Ketzer oder Revisionisten oder heute Faschisten erklärt, der zu »verbrennen« oder zumindest mundtot zu machen ist.

Der Haß gegen alles Deutsche, wie er von Steiner beschrieben worden ist, wie er bei der Lektüre insbesondere polnischer und französischer Chauvinisten, aber auch angelsächsischer Politiker zu finden ist, hat hier seinen Ursprung. Als besonderes Beispiel sei hier nur angeführt das von Theodore N. Kaufman verfaßte Buch »Germany must perish«, dessen Titel man im Deutschen mit »Deutschland soll sterben oder soll untergehen« übersetzen müßte. Kaufman wollte das »deutsche Problem« durch Sterilisierung aller Deutschen im zeugungsfähigen Alter gelöst wissen und fügte auch gleich eine Landkarte mit konstruktiven Vorschlägen bei, wie das ausgestorbene Land — einschließlich Österreich — an die Nachbarstaaten verteilt werden könnte.

Kaufman schreibt selber: »Sterilisierung sollte nicht mit Kastration verwechselt werden. Es ist eine gefahrlose und einfache Operation, ziemlich harmlos und schmerzlos, die den Patienten weder verstümmelt noch zum geschlechtslosen Wesen macht . . . Wenn man bedenkt, daß solche gesundheitsfördernden Maßnahmen wie Impfungen und Serumbehandlungen als direkte Wohltaten für die Bevölkerung betrachtet werden, dann kommt man nicht umhin, die Sterilisierung des deutschen Volkes als eine große Gesundheitsmaßnahme der Menschheit zu betrachten, um sich für immer gegen den Virus des deutschen Wesens (germanism) zu immunisieren.«

Da dieses Buch nicht nur in der deutschen, sondern ebenso in der amerikanischen Presse öffentlich erörtert und besprochen wurde, kann man davon ausgehen, daß es dem US-Präsidenten Roosevelt nicht unbekannt geblieben ist, zumal er in seinen Äußerungen erkennen läßt, daß er einer solchen Sterilisierung der Deutschen nicht grundsätzlich ablehnend gegenüberstand. [165]

Dieser Haß drückt weniger eine subjektiv-negative Empfindung gegenüber den Angehörigen eines anderen Volkes aus als vielmehr die Existenzangst einer auf »Haben« ausgerichteten und Weltherrschaft anstrebenden Ideologie. Dieser Ideologie haben offenbar einzelne Menschen, wie im Märchen dem Teufel, ihre Seele verkauft, so daß sie nun diesem seelenlosen Haß verfallen sind.

»Nicht mitzuhassen, mitzulieben bin ich da!« Dies schwere Wort von Sophokles aus dem Anfang der europäischen Bewußtseinsbildung zeigt den einzig möglichen Ausweg aus einer heillos gewordenen Situation. Wer nach Vergeltung ruft, wer Auge um Auge, Zahn um Zahn fordert, durchbricht den Teufelskreis nicht, sondern reiht sich ihm selber ein.

Damit ist nicht gesagt, daß kampflos dem Materalismus das Feld geräumt wäre, daß Lüge und Unrecht einfach hinzunehmen seien. Im Gegenteil, gerade Mitteleuropa ist aufgefordert, aus einem neuen Geist der Liebe für Wahrheit und Recht einzutreten.

Hierzu haben — unbeachtet auch von der deutschen Öffentlichkeit — die deutschen Ostvertriebenen bereits ein Vorbild gegeben. In der Charta der deutschen Heimatvertriebenen, die am 5. August 1950 in Stuttgart verkündet wurde, spricht sich etwas vom besten deutschen Volkswesen, so wie es auch von Rudolf Steiner immer wieder angesprochen worden ist, aus. Da diese Charta ebenfalls von den Menschen heute entweder vergessen oder gar nicht zur Kenntnis genommen ist, bringen wir sie hier im vollen Wortlaut. Einmal, weil wir darin eine Bestätigung für eine Tendenz im deutschen Volk, wie von Steiner betont, finden, und zum anderen, weil allein die Existenz einer solchen Aussage von den am härtesten betroffenen deutschen Menschen einen Hoffnungsschimmer für dic Zukunft erwecken kann. Es heißt dort nach einer feierlichen Präambel:

»1. Wir Heimatvertriebenen verzichten auf Rache und Vergeltung. Dieser Entschluß ist uns ernst und heilig im Gedenken an das unendliche Leid, welches im besonderen das letzte Jahrzehnt über die Menschheit gebracht hat.

2. Wir werden jedes Beginnen mit allen Kräften unterstützen, das auf die Schaffung eines geeinten Europas gerichtet ist, in dem die Völker ohne Furcht und Zwang leben können.

3. Wir werden durch harte, unermüdliche Arbeit teilnehmen am Wiederaufbau Deutschlands und Europas.

Wir haben unsere Heimat verloren. Heimatlose sind Fremdlinge auf dieser Erde. Gott hat die Menschen in ihre Heimat hineingestellt. Den Menschen mit Zwang von seiner Heimat trennen, bedeutet, ihn im Geiste töten.

Wir haben dieses Schicksal erlitten und erlebt. Daher fühlen wir uns berufen zu verlangen, daß das Recht auf die Heimat als eines der von Gott geschenkten Grundrechte der Menschheit anerkannt und verwirklicht wird.

So lange dieses Recht für uns nicht verwirklicht ist, wollen wir aber nicht zur Untätigkeit verurteilt beiseite stehen, sondern in neuen, geläuterten Formen verständnisvollen und brüderlichen Zusammenlebens mit allen Gliedern unseres Volkes schaffen und wirken.

Darum fordern und verlangen wir heute wie gestern:

1. Gleiches Recht als Staatsbürger nicht nur vor dem Gesetz, sondern auch in der Wirklichkeit des Alltags.

2. Gerechte und sinnvolle Verteilung der Lasten des letzten Krieges auf das ganze deutsche Volk und eine ehrliche Durchführung dieses Grundsatzes.

3. Sinnvollen Einbau aller Berufsgruppen der Heimatvertriebenen in das Leben des deutschen Volkes.

4. Tätige Einschaltung der deutschen Heimatvertriebenen in den Wiederaufbau Europas.

Die Völker der Welt sollen ihre Mitverantwortung am Schicksal der Heimatvertriebenen als der vom Leid dieser Zeit am schwersten Betroffenen empfinden.

Die Völker sollen handeln, wie es ihren christlichen Pflichten und ihrem Gewissen entspricht.

Die Völker müssen erkennen, daß das Schicksal der deutschen Heimatvertriebenen wie aller Flüchtlinge ein Weltproblem ist, dessen Lösung höchste sittliche Verantwortung und Verpflichtung zu gewaltiger Leistung fordert.

Wir rufen Völker und Menschen auf, die guten Willens sind, Hand anzulegen ans Werk, damit aus Schuld, Unglück, Leid, Armut und Elend für uns alle der Weg in eine bessere Zukunft gefunden wird.«

Diese Charta sollte in allen Schulbüchern behandelt und in der Welt als ein Beispiel für eine mögliche »Katharsis« bekannt gemacht werden: für die »Selbstläuterung« der altgriechischen Tragödie, durch die das junge Europa den »Sündenbock« Alt-Israels ablöste, der mit der Schuld aller »in die Wüste gejagt wurde«.

»Alle menschlichen Gebrechen sühnet reine Menschlichkeit!« Soll Schillers Wort nicht leeres Pathos bleiben, so muß es uns zur Aufgabe werden. Die deutschen Heimatvertriebenen haben hierfür ein ergreifendes Beispiel gegeben. Wann folgen andere? Das ist für die Zukunft von entscheidender Bedeutung. Unseres eigenen unvollkommenen Menschseins wegen müssen wir uns durch den anderen ergänzen. Das gilt für die Individualitäten, das gilt auch für die Völker. Wir müssen aufeinander zugehen. Und wer den ersten Stein auf seinen Mitmenschen oder auf ein anderes Volk werfen will, sollte bedenken: »Es gibt kein Verbrechen in der Welt, zu dem nicht jeder Mensch in seinem Unterbewußtsein . . . die Neigung hat.« GA 185 S. 103

Heute wird an Coventry und Lidice erinnert; Dresden, Bromberg und Prag werden jedoch verschwiegen. Alliierte Kriegsverbrechen gibt es nicht!

Rudolf Steiner hatte eine Erklärung gegeben für die zu Recht als grausam verurteilten Vorkommnisse: »Man möchte aus dem Vorhandensein dieser Verwirrung heraus verstehen, warum viele Menschen nicht begreifen können, daß der Krieg selber des Krieges Schrecken und Leiden bringt, und warum sie den Gegner als ›Barbaren‹ verschreien, wenn ihm eine herbe Notwendigkeit den Gebrauch der Kampfmittel aufzwingt, welche die neuere Zeit geschaffen hat.« GA 173 Anm. zu S. 40 auf S. 379 Aber ich hörte neulich; gerade dieser Satz meiner Broschüre würde mir ganz besonders verübelt.« GA 173 S. 40 Wiederholt macht Steiner darauf aufmerksam, wie die Deutschen eine Neigung entwickeln, sich eher selbst zu beschuldigen, als gegen ein Unrecht zu wehren. Sie lügen aus »Höflichkeit«. GA 186 S. 148 Wie alle Eigenschaften, so hat auch diese ihre Lichtseite: Die Bereitschaft zur Vergebung und Versöhnung, von den Ostvertriebenen in besonderer Weise vorgelebt. Diese Fähigkeit ist — vielleicht noch verstärkt — auch beim russischen Volk zu finden.

Staaten und Völker sind zu unterscheiden, betont Steiner: »Völker führen keinen Krieg, nur Staaten.« Wo Staaten noch gegeneinander stehen, können Völker bereits ihre eigenen Wege zueinander suchen. Das Grab inmitten eines deutschen Divisions-Gefechtsstandes mit einem Kreuz: »Hier ruht ein russischer Offizier« war dem Verfasser ein Zeugnis dafür, wie auch manches Erlebnis der langjährigen Kriegsgefangenen in Sibirien und anderen unwirtlichen russischen Landschaften. Besonders eindrucksvoll wurde mir selber die Versöhnungsbereitschaft, als ich 1957 zum ersten Mal wieder nach Rußland kam im Rahmen der Weltjugendfestspiele in Moskau. Der jubelnde Empfang, der gerade den Westdeutschen bereitet wurde, war unbeschreiblich. Ein ehemaliger Partisanenführer schloß mich in seine kräftigen Arme, als er erfuhr, daß ich in seinem Abschnitt ihm »gegenüber« gelegen hatte. Ein »Stalingrader« schenkte mir seine Gedenkmünze. Die Mutter eines einzigen Sohnes, gegen die »Germanski« gefallen, lag weinend an meiner Brust: »Woina kaputt — nix Woina«, »Nie wieder Krieg!«

Von diesen menschlich ergreifenden Erfahrungen des Versöhnungswillens des russischen Volkes berichtete ich ungeschminkt bei meiner Rückkehr. In der Zeit des »Kalten Krieges« trug mir dies eine Abstempelung als Kommunist ein.

Daneben muß auf die innige Verbindung zwischen deutscher und russischer Geistigkeit hingewiesen werden, die bis heute besteht. Das gilt auch für das kommunistische Rußland. Wie sonst ist zu verstehen, daß uns bei einem Besuch in Georgien 1983 aus dem Stegreif eine große Laudatio auf Wilhelm von Humboldt von einem Professor vorgetragen wurde, der an einer Übersetzung Humboldts ins Russische arbeitete, die inzwischen gedruckt vorliegt, während seine Kollegin, Germanistin, Fichtes »Reden an die deutsche Nation« in Russisch herausgegeben hatte. Beiden war Rudolf Steiner nicht nur dem Namen nach bekannt.

»Nach dem Osten zu schauen, geziemt den heutigen Menschen Mitteleuropas sehr wohl«, sagte Rudolf Steiner, inmitten der Kämpfe des Krieges die Zukunft bedenkend. [166] Und er verwies auf den gemeinsamen Ursprung, als »Normannisch-Germanisches auch nach dem Osten hin seinen Einfluß geltend machte«. Er nennt es sogar »das maßgebende Element« der russischen Volkwerdung. Überraschen mag die Feststellung, daß »solange dieser normannisch-germanische Einfluß sozial strukturbildend da war, nichts von einem Staatsgedanken vorhanden war . . . Die verschiedenen geschlossenen Slawengebiete, die hatten in sich dasjenige Element, was vielleicht der moderne Mensch demokratisches Element nennen würde . . .« GA 185 a S. 189 Im eigentlichen wäre es noch der mit dem Blute zusammenhängende Sippengedanke, der bis zum Mongoleneinfall wirkte und in dessen Folge erst das sogenannte Staatswesen in Rußland zusammengefügt worden sei. Dieser ganz fremde Einschlag in das Volkswesen darf im Hinblick auf das zuvor geschilderte Erobererverhalten 1945 nicht übersehen werden.

Steiner sieht im Russentum wirksam »eine Volkseele, die erst später werden wird, was sie werden muß, und die jetzt erst in einem kindlichen Alter ist«. GA 64 S. 148 Wenn wir von alten und jungen Völkern sprechen, so zielt diese Kennzeichnung selbstverständlich nicht auf das Alter ihres volksmäßigen Ursprungs ab, sondern auf ihren gegenwärtigen Entwicklungsstand. Wer das Kind ebenso würdigt wie einen Erwachsenen, nämlich als eine voll zu wertende Erscheinung des Menschseins, ist des Verdachtes enthoben, in solcher Unterscheidung der Völker eine Rangordnung zu meinen. In diesem Sinne ist das deutsche Volkstum älter als das russische, und der Ältere ist aufgerufen, dem Jüngeren zum Helfer zu werden.

Zweierlei aber würde diese notwendige Zukunftsentwicklung und Gemeinsamkeit zwischen Russen und Deutschen äußerst gefährden: ein Sieg Rußlands über Mitteleuropa und des Bolschewismus in Rußland. So sagt Steiner im März 1915: »Das größte Unglück, das kommen könnte, wenn der Osten Europas, wenn Rußland in diesem Vorgang einen Sieg erringen würde, das größte Unglück wäre dies gar nicht für Mitteleuropa, sondern für Rußland selber, das allergrößte Unglück, innerlich betrachtet, denn dieser Sieg müßte wieder rückgängig gemacht werden; dieser Sieg könnte mit seinen Wirkungen nicht bleiben. So stehen wir vor dem tragischen Augenblick der Entwickelungsgeschichte der Menschheit, daß sich der Osten vor etwas wehrt, was er in der Zukunft

ersehnen wird, mit allen Kräften ersehnen wird.« GA 159/60 S. 123
Während er am 29. Juni 1919 die Bolschewisierung Rußlands warnend kennzeichnet: »Was jetzt nach dem Osten getragen werden soll; es ist die allerreaktionärste Strömung, die ganz herausgeboren ist aus dem, was für die Menschheit schon bestimmt war unterzugehen um die Mitte des fünfzehnten Jahrhunderts . . . Dieses Reaktionärste will eben, wenn es sich dessen auch nicht bewußt ist, Mechanisierung des Geistes, Vegetarisierung der Seele, Animalisierung der leiblichen Instinkte, die sich immer mehr und mehr ausleben würden . . .« GA 192 S. 240 f.

Dem dargestellten Schaden stellt Steiner die noch nicht abschätzbaren positiven Möglichkeiten in der Zukunft gegenüber. So spricht er in einem Vortrag am 9. Mai 1915 — und gewiß nicht zufällig in Wien — über den Krieg als einen »Krankheitsprozeß«. Doch er kennzeichnet die Krankheit bereits einleitend für die meisten Fälle nicht als einen Feind, sondern als Freund des Organismus, der heilen will, indem der Organismus sich vor widerstrebenden Kräfte zu retten sucht. »Es deutet also die Krankheit darauf hin, daß etwas vorgegangen ist vor dem Ausbruch der Krankheit, das gerade durch die Krankheit aus dem Organismus herauskommen soll.« GA 157 S. 178

Gegenüber den großen Zusammenhängen und Entwicklungen in unserem Zeitalter, in dem sich nach Rudolf Steiner Entscheidendes für die Zukunft der Menschheit vorbereitet, erscheinen die gewaltigen Auseinandersetzungen in der Gegenwart nur als die Widerspiegelung von Geisteskämpfen. So werden wir auch verstehen lernen, daß die beiden Phasen des Jahrhundertkrieges, die das deutsche und das russische Volk vom Einfall der Armee des Zaren in Ostpreußen im August 1914 bis in den Kampf um Berlin 1945 in ein fürchterliches Ringen verstrickten, für die Erinnerung beider Völker schmerzlichste Erfahrungen, für die Zukunft aber keine unüberwindbare »Mauer« sind, die nicht abbaubar wäre, um unmittelbar zueinander zu finden. Steiners Worte machen rückschauend offenkundig, was der so furchtbare Krieg im Osten weltgeschichtlich bedeutete. Steiner befürchtete, »daß Osteuropa durch brutale Kraft sich ausdehnen könnte nach Westen hin, über

Mitteleuropa. Man könnte sich denken, daß es dahin kommen könnte.« Es wäre ein solches Schicksal für Steiner das gleiche wie jene Überwältigung Frankreichs im fünfzehnten Jahrhundert durch England, als die rettende Tat von Jeanne d'Arc zum Heile beider Völker die Wende herbeiführte. [167]

Darum galt es für Steiner schon im März 1915, sich »so intensiv als möglich, so stark als möglich von der Bedeutung des Augenblicks durchdringen« zu lassen. »Sehen wir denn nicht . . . ein drohendes Ungewitter, das sich von Osten herüber seit langer Zeit erhoben hat, über die neuere Bildung und Kultur Europas entbrennen? Und man muß wenigstens wissen, daß im Schoße dieses Ostens ganz gewaltige Kräfte wesen, von denen man schon sehen kann, daß sie so, wie sie sich jetzt geltend machen, im Grunde auf das Zerstückeln, das Zerstören der europäischen Kultur hinausgehen. In welchem Grade dies der Fall ist, das kann jetzt nur geahnt werden.« So sprach Steiner 1915 noch zwei Jahre vor dem Beginn der Revolution und der Entfesselung ihrer Dynamik. GA 159/60 S. 100 f.

Durch die der deutschen Öffentlichkeit seit kurzem bekannt gewordenen Enthüllungen von Viktor Suworow [168] wissen wir von Stalins Kalkül, 1941 Hitler und damit Deutschland als Eisbrecher für den beabsichtigten großen Schlag nach Westen zur Vollendung der bolschewistischen Revolution in Europa zu gebrauchen. Stalin dachte weltrevolutionär in Kontinenten und Epochen und erwartete vom europäischen Krieg 1939, daß die von ihm erhofften kriegerischen Auseinandersetzungen die europäischen Staaten so ermatten würden, daß ihm als dem lachenden Dritten ein leichtes Spiel ermöglicht würde, um alle zusammen unter seine Herrschaft zu zwingen. Dazu baute er, wie der ehemalige Angehörige des sowjetischen Geheimdienstes unter dem Decknamen Suworow glaubwürdig berichtet, eine Millionen-Armee auf, die gut genug ausgerüstet war, um auf dem Land, vom Wasser und aus der Luft durch 1 Million Fallschirmspringer die überraschende Besetzung Europas durchführen zu können. Wenn in einem ersten Stoß die sowjetischen schnellen Panzer mit der Reichsgrenze die deutschen Autobahnen erreicht haben würden, waren sie so vorbereitet, nach Abwurf ihrer Ketten mit Kraftwagengeschwindigkeit bis zum Atlantik rollen zu können. Das Verhalten seit 1940, die Beobachtung eines riesenhaften Aufmarsches an den Westgrenzen durch deutsche Aufklärer [169] und die Erfahrungen der deutschen Truppen beim Gegenstoß vom 22. Juni 1941 in die sowjetischen Bereitstellungen lassen keinen Zweifel an der Absicht und Durchführbarkeit dieses Planes. Jeder militärische Sachverständige weiß, daß der Aufmarsch zu einer als notwendig erkannten Verteidigungsbereitschaft ein grundsätzlich anderer ist als die Bereitstellung zum Angriff. Eine solche wurde 1941 deutscherseits offensichtlich erkannt und zwang zum Präventivschlag. [170]

Wir erinnern uns an Steiners zitierte Äußerung: »Wer sieht, daß er in seinem Haus eingeschlossen ist, der geht hinaus und prügelt die, die ihn umzingeln. Und die sagen dann: Wir haben die Prügelei nicht gewollt.« [171] Indem Deutschland dem Angriff Rußlands zuvorkam — indem das später allerdings noch für den deutschen Osten eingetretene Schicksal für ganz Deutschland vermieden werden konnte —, wurde nicht nur der Großteil der deutschen Volkssubstanz gerettet, sondern auch Europa, um dessen Existenz es ebenso ging. Das haben die jungen europäischen Freiwilligen damals besser verstanden, als heute manche Historiker begreifen wollen. Hitler war in Stalins Kalkül der nach Westen vorzuschiebende Eisbrecher, er wurde es für Europa in umgekehrter Richtung, indem sich an ihm das Packeis brach, das ganz Europa in seinem Geistesleben eingefroren hätte. Das deutsche Volk wurde in blutigstem Opfergang zum Winkelried für Europa wie jener legendäre Schweizer in der Schlacht, die 1388 über die Freiheit der Eidgenossenschaft entschied, der die feindlichen Spieße mit kräftigen Fäusten bündelte und, indem er sie auf seine Brust richtete, zwar selbst von ihnen durchbohrt wurde, aber seinen Genossen und »der Freiheit eine Gasse« bahnte. Das wird einmal, wenn die Vernebelung sich verzogen hat, anerkannt werden. Doch schon heute heischen die von beiden Seiten gebrachten Opfer der in die gleiche Erde gebetteten Menschen Ehrfurcht.

Dieses Elementare, das sich aus dem Osten heranwälzt, wird, so sieht Steiner, eine Entwicklung finden dadurch, daß es liebevoll in der gleichen Weise aufnimmt, was aus dem deutschen Volkstum ihm zukommen kann, wie dieses einst vorher das griechische und lateinische Wesen aufgenommen hat. Ein solches »Gespräch« hat — nicht ohne gegenseitige Bereicherung — längst begonnen. Man denke nur an die Wirkung der sog. deutschen Klassik auf die russische »Intelligenz« und die umgekehrte von Tolstoi und Dostojewski auf uns Deutsche. In der Gegenwart wird es darauf ankommen, den Dialog von Mensch zu Mensch wieder aufzunehmen, darüber hinaus aber auch zu einer wirtschaftlichen Zusammenarbeit zu gelangen, die nicht bestimmt ist durch die Interessen von Hochfinanz und ihren Großkonzernen, sondern durch die Vorstellung eines brüderlichen Haushaltens und pflegenden Umgangs mit den Gaben dieser Erde zum Wohle der Menschen und der Natur.

Der völlig unerwartet begeisterte Empfang, den die deutsche Bevölkerung im Juni 1989 dem russischen Staatsoberhaupt anläßlich seines Besuches in der Bundesrepublik bereitete, kann sowohl verstanden werden als eine Bestätigung dieser von Steiner gekennzeichneten erstrebenswerten Entwicklung, als auch Beispiel sein für die deutsche Bereitschaft, immer wieder sich einem anderen Volkstum freundschaftlich zu öffnen und darüber mögliche politische Bedenken außer acht zu lassen. Ein in dieser Hinsicht bedeutsames Wort hatte Radek auf dem 4. Weltkongreß der Komintern 1922 gesprochen: »Die Politik, die darauf ausgeht, Deutschland zu ersticken, schließt tatsächlich die Vernichtung Rußlands als Großmacht ein. Denn was immer Rußland für eine Regierung hat, es hat immer ein Interesse an der Existenz Deutschlands.« Diese Einsicht läßt aufhorchen.

Und mitten im Kampfe, am 15. März 1916 — den berühmten Ides Martii —, wagt Rudolf Steiner davon zu sprechen: »Die inneren Impulse der Menschheitsentwicklung sprechen von einer Ehe des deutschen Wesens mit dem Russentum«, denn für ihn ist klar: »Alle Kulturentwicklung der Zukunft ist eine Frage dieser Verbindung Mitteleuropas mit Osteuropa.« GA 174 b S. 146 »Eine Art von geistiger Ehe habe ich es oftmals genannt, Jahre, ja ich darf sagen, Jahrzehnte vor dem Ausbruch dieses Krieges, eine Art Ehe, die notwendig ist zwischen dem mitteleuropäischen Wesen und zwischen dem russischen Wesen in bezug auf die seelische Entwicklung.«

»Dieses lebendige Geistesleben wird wie eine Geistessonne sein, die von Westen nach Osten, in einer dem Lauf der äußeren Sonne entgegengesetzten Richtung, sich bewegen wird.« GA 159/60 S. 123 f.

Rudolf Steiner als »Geschichtslehrer«

Welche Beweggründe veranlaßten Rudolf Steiner, sich als Geisteswissenschaftler so eindringlich mit der Zeitgeschichte zu befassen? Es waren die Vorurteile, die er unter seinen Zeitgenossen allenthalben vorfand. Aus diesen folgerten Fehlurteile über Ereignisse in seiner Zeit und vorangegangene Entwicklungen. Diese Irrtümer wurden der Urteilsbildung über das, was zu tun war, in hohem Maße abträglich. Schließlich werden aus Mißverständnissen und Entstellungen Lügen, die nachgeredet oder gezielt in die Welt gesetzt werden. Diese vergiften das menschliche Klima nicht nur, sondern fügen dem Unrecht eine nach Steiners Anschauung schwere Verwundung der geistigen Atmosphäre hinzu. Gedanken werden zu Taten.

Daß es nicht nur die Zeitereignisse des Krieges waren, die Steiner zu seinen geschichtlichen Darstellungen veranlaßten, geht aus einer Aufforderung an seine Zuhörer im Frühjahr 1919 hervor, statt der »Befriedigung eines höheren Seelenegoismus« sich dem »Durchdenken der großen menschheitlichen Probleme« zuzuwenden. »Wir stehen mit Bezug auf vieles erst vor einem Anfang.« GA 192 S. 12 So gesprochen am Ende des Ersten Weltkrieges! Schon während des Krieges suchte Steiner ein Bewußtsein der Mitverantwortung zu wecken, um vor den Opfern des Krieges bestehen zu können. »Dann, wenn wir so mitarbeiten an dieser Erdenentwicklung, . . . dann werden wir freien Auges aufblicken können . . . und uns nicht zu schämen brauchen.« GA 174 a S. 31 Denn »wir müssen es uns ja auch gestehen, daß der Ernst der Zeit schon dafür spricht, daß wir die unmittelbar konkreten Erlebnisse des Tages an dasjenige anknüpfen, was der Nerv, der innerste Impuls unserer geisteswissenschaftlichen Bestrebungen ist«. GA 173 S. 328

Dabei gibt Steiner immer wieder den Rat, über das Zeitgeschehen nicht zu rasch zu urteilen, »sondern die Dinge nebeneinander zu stellen und sie zu betrachten, damit sie uns etwas sagen . . . Sich mit möglichst vielem bekanntzumachen, ist die beste Vorbereitung.« GA 173 S. 25 Steiner vertraut darauf, daß in Mitteleuropa im Grunde genommen diejenigen Menschen vorhanden seien, die wirklich auf der einen Seite sich zu einer Geistigkeit erheben wollen und »die auf der anderen Seite auch einen Sinn hätten für das Erfassen der ganzen Breite der äußeren natürlichen Erscheinungswelt. Das ist dasjenige, was heute notwendig ist . . . Nicht die einseitige Religionsausübung, welche die Welt fliehen möchte oder wenigstens die die Welt so mitmachen möchte, wie sie eben gerade ist, dafür in allen möglichen religiösen Erhebungen leben möchte, die weltfremd sind, weder diese religiöse Praxis noch auf der anderen Seite die äußere Routine, die in unserem öffentlichen Leben herrscht, können irgendwie voranbringen.« GA 203 S. 60

Daraus folgert für Rudolf Steiner als »strengste Forderung der Zeit«, daß gegenüber einer »bloßen Vorliebe für irgendwelche spirituelle Träumerei« ein Bewußtsein entwickelt werden sollte für den Zusammenhang des Menschen mit den geistigen Hintergründen der Welt. GA 174 b S. 172 Steiner warnt immer wieder vor einer Ausschließlichkeit des religiösen Lebens, weil er die Erfahrung gemacht hat: »In den Sekten, den Konfessionen leben die hochmütigsten Menschen.« GA 193 S. 193 Und immer wieder hebt er als »die schönste Errungenschaft« hervor, daß alles selbstständig verarbeitet werden solle und nichts auf irgendeine Dogmatik oder Autorität hin angenommen werden dürfe. GA 24 S. 384 »Anthroposophie unterscheidet sich nämlich von anderen Weltanschauungen dadurch — oder soll sich wenigstens dadurch unterscheiden —, daß sie selbstlos sein kann, das heißt, daß sie nicht überall auf ihre ›Dogmen‹ trommelt, sondern daß sie tatsächlich die Anleitung gibt, um das Leben in seiner Fülle, in seiner Breite kennenzulernen.« GA 203 S. 121 In anderem Zusammenhang weist Steiner darauf hin, daß es sich bei Geisteswissenschaft keineswegs um Schwärmerei handelt, sondern »was diese Geisteswissenschaft anstrebt, ist eine Erkenntnis über die geistigen Welten ganz im Sinne der Erkenntnisart, welche durch die neuere Naturwissenschaft über die natürliche Welt als berechtigt anerkannt wird«. GA 159/160 S. 85

Eine erste Konsequenz anthroposophischer Weltanschauung nennt er daher die Erkenntnis, daß »dasjenige, was von Mensch zu Mensch im Alltag spielt, . . . zu den großen Aufgaben der Zeit gehört«, weil, »das Geistige in allem lebt, nicht lebt irgendwo in abstrakten Höhen, sondern lebt in dem uns umgebenden Leben, in dem wir alltäglich drinnenstehen«. GA 203 S. 66 Darum kommt es für Steiner darauf an, »Front zu machen gegen alle Eitelkeiten, gegen alles dasjenige, was durch Torheit und Eitelkeit mit einem falschen mystischen Schleier umhüllt wird, und zu nichts anderem taugt, als die anderen Menschen stutzig und gehässig zu machen«. GA 173 S. 320

Weil Steiner Sorge hat darum, daß der Strom der Ereignisse verschlafen werden könnte, beklagt er, »daß man sich leider immer in Mitteleuropa verschlossen hat dagegen, daran zu glauben, daß man eine politische Einstellung gewinnen müsse unter dem Gesichtspunkt . . . großzügiger Impulse«. GA 174 b S. 361 Darum ist es notwendig, die Geschichte zu kennen und vor allem die Geschichte der eigenen Zeit. Deshalb bedauert er, daß in die damals sog. proletarischen Kreise infolge der bürgerlichen Abtrennung wenig Anthroposophie hat hineingetragen werden können (GA 174 a S. 14), zumal nicht wenige der wohlwollendsten Mitarbeiter in der eigenen Bewegung »völlig verschlafen haben die Tatsache, daß es . . . bis in unsere Tage herein das gegeben hat und gibt, was man die moderne soziale Bewegung nennt«. GA 174a S. 18

In der nach dem ersten Krieg entstandenen Notlage der Nation — zuletzt mit nahezu sieben Millionen Arbeitslosen — hatte dies besonders schwerwiegende Folgen. Dazu sagt Steiner am 19. März 1920 in Zürich: »Und da kommt man dann auf eine Frage, die ich für außerordentlich wichtig halte. Man soll eben auch nicht von einem allgemeinen Sozialismus ausgehen und soll nicht glauben, daß es einen abstrakten Sozialismus gebe, sondern soll fragen: Wie muß ein jedes Volkstum aus seinen eigenen Entitäten heraus behandelt werden?« Auch Tschou-En-lai erklärte 1957 gegenüber dem Verfasser: »Jedes Volk hat seinen eigenen Weg zum Sozialismus«! Entsprechend äußerte sich Michail Gorbatschow anläßlich eines Vortrages vor polnischen Intellektuellen in Warschau 1989, in dem er von einem ›volksgebundenen Sozialismus‹ sprach.

Von seinen Mitgängern erwartete Rudolf Steiner bereits 1916 und wieder 1919: »Gerade das verständige Verarbeiten der Zeitimpulse . . . ist es, was wir tun können, um dieser Zeit zu helfen.« GA 173 S. 99 »Und darum muß ein scharfes Interesse entwickelt werden . . . für das, was in der Welt vorgeht. Niemals allerdings dürften — so Steiner — damit irgendwelche Machtgelüste verbunden sein, obwohl selbstverständlich derjenige, der ein guter Geisteswissenschafter ist, der beste Politiker sein kann.« GA 174 b S. 154 Und er appelliert an die Durchhaltekraft bei der Verwirklichung des für recht Erkannten: »Man muß sich heute sagen: ich will, ich will, ich will mich verbünden vertrauensvoll mit demjenigen Menschen, von dem ich weiß, daß er dies oder jenes kann.«

Rudolf Steiner ermunterte seine Hörer stets aufs neue, sich um die Vorgänge der Zeitgeschichte zu bekümmern. GA 338 S. 82 »Gewiß, es ist ja so, daß der einzelne oftmals, wenn er zu einer solchen Bewegung kommt, für sich selbst etwas haben will, für seine Seele. Das kann er auch haben, damit er dann seine Seele in den Dienst des Ganzen stellen kann. Er soll weiterkommen, gewiß, für sich, aber damit die Menschheit durch ihn weiterkomme! Das kann man sich nicht oft genug sagen.« [171] Und er meint, das solle man sich jeden Morgen vorhalten. Und so möchte er auch seine Mitgänger schulen, sich der Öffentlichkeit zu stellen, denn »Anthroposoph im wirklichen Sinne des Wortes ist nur der, welcher von dem Nerv der Zeit ergriffen ist, der die Wahrheit will, nicht die Lüge, die uns so schlimm in die Dinge der Gegenwart verstrickt hat . . . Nicht zu dem Verstande bloß möchte ich gesprochen haben, sondern vor allem zu den Herzen, denn aus den Herzen muß das große Verständnis für die Zeit kommen, das notwendig ist. Wir müssen die Impulse finden, welche die Menschheit wieder aufrichten können.« GA 193 S. 158 f.

Selbstverständlich kann dies nur auf dem Fundament der Wahrheit und Wahrhaftigkeit gelingen, wie Steiner immer wieder betont. Das erschreckende Phänomen unserer Zeit ist die Leichtfertigkeit, mit der ungeprüfte Urteile übernommen werden, was Steiner bereits kennzeichnete, heute aber verstärkt zu beobachten ist. »Eine der bedeutsamsten Tatsachen, die die Menschheit im Laufe dieser letzten Jahre sich vor Augen führen konnte, ist diese, wie unendlich stark, wie unermeßlich stark es möglich war, das menschliche Urteil allseitig zu korrumpieren, dieses menschliche Urteil in falsche Bahnen zu führen . . . dadurch, daß man stets von verschiedenen Seiten her bemüht war die Beurteilungsmaximen, die Beurteilungsrichtungen aus falschen Ecken herauszuholen.« GA 185 a S. 10

Was Rudolf Steiner für den ersten Krieg darstellte, gewiß auch im Blick auf die entsetzliche Greuellegende der Alliierten von den durch deutsche Soldaten angeblich in Belgien »abgehackten Kinderhänden«, die damals allerdings nach wenigen Jahren offiziell widerrufen wurde, galt und gilt weiter. Das beachtenswerte Gespräch des bekannten Juristen Prof. Dr. Friedrich Grimm 1945 mit dem britischen Hauptverantwortlichen für die Feindpropaganda des letzten Krieges endete: »Seit Monaten betreibe ich das, was Sie richtig geschildert haben: Greuelpropaganda — und damit haben wir den totalen Krieg gewonnen.« Ich erwiderte: ›Ich weiß, und nun müssen Sie aufhören!‹ Er entgegnete: ›Nein, nun fangen wir erst richtig an! Wir werden diese Greuelpropaganda fortsetzen, wir werden sie steigern, bis . . . alles zerstört sein wird, was Sie in anderen Ländern an Sympathien gehabt haben, und bis die Deutschen selbst so durcheinander geraten sein werden, daß sie nicht mehr wissen, was sie tun!‹« [172]

Das ist nicht nur eine Todsünde gegenüber der Wahrheit, sondern zugleich der geplante Totschlag einer Volksseele. Als Ergebnis darf heute kein Lehrer oder Hochschulprofessor die Frage der Kriegsschuld Deutschlands oder von Massenvernichtungslagern öffentlich zur Diskussion stellen, ohne sofort gemaßregelt und unter Umständen sogar vor Gericht gestellt zu werden, denn hier handele es sich um unbezweifelbare Tatbestände. Sie sind schon deshalb nicht anzuzweifeln, weil darauf — und wie wir jetzt meinen sagen zu können: auf einer historischen Lüge — Staaten der Nachkriegszeit begründet wurden, deren Existenz dadurch ebenfalls in Frage gestellt würde. Eine solche Politik wäre von Rudolf Steiner nicht schweigend hingenommen worden. [173]

Finden wir doch immer wieder in die Vorträge eingefügt, was Steiner selber während des Krieges bereits hörte und las, wie die Welt bekam »jeden Tag die Schilderung eines Schreckbildes, welch ein furchtbares, zerstörungswürdiges Ding dieses Mitteleuropa eigentlich ist. Und es sieht für die Welt so aus, als ob Mitteleuropa zu diesem Schreckbilde nur zu schweigen hätte, was selbstverständlich der Welt wie ein Ja-sagen zu demselben erscheinen muß.« GA 24 S. 360

Als Steiner in seinem Ersten Memorandum 1917 dies besorgt feststellte, wurde ihm bereits klar, »daß wieder die Zeit eintreten kann, . . . wo, weil man durchaus nicht den Frieden haben will, der Kampf sehr grausam wird, vielleicht grausamer als er schon war . . . Dann wird man wiederum die Möglichkeit finden, über die Grausamkeiten Mitteleuropas zu reden, und wird in Schutt und Trümmer begraben die Tatsache, daß man ja diese Grausamkeiten seinerseits hätte verhindern können . . .« GA 174 S. 101

Nach Beendigung des militärischen Kampfes 1945 werden noch bis heute, 44 Jahre danach, solche »Schreckensbilder« gegen Deutschland durch die Medien im Aus- und sogar Inland in verstärktem Maße und mit den heute weit wirkungsvolleren Mitteln verbreitet. Ihre Korrektur bahnt sich erst jetzt durch eine kritische Forschung, insbesondere ausländischer Historiker, an, mit zum Teil überraschenden Ergebnissen, die das bisherige Bild in Frage stellen und ein neues Bedenken erfordern.

Es mag dies für manchen schmerzlich sein, weil die eigenen Vorstellungen lieb geworden waren, es ist jedoch keineswegs etwas Ungewöhnliches, sondern entspricht dem Wesen von Wissenschaft. Eine Geschichtswissenschaft darf sich nicht zu einseitiger politischer Propaganda mißbrauchen und damit als Waffe für die Fortsetzung des ›europäischen Bürgerkrieges‹ mit pseudowissenschaftlichen Mitteln benutzen lassen. Eine Geschichtsschreibung, die den Anspruch auf Wissenschaftlichkeit erhebt, kennt keine Tabus.

Geschichte als Darstellung der Biographie von Völkern und

letzten Endes der Menschheit gehört zweifelsohne zur Geisteswissenschaft. Sie kann aber nur insofern »Wissenschaft« genannt werden, als sie die zu beschreibenden und einzuordnenden Ereignisse zumindest dreidimensional betrachtet; vermag der Historiker sie dann noch aus einer übergeordneten vierten Dimension zu beleuchten, so könnte man ihn einen wirklichen »Geistes«wissenschaftler nennen. Worin bestehen nun diese drei Ebenen der Geschichtsbetrachtung? Zunächst ist es die Ebene der unmittelbar Betroffenen, zumeist der Erleidenden. Ihr subjektives Betroffensein ist für sie die Urteilsgrundlage. Das Erleben des siegenden Soldaten, der mit reicher Beute beladen nach Hause zieht, ist zwangsläufig ein gänzlich anderes, als das des Überfallenen und Vertriebenen. Was von dem einen als Höhepunkt erfahren wird, ist für den anderen die dunkelste Stunde der Geschichte. Beide haben ihre Wahrheit, die vielfach gegensätzlich ist, jedoch jeweils subjektiv wahr. Dieses Erleben gehört zwar zur Geschichte, es ist aber noch keine Geschichtswissenschaft. Es kann damit wenig erklärt werden. Es ist die Wahrheit des »Amboß«.

Auf der nächsten Ebene handeln die Politiker oder die Volksführer. Hier gilt das Wort »Männer machen die Geschichte«. Hier gibt es Verträge, Kriegserklärunen, den ersten Schuß oder ein Siegerdiktat. Hier gibt es aber auch die verschleiernde Diplomatie, Geheimnoten und chiffrierte Telegramme. Bei genauem Quellenstudium lassen sich hier Tatsachen feststellen und Abläufe chronologisch nachvollziehen.

Hinter diesen Staatsmännern gibt es als dritte Dimension Ideologien oder Weltanschauungen, deren Vertreter in vielfältiger Weise die »Staatsmänner« lenken und beraten, sei es durch Beichtväter, große Geldgeber oder aber sie auch zwingen durch Aufruhr und Mord, wie beim österreichischen Thronfolger. Rudolf Steiner spricht von den Hintergrundmächten, die »an den Drähten ziehen« und oft die sichtbaren Figuren zu »Hampelmännern« machen.

Da die Geschichtswissenschaft ein Zweig der Geisteswissenschaft ist, kann wissenschaftlich arbeitender Historiker nur derjenige genannt werden, der jedes geschichtliche Ereignis und jede darin handelnde Person unter einem solchen dreidimensionalen Aspekt untersucht. Er wird dabei vielfach in Widerspruch zu einer öffentlich sanktionierten Beurteilung gelangen, weil darin die politische bzw. ideologische Sichtweite vorherrscht, die immer zu Einseitigkeit führen muß. Es ergeben sich aber auch in der eigenen Beurteilung Widersprüche, je nachdem, aus welcher Ebene heraus geurteilt wird. Jede Dimension hat ihre Teil-Wahrheit.

Durch alle drei Dimensionen ragen jene hindurch, die Treitschkes bereits zitiertes Wort kennzeichnen wollte: die großen Umstürzer, Bahnbrecher, Gestalter, die politischen »Söhne« des Prometheus. Diese »Großen«, keineswegs immer mit diesen Beinamen ausgezeichnet wie Alexander, sind gleichermaßen Hammer wie Amboß, Führer wie Geführte. Leo Tolstoi schrieb in »Krieg und Frieden«, die Auseinandersetzung seines Volkes mit dem großen Korsen darstellend: »Bei den Vorgängen der Weltgeschichte sind die sogenannten großen Männer nur die Etiketts, die diesen Vorgängen den Namen geben . . . Eine jede ihrer Handlungen . . . ist historisch betrachtet nicht ein Akt freier Selbstbestimmung, sondern ist als Glied der allgemeinen Entwicklungskette der Geschichte von Ewigkeit her vorbestimmt . . . Die Geschichte . . . bedient sich eines jeglichen Augenblicks im Leben der Könige als eines Werkzeuges zur Erreichung ihrer Ziele.« [174]

Rudolf Steiner führte immer wieder als Beispiel für eine höhere Lenkung der Geschichte Jeanne d'Arc, die Jungfrau von Orleans, an, die als achtzehnjähriges Bauernmädchen durch eine Eingebung zum Werkzeug der Geschichte wurde und mit der Rettung Frankreichs im Hundertjährigen Krieg des 15. Jahrhunderts auch Europas Entwicklung bestimmte. Steiner weist darauf hin, daß es in der Geschichte »viele Jeanne d'Arcs« gegeben habe. Sie alle, die zu Trägern ihres Volksgeistes und zu Promotoren der Evolution geworden sind, konnten nicht wie die »heilige Jungfrau« ohne Schuld bleiben. Königen ist es verwehrt, Heilige zu werden. Wer an der Erde arbeitet, kann nicht immer »reine Hände« behalten. Das ist das Opfer, das neben vielem anderen den Handelnden abgefordert wird. Doch der wirklichkeitsnahe Betrachter berücksichtigt auch, daß der Schattenwurf eines ragenden Turmes größer ist als der einer Bauernkate. Goethe, der »realistische Idealist«, legt Götz von Berlichingen das Wort in den Mund: »Wo viel Licht ist, ist starker Schatten!« Das gilt nicht nur für Bauwerke, sondern auch für Menschen und erst recht für außergewöhnliche Persönlichkeiten. Gewiß läßt sich auch umgekehrt aus dem Ausmaß des Schattens auf die Anwesenheit von Licht schließen. In der richtigen Einschätzung von beiden zeigt sich historisches Augenmaß und menschliche Gerechtigkeit. Auf letztere haben auch die »Großen« mit ihren ebenfalls großen Irrtümern und Fehlern ein mitmenschliches Anrecht gerade bei denjenigen, die sich gern als »Humanisten« verstehen und dennoch zu der Klassifizierung von »Un-Personen« schnell bereit sind. Auch Luther ist von der ihm feindlichen Geschichtsschreibung als »non-homo« — als »Nichtmensch« oder »Unmensch« eingeordnet worden. [175]

Demnach wäre es nach Steiner eine unangemessene Geschichtsbetrachtung, die Ganzheit der Zusammenhänge außer acht zu lassen, »dieses ganze Symptomgewebe der neueren Geschichte, wenn man den Blick nicht darauf wirft, wie eigentlich . . . in dem, was sich so abspielt, wiederum etwas anderes wirkt«. GA 185 S. 35 (1. Aufl.) Daher ist auch für ihn durchaus unzureichend zur Urteilsbildung »jener Unfug, der als Wissenschaft getrieben wird, wo man die Dokumente hernimmt und nacheinander die Ereignisse aufzählt und sagt, eines müsse man aus dem anderen herleiten, dieser Unfug der Geschichtsforscher führt allerdings nicht zu einer wirklichen Geschichtserkenntnis, sondern eben nur, man kann sagen, zu einer Fälschung desjenigen, was in der Menschengeschichte waltet und wirkt . . . Und man sieht, daß das, was heute geschieht, wahrhaftig nicht erst in den letzten Jahren geschehen ist, sondern in den Jahrhunderten sich eben vorbereitet hat.« GA 159/160 S. 186 f.

Geschichte als Offenbarung des Menschen

Wir fragen nach einem Sinn der Geschichte. Dürfen wir ein Ziel annehmen, und welches wäre es? Wir sprechen, Völker, Kulturen und Zeiten übergreifend, von »Weltgeschichte«. Mit diesem umfassenden Begriff beziehen wir, zumeist unbewußt, in unsere Menschheitsgeschichte die ganze Welt, den Kosmos ein. Auf die Ganzheit des Lebens also blicken wir hin. Spinoza, der philosophische Lehrer Goethes, verstand »die Natur als *ein* Individuum«. Er befand sich damit in Übereinstimmung mit den alten Mythen vom Werden der Welt. Sie schauten die Einheit der Welt und den Menschen als die Urgestalt in allem Werden.

Unsere zeitgenössische Naturwissenschaft kehrt denkend und forschend zu solchen intuitiven Erkenntnissen zurück: Der Jesuit Pierre Teilhard de Chardin [176] faßte den »Ariadnefaden« der Entwicklungsstufen unserer Erde. Die letzte ist die Ausbildung der »Noosphäre«, des im Menschen erwachenden Bewußtseins. Der Geologe Hans Cloos [177] verstand den Werdeprozeß unseres Planeten, »um aus Pflanze und Tier über ein Millionenheer unfertiger Versuche hinaus das Organ zu bilden, durch das der Stern Erde sich selbst erkennen wird«. Als Astrophysiker schildert Reinhard Breuer [178] das »anthropische Prinzip« der kosmischen Entelechie. Seine internationalen Kollegen gingen von der Frage aus: »Welche Bedingungen mußten Kosmos und Naturgesetze erfüllen, um eine Lebensform hervorzubringen, die diese Bedingungen erkennen kann?« Und das Ergebnis zahlloser Experimente mit simulierten Modellen brachte die Antwort: »Auf der Erde ist es die Menschheit, durch die der Kosmos in den Zustand der ›Selbsterkenntnis‹ versetzt wurde.« Das Ziel der Evolution ist der Mensch. Das Ergebnis läßt auf die Absicht schließen. Bei Betrachtung einer Eiche wissen wir, daß sie aus der Eichel herauswuchs, in der der ganze Baum veranlagt ist. Die Frucht der Erde ist der Mensch, also muß auch er als deren Keim und Urgestalt der »Grund« ihres Werdens sein. Wie der Menschenkeim im Mutterschoß verborgen heranreift zur Geburt, so tritt auch »der Mensch« erst später »ans Licht der Welt«. Die Werdestufen nach seiner Geburt beschreibt die Geschichte. Sie wird zur Biographie der Menschheit. Diese vollzieht sich durch Metamorphose. Die heilige Metamorphosis wird im Christentum des Ostens als hohe Engelwesenheit verehrt. Sie ist die Imagination einer übersinnlichen Macht, die an allem und so auch an und in uns wirkt.

Rudolf Steiner spricht für unser Zeitalter vom »geschichtlichen Tod«. »Wir sehen . . ., was auftritt seit dem 15. Jahrhundert als etwas Neues; das sind durchaus Dinge, die nicht aus der produktiven Menschennatur heraus entspringen. Betrachtet man sie, dann sieht man sich genötigt . . . anzuerkennen, daß es in diesem Leben nicht nur Aufsteigendes gibt, . . . sondern daß das aufsteigende, das sprießende Leben verknüpft ist mit einem absteigenden Leben . . ., das immerdar in den Tod hineinführt.« [179] Dieses »Todesleben« gewönne heute eine größere Bedeutung als das aufsteigende Leben. Trotz aller Bewunderung, trotz aller willigen Anerkennung, die man haben müsse für die gewaltigen Erfolge der modernen Technik und auch für die nationalen Impulse unseres Zeitalters könne man die Geschichte unserer Zeit nicht verstehen, wenn man nicht in dieser Entwicklung das absteigende, zum Tode des geschichtlichen Werdens hinführende Leben erkenne. Dieser Einschlag im neueren geschichtlichen Leben sei »das Bedeutsamste«.

Steiner hatte zur Zeit dieses Hinweises den Untergang Mitteleuropas vor Augen, den er als Folge eines Sieges der Entente vorausgesehen hatte und der geistig sich inzwischen nach dem zweiten Krieg zweifellos vollzogen hat. Was erst nach seinem Tode in volle Erscheinung trat, ist die aus den modernen Naturwissenschaften entwickelte Technik, die innerhalb eines halben Jahrhunderts das Antlitz der Erde gründlich veränderte, »man nehme alles das — es ist für sich, seinem eigenen Impulse nach betrachtet, unfruchtbar und führt in Rhythmen immer in seinen eigenen Tod hinein«.

Wir erkennen dies heute als »die ökologische Katastrophe«. »Was ist es anders, im echten Wahrheitslicht betrachtet, als etwas, in das sich Sterbendes zusammendrängt.« [180]

Ist diese Erkenntnis Anlaß zu »Kulturpessismus«, zu tragischer »Weltuntergangsstimmung«? Scheinbar paradox äußert sich Rudolf Steiner: »Man muß es fördern, man muß sich ihm widmen, es ist eine Notwendigkeit der neueren Zeit; es ist für den Menschen unbedingt in die weltgeschichtliche Entwicklung hineinzustellen, aber es muß in jeder seiner Erscheinungen dasjenige, was auf diesem Gebiete geschaffen wird, notwendigerweise auch wiederum zu seinem eigenen Untergange führen.« Doch der Gewinn ist: »Der Mensch wird in unserer Epoche ganz auf sich selbst gestellt.« [181] Er kommt »zu sich«. Seine Eigenkraft kann an diesen Prüfungen, an ihrer Überwindung, an ihrer Verwandlung wachsen.

Alle »Zeichen der Zeit« deuten darauf hin, daß wir an einer Schwelle stehen. Geburt und Tod sind gleicherweise immer bedroht. Dürfen wir »guter Hoffnung« sein für unser Volk und die Menschheit? Überhören wir nicht Rudolf Steiners ermutigenden Zuspruch: »Gerade wenn wir ohne Vorurteile die Tragik des modernen Lebens betrachten, offenbart sich auf der anderen Seite der erlösende Impuls. Er offenbart sich dadurch, daß wir gedrängt werden, anzuerkennen die Offenbarung eines neuen Übersinnlichen.« [182] Wir werden veranlaßt, nicht nur das aufsteigende, sondern auch das absteigende Leben anzuschauen und zur Evolution, die sich in der stürmischen Entwicklung unseres zivilisatorischen Seins äußert, die Involution hinzuzufügen. »Nach innen führt der geheimnisvolle Weg!« (Novalis) Ohne solche Selbstbesinnung, nämlich Besinnung auf das eigene Selbst, gibt es keine menschliche und keine volkliche Erneuerung. [183] Die Wiedervereinigung mit dem Kern des deutschen Wesens ist die Voraussetzung für die Wiedervereinigung eines ungeteilten Deutschland in Volk und Land. Es gilt aber auch: Mens sana in corpore sano! Ein gesunder Volks-Geist hat den Anspruch auf ein wieder geheiltes Land; will Volkstum nicht wurzellos bleiben, bedarf es der Heimat. Das ist ein unveräußerliches Lebensrecht aller Menschen und so auch der Deutschen. Keine Macht der Welt darf es verweigern.

Geschichte ist zum Offenbarwerden des »Menschlich-Allzumenschlichen« geworden. Wie bei einem »Offenbarungseid« im Bankrott alle Mängel, alle Verfehlungen aufgedeckt werden, so in unserem Jahrhundert »alle menschlichen Gebrechen«, vielleicht wie noch nie zuvor. Alle Möglichkeiten des Menschseins sind vor aller Augen offengelegt: unfaßliche Grausamkeit und Verworfenheit, daneben hingebungsvoller Opfermut und tapferste Kraft der Überwindung, erbärmlicher Egoismus und zugreifende Hilfsbereitschaft, teuflische Gemeinheit und versöhnende Liebe, alles vereint im Menschen und gewiß zu finden in allen Völkern. In der Geschichte wird diese Spannweite dramatische Wirklichkeit. Die

Geschichte ist das Große Welttheater, das immer neu aufgeschlagene Buch einer Apokalypse. Sie berichtet in unserer Epoche nicht nur die Zerstörung von altgewordenen Reichen und den Untergang von großen und kleinen Völkern, nicht nur von der Aushöhlung unserer Kulturen, sondern auch von Todesüberwindung, seelischer Erkraftung und geistigen Erneuerungsimpulsen, vom Ringen um ein verjüngtes Bild vom Menschen, das durch alle Völker geht, dem in seiner Gestalt am meisten bedrohten Volke jedoch zur dringlichsten Aufgabe wird. »Wer nur den Materialismus zu sehen in der Lage ist, kann verzweifeln; aber inmitten des Materialismus erhebt sich eine solche Geistigkeit, die sich in Goethes Geistesart zusammenfassen lassen kann.« GA 64 S. 45 Nämlich durch die Überwindung des einseitigen Blickes auf die Materie, durch eine ganzheitliche Lebensanschauung, welche die Polarität von Geist und Materie erkennt. Vom »neuen« Menschen, vom »Sohne des Menschen«, der aus uns geboren werden will, spricht die Weltgeschichte. Wenn der Historiker diesen Weg von Menschen und Völkern aus Leid und Nacht, aus Lug und Trug, in reiner Wahrhaftigkeit schildert, kann er jenen wahren »Enthusiasmus erregen«, von dem Goethe sagte, daß er das Beste an der Geschichte sei. »Enthusiasmos« heißt »In-Gott-sein«. Und so ziemt es nicht nur dem Historiker, vornehmlich an den Schulen, sondern erst recht denen, die sich dem Dienst am Göttlichen gewidmet haben, den Haß, der ein Symptom dieses »Jahrhunderts der Lüge« ist, überwinden zu helfen und dazu beizutragen, daß »Geschichte« wieder zu dem wird, als was sie im europäischen Mittelalter einmal gelehrt worden ist: »Heilsgeschichte«! Eine in diesem Sinne praktizierte »Weltgeschichte« könnte zu einem »Fünften Evangelium« werden, »dessen Bücher die Welt nicht fassen würde«. An diesem unvergänglichen Buch schreiben wir alle mit, durch unsere Schicksale, Gedanken und Hoffnungen. Ist nicht doch die Hoffnung »die größte unter ihnen«?

Den »Gang Gottes durch die Geschichte« (Herder) hat Johannes, der Apokalyptiker, in einem gewaltigen Bild geschaut, das mit den herkömmlichen Vorstellungen vom »lieben Gott« scheinbar sich nicht vereinbaren läßt. In einer zeitgenössischen Übertragung stellt sich das Weltendrama dar:

»Und ich sah, wie der Himmel sich auftat. Siehe, ein weißes Pferd. Und der Reiter, der auf ihm saß, er ist es, der Glauben und Erkenntnis wahrmacht. Durch seine Entscheidungen und seinen Kampf entsteht das Sein des Moralischen. Seine Augen sind wie Feuerflammen, auf seinem Haupte leuchten viele Kronen. Ihm ist ein Name eingeschrieben, den niemand versteht außer ihm selber. Er ist mit einem blutbesprengten Gewand bekleidet, dessen Name heißt: der Logos Gottes. Und die Heere des Himmels folgen ihm auf weißen Pferden, mit reiner weißer Leinwand bekleidet. Aus seinem Munde geht ein scharfes Schwert hervor, mit dem er die Völker trifft. Er ist der Hirte der Völker und trägt den ehernen Stab. Er tritt die Kelter, aus der der Wein des göttlichen Willens als Zorn des Weltgebieters hervorquillt. Auf seinem Gewande und auf seiner Hüfte steht der Name geschrieben: König aller Könige, Herr aller Herren.« [184]

Rudolf Steiner befreit von dogmatischen Vorurteilen, die den unbefangenen Blick auf solche traditionellen Imaginationen verstellen könnten. So weist er in seinem letzten Vortrag des hier wiederholt erwähnten Zyklus über »die Mission einzelner Volksseelen im Zusammenhang mit der germanisch-nordischen Mythologie« ausdrücklich darauf hin, daß man den in der abendländischen Überlieferung eingewöhnten Namen dessen, »was man als erstes Wesen in der Menschheitsevolution bezeichnen kann«, im richtigen Sinne verstehen lernen müsse; aus seiner Sicht jedoch gelte: »Niemals wird derjenige, der *das Christuswesen* erkennt, sich darauf versteifen, daß der Name des Christus bleibt . . . Nicht auf Sympathie oder Antipathie kommt es also an, sondern auf die Wahrheit der Tatsachen . . . Wir lassen uns keine Dogmen aufdrängen, auch nicht Dogmen der christlichen Vergangenheit . . . Ebensowenig darf die Christuswesenheit gedrückt oder beengt werden aus den orientalischen Traditionen heraus . . . Frei und unabhängig von jeder Tradition und jeder Autorität will das vor die Menschheit hintreten, was . . . gerade über diese Zukunftsevolution zu sagen ist.« GA 121/3. Aufl. 1950 S. 211

Man verstehe recht, Steiner will damit dem religiösen Empfinden derer, die in überkommenen Zusammenhängen leben, in keiner Weise zu nahe treten, jedoch allen den Weg frei machen für ein neues Verständnis des Menschseins und seines »spiritus rector« als des Seins-Impulses, der in den Völkern und Individualitäten lebt und wirkt. Der »Atheist« Friedrich Nietzsche weiß: »Wo Gräber sind, da ist auch Auferstehung.« Das ist eine »Frohe Botschaft« für Leidtragende nicht nur, sondern auch für ein gekreuzigtes Volk. Steiner versichert, daß Völker ihr Dasein bis zur höchsten Vollendung ihres Auftrages erreichen müssen, darum ruft er diesem Volke zu: »Der deutsche Geist, das deutsche Geistesleben steht nicht an einem Ende, nicht vor Vollendung; sondern es steht an einem Anfange. Ihm ist noch viel zugeteilt. Wenn Feindeswünsche, die nach dem Entgegengesetzten gehen, sich von allen Seiten gegen die Existenzmöglichkeiten des deutschen Volkes, der mitteleuropäischen Welt erheben, dann muß es dieses sein, was der mitteleuropäischen Welt, was dem deutschen Volke die Kraft zum Widerstande gibt, die Kraft gibt, die Keime lebendig zu erhalten, die wir in seine Seele gelegt finden gerade dann, wenn wir diese Seele in ihrer ganzen lebendigen Entwicklung betrachten. Und der Glaube an die Sieghaftigkeit des deutschen Lebens . . . er kann hervorgehen aus der lebendigen Erkenntnis des deutschen Wesens, . . . daß das deutsche Leben fortleben muß, weil das deutsche Wesen in der Weltentwicklung seine Mission erfüllen muß, weil nichts da sein würde, was die rein äußere materialistische Weltanschauung erheben würde zu jener ideellsten spirituellen Höhe, deren Intention im deutschen Wesen liegt.« GA 64 S. 182 Und Rudolf Steiner schloß diese Worte am 14. Januar 1915 in Berlin:

Der deutsche Geist hat nicht vollendet,
Was er im Weltenwerden schaffen soll.
Er lebt in Zukunftsorgen hoffnungsvoll,
Er hofft auf Zukunfttaten lebensvoll; —
In seines Wesens Tiefen fühlt er mächtig
Verborgenes, das noch reifend wirken muß. —
Wie darf in Feindesmacht verständnislos
Der Wunsch nach seinem Ende sich beleben,
Solang das Leben sich ihm offenbart,
Das ihn in Wesenswurzeln schaffend hält?

NACHWORT

Es handelt sich in diesem Buch um die zeitgeschichtlichen Stellungnahmen Rudolf Steiners, die aus seinem umfangreichen Vortragswerk an Hand von Zitaten dem Leser erkennbar gemacht werden sollen. Trotz der Bemühung, den Zusammenhang zu wahren und nicht sinnentstellend zu zitieren, was — bedingt durch die oft sehr langen Sätze Steiners — oft zu überlangen Zitaten führte, kann hier nur eine begrenzte Auswahl geboten werden. Die Anmerkungen sind eine wichtige Ergänzung zum Text.

Für ein tieferes Verständnis Rudolf Steiners und seiner innigen Anteilnahme am Zeitgeschehen und am Schicksal seines Volkes bleibt die Lektüre eines ganzen Vortragszyklus unerläßlich. Als Einstieg sind zu empfehlen GA 64 »Aus schicksaltragender Zeit« und GA 65 »Aus dem mitteleuropäischen Geistesleben«, sowie GA 173 und 174 »Das Karma der Unwahrhaftigkeit«.

Daß durch die gewissenhafte Nachschrift und durch die sorgfältige Herausgabe seitens des Rudolf Steiner-Verlages, die hier vorgelegte Arbeit möglich werden konnte, dafür sei dem Dornacher Verlag Dank gesagt. Dadurch wurde das Geistesgut Rudolf Steiners, von dem er sagte, daß es länger als dreißig Jahre einer persönlichen Verfügung nicht angehören solle,[185] einer breiten Öffentlichkeit zur Verfügung gestellt. Die von Christoph Lindenberg besorgte »Chronik« bietet dabei eine wertvolle Hilfe.

Die Absicht meines jahrelangen gründlichen Bemühens, dessen Lückenhaftigkeit mir durchaus bewußt ist, wäre erfüllt, wenn diese Studie dazu beitragen kann, daß Rudolf Steiners Gedankenanstöße zur Geschichtsforschung und politischen Wirksamkeit aufgegriffen und weiterverfolgt würden.

Meiner lieben Frau Ursula, der treuen Lebensgefährtin und besten Mitarbeiterin, gehört mein Dank für ausdauernde Hilfe und den Freunden für tätigen Beistand und vertrauensvolles Begleiten.

ANMERKUNGEN

Die Quellenhinweise für die der Gesamtausgabe Rudolf Steiners entnommenen Texte stehen jeweils hinter dem Zitat im Text. GA = Gesamtausgabe Rudolf Steiner Verlag Dornach/Schweiz. Die Zahlen für die übrigen Anmerkungen sind durchlaufend, aber nach Kapiteln unterteilt.

RUDOLF STEINER — SEIN LEBEN UND WIRKEN 15

1 Steiner, Vortrag über »Wissenschaftliche Zeiterscheinungen«, Berlin 26.6.1917, GA 176 S. 89. Ebenso wurde behauptet, Steiner sei jüdischer Herkunft. In der Ausgabe Nr. 5 von »Dreigliederung des sozialen Organismus« 1920 antwortet Steiner auf das energischste gegen Angriffe »aus dem Schoße des Universitätswesens«. Unter anderem war auch behauptet worden, Steiner sei Jude. Das Vorzeigen des Taufscheines war als nicht ausreichend bezeichnet worden, weil es auch getaufte Juden gäbe. Steiner entgegnet auf die »blöde Behauptung, ich sei Jude«, daß hier in »gewissenloser Weise die Lüge« verbreitet werde und sagt wörtlich: »Nun, mein Taufschein enthält aber Daten, die so gegen meine Abstammung von Juden sprechen, daß sich schon aus ihnen die Behauptung meines Judentums als eben blöder Unsinn enthüllt.« GA 24 S. 459

2 Steiner, »Mein Lebensgang«, Stuttgart 1948, S. 6

3 Aus »Deutsche Lesehalle für alle Stände«, Hermannstadt, 15. November 1884

4 Boos, Roman, »Rudolf Steiner während des Weltkrieges«, erschienen Anfang Juli 1933 mit Einwilligung von Marie Steiner, S. III

5 Lindenberg, Christoph, Rudolf Steiner, Eine Chronik 1861–1925, S. 353

RUDOLF STEINER UND DIE KRIEGSSCHULDFRAGE .. 26

6 Boos, a.a.O. S. XXI und XXXV

7 Boos, a.a.O. S. XIX f.

DIE TRAGÖDIE DEUTSCH-ÖSTERREICHS 48

8 Aus einem Marschlied der poln. Legion, 1796 von Dombrowski unter Napoleon Bonaparte aufgestellt

9 Boos-Hamburger, Hilde, Aus Gesprächen mit Rudolf Steiner, S. 7

DIE SLAWISCHE FRAGE UND RUSSLAND ALS KRIEGSANLASS 63

10 Fischel, Alfred, Der Panslawismus bis zum Weltkrieg, Stuttgart, Berlin 1919, S. 28
11 Fischel, a.a.O. S. 39
12 Fischel, a.a.O. S. 41
13 Fischel, a.a.O. S. 42
14 zitiert nach Fischel, a.a.O. S. 47
15 Fischel, a.a.O. S. 57
16 Fischel, a.a.O. S. 240
17 Fischel, a.a.O. S. 60
18 Barnes, Harry Elmer, Die Entstehung des Weltkrieges 1928, S. 143 f.
19 Barnes, a.a.O. S. 143
20 Barnes, a.a.O. S. 146 f.
21 Barnes, a.a.O. S. 150 f.
22 Fullerton, Georg Stuart, in Kriegshefte der Südd. Monatshefte 1914-15, München, S. 470
23 Fullerton, a.a.O. S. 476
24 Auch Kaiser Franz Josef teilte diese Auffassung. In einem Gespräch mit dem englischen König Eduard VII., in welchem dieser den Versuch unternahm, den greisen Kaiser aus dem Bündnis mit dem Deutschen Reich herauszulösen, gab der Kaiser die unmißverständliche Antwort: »Sir, ich bin ein deutscher Fürst!« nach Wilhelm Ladewig, Zur Frage der Einkreisung Deutschlands, Pähl 1967, S. 41
25 Eine gründliche Darstellung mit Einzelheiten und Dokumenten in Faksimile gibt Nikolaus v. Preradovich in »Großdeutschland 1938 — Traum, Wirklichkeit, Tragödie«, Leoni/Starnberger See 1987 (479 S.)
26 Preradovich, a.a.O. S. 382
27 »Spiegel« Nr. 12/1986
28 Dazu die Zusammenstellung von Neulen, Hans Werner, Europa und das 3. Reich — Einigungsbestrebungen im deutschen Machtbereich 1939-45, München 1987, hier insbesondere S. 168 f.

KAIN UND ABEL — EIN BRUDERKAMPF IM CHRISTLICHEN ABENDLAND 99

29 Siehe auch meinen Versuch einer Deutung in der Schrift »Wittekinds Sieg«, Widar-Verlag Ernst-Otto Cohrs, Rotenburg/Wümme 1985
30 Calmette, Joseph, Karl der Große, Innsbruck/Wien 1948, S. 77
31 Großer Ploetz, 29. Aufl. S. 648
32 Großer Ploetz, a.a.O. S. 672

33 Wesentliche Hinweise zu diesem Thema verdanke ich Franz Herre in seinem Beitrag »Frankreich und Deutschland« in Wolfgang Venohr (Hrsg) »Die deutsche Einheit kommt bestimmt«, Bergisch Gladbach 1982, S. 37–59
34 Morgenstern, Christian, Stufen, München 1936, S. 123
35 Herre, a.a.O. S. 45
36 Herre, a.a.O. S. 44
37 Herre, a.a.O. S. 50
38 Adressen des Generalrats der Internationale über den Deutsch-Französischen Krieg 1870
39 Vogt, Carl, Politische Briefe, Biel 1870, S. 30 f.
40 Barnes, a.a.O. S. 289
41 Bainville, Jacques, Geschichte zweier Völker, Hamburg 1939, S. 64
42 Bainville, a.a.O. S. 65
43 Brandes, Georg, Farbenblinde Neutralität, Internationale Rundschau, Zürich 1916, S. 633 f.
44 Schoeps, Hans-Joachim, Preußen, Geschichte eines Staates, Frankfurt/M-Berlin, 1966, S. 298
45 Herre, a.a.O. S. 53
46 Boos, Roman, Rudolf Steiner während des Weltkrieges (vgl. Anmerk. 4), S. 5
47 Barnes, a.a.O. S. 290 f.
48 Barnes, a.a.O. S. 295
49 Barnes, a.a.O. S. 299
50 Barnes, a.a.O. S. 299
51 Barnes, a.a.O. S. 303
52 Barnes, a.a.O. S. 317
53 Foreign Affairs Okt. 1925 S. 4
54 Barnes, a.a.O. S. 323
55 Barnes, a.a.O. S. 315

ENGLANDS WELTGESCHICHTLICHE VERANTWORTUNG FÜR DIE KATASTROPHE DIESES JAHRHUNDERTS 136

56 Goethes Gespräche mit Eckermann, 24.2.1825 und 1.9.1829
57 Fullerton a.a.O. S. 475
58 Rosenstock-Huessy, Die Europäischen Revolutionen und der Charakter der Nationen, Stuttgart 1951, S. 289
59 dazu GA 173 S. 29
60 dazu GA 174 S. 51 · Der Name des britischen Schriftstellers konnte bisher nicht ausfindig gemacht werden.
61 Text der Rede in S. Moral, Truth and the War, S. 95
62 Bülow, Fürst, Denkwürdigkeiten, Berlin 1930, Band II, S. 350 ff.

63 dazu GA 173 S. 34, 35 und 200
64 Lichnowsky, Fürst Karl Max, Meine Londoner Mission, Zürich 1918
65 Brandes, a. a. O.
66 zitiert nach Helmholt, Hans F., Die geheime Vorgeschichte des Weltkrieges, Leipzig 1914, S. 38 f.
67 Hesse, Fritz, Das Vorspiel zum Kriege — Englandberichte und Erlebnisse eines Tatzeugen 1939-1945, Leoni 1979, S. 181 ff.

DER TOTALE KRIEG GEGEN DEUTSCHLAND 156

68 Im gleichen Jahr starb am 30. Januar aus noch nicht voll aufgeklärten Gründen der einzige Sohn des Kaisers und Thronfolger Kronprinz Rudolf.
69 Protokoll des Congrès maçonique internationale 1889, S. 149
70 Vergleiche hierzu Wilhelm Ohr, Der französische Geist und die Freimaurerei, 1916, S. 180
71 Steiner meint den im 15. Jahrhundert beginnenden Zeitraum. Vergleiche »Die Geheimwissenschaft im Umriß« 1910. GA 13 — auch als Taschenbuch
72 Steiner, Geschichte und Überwindung des Imperialismus, Vorträge vor englischen Zuhörern in Dornach und Oxford 1920-1922, Zürich 1946, S. 27 f.
73 Diese »Beiträge zur Schuldfrage« wurden herausgegeben durch ein von der Weimarer Republik eingerichtetes Institut entsprechend dem gegenwärtigen ›Institut für Zeitgeschichte‹ in München.
74 Roth, Armin, Rom wie es ist, nicht wie es scheint, 1937, S. 39
75 Kaiserin Zita — Legende und Wahrheit, Amalthea Wien/München 1977, S. 100/101
76 Feigl, Erich, Kaiserin Zita, Kronzeugin eines Jahrhunderts, Amalthea Wien/München 1989, S. 45
77 Rathenau, Walther, in der »Neuen Freien Presse«, Wien 25.12.1909
78 Wiedergegeben in ›Deutsche Monatsschrift‹, Jahrg. 1915, Heft 3
79 Gemeint ist der liberale Politiker *Joseph* Chamberlain 1836-1914
80 Steiner, Die Geschichte und Überwindung des Imperialismus, Zürich/New York 1946, S. 19

RUDOLF STEINERS DEUTSCHE APOLOGIE 182

81 Die Zahlenangaben für die Heere nach Binder. a. a. O. S. 167
Zu den Verlusten liegt eine Veröffentlichung der Bundesregierung vor. ›Deutschland heute — 8 Jahre danach‹, herausgegeben vom Presse- und Informationsamt der Bundesregierung 1953. Am 18.6.1985 vom gleichen Amt uns überrreicht. S. 139 f.
Danach werden für den Ersten Weltkrieg für Deutschland einschließlich der Vermißten ca. 2 Millionen angegeben. Die Verluste der Zivilbevölkerung nur

mit 500 000 für die ganze Welt und Verluste der Wehrmacht der übrigen Welt mit 7,2 Millionen, also insgesamt 9,7 Millionen Tote.

Im Zweiten Weltkrieg waren die Verluste der deutschen Wehrmacht einschließlich Österreich und Italien 3,8 Millionen und Verluste der Zivilbevölkerung 2,8 Millionen, darunter 300 000 durch pol., rass. und religiöse Verfolgung einschießlich der deutschen Juden, die mit 170 000 angegeben wurden. Die Zahl der Gesamtverluste zweier Weltkriege wird mit rund 64,5 Millionen angegeben. Die deutschen Vermißten sind in dieser Zahl nicht enthalten.

82 Nolte, Ernst, Der europäische Bürgerkrieg 1917–1945, Nationalsozialismus und Bolschewismus, Frankfurt/Main/Berlin 1987

83 Ganzer, Karl-Michael, Das Reich als europäische Ordnungsmacht, Hamburg 1941/42, 5. Auflage

84 Nohl, Hermann, Die deutsche Bewegung und die idealistischen Systeme, in »Logos« IV 1911

85 Gemeint ist der Vortrag am 14. November 1919 in Dornach, Ausgabe 1951, S. 34

86 Steiner, Die verjüngenden Kräfte der deutschen Volksseele, Vortrag in Hannover 18.2.1915 und Berlin 4.3.1915, GA 64 S. 305

87 Fullerton, a.a.O. S. 474

88 Heise, Karl, Entente-Freimaurerei und Weltkrieg, Basel 1919, S. 53

89 Großer Ploetz, a.a.O. S. 836

90 Lindenberg, Chronik, a.a.O. S. 353

91 »Österreichische Rundschau« Band IX, Heft 5 vom 1. Sept. 1914, S. 302

DAS SIEGERDIKTAT VON VERSAILLES 211

92 Michaelis-Schraepler, Bd. I. Nr. 57, S. 89 ff.

93 Dazu die aufschlußreiche Darstellung von Barnes, a.a.O. S. 432 ff.: Der Eintritt der Vereinigten Staaten in den Weltkrieg.

94 zitiert nach Shub, David, Lenin — eine Biographie, Wiesbaden 1962, S. 337

95 Shub, a.a.O. S. 311/12

96 Binder, Gerhard, Geschichte im Zeitalter der Weltkriege, Stuttgart 1977, Bd. I S. 247

97 Bericht von Harry Graf Kessler in »Tagebücher 1918–1937«, Frankfurt/Main 1961, S. 20 f.

Pilsudski erinnerte am 18. 11. 1918 anläßlich seiner Freilassung aus vorübergehender deutscher Festungshaft an die noch fällige Aushändigung des ihm für Tapferkeit im Einsatz auf deutscher Seite verliehenen Eisernen Kreuzes, das er nach Polen mitnehmen möchte: »Es sei eine Dekoration für tapfere Männer, die man gern trüge . . . Beim Abschied bat mich Pilsudski, ob ich ihm nicht einen Degen verschaffen könne. Ich sagte ja, aber allerdings nur einen preußischen, wenn ihn das nicht störe? ›Nicht im geringsten‹, antwor-

tete er.« S. 43 betont Pilsudski — inzwischen selbsternanntes »Staatsoberhaupt« Polens — gegenüber Kessler als dem Reichsbevollmächtigten »die gemeinsame Aufgabe, unsere beiden Völker aus der alten Feindschaft in eine neue Freundschaft überzuführen«.
Hier sei daran erinnert, daß 1934 zwischen Hitler und Pilsudski ein deutsch-polnischer Nichtangriffspakt geschlossen wurde. 1935 stirbt Pilsudski, und bis heute sind die Stimmen nicht verstummt, die von einem politischen Mord sprechen. Sein Nachfolger wird der Kriegstreiber und Deutschenhasser Eduard Rydz-Smigly, von dem bereits vor dem September 1939 ein Bild erstellt worden ist, das ihn hoch zu Roß durchs Brandenburger Tor einziehend zeigt. (Quick, Jahrg. 1977, Nr. 45 vom 27. Oktober, S. 136)

98 Lindenberg, Chronik, a.a.O. S. 393

99 Vergleiche Koestler, Arthur, Der dreizehnte Stamm, Wien/München/Zürich 1976

100 Die Übersetzung ist entnommen der Veröffentlichung: Die Reden Woodrow Wilsons, englisch und deutsch. Herausgegeben vom Commitee on Public Information of the United States of America, Bern 1919

101 Der Vertrag von Versailles, mit Beiträgen von S. Haffner, Gr. Bateson, Harold Nicolson, Arnold Brecht, W. I. Lenin u. a., München 1978, S. 10

102 Ziegler, Wilhelm, Versailles, Hamburg 1933, S. 10

103 Reparationszahlung bedeutete die Forderung des Siegers nach Wiedergutmachung der durch kriegerische Handlungen von 1914–1918 angerichteten Schäden durch finanzielle oder Sachleistungen.

104 Kessemeier, Heinrich, Der Feldzug mit den anderen Waffen, Hamburg 1941, S. 111

105 Haffner, Sebastian, Im Schatten der Geschichte, Stuttgart 1985, S. 130

106 Großer Ploetz, a.a.O. S. 853

107 Großer Ploetz, a.a.O. S. 853 f.

108 Binder, a.a.O. S. 268

109 Der Vertrag von Versailles, a.a.O. S. 238, VIII. Teil, Wiedergutmachung

110 Rathenau, Walther, Nachgelassene Schriften, Berlin 1928, Bd. I, S. 101

111 Steiner, Die Forderungen der Gegenwart an Mitteleuropa, Dornach 1951, S. 21

112 Konferenzen und Verträge (Vertrags-Ploetz Teil II 4. Band, 2. Aufl., Würzburg 1959, S. 603 f.)

113 zitiert nach Diwald, Hellmut, Geschichte der Deutschen, Frankfurt-Berlin-Wien 1978, S. 248

114 Haffner, a.a.O. S. 133

115 Haffner, a.a.O. S. 134

116 Stresemann, Gustav, Vermächtnis, 3. Band 1932/33, vgl. II S. 99 und III S. 200

117 Protokolle der Sitzung des Deutschen Reichstages vom 18. 5. 1925

118 Stresemann, a.a.O. Teil II S. 353 f.

119 Braun in Königsberg, Ansprache anläßlich der Grundsteinlegung des Neubaues der Handelshochschule am 24. November 1930, veröffentlicht in »Vorwärts«, amtliches Organ der SPD am 25. November 1930, entnommen: Hagen Schulze, Veröffentlichung der Stiftung preußischer Kulturbesitz, 1977, S. 676

120 »Internationales Militärtribunal« (IMT), begründet durch ein Abkommen vom 8. 8. 45 zwischen der Regierung des Vereinigten Königreiches von Großbritannien und Nordirland, der Vereinigten Staaten von Amerika, der Provisorischen Regierung der Französischen Republik und der Regierung der Union der Sozialistischen Sowjet-Republiken.
Artikel 6(c) befaßt sich mit »Verbrechen gegen die Menschlichkeit: Nämlich: Mord, Ausrottung, Versklavung, Deportation oder andere unmenschliche Handlungen, begangen an irgendeiner Zivilbevölkerung vor oder während des Krieges . . .«
Es ist nie bekannt geworden, daß in der gleichen Weise wie deutsche Angeklagte zur Rechenschaft gezogen worden sind, paritätisch auch Angehörige der von den obengenannten Regierungen vertretenen Völker je angeklagt worden sind. Damit erweist sich das IMT als ein Siegertribunal der Rache unter juristischem Gewand und seine Verfahren als ein Schauprozeß ohne Rechtsgültigkeit, wie dies bereits zu Beginn von Rudolf Heß eindeutig bekundet worden ist.

121 Burckhardt, Carl Jacob, Meine Danziger Mission, 1937–1939, München 1960, S. 246 f.

DIE FORTSETZUNG DES KRIEGES MIT ANDEREN MITTELN 244

122 Mullin, Eustace, Die Bankierverschwörung, New Jersey, 1954, deutsche Übersetzung, Wobbenböll 1980, S. 144

123 Diwald, a.a.O. S. 247

124 Clemenceau zitiert nach Kessemeier, a.a.O. S. 116

125 Haffner, a.a.O. S. 125 f.

126 Sündermann, Helmut, Das Dritte Reich, Leoni 1954, S. 41

127 GA 1 b zitiert nach Boos, a.a.O.

128 Delaisi, Francis, »La Démocratie et les Financiers« 1910 und Delaisi, »La Guerre qui vient« — Der Krieg, der kommt, zitiert nach GA 177 S. 247 f.

129 Zweites Memorandum, letzte Fassung GA 24 S. 36

130 GA 174 S. 98, Äußerungen von Ludwig von Polzer-Hoditz. Dazu Steiner: »Die anglo-amerikanische Kultur erobert die Welt.«

131 Steiner, Gesunder Blick für heute — wackere Hoffnung für morgen. Berliner Vorträge 1918, Manuskriptdruck S. 21

132 a.a.O. S. 23

133 a.a.O. S. 24
134 Historische Tatsachen, Hrg. Udo Walendy, Vlotho 1989, Folge 38, S. 19
135 zitiert nach Evert, Hans-Jürgen, Zeitgeschichte kritisch gesehen — Vor Fünfundvierzig und danach, Fischbachau 1985, S. 267

GESTALTWANDEL ALS GESETZ DES VOLKSLEBENS ... 262

136 Kürschners Deutsche Nationalliteratur, Goethe, Naturwissenschaftliche Schriften S. L-L II
137 Wörterbuch der Deutschen Volkskunde, 5. Aufl. Stuttgart 1974, S. 877
138 Wörterbuch a.a.O. S. 885
139 Wörterbuch a.a.O. S. 870
140 »Ein Verständnis fehlt des ganz und gar unnationalen Wesens der Deutschen, die für Europa der Sauerteig waren, aber niemals irgend ein nationales Wesen oder irgend etwas national Aggressives überhaupt gehabt haben. Das liegt nicht in dem deutschen Grundcharakter, es ist aufgepfropft von verschiedenen Seiten her.« GA 185 a S. 101
141 Buch Hiob 40, 25-41, 26
142 Steiner, Die Kernpunkte der sozialen Frage, Stuttgart 1920, S. 109, auch in GA 24 S. 428 f.
143 Kernpunkte a.a.O. S. 99
144 Boos, a.a.O. S. XXXIV. Boos fügt hinzu: »... als geistiger Streiter für ›eine weltgeschichtliche Sendung, die nicht hinweggefegt werden darf‹ (so Steiner) in dem — trotz ›Waffenstillstand‹ — fortgehenden Weltkrieg.« Geschrieben 1933!
145 Lindenberg, a.a.O. S. 491 und S. 454 f.
146 Herder, Johann Gottfried, Ideen zur Philosophie der Geschichte der Menschheit, Carlsruhe 1820
147 Diwald, Hellmut, Luther, Bergisch Gladbach 1982, S. 219 f.
148 Diwald, a.a.O. S. 180
149 Diwald, a.a.O. S. 203
150 vergl. GA 24 S. 286
151 Großer Ploetz, a.a.O. S. 649
152 Nach offiziellen Angaben befanden sich im August 1939 — also vor Ausbruch des Krieges — 70000 Volksdeutsche, die vor dem polnischen Terror geflüchtet waren, in reichsdeutschen Auffanglagern.
153 Ribbentrop, A., Deutsch-Englische Geheimverbindungen, Wuppertal 1967, S. 322. Am 28. 7. 1939 schrieb der britische Botschafter in Berlin, Henderson, an Außenminister Halifax in London einen persönlichen Brief, in dem es u. a. heißt: »... müßte ich mein ganzes Geld auf dieses oder jenes setzen, so würde ich es auf Hitlers Wunsch setzen, daß er keinen Krieg will.« DBFP VI, p 718 (Documentes on British Foreign Policy, London 1919-1939, London 1950/54 Third Series, Volume I-VIII)

154 Schickel, Alfred, Die Vertreibung der Deutschen, Asendorf 1985

155 Nawratil, Heinz, Vertreibungsverbrechen an Deutschen, Ullstein Taschenbuch 33084

156 Nawratil, a.a.O. S. 33

157 Nawratil, a.a.O. S. 31 f.

158 Hillgruber, Andreas, weist in seiner Untersuchung »Zweierlei Untergang, Die Zerschlagung des Deutschen Reiches und das Ende des europäischen Judentums« (Corso bei Siedler) nach, daß beide Katastrophen zwar zusammen gehören, jedoch eine unterschiedliche Vorgeschichte haben und einer verschiedenen Verantwortung zuzuordnen sind: Die Vertreibung der Deutschen aus dem Osten und die Zerschlagung des Deutschen Reiches sind nicht eine Folge der Verbrechen nationalsozialistischer Gewaltherrschaft, »sondern entsprachen lange erwogenen Zielen der gegnerischen Großmächte, die während des Krieges zum Durchbruch gelangten«. Hillgruber vermerkt dazu, »daß es sich nicht nur um eine jüdische und eine deutsche Katastrophe handelt, sondern daß ganz Europa, vor allem aber die im Kriege zerbrochene europäische Mitte, ihr Opfer wurde«.

159 Nawratil, a.a.O. S. 188

160 Nawratil, a.a.O. S. 188

161 Nawratil, a.a.O. S. 61

162 Bhagavadgita, Zweiter Gesang, Vers 11-22 nach der Übersetzung von Leopold von Schroeder, Jena 1922, S. 10 f.

DEUTSCHE WIEDERGEBURT 305

163 Laaths, Erwin, Geschichte der Weltliteratur, München 1953, S. 521

164 Steiner, Die geistigen Hintergründe der sozialen Frage, II. Band, Basel 1947, S. 54

165 zitiert nach Navratil, a.a.O. S. 123

166 Steiner, Gesunder Blick für heute — wackere Hoffnung für morgen, Manuskiptdruck S. 10, siehe auch Anm. 131, dazu auch GA 192 S. 232 f.

167 Zu Johanna, der »Jungfrau von Orleans« (1412-1431), äußert sich Rudolf Steiner sehr oft, um das »Eingreifen höherer Mächte« in die Geschichte zu veranschaulichen, die rational in ihrem Verlauf häufig unerklärbar bleibt. Eine vorher nicht absehbare Wende wird dadurch veranlaßt. »Solche Jungfrauen von Orleans . . ., die hat es über ganz Europa gegeben in diesen Jahrhunderten.« Steiner nennt sie »Sendbote« oder »Genius der Volkskraft«. Dazu u. a. GA 180 S. 317 und GA 192 S. 233

168 Suworow, Viktor, Der Eisbrecher, Hitler in Stalins Kalkül. Das erst vor kurzem bei Klett-Cotta unter einem Pseudonym herausgebrachte Buch eines ehemals hochrangigen Offiziers des sowjetischen militärischen Geheimdienstes GRU veröffentlicht in sensationeller Weise die bisher unbekannten Vorbereitungen Stalins zur Unterwerfung ganz Europas durch einen Überfall zunächst

auf Deutschland, geplant für Sommer 1941, dem die deutsche Wehrmacht nur kurzfristig zuvorkommen konnte, indem sie durch einen Präventivschlag in die sowjetischen Bereitstellungen an der Ostgrenze des Reiches erfolgreich hineinstieß. Damit begann bekanntlich der sog. Rußlandfeldzug am 22. Juni 1941.

169 dazu Pemler, Georg, Der Flug zum Don, Leoni 1981, mit authentischen Berichten über Stalins Angriffsvorbereitungen 1941.

170 Zur Notwendigkeit des deutschen Präventivschlages gegen die Sowjetunion äußert sich der erste Generalinspekteur der Bundeswehr, Generaloberst Franz Halder in seinem Kriegstagebuch Bd. I-III, Stuttgart 1963 und in ›Hitler als Feldherr‹, München 1949, S. 36 f.
Zum gleichen Thema Klüver, Max, Präventivschlag 1941, Leoni 1986.

171 Steiner, Die Geschichte und Überwindung des Imperialismus, Zürich 1946, S. 57

172 Grimm, Friedrich, Politische Justiz, Pr. Oldendorf 1974, S. 146 f.

173 dazu Eschenburg, Theodor, Zur politischen Praxis in der Bundesrepublik, München 1961, S. 164

174 Leo N. Tolstoi. Krieg und Frieden, München-Zürich, S. 793 und 794

175 »Luther — non homo«; dies bleibt in teils größerer, teils feinerer Weise der bestimmende Rahmen der katholischen Interpretation. Studie von Heinrich Lutz, Wien, »Zum Wandel der katholischen Lutherinterpretation« in: Theorie der Geschichte, Beiträge zur Historik Band 1: Objektivität und Parteilichkeit dtv Wissenschaftliche Reihe 1977

176 Teilhard de Chardin, Pierre, Der Mensch im Kosmos, München 1959

177 Cloos, Hans, Gespräch mit der Erde, Welt- und Lebensfahrt eines Geologen, München 1954

178 Breuer, Reinhard, Das anthropische Prinzip, Der Mensch im Fadenkreuz der Naturgesetze, Wien-München 1981

179 Steiner, Die Geschichte der Neuzeit im Lichte der geisteswissenschaftlichen Forschung, Vortrag am 17. 10. 1918, veröffentlicht in: Geschichtserkenntnis zur Symptomatologie der Geschichte, ausgewählt und herausgegeben von Christoph Lindenberg, Stuttgart 1982, S. 27

180 a.a.O. S. 31 »Das Prinzip der Technik ist der Tod.« vergl. Haverbeck, Die andere Schöpfung, Stuttgart 1978, S. 258 ff.

181 a.a.O. S. 29

182 a.a.O. S. 32

183 Henning Eichberg hat Bedenkenswertes dazu gesagt in seinen Veröffentlichungen »Nationale Identität«, München-Wien 1978 und »Abkoppelung — Nachdenken über die neue deutsche Frage«, Koblenz 1987. Wer »nach vorne denken« will, muß sich mit Henning Eichberg als Wortführer einer neuen Generation befassen.

184 Übertragung von Emil Bock, Das Neue Testament, Stuttgart 1983, S. 665 f. Der Genius der Menschheit als »Herr der Geschichte« erzieht, Hegel zufolge, die Menschheit durch Ich-Erkraftung zur Freiheit. GA 64 S. 428

185 GA 193, Ausgabe 1945, S. 52, 9. März 1919 in Zürich.

STEINER-BIBLIOGRAPHIE

Steiner, Rudolf, *Gesamtausgabe,* Dornach 1960–1985

Folgende Bände der Gesamtausgabe wurden vornehmlich für diese Arbeit benutzt:

Gesamtausgabe (GA) Band Bibliographie Nummer 24: *Aufsätze über die Dreigliederung des sozialen Organismus und zur Zeitlage,* 1915–1921

GA Nr. 64: *Aus schicksaltragender Zeit* — 14 öffentliche Vorträge 1914–15

GA Nr. 65: *Aus dem mitteleuropäischen Geistesleben*

GA Nr. 105: *Welt, Erde und Mensch*

GA Nr. 120: *Die Offenbarungen des Karma*

GA Nr. 121: *Die Mission einzelner Volksseelen — im Zusammenhang mit der germanisch-nordischen Mythologie*

GA Nr. 157: *Menschheitsschicksale und Völkerschicksale*

GA Nr. 159/160: *Das Geheimnis des Todes* — Wesen und Bedeutung Mitteleuropas und der europäischen Volksgeister

GA Nr. 161: *Wege der geistigen Erkenntnis und der Erneuerung künstlerischer Weltanschauung;* 13 Vorträge 1915

GA Nr. 170: *Kosmische und menschliche Geschichte,* I, Das Rätsel des Menschen — die geistigen Hintergründe der menschlichen Geschichte

GA Nr. 172: *Kosmische und menschliche Geschichte,* III, Das Karma des Berufes des Menschen in Anknüpfung an Goethes Leben

GA Nr. 173: *Zeitgeschichtliche Betrachtungen — das Karma der Unwahrhaftigkeit,* 1. Teil

GA Nr. 174: *Zeitgeschichtliche Betrachtungen — das Karma der Unwahrhaftigkeit,* 2. Teil

GA Nr. 174a: *Kosmische und menschliche Geschichte,* VI, Mitteleuropa zwischen Ost und West

GA Nr. 174b: *Kosmische und menschliche Geschichte,* VII, Die geistigen Hintergründe des Ersten Weltkrieges

GA Nr. 175: *Bausteine zu einer Erkenntnis des Mysteriums von Golgatha*

GA Nr. 176: *Menschliche und menschheitliche Entwicklungswahrheiten — Das Karma des Materialismus*

GA Nr. 180: *Mysterienwahrheiten und Weihnachtsimpulse — alte Mythen und ihre Bedeutung*

GA Nr. 185: *Geschichtliche Symptomatologie,* Vorträge 18.10.–3.11.1918

GA Nr. 185a: *Entwicklungsgeschichte — Unterlagen zur Bildung eines sozialen Urteils*

GA Nr. 186: *Die soziale Grundforderung unserer Zeit in geänderter Zeitlage*

GA Nr. 190: *Vergangenheits- und Zukunftsimpulse im sozialen Geschehen*

GA Nr. 191: *Soziales Verständnis aus geisteswissenschaftlicher Erkenntnis*

GA Nr. 192: *Geisteswissenschaftliche Behandlung sozialer und pädagogischer Fragen*

GA Nr. 338: *Wie wirkt man für den Impuls der Dreigliederung des sozialen Organismus?*
GA Nr. 350: *Rhythmen im Kosmos und Menschenwesen — wie kommt man zum Schauen der geistigen Welt?*

EINZELAUSGABEN VON RUDOLF STEINER

Steiner, Rudolf: *Mein Lebensgang,* Stuttgart 1948
Steiner, Rudolf: *Die Philosophie der Freiheit,* TB 627
Steiner, Rudolf: *Vom Menschenrätsel,* TB 6380
Steiner, Rudolf: *Die Geheimwissenschaft im Umriß,* Stuttgart 1948
Steiner, Rudolf: *Der irdische und kosmische Mensch,* Dornach 1932
Steiner, Rudolf: *Die Geschichte und Überwindung des Imperialismus,* Zürich 1946
Steiner, Rudolf: *Das Christentum als mystische Tatsache und die Mysterien des Altertums,* Stuttgart 1949, TB 619
Steiner, Rudolf: *Westliche und östliche Weltgegensätzlichkeit,* Dornach 1950
Steiner, Rudolf: *Das Mysterium von Golgatha,* Dornach 1954

LITERATURVERZEICHNIS

BENUTZTE UND WEITERFÜHRENDE LITERATUR

Anrich, Ernst, *Leben ohne Geschichtsbewußtsein,* Tübingen 1988
Anrich, Ernst, *Was haben wir nötig, um diese Krise zu bestehen?,* Seeheim 1968
Arndt, Werner, *Ostpreußen, Westpreußen, Pommern, Schlesien, Sudetenland, 1944–45,* Die Bilddokumentation der Flucht und Vertreibung aus den deutschen Ostgebieten, Friedberg
Bainville, Jacques, *Geschichte zweier Völker* -Frankreichs Kampf gegen die deutsche Einheit, Hamburg 1939
Balfour, Michael, *Kaiser Wilhelm der Zweite und seine Zeit,* Frankfurt/Berlin/Wien 1979
Barnes, H. E., *Die Entstehung des Weltkrieges,* Stuttgart/Berlin/Leipzig 1928
Barnick, J. F., *Deutschlands Schuld am Frieden,* Stuttgart 1965
Bavendamm, Dirk, *Roosevelts Weg zum Krieg,* München/Berlin 1983
Benoist-Méchin, J., *Ernte 1940,* Kiel 1983
Benoist-Méchin, J., *Wollte Adolf Hitler den Krieg 1939?,* Preußisch Oldendorf 1971
Bidault, Georges, *Noch einmal Rebell,* Übersetzung aus dem Französischen, Titel der Original-Ausgabe: »D'une Résistance à l'autre«, Paris 1965
Binder, Gerhart, *Geschichte im Zeitalter der Weltkriege,* Band 1 u. 2., Stuttgart 1977
Bodenstein, Walter, *Ist nur der Besiegte schuldig?,* Asendorf 1985

Boos, Roman, *Rudolf Steiner während des Weltkrieges,* Dornach/Schweiz 1933
Bouhler, Philipp, *Napoleon — Kometenbahn eines Genies,* München 1942
Brennecke, Gerhard, *Die Nürnberger Geschichtsentstellung,* Tübingen 1970
Bronner, Fritz, *1870/71 Elsaß-Lothringen,* Band 1 u. 2, Frankfurt/Main 1970
Burckhardt, Carl. J., *Meine Danziger Mission 1937–1939,* München 1960
Burckhardt, Jacob, *Weltgeschichtliche Betrachtungen,* Stuttgart 1935
Burg, J. G., *Schuld und Schicksal,* München 1962
Butz, Arthur R., *Der Jahrhundertbetrug,* Übersetzung aus dem Englischen, erschienen in Richmond, 1977
Deschner, Karlheinz, Hrg., *Das Jahrhundert der Barbarei,* München 1966
Diwald, Hellmut, *Luther, eine Biographie,* Bergisch-Gladbach 1982
Diwald, Hellmut, *Geschichte der Deutschen,* Frankfurt/Berlin/Wien 1978
Diwald, Hellmut, *Mut zur Geschichte,* Bergisch-Gladbach 1983
Evert, Hans-Jürgen, *Zeitgeschichte kritisch gesehen — vor Fünfundvierzig und danach,* Fischbachau, 1985
Eichberg, Henning, *Nationale Identität,* Entfremdung und nationale Frage in der Industriegesellschaft, München-Wien 1978
Eichberg, Henning, *Abkoppelung,* Nachdenken über die neue deutsche Frage, Koblenz 1987
Fernau, Joachim, *Disteln für Hagen,* Berlin/München/Wien 1966
Fichte, Johann Gottlieb, *Reden an die deutsche Nation* (Erstdruck 1808), Hamburg 1978
Fish, Hamilton, *Der zerbrochene Mythos — F. D. Roosevelts Kriegspolitik 1933–1945,* Tübingen 1982
Fischel, Alfred, *Der Panslawismus bis zum Weltkrieg,* Stuttgart/Berlin 1919
Friedenreich, Carl A., *Das Rätsel Napoleon,* Freiburg 1965
Fuchs, Werner, *Selbstzeugnisse polnischen Eroberungswillens,* Struckum 1988
Ganzer, Karl-Richard, *Das Reich als europäische Ordnungsmacht,* Hamburg 1941/42
Grimm, Friedrich, *Das Testament Richelieus,* Berlin 1943
Grimm, Friedrich, *Politische Justiz — Die Krankheit unserer Zeit,* Preußisch Oldendorf 1974
Grimm, Friedrich, *Frankreich am Rhein,* Hamburg/Berlin 1931
Grimm, Hans, *Die Erzbischofschrift,* Göttingen 2. Aufl. 1950
Grimm, Hans, *Warum — woher — aber wohin?,* Lippoldsberg 1954
Grossel, Erdmuth, *Das Wirken der okkulten Logen und die Aufgabe der Mitte zwischen Ost und West,* Basel 1987
Haffner, Sebastian, *Im Schatten der Geschichte,* Stuttgart 1985
Haller, Johannes, *Die Epochen der deutschen Geschichte,* Stuttgart 1941
Härtle, Heinrich, *Deutsche und Juden,* Leoni/Starnberger See 1976
Heer, Friedrich, *Europa, Mutter der Revolutionen,* Stuttgart 1964
Heise, Karl, *Entente — Freimaurerei und Weltkrieg,* 1920 Faksimile-Ausgabe Wobbenbüll / Husum 1982
Helmdach, Erich, *Überfall? Der sowjetisch-deutsche Aufmarsch 1941,* Berg am See, 1981

Hepp, Robert, *Die Endlösung der deutschen Frage,* Tübingen 1988
Hermans, Ward, *Der Untergang des westlichen Bürgertums,* Heusenstamm 1977
Hesse, Fritz, *Das Vorspiel zum Kriege — Englandberichte und Erlebnisse eines Tatzeugen 1939-1945,* Leoni 1979
Heyer, Karl, *Der Staat als Werkzeug des Bösen,* Freiburg 1965
Hoggan, David L., *Der erzwungene Krieg,* Tübingen 1961
Hoggan, David L., *Der unnötige Krieg 1939-45,* »Germany must perish«, Tübingen 1977
Irving, David, *Der Untergang Dresdens,* München 1963
Jaspers, Karl, *Vom Ursprung und Ziel der Geschichte,* Fischer-Taschenbuch 91
Jordan, Rudolf, *Erlebt und erlitten,* Freising 1971
Kahn, Helmut Wolfgang, *Die Deutschen und die Russen,* Köln 1984
Kamphausen, Helmut, *Deutschlands Zerstückelung: Pläne — Täter — Helfershelfer, Kiel 1988*
Kern, Erich / Balzer, Karl, *Alliierte Verbrechen an Deutschen — Die verschwiegenen Opfer,* Preußisch Oldendorf, 1980
Kessler, Graf Harry, *Tagebücher 1918-1937,* Frankfurt/Main 1961
Kientopf, Anna, *Das friedensfeindliche Trauma,* Lindhorst 1984
Klüver, Max, *War es Hitlers Krieg?,* Leoni 1984
Klüver, Max, *Präventivschlag 1941,* Leoni 1986
Kolakowski, Leszek, *Leben trotz Geschichte,* München 1977
Kopp, Friedrich, und Schulte, Eduard, *Der Westfälische Frieden,* München 1940
Kosiek, Rolf, *Historikerstreit und Geschichtsrevision,* Tübingen 1987
Kraut, Alfred — Lammatsch, Paul, *Potsdam — die Welttragödie,* Vaterstetten 1979
Kunert, Dirk, *Ein Weltkrieg wird programmiert,* Kiel 1984
Kurowski, Franz, *Der Luftkrieg über Deutschland,* Heyne-Taschenbuch 5546
Lang, Gordon, *»Die Polen verprügeln . . .« Sowjetische Kriegstreibereien bei der deutschen Führung 1920-1941,* 1. Teilband 1914-37, Lindhorst 1988
Lauer, Hans-Erhardt, *Geschichte als Stufengang der Menschwerdung,* Freiburg 1956
Lichnowski, Fürst Karl Max, *Meine Londoner Mission, 1912-1914,* Berlin 1919
Lindenberg, Christoph, *Rudolf Steiner — eine Chronik,* Stuttgart 1988
Mecklin, John, *Augenzeuge in Vietnam,* Frankfurt 1966
Meyer, Rudolf, *Goethe, der Heide und der Christ,* Stuttgart 1965
Mohler, Armin, *Vergangenheitsbewältigung,* Krefeld 1980
Moltke, Helmuth von, *Erinnerungen — Briefe — Dokumente 1877-1916,* Stuttgart 1922
Mullins, Eustace, *Die Bankierverschwörung,* New Jersey / USA 1954, Deutsche Übersetzung, Wobbenbüll 1980
Nawratil, Heinz, *Vertreibungsverbrechen an Deutschen,* München 1982, Zeitgeschichte, Ullstein Taschenbuch Nr. 33084
Neulen, Hans-Werner, *An deutscher Seite,* München 1985
Neulen, Hans-Werner, *Europa und das 3. Reich,* Einigungsbestrebungen im deutschen Machtbereich 1939-45, München 1987

Nizer, Louis, *What to do with Germany,* erschienen in USA 1943/44 — Was sollen wir mit Deutschland machen?
Noack, Ulrich, *Kommentare zur Weltgeschichte,* Würzburg 1978
Nolte, Ernst, *Der europäische Bürgerkrieg 1917–1945,* Frankfurt a. M./Main/Berlin 1987
Nolte, Ernst, *Das Vergehen der Vergangenheit,* Antwort an meine Kritiker im sogenannten Historikerstreit, Berlin/Frankfurt 1988
Otani, Yoshito, *Untergang eines Mythos,* Neu-Ulm 1978
Paller, Heinz von, *Der Großdeutsche Gedanke,* Leipzig 1928
Pfeifer, Heinz, *Brüder des Schattens,* Zürich 1988, 3. Aufl.
Pemler, Georg, *Der Flug zum Don,* Leoni 1981
Plessner, Helmuth, *Die verspätete Nation,* Stuttgart 1959
Preradovich, Nikolaus von, *Die Einkreisung, Ursachen und Anlaß des ersten Weltkrieges,* Leoni 1984
Preradovich, Nikolaus von, *Großdeutschland 1938, Traum, Wirklichkeit, Tragödie,* Leoni 1987
Rathenau, Walther, *Nachgelassene Schriften,* Band 1 u. 2, Berlin 1928
Reed, Douglas, *Der große Plan der Anonymen,* Zürich 1951/52
Reichenberger, E. J., *Europa in Trümmern,* Graz/Stuttgart 1985
Ribbentrop, A. von, *Deutsch-Englische Geheimverbindungen,* britische Dokumente des Jahres 1938 u. 1939 im Lichte der Kriegsschuldfrage, Wuppertal 1967
Richthofen, Bölkow, Freiherr von, *Kriegsschuld 1939–1941,* Vaterstetten 1975
Riemeck, Renate, *1789, Heroischer Aufbruch und Herrschaft des Schreckens,* Stuttgart 1988
Riemeck, Renate, *Mitteleuropa,* Bilanz eines Jahrhunderts, Freiburg 1965
Rittelmeyer, Friedrich, *Deutschtum,* Stuttgart 1934
Ritter, Gerhard, *Geschichte als Bildungsmacht,* Stuttgart 1946
Rossberg, Adolf, *Freimaurerei und Politik im Zeitalter der Französischen Revolution,* Struckum 1942
Schenke, Wolf, *Siegerwille und Unterwerfung — Auf dem Irrweg zur Teilung — Erinnerungen 1945–1955,* München-Berlin 1988
Stegemann, Hermann, *Der Kampf um den Rhein,* Stuttgart 1924
Stegemann, Hermann, *Das Trugbild von Versailles,* Berlin/Leipzig 1926
Spengler, Oswald, *Der Untergang des Abendlandes,* München 1922
Suworow, Viktor, *Der Eisbrecher,* Stuttgart 1989
Tautz, Johannes, *Der Eingriff des Widersachers,* Freiburg 1976
Venohr, Wolfgang, *Die deutsche Einheit kommt bestimmt,* Bergisch-Gladbach 1982
Walendy, Udo, *Wahrheit für Deutschland,* Vlotho 1970
Walendy, Udo, *Bilddokumente für die Geschichtsschreibung,* Vlotho 1973
Weber, Alfred, *Abschied von der bisherigen Geschichte,* Hamburg 1946
Wegener, Alfred von, *Die Widerlegung der Versailler Kriegsschuldthese,* Berlin 1929
Wegener, Alfred von, *Der Ausbruch des Weltkrieges,* Band 1 u. 2, Hamburg 1939
Wellems, Hugo, *Von Versailles bis Potsdam, 1871–1945,* Mainz 1983

Wichtel, Friedrich / Schneider, Robert, *Weltfreimaurerei, Weltrevolution, Weltrepublik,* Wobbenbüll 1981
Wilhelm II., *Ereignisse und Gestalten 1878-1918,* Leipzig/Berlin 1922
Wilhelm, Kronprinz, *Ich suche die Wahrheit!* Ein Buch zur Kriegsschuldfrage, Stuttgart/Berlin 1925
Willing, Georg-Franz, *Der zweite Weltkrieg, Ursachen und Anlaß,* Freising 1979
Wolff, Franz, *Ostgermanien,* Tübingen 1977
Ziesel, Kurt, *Die verratene Demokratie,* München 1960
Zlepko, Dmytro, *Der Ukrainische Holocaust,* Sonnenbühl 1988

QUELLENSAMMLUNGEN

Ploetz, Großer, Auszug der Geschichte, Würzburg 1980
Forschung und Studien zur Geschichte des Westfälischen Friedens, Münster 1965
Der Fall der Reichsstadt Straßburg und seine Folgen, Bad Neustadt 1981
Kirchengeschichtliches Quellenlesebuch von Thrändorf und Melzer, Meißen 1927
Ausgewählte Quellen zur deutschen Geschichte der Neuzeit, Band 27, Darmstadt 1978
Der Beginn des Krieges 1914, Beiträge zur Schuldfrage, Tagesaufzeichnungen des ehemaligen russischen Außenministeriums, Berlin 1924
Das russische Orangebuch von 1914, Beiträge zur Schuldfrage , Berlin 1925
Theorie der Geschichte, Objektivität und Parteilichkeit, dtv Wissenschaftliche Reihe, München 1977
Blaubuch der britischen Regierung über die deutsch-polnischen Beziehungen und den Ausbruch der Feindseligkeiten zwischen Großbritannien und Deutschland am 3. September 1939, Basel 1939
Jalta bis Potsdam und die Dokumente zur Zerstörung Europas, Tübingen 1985
Kriegshefte der Süddeutschen Monatshefte, Oktober 1914 - März 1915, München
Beiträge zur Schuldfrage, herausgegeben von der Zentralstelle für Erforschung der Kriegsursachen, Berlin ab 1920